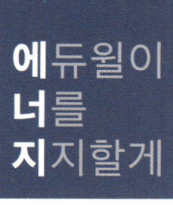

시작하라. 그 자체가 천재성이고,
힘이며, 마력이다.

— 요한 볼프강 폰 괴테(Johann Wolfgang von Goethe)

에듀윌
화물운송종사
빠르게 끝내는
총정리문제집

화물운송종사자격 시험 안내

화물운송종사자격, 누가 취득하나요?

사업용(영업용) 화물자동차(용달·개별·일반화물) 운전자는 반드시 화물운송자격을 취득한 후 운전해야 합니다.

※ **사업용(영업용) 화물자동차란?**

화물자동차에 **사업용 노란색 자동차 번호판**을 장착한 자동차로 운송서비스를 제공하고 그에 대한 대가를 받는 유상운송을 목적으로 등록하는 화물자동차를 의미합니다.

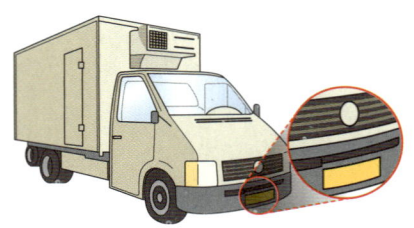

시험 문제는 어떻게 출제되나요?

화물자동차 운전자의 전문성을 검증하기 위한 시험으로, 4개의 선택지 중 하나의 답을 선택하는 **객관식 4지선다 유형**으로 **80문제**가 출제됩니다.

※ **상세 과목 및 출제 비중**

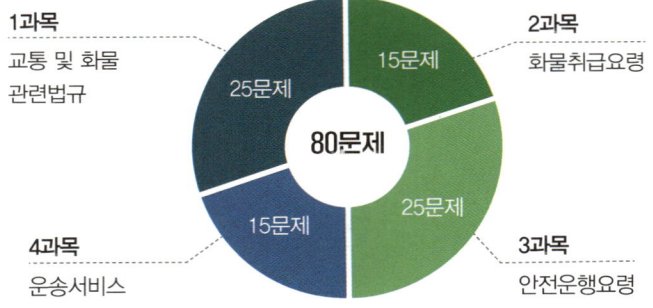

- 1과목: 교통 및 화물 관련법규 — 25문제
- 2과목: 화물취급요령 — 15문제
- 3과목: 안전운행요령 — 25문제
- 4과목: 운송서비스 — 15문제
- 총 80문제

시험 시간과 합격점수는요?

화물운송종사자격시험은 **80분** 동안 **80문제**를 푸는 시험입니다.
80문제 중 **48문제(60점)** 이상 맞으면 합격입니다.
따라서 전략적인 학습이 중요합니다.

실전처럼 푸는 CBT 기출복원 모의고사

방법1 PC에서 실전처럼 풀어보기

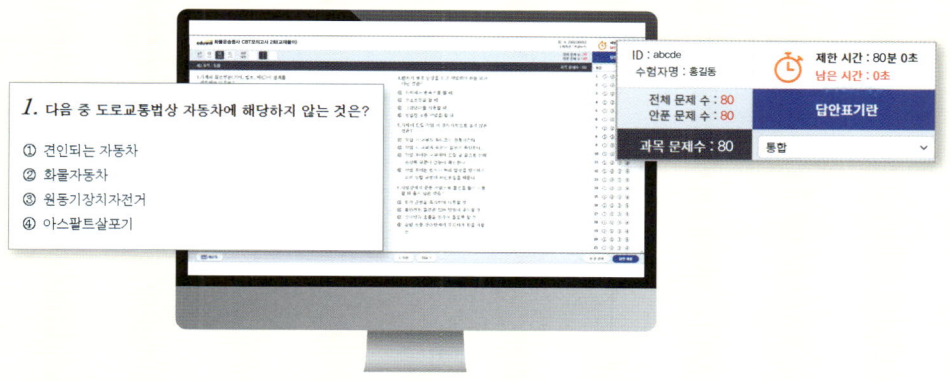

STEP 1 응시코드 URL 입력 ▶ 회원가입 후 로그인
STEP 2 '응시하기' 클릭 ▶ 문제풀이 시간까지 측정 가능
STEP 3 '답안 제출' 클릭 ▶ 자동으로 채점 완료

방법2 모바일로 이동하면서 풀어보기

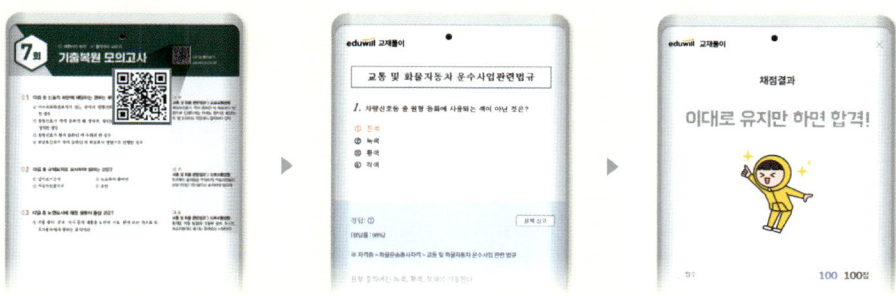

STEP 1 QR 코드 스캔 ▶ 회원가입 후 로그인
STEP 2 '응시하기' 클릭 ▶ 문제풀이 시간까지 측정 가능
STEP 3 '답안 제출' 클릭 ▶ 자동으로 채점 완료

시험 응시코드

1회	2회	3회	4회

eduwill.kr/hCQj	eduwill.kr/VPQj	eduwill.kr/ePQj	eduwill.kr/9PQj

5회	6회	7회

eduwill.kr/wPQj	eduwill.kr/KPQj	eduwill.kr/gPQj

에듀윌과 함께 시작하면,
당신도 합격할 수 있습니다!

졸업 후 진로를 고민하다
새로운 기회를 위한 자격증 시험에 도전해 합격한 취준생

원하는 직무로의 이직을 위해
운전기능사 자격증 공부를 시작해 합격한 30대 기사님

제2의 인생을 위해 바쁜 직장 생활 중에도
시간을 쪼개가며 공부해 일주일 만에 합격한 50대 직장인

누구나 합격할 수 있습니다.
해내겠다는 '다짐' 하나면 충분합니다.

마지막 페이지를 덮으면,

**에듀윌과 함께
화물운송종사 합격이 시작됩니다.**

합격 후기로 검증된 교재!

시험장에서 정답만 눈에 쏙쏙 들어왔어요.

운전면허 필기시험은 문제은행식으로 출제되는 만큼 '정답'을 눈에 익혀서 외우는 게 단시간 합격하는 포인트라고 생각하는데, 에듀윌 책은 답만 보게 되어 있어서 정말 효율적인 책입니다. 단시간에 필기를 합격해야 하는 분들에게 추천하고 싶어요. 저는 이 책으로 2~3시간 정도 훑고 바로 합격했어요. 시험 시작 전에 풀지 못한 문제들은 답만 주르륵 읽었는데 시험장 컴퓨터 화면에서 정답만 눈에 쏙쏙 눈에 띄더라고요. 합격의 길로 안내해주는 에듀윌 운전면허 책으로 모두 베스트 드라이버 되시길 바랍니다!

운전면허 필기 합격생 한○기

CBT 기출복원 모의고사로 확실한 실전대비가 가능했어요.

교재의 분량이 단기간 학습에 적당해서 선택하게 되었습니다. 단원별 이론 정리 후, 출제예상문제를 바로 풀어볼 수 있어서 내용 이해에 도움이 많이 되었습니다. 중요도 표시가 되어 있는 문제는 시험이 임박했을 때, 해당 문제들만 추가로 볼 수 있어서 시간 절약에 도움이 되었습니다. 특히 CBT 기출복원 모의고사는 실제 CBT 시험방식과 동일하게 구현되어 있고, 제한시간 동안 시험장이라 생각하고 풀어볼 수 있어서 점수 체크와 시간 분배에 활용하기 좋았습니다. 그리고 실제 시험에서도 모의고사와 비슷한 합격 점수가 나왔습니다!

지게차운전기능사 합격생 박○신

무료 동영상 강의로 쉽게 공부했어요.

건설업 관련 일을 하다가 원하는 직무로 일하기 위해 자격증에 도전했습니다. 실기는 자신 있었지만, 필기시험은 자신이 없었는데요. 어려운 내용은 무료 동영상 강의를 이용하고, 시험 전날에는 요약집인 'D-1 합격부스터'를 중점적으로 반복 공부해 손쉽게 합격했습니다. 핵심 부분만 간략하게 봐도 충분히 합격할 수 있어서 추천드립니다!

지게차운전기능사 합격생 김○웅

다음 합격의 주인공은 당신입니다!

* 상기 합격 수기는 에듀윌 운전 교재 시리즈(운전면허, 굴삭기, 지게차, 화물운송종사)에서 일부 발췌함

📝 : CBT 기출복원 모의고사

• D-7 합격 플랜 •

이론편 | 이론 + 출제 예상문제

- ☐ **DAY 1**　PART 01 교통 및 화물 관련법규
- ☐ **DAY 2**　PART 02 화물취급요령
- ☐ **DAY 3**　PART 03 안전운행요령
- ☐ **DAY 4**　PART 04 운송서비스

문제편 | 기출복원 모의고사

- ☐ **DAY 5**　기출복원 모의고사(1~3회)　📝
- ☐ **DAY 6**　기출복원 모의고사(4~5회)　📝
- ☐ **DAY 7**　기출복원 모의고사(6~7회)　📝

TIP. 핵심 이론을 출제 예상문제와 함께 학습한 후, 철저하게 복원된 기출문제를 풀어보며 시험을 대비해보세요.

• D-3 합격 플랜 •

기출복원 모의고사 + 약점 파트 학습

- ☐ **DAY 1**　기출복원 모의고사(1~4회)　📝
- ☐ **DAY 2**　기출복원 모의고사(5~7회)　📝
- ☐ **DAY 3**　모의고사 오답 복습+최빈출 쏙! 암기노트 학습　📝

TIP. 철저하게 복원된 기출문제만 빠르게 반복 풀이하되, 많이 틀리는 파트는 꼭 따로 학습하세요. CBT 시험 특성상 문제와 정답이 재출제되는 경향이 높다는 점을 최대한 활용하세요.

문제 출제 방식과 시험 진행 방법이 궁금해요!

화물운송종사자격시험은 문제은행 방식으로 문제가 출제됩니다.
시험은 CBT 시험으로 진행됩니다.

※ 문제은행 방식이란?
시행처에서 축적한 대량의 문제 중에 무작위로 문제를 선별하여 출제하는 방법입니다.
따라서 **기출복원문제**를 많이 풀어보아야 합니다.

※ CBT 시험이란?
컴퓨터를 통해 진행되는 시험입니다.
뒷장에 상세한 설명이 있습니다.

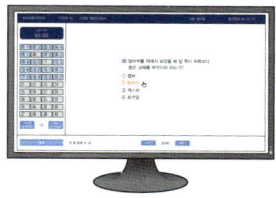

응시자격은 어떻게 되나요?

다음 기준을 모두 충족하여야 화물운송종사자격시험에 응시할 수 있습니다.
✓ 만 18세 이상이다.
✓ 운전면허 1종 또는 2종(소형 제외) 면허 이상 소지자이다.
✓ 면허 보유 기간이 면허취득일 기준 만 2년 이상이거나 사업용(영업용) 운전경력이 1년 이상이다.
✓ 아래의 사유에 해당하지 않는다.

- 화물자동차운수사업법을 위반하여 징역 이상의 실형을 선고받고 집행이 끝나거나 면제된 날부터 2년이 지나지 않은 자
- 화물자동차운수사업법을 위반하여 징역 이상의 형의 집행유예를 선고받고 그 유예기간 중인 자
- 화물자동차운수사업법에 따라 화물운송종사자격이 취소된 날부터 2년이 지나지 않은 자(화물자동차를 운전할 수 있는 도로교통법에 따른 운전면허가 취소된 경우는 제외)
- 자격시험일 전 5년간 도로교통법에 따른 음주운전·과로운전 금지 등의 조항을 위반하여 운전면허가 취소된 자
- 자격시험일 전 5년간 도로교통법에 따른 무면허운전 금지 조항을 위반하여 벌금형을 선고받거나 운전면허가 취소된 자
- 자격시험일 전 5년간 운전 중 고의 또는 과실로 3명 이상이 사망하거나 20명 이상의 사상자가 발생한 교통사고를 일으켜 운전면허가 취소된 자
- 자격시험일 전 3년간 도로교통법에 따른 공동위험행위·난폭운전 금지 등의 조항을 위반하여 운전면허가 취소된 사람

※ 사업용(영업용) 운전경력이란?
사업용(영업용) 운전경력은 버스, 택시, 화물종사자로, 노란색 번호판을 사용하는 차량에 한합니다.

※ 정확한 운전면허 취득일 조회방법
경찰청 교통민원24 홈페이지 ⇨ 운전면허정보조회에서 확인할 수 있습니다.

한눈에 보는 자격 취득과정

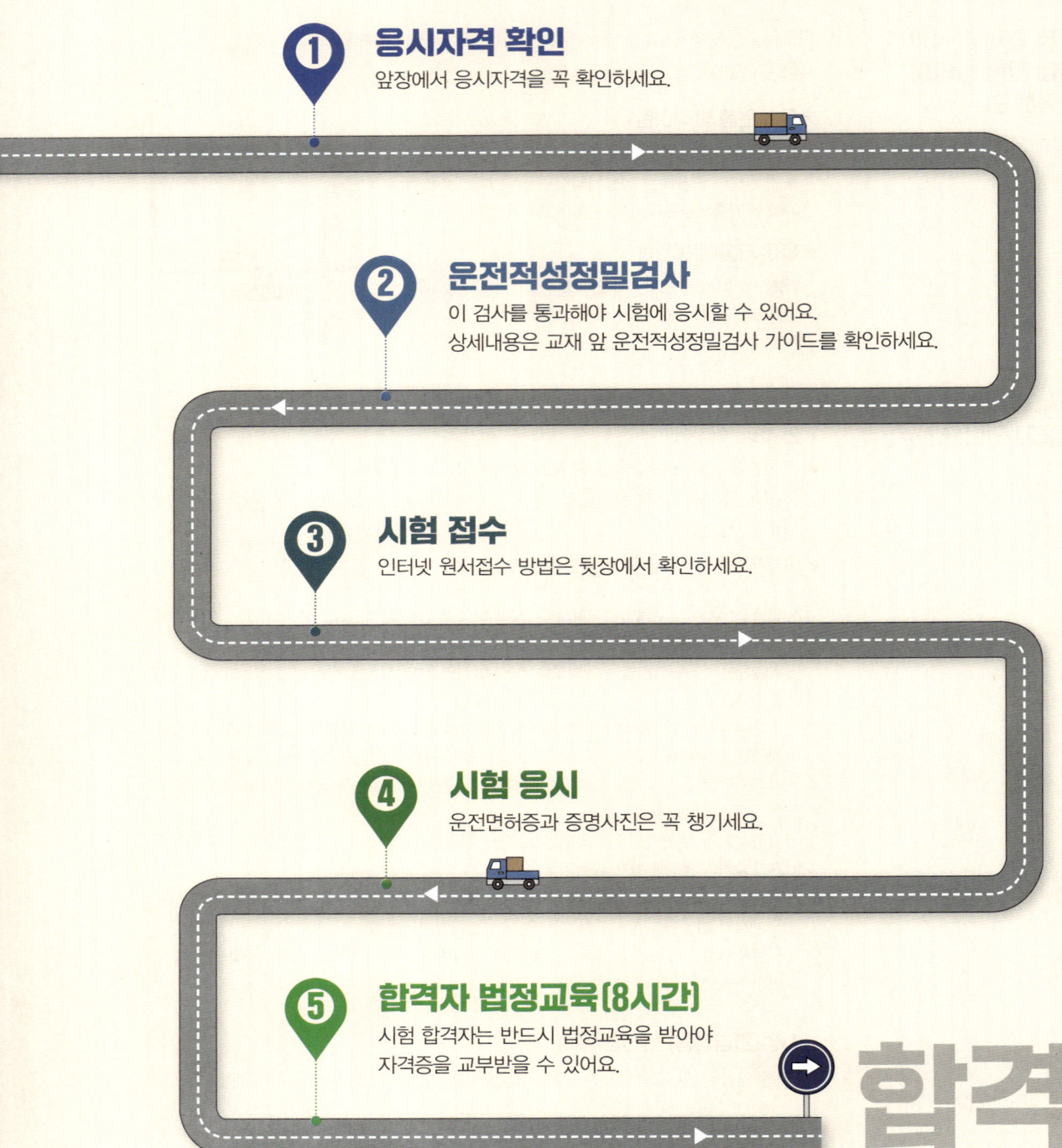

① **응시자격 확인**
앞장에서 응시자격을 꼭 확인하세요.

② **운전적성정밀검사**
이 검사를 통과해야 시험에 응시할 수 있어요.
상세내용은 교재 앞 운전적성정밀검사 가이드를 확인하세요.

③ **시험 접수**
인터넷 원서접수 방법은 뒷장에서 확인하세요.

④ **시험 응시**
운전면허증과 증명사진은 꼭 챙기세요.

⑤ **합격자 법정교육(8시간)**
시험 합격자는 반드시 법정교육을 받아야
자격증을 교부받을 수 있어요.

합격

컴퓨터(CBT) 필기시험 절차

1 컴퓨터(CBT) 필기시험 준비
✓ 지정된 번호의 좌석에 앉아, 시험감독관 및 화면의 지시에 따라 진행합니다.

2 지문인식 등록
✓ 지문등록을 통해 본인 여부를 확인합니다.
✓ 지문등록기에 불이 들어오면 왼손 두 번째 손가락을 올려 지문등록을 합니다.

3 수험자 본인 정보 확인
✓ 수험자는 자격종류, 수험번호, 성명 등 본인의 정보를 확인한 후, 올바르면 '예'를 누릅니다.

4 시험 안내사항 숙지
✓ 시험과목은 총 4과목이며, 문제는 총 80문항입니다.
✓ 시험시간은 총 80분이며, 합격은 60점 이상을 획득해야 합니다.
✓ 시험응시 후 결격사유 발견 시, 시험결과와 관계없이 자격이 취소됩니다.

5 시험 유의사항 숙지
✓ 휴대전화, 카메라 등 전자기기는 사용할 수 없습니다.
✓ 시험 도중에 퇴장 시 재입장이 불가합니다.
✓ 시험도중 문의사항이 있을 경우, 앉은 자리에서 조용히 손을 듭니다.

6 컴퓨터(CBT) 필기시험 시작
✓ 본인 정보를 확인한 후 '시작' 버튼을 누르면 시험이 시작됩니다.

7 시험문제 답안 제출
✓ 남은 문제가 있으면 시험을 종료할 수 없습니다.
✓ 80문제 모두를 풀어야만 답안이 제출됩니다.

8 컴퓨터(CBT) 필기시험 종료
✓ 답안을 제출하면 시험이 종료되어 답안을 수정할 수 없습니다.

9 합격여부 확인
✓ 시험이 종료되면 10초 후에 컴퓨터가 자동으로 종료됩니다.
✓ 수험자는 3층 접수장소에서 합격 여부를 확인할 수 있습니다.
✓ 합격한 수험생은 합격자 교육 일정 등을 안내 받습니다.

인터넷 원서접수 방법

원서접수 바로가기

1 위의 '원서접수 바로가기' QR 코드로 접속하거나 인터넷에 'TS 국가자격시험' 검색 또는 인터넷 주소창에 'lic.kotsa.or.kr'을 입력하세요.

2 우측 상단의 신청·조회 ⇨ 도로자격 ⇨ 화물운송 ⇨ 원서접수(자격시험)을 클릭합니다.

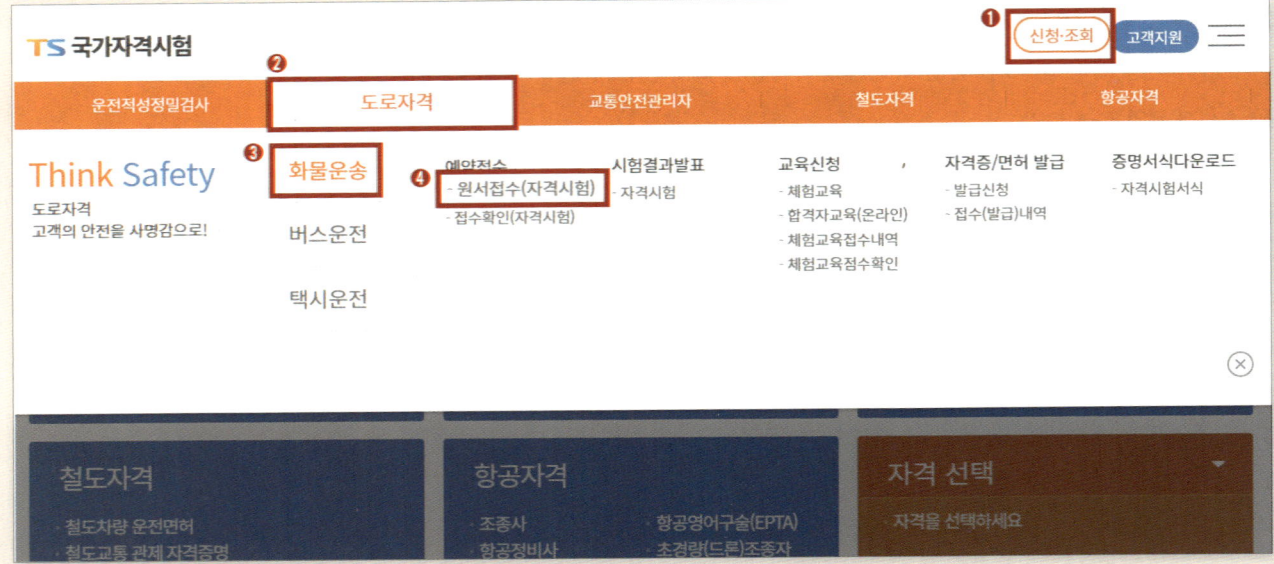

3 아래와 같이 자격구분, 자격종류, 시험구분을 선택합니다.

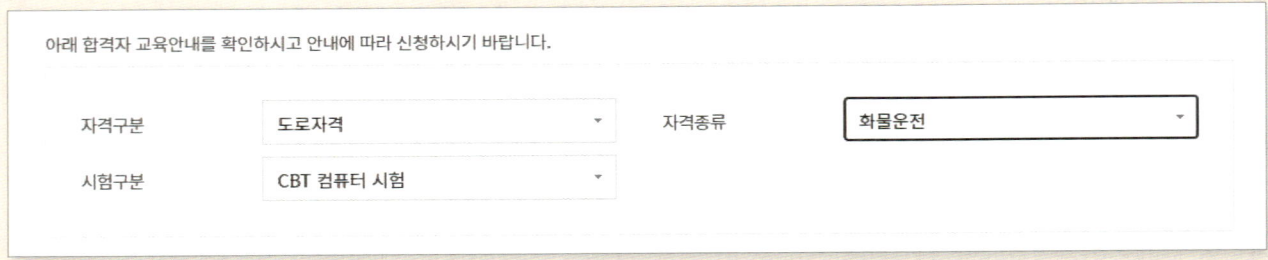

4 응시자격과 응시자 확인사항을 확인한 후 '네, 동의합니다'를 클릭합니다.

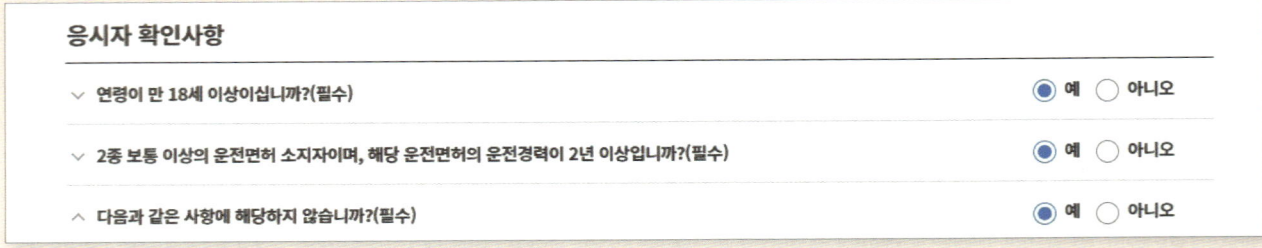

5 성명과 주민등록번호를 입력하여 실명인증을 진행합니다.

인증하기

성명

[성명]

주민등록번호

[   ] - [   ]

[**실명인증**]

6 응시자격을 확인하고 시험장소를 조회한 뒤, 원하는 시험일시를 확인하고 신청하기를 클릭합니다.

응시자격 확인

응시자격	도로자격 / 화물운송종사 / CBT (상시 컴퓨터)

🔸 아래 시험 장소를 조회 하신 후 원하는 시험 일정을 선택하여 신청하기 버튼을 클릭하십시오.

시험장소 선택

❶ [서울본부 ▼] [서울구로상설시험장 ▼] [조회]

회차	시험일시	접수기간	접수인원	예약접수
1	2022-11-16 09:20 ~ 10:40	(2022-09-16 ~ 2022-11-15)	6명/37석	❷ 신청하기
2	2022-11-16 11:00 ~ 12:20	(2022-09-16 ~ 2022-11-15)	16명/37석	신청하기

7 접수 내역을 확인하고 시험응시료 11,500원을 결제하면 접수가 완료됩니다.

접수 내역

응시자격	도로자격 / 화물운송종사/ CBT 상시 컴퓨터 시험
시험장소	서울구로상설시험장 (152895) 서울특별시 구로구 경인로 113(오류동 91-1)
시험일시	2022-11-16 09:20

🔄 변경 및 환불

- 시험일 전일 18시까지는 예약 변경 및 취소가 가능합니다.
- 수수료 환불은 시험일 전일 18시까지는 100% 환불 되며 시험일 전일 18시 이후부터는 환불이 불가합니다.

📍 시험장 정보

오른쪽 QR 코드로 접속하여 확인할 수 있습니다.

시험장 정보
바로가기

교재 구성

확실한 합격을 위한 **핵심이론**

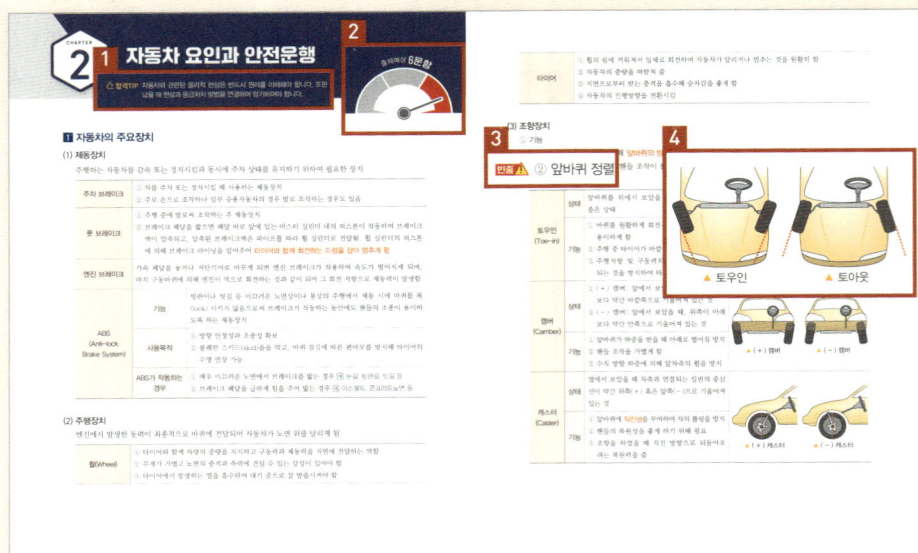

1 합격TIP
빠른 합격을 위한 합격TIP을 제시하였습니다.

2 출제예상 문항 수
영역별 출제예상 문항 수를 적어 전략적으로 학습할 수 있도록 하였습니다.

3 빈출 표시
자주 출제되는 이론에 빈출 표시를 하였습니다.

4 이해를 돕는 삽화
이론을 더욱 쉽게 이해할 수 있도록 삽화를 삽입하였습니다.

답만 외우는 **출제 예상문제**

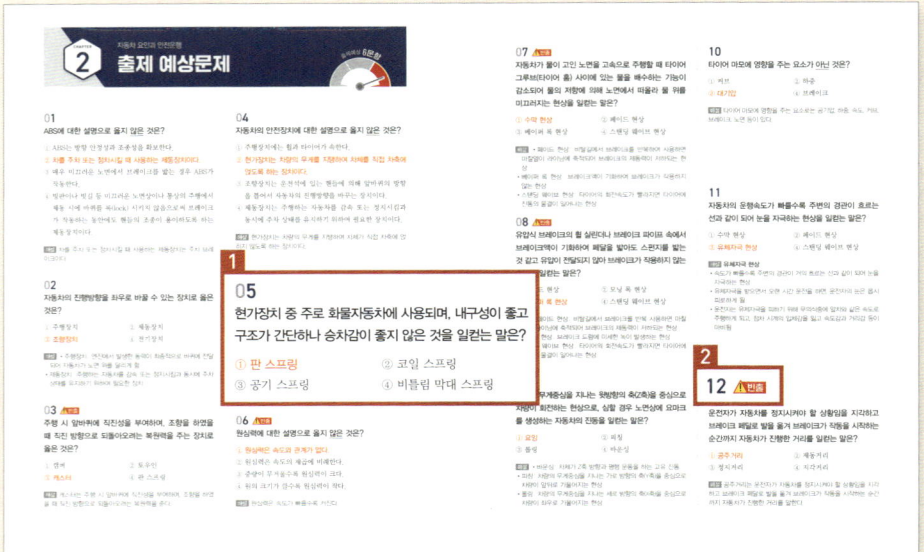

1 답만 외우는 출제 예상문제
정답을 붉은색으로 표시하여 답을 빠르게 확인할 수 있도록 구성하였습니다.

2 빈출 표시
자주 출제되는 영역의 문제에 빈출 표시를 하였습니다.

다시 출제될 기출복원 모의고사

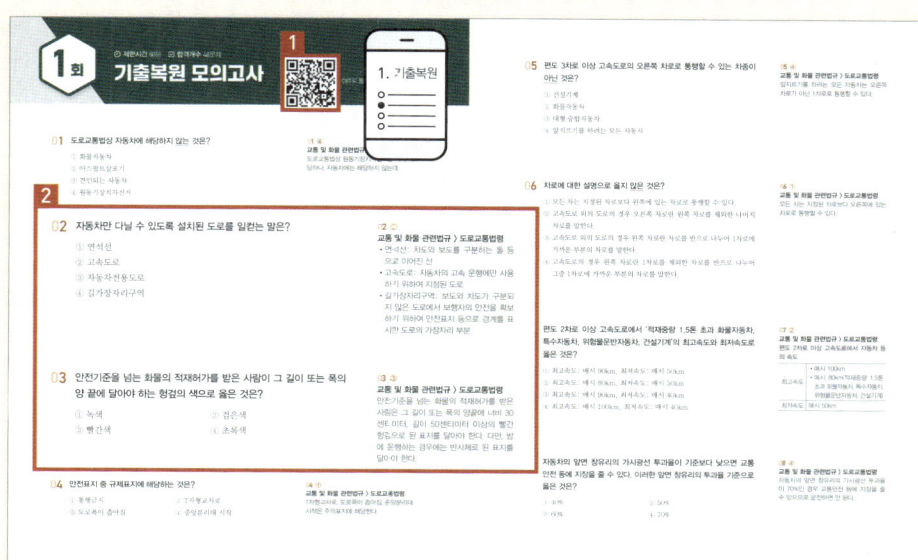

1 CBT 문제풀이 서비스
실제 시험처럼 컴퓨터로 문제를 풀어볼 수 있습니다. 휴대기기로도 언제, 어디서든지 문제를 풀어볼 수 있습니다.

2 다시 출제될 기출복원문제
기출복원문제를 재구성한 모의고사 7회분을 제공합니다. 출제 가능성이 높은 문제를 풀어보고 빠르게 합격하세요.

특별부록

최빈출 쏙! 암기노트
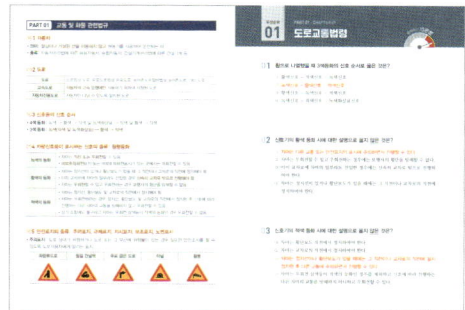
확실한 합격을 위한 마무리로, 짧은 시간에 중요한 이론과 문제만 빠르게 공부할 수 있습니다.

운전적성정밀검사 가이드(PDF)

화물운송종사자격시험 응시 전에 반드시 통과해야 하는 운전적성정밀검사에 대한 상세한 소개를 담았습니다.

목차

※CHAPTER 앞의 숫자는 출제예상 문항 수입니다.

PART 01　　　　　　　　　　25문항 출제
교통 및 화물 관련법규

10문항	CHAPTER 01　도로교통법령	14
3문항	CHAPTER 02　교통사고처리특례법	35
6문항	CHAPTER 03　화물자동차운수사업법령	42
2문항	CHAPTER 04　자동차관리법령	52
2문항	CHAPTER 05　도로법령	57
2문항	CHAPTER 06　대기환경보전법령	60

PART 02　　　　　　　　　　15문항 출제
화물취급요령

3문항	CHAPTER 01　운송장 작성과 화물포장	64
2문항	CHAPTER 02　화물의 상하차	72
2문항	CHAPTER 03　적재물 결박 덮개 설치	78
2문항	CHAPTER 04　운행요령	81
2문항	CHAPTER 05　화물의 인수인계요령	85
2문항	CHAPTER 06　화물자동차의 종류	89
2문항	CHAPTER 07　화물운송의 책임한계	94

PART 03　　　　　　　　　　25문항 출제
안전운행요령

6문항	CHAPTER 01　운전자 요인과 안전운행	102
6문항	CHAPTER 02　자동차 요인과 안전운행	113
4문항	CHAPTER 03　도로 요인과 안전운행	129
7문항	CHAPTER 04　안전운전방법	134
2문항	CHAPTER 05　가짜 석유 관련 안내	149

PART 04　　　　　　　　　　15문항 출제
운송서비스

3문항	CHAPTER 01　직업운전자의 기본자세	154
7문항	CHAPTER 02　물류의 이해	159
2문항	CHAPTER 03　화물운송서비스의 이해	176
3문항	CHAPTER 04　화물운송서비스와 문제점	181

기출복원 모의고사

제1회 기출복원 모의고사	190
제2회 기출복원 모의고사	207
제3회 기출복원 모의고사	225
제4회 기출복원 모의고사	243
제5회 기출복원 모의고사	260
제6회 기출복원 모의고사	278
제7회 기출복원 모의고사	298

특별부록

최빈출 쏙! 암기노트
운전적성정밀검사 가이드(PDF)

PART 01
교통 및 화물 관련법규

25문항 출제

※CHAPTER 앞의 숫자는 출제예상 문항 수입니다.

10문항 CHAPTER 01 도로교통법령	**2문항** CHAPTER 04 자동차관리법령
3문항 CHAPTER 02 교통사고처리특례법	**2문항** CHAPTER 05 도로법령
6문항 CHAPTER 03 화물자동차운수사업법령	**2문항** CHAPTER 06 대기환경보전법령

CHAPTER 1 도로교통법령

출제예상 **10문항**

👍 **합격TIP** 가장 많은 문제가 출제되는 단원입니다. 빈출 표시된 부분과 구체적인 숫자는 시험 전에 반드시 암기해야 합니다.

1 도로교통법령 용어

(1) 차마와 자동차의 정의

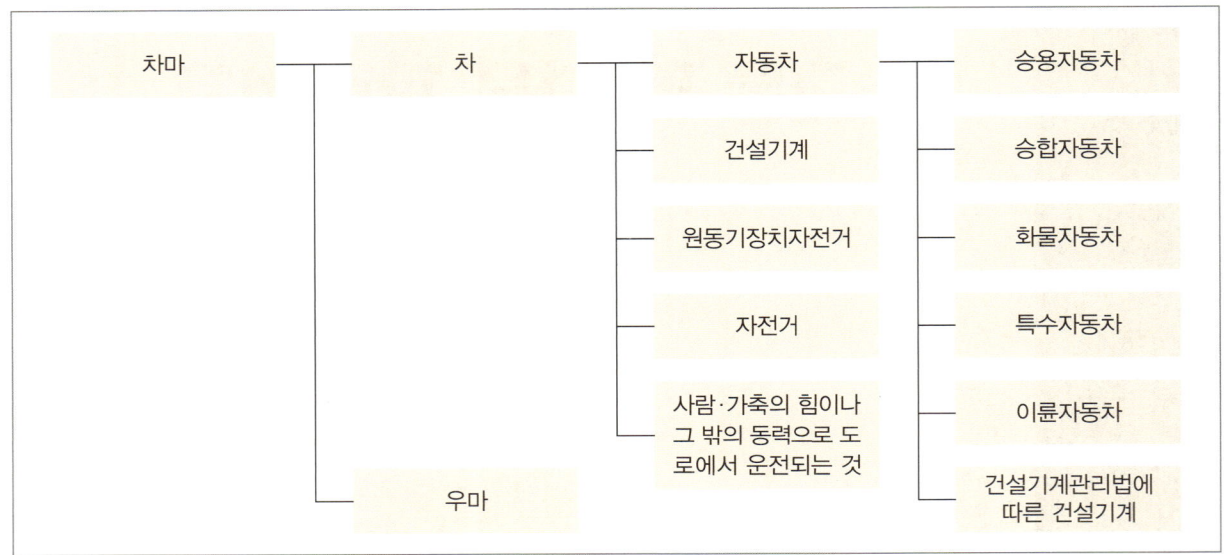

① **차마**: '차'와 '우마'를 통틀어 이르는 말

차	① 의미: 자동차, 건설기계, 원동기장치자전거, 자전거, 사람 또는 가축의 힘이나 그 밖의 동력으로 도로에서 운전되는 것 ② 제외: 철길이나 가설된 선을 이용하여 운전되는 것, 유모차와 보행보조용 의자차, 노약자용 보행기, 실외이동로봇 등 행정안전부령으로 정하는 기구·장치는 제외 📌 원동기장치자전거는 차에 해당하나, 자동차에 해당하지 않음
우마	교통이나 운수에 사용되는 가축

② **자동차**

의미	철길이나 가설된 선을 이용하지 않고 원동기를 사용하여 운전되는 차
종류	① 자동차관리법에 따른 승용자동차, 승합자동차, 화물자동차, 특수자동차, 이륜자동차 ② 건설기계관리법에 따른 건설기계: 덤프 트럭, 아스팔트살포기, 노상안정기, 콘크리트믹서트럭, 콘크리트펌프, 천공기(트럭 적재식) 등 📌 견인되는 자동차는 자동차의 일부로 봄

(2) 도로의 정의

도로	도로법상 도로	고속국도, 일반국도, 특별시도·광역시도, 지방도, 시도, 군도, 구도, 도로의 부속물을 포함
	유료도로법상 유료도로	통행료 또는 사용료를 받는 도로
	농어촌도로 정비법상 농어촌도로	농어촌지역 주민의 교통 편익과 생산·유통활동 등에 공용되는 공로(公路) 중 고시된 도로로 면도, 이도, 농도로 구분 참 사도는 농어촌도로가 아님
	기타 도로	현실적으로 불특정 다수의 사람 또는 차마가 통행할 수 있도록 공개된 장소로서 안전하고 원활한 교통을 확보할 필요가 있는 장소
고속도로		자동차의 고속 운행에만 사용하기 위하여 지정된 도로
자동차전용도로		자동차만 다닐 수 있도록 설치된 도로

빈출 (3) 도로 관련 용어의 정의

차도	연석선, 안전표지 또는 그와 비슷한 인공구조물을 이용하여 경계를 표시하여 모든 차가 통행할 수 있도록 설치된 도로의 부분
보도	연석선, 안전표지나 그와 비슷한 인공구조물로 경계를 표시하여 보행자가 통행할 수 있도록 한 도로의 부분 참 보행자: 유모차, 보행보조용 의자차, 노약자용 보행기 등 기구·장치를 이용하여 통행하는 사람 및 실외이동로봇을 포함
연석선	차도와 보도를 구분하는 돌 등으로 이어진 선
차로	차마가 한 줄로 도로의 정해진 부분을 통행하도록 차선으로 구분한 차도의 부분
차선	차로와 차로를 구분하기 위하여 그 경계지점을 안전표지로 표시한 선
중앙선	① 차마의 통행 방향을 명확하게 구분하기 위하여 도로에 황색실선이나 황색점선 등의 안전표지로 표시한 선 또는 중앙분리대나 울타리 등으로 설치한 시설물 ② 가변차로가 설치된 경우에는 신호기가 지시하는 진행방향의 가장 왼쪽에 있는 황색점선
길가장자리구역	보도와 차도가 구분되지 않은 도로에서 보행자의 안전을 확보하기 위하여 안전표지 등으로 경계를 표시한 도로의 가장자리 부분
교차로	'十'자로, 'T'자로나 그 밖에 둘 이상의 도로 또는 차도가 교차하는 부분
안전지대	도로를 횡단하는 보행자나 통행하는 차마의 안전을 위하여 안전표지나 이와 비슷한 인공구조물로 표시한 도로의 부분

2 신호기

(1) 신호등의 신호 순서

종류		신호 순서
4색등화 [적색, 황색, 녹색화살표, 녹색]		녹색 → 황색 → 적색 및 녹색화살표 → 적색 및 황색 → 적색
3색등화 [적색, 황색, 녹색(녹색화살표)]		녹색(적색 및 녹색화살표) → 황색 → 적색

(2) 차량신호등이 표시하는 신호의 종류

① 원형 등화

녹색의 등화		① 차마는 직진 또는 우회전할 수 있음 ② 비보호좌회전표지 또는 비보호좌회전표시가 있는 곳에서는 좌회전할 수 있음
황색의 등화		① 차마는 정지선이 있거나 횡단보도가 있을 때에는 그 직전이나 교차로의 직전에 정지하여야 함 ② 이미 교차로에 차마의 일부라도 진입한 경우에는 신속히 교차로 밖으로 진행하여야 함 ③ 차마는 우회전할 수 있고 우회전하는 경우에는 보행자의 횡단을 방해할 수 없음
적색의 등화		① 차마는 정지선, 횡단보도 및 교차로의 직전에서 정지해야 함 ② 차마는 우회전하려는 경우 정지선, 횡단보도 및 교차로의 직전에서 정지한 후 신호에 따라 진행하는 다른 차마의 교통을 방해하지 않고 우회전할 수 있음 ③ ②에도 불구하고 차마는 우회전 삼색등이 적색의 등화인 경우 우회전할 수 없음
황색 등화의 점멸		차마는 다른 교통 또는 안전표지의 표시에 주의하면서 진행할 수 있음
적색 등화의 점멸		차마는 정지선이나 횡단보도가 있을 때에는 그 직전이나 교차로의 직전에 일시정지한 후 다른 교통에 주의하면서 진행할 수 있음

② 화살표 등화

녹색화살표의 등화		차마는 화살표시 방향으로 진행할 수 있음
황색화살표의 등화		① 화살표시 방향으로 진행하려는 차마는 정지선이 있거나 횡단보도가 있을 때에는 그 직전이나 교차로의 직전에 정지하여야 함 ② 이미 교차로에 차마의 일부라도 진입한 경우에는 신속히 교차로 밖으로 진행하여야 함
적색화살표의 등화		화살표시 방향으로 진행하려는 차마는 정지선, 횡단보도 및 교차로의 직전에서 정지하여야 함

③ 사각형 등화

녹색화살표의 등화		차마는 화살표로 지정한 차로로 진행할 수 있음
적색 ×표 표시의 등화		차마는 ×표가 있는 차로로 진행할 수 없음

3 안전표지

(1) 정의

교통안전에 필요한 주의·규제·지시 등을 표시하는 표지판이나 도로의 바닥에 표시하는 기호·문자 또는 선

(2) 종류

① 주의표지: 도로 상태가 위험하거나 도로 또는 그 부근에 위험물이 있는 경우에 필요한 안전조치를 할 수 있도록 도로사용자에게 알리는 표지

좌합류도로	철길 건널목	우로 굽은 도로	터널	횡풍

② 규제표지: 도로교통의 안전을 위하여 각종 제한·금지 등의 규제를 하는 경우에 도로사용자에게 알리는 표지

통행금지	화물자동차통행금지	우회전금지	앞지르기금지	정차·주차금지

③ **지시표지**: 도로의 통행방법·통행구분 등 도로교통의 안전을 위하여 필요한 지시를 하는 경우에 도로사용자가 이를 따르도록 알리는 표지

자동차전용도로	유턴	직진 및 좌회전	비보호좌회전	진행방향별 통행구분

④ **보조표지**: 주의표지·규제표지 또는 지시표지의 주 기능을 보충하여 도로사용자에게 알리는 표지

노면 상태	교통규제	통행규제	구간시작	중량
	차로엄수	건너가지 마시오	구간시작 ←200m	3.5t

⑤ **노면표시**: 도로교통의 안전을 위하여 각종 주의·규제·지시 등의 내용을 노면에 기호·문자 또는 선으로 도로사용자에게 알리는 표지

중앙선	유턴구역선	버스전용차로	좌회전금지

> **참고** 노면표시에 사용되는 선과 색상

① 노면표시에 사용되는 선의 종류와 의미

점선	실선	복선
허용	제한	의미의 강조

② 노면표시의 기본색상

백색	동일 방향의 교통류 분리 및 경계 표시
황색	반대 방향의 교통류 분리 또는 도로 이용의 제한 및 지시 표시 예 중앙선 표시, 노상장애물 중 도로중앙장애물 표시, 주차금지 표시, 정차·주차금지 표시, 안전지대 표시
청색	지정 방향의 교통류 분리 표시 예 버스전용차로 표시, 다인승차량전용차선 표시
적색	어린이보호구역 또는 주거지역 안에 설치하는 속도제한 표시의 테두리선 및 소방시설 주변 정차·주차금지 표시에 사용

4 차마의 통행방법

빈출 (1) 차로에 따른 통행차의 기준

고속도로 외의 도로		왼쪽 차로	승용자동차 및 경형·소형·중형 승합자동차
		오른쪽 차로	대형승합자동차, 화물자동차, 특수자동차, 건설기계, 이륜자동차, 원동기장치자전거(개인형 이동장치 제외)
고속도로	편도 2차로	1차로	① 시속 80킬로미터 이상 주행으로 앞지르기를 하려는 모든 자동차 ② 도로상황으로 인해 부득이하게 시속 80킬로미터 이상 주행 불가 시 앞지르기를 하지 않더라도 통행 가능
		2차로	모든 자동차
	편도 3차로 이상	1차로	① 시속 80킬로미터 이상 주행으로 앞지르기를 하려는 승용자동차 및 승합자동차(경형·소형·중형) ② 도로상황으로 인해 부득이하게 시속 80킬로미터 이상 주행 불가 시 앞지르기를 하지 않더라도 통행 가능
		왼쪽 차로	승용자동차 및 승합자동차(경형·소형·중형)
		오른쪽 차로	승합자동차(대형), 화물자동차, 특수자동차, 건설기계

① 모든 차는 위 표에서 지정된 차로보다 오른쪽에 있는 차로로 통행할 수 있음

② 앞지르기를 할 때에는 위 표에서 지정된 차로의 왼쪽 바로 옆 차로로 통행할 수 있음

> **참고** 왼쪽 차로와 오른쪽 차로
>
> ① 고속도로 외의 도로
>   ㉠ 왼쪽 차로: 차로를 반으로 나누어 1차로에 가까운 차로로, 차로 수가 홀수인 경우 가운데 차로는 제외
>   ㉡ 오른쪽 차로: 왼쪽 차로를 제외한 나머지 차로
>   예 편도 4차로 도로의 경우 1·2차로가 왼쪽, 3·4차로가 오른쪽 차로가 됨
> ② 고속도로
>   ㉠ 왼쪽 차로: 추월차로인 1차로를 제외한 차로를 반으로 나누어 그중 1차로에 가까운 차로
>   ㉡ 오른쪽 차로: 왼쪽 차로, 중앙버스전용차로, 추월차로를 제외한 나머지 차로
>   예 편도 5차로 도로의 경우 1차로가 추월, 2·3차로가 왼쪽, 4·5차로가 오른쪽 차로가 됨

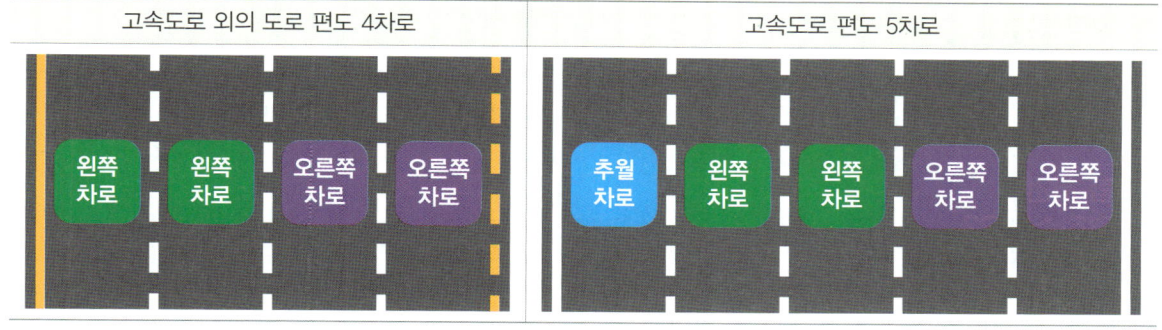

(2) 도로 및 도로 외의 곳에서의 차마의 통행방법

보도와 차도가 구분된 도로	차도로 통행
도로 외의 곳으로 출입 시	① 보도를 횡단하여 통행 가능 ② 보도 횡단 직전에 일시정지하여 좌측과 우측을 살핀 후 보행자의 통행을 방해하지 않도록 횡단

(3) 중앙(중앙선) 우측통행 규칙

중앙 우측통행(원칙)	차마의 운전자는 도로 또는 차도의 중앙(중앙선) 우측 부분을 통행하여야 함

중앙 또는 좌측통행이 가능한 경우 (예외)	① 도로가 **일방통행**인 경우
	② **도로의 파손, 도로공사**나 그 밖의 장애 등으로 도로의 우측 부분을 통행할 수 없는 경우
	③ **도로 우측 부분의 폭이 6미터가 되지 않는 도로에서 다른 차를 앞지르려는 경우**
	  ㉠ 도로의 좌측 부분을 확인할 수 없는 경우
	  ㉡ 반대 방향의 교통을 방해할 우려가 있는 경우
	  ㉢ 안전표지 등으로 앞지르기를 금지하거나 제한하고 있는 경우
	④ 도로 우측 부분의 폭이 차마의 통행에 충분하지 아니한 경우
	⑤ 가파른 비탈길의 구부러진 곳에서 교통의 위험을 방지하기 위하여 시·도경찰청장이 필요하다고 인정하여 구간 및 통행방법을 지정하고 있는 경우에 그 지정에 따라 통행하는 경우

(4) 안전거리 확보 의무

① 모든 차의 운전자는 같은 방향으로 가고 있는 앞차의 뒤를 따르는 경우에는 앞차가 갑자기 정지하게 되는 경우 그 **앞차와의 충돌을 피할 수 있는 필요한 거리를 확보**하여야 함

② 모든 차의 운전자는 차의 진로를 변경하려는 경우에 그 변경하려는 방향으로 오고 있는 **다른 차의 정상적인 통행에 장애를 줄 우려가 있을 때에는 진로를 변경하여서는 안 됨**

(5) 진로 양보의 의무

① **긴급자동차를 제외한 모든 차**의 운전자는 뒤에서 따라오는 차보다 **느린 속도로 가려는 경우 도로의 우측 가장자리로 피하여** 진로를 양보하여야 함. 다만, 통행구분이 설치된 도로의 경우에는 그렇지 않음

② 긴급자동차를 제외한 자동차가 좁은 도로에서 서로 마주보고 진행하는 경우

  ㉠ 비탈진 좁은 도로: 올라가는 자동차가 도로 우측 가장자리로 피하여 진로 양보

  ㉡ 비탈지지 않은 좁은 도로에서 사람을 태웠거나 물건을 실은 자동차와 동승자가 없고 물건을 싣지 않은 자동차가 서로 마주보고 진행하는 경우: 동승자가 없고 물건을 싣지 않은 자동차가 도로 우측 가장자리로 피하여 진로 양보

(6) 교차로 통행방법

① 좌회전 및 우회전 시

좌회전	① 미리 도로의 중앙선을 따라 서행하면서 교차로의 중심 안쪽을 이용하여 좌회전해야 함 ② 시·도경찰청장이 교차로의 상황에 따라 특히 필요하다고 인정하여 지정한 곳에서는 교차로의 중심 바깥쪽을 통과할 수 있음
우회전	① 미리 도로의 우측 가장자리를 서행하면서 우회전해야 함 ② 우회전하는 차의 운전자는 신호에 따라 정지하거나 진행하는 보행자 또는 자전거 등에 주의해야 함

빈출 ② 교통정리를 하고 있지 않는 교차로에서의 양보운전
  ㉠ 교통정리를 하고 있지 않는 교차로에 들어가려고 하는 차의 운전자
    - 이미 교차로에 들어가 있는 다른 차가 있을 때에는 그 차에 진로를 양보하여야 함
    - 차가 통행하고 있는 도로의 폭보다 교차하는 도로의 폭이 넓은 경우 서행하여야 함
    - 폭이 넓은 도로로부터 교차로에 들어가려고 하는 다른 차가 있을 때에는 그 차에 진로를 양보하여야 함
  ㉡ 교통정리를 하고 있지 않는 교차로에 동시에 들어가려고 하는 차의 운전자: 우측도로의 차에 진로를 양보하여야 함
  ㉢ 교통정리를 하고 있지 않는 교차로에서 좌회전하려고 하는 차의 운전자: 그 교차로에서 직진하거나 우회전하려는 다른 차가 있을 때에는 그 차에 진로를 양보하여야 함

(7) 긴급자동차의 우선 통행

① 긴급자동차의 종류: 소방차, 구급차, 혈액 공급차량 등 *참* 구난차는 긴급자동차가 아님
② 긴급자동차의 우선 통행
  ㉠ 긴급자동차는 긴급하고 부득이한 경우 도로의 중앙이나 좌측 부분을 통행할 수 있음
  ㉡ 긴급자동차는 도로교통법령에 따라 정지하여야 하는 경우에도 불구하고 긴급하고 부득이한 경우에는 정지하지 않을 수 있음
③ 긴급자동차가 접근하는 경우 차마와 노면전차의 통행방법

교차로나 그 부근에서 긴급자동차가 접근하는 경우	교차로를 피하여 일시정지
교차로나 그 부근 외의 곳에서 긴급자동차가 접근하는 경우	긴급자동차가 우선 통행할 수 있도록 진로 양보

④ 긴급자동차에 대한 특례: 긴급자동차에 대하여는 다음을 적용하지 않음

  ㉠ 자동차 등의 속도제한   ㉡ 앞지르기 금지   ㉢ 끼어들기 금지
  ㉣ 신호 위반 금지   ㉤ 보도침범 금지   ㉥ 중앙선침범 금지
  ㉦ 횡단 등의 금지   ㉧ 안전거리 확보 의무   ㉨ 앞지르기 방법
  ㉩ 주차 및 정차의 금지   ㉪ 주차금지   ㉫ 고장 등의 조치

(8) 승차 또는 적재의 방법과 제한

① 시·도경찰청장은 승차인원, 적재중량 또는 적재용량을 제한할 수 있음
② 운전자는 자동차의 화물적재함에 사람을 태우고 운행해서는 안 됨
③ 안전기준을 넘는 화물의 적재허가를 받은 사람은 그 길이 또는 폭의 양끝에 너비 30센티미터, 길이 50센티미터 이상의 빨간 헝겊으로 된 표지를 달아야 함. 다만, 밤에 운행하는 경우에는 반사체로 된 표지를 달아야 함

빈출 ④ 화물자동차의 적재중량 및 적재용량

화물자동차의 적재중량		구조 및 성능에 따르는 적재중량의 110퍼센트 이내
화물자동차의 적재용량	길이	자동차 길이에 그 길이의 10분의 1을 더한 길이 이내
	너비	자동차의 후사경으로 뒤쪽을 확인할 수 있는 범위
	높이	화물자동차는 지상으로부터 4미터 이내

(9) 정차 및 주차금지 구역

① 교차로·횡단보도·건널목이나 보도와 차도가 구분된 도로의 보도
② 교차로의 가장자리, 도로의 모퉁이로부터 5미터 이내인 곳
③ 안전지대가 설치된 도로에서는 그 안전지대의 사방으로부터 각각 10미터 이내인 곳
④ 버스여객자동차의 정류지임을 표시하는 기둥이나 표지판 또는 선이 설치된 곳으로부터 10미터 이내인 곳
⑤ 건널목의 가장자리 또는 횡단보도로부터 10미터 이내인 곳

5 자동차 등의 속도·서행 및 일시정지 등

(1) 자동차 등의 속도

빈출 ① 악천후 시의 운행속도

최고속도의 20/100을 줄인 속도	① 비가 내려 노면이 젖어있는 경우 ② 눈이 20mm 미만 쌓인 경우
최고속도의 50/100을 줄인 속도	① 폭우·폭설·안개 등으로 가시거리가 100m 이내인 경우 ② 노면이 얼어붙은 경우 ③ 눈이 20mm 이상 쌓인 경우

단, 가변형 속도제한표지로 최고속도를 정한 경우에는 이를 따라야 함

빈출 ② 도로별 차로 등에 따른 속도

도로 구분			최고속도	최저속도
일반 도로	편도 1차로		매시 60km	제한 없음
	편도 2차로 이상		매시 80km	
고속 도로	편도 1차로		매시 80km	매시 50km
	편도 2차로 이상	고속도로	① 매시 100km ② 매시 80km(적재중량 1.5톤 초과 화물자동차, 특수자동차, 위험물운반자동차, 건설기계)	매시 50km
		지정·고시한 노선 또는 구간의 고속도로	① 매시 120km ② 매시 90km(적재중량 1.5톤 초과 화물자동차, 특수자동차, 위험물운반자동차, 건설기계)	
자동차전용도로			매시 90km	매시 30km

참 일반도로: 고속도로 및 자동차전용도로 외의 모든 도로

빈출 **(2) 서행 및 일시정지 등**

① **서행**: 차 또는 노면전차가 즉시 정지할 수 있는 느린 속도로 진행하는 것(위험을 예상한 상황적 대비)

서행하여야 하는 경우	① 교차로에서 좌·우회전할 때 각각 서행 ② 교통정리를 하고 있지 않는 교차로에 들어가려고 할 때 그 차가 통행하고 있는 도로의 폭보다 교차하는 도로의 폭이 넓은 경우에 서행 ③ 도로에 설치된 안전지대에 보행자가 있는 경우와 차로가 설치되지 않은 좁은 도로에서 보행자의 옆을 지나는 경우에 안전한 거리를 두고 서행
서행하여야 하는 장소	① 교통정리를 하고 있지 않는 교차로 ② 도로가 구부러진 부근 ③ 비탈길의 고갯마루 부근 ④ 가파른 비탈길의 내리막 ⑤ 시·도경찰청장이 안전표지로 지정한 곳

② **정지**: 자동차가 완전히 멈추는 상태. 즉, 당시의 속도가 0km/h인 상태로서 완전한 정지 상태의 이행

차량신호등이 황색 등화인 경우	정지선이 있거나 횡단보도가 있을 때에는 그 직전이나 교차로의 직전에 정지
차량신호등이 적색 등화인 경우	정지선, 횡단보도 및 교차로의 직전에서 정지

③ **일시정지**: 반드시 차가 멈추어야 하되, 얼마간의 시간 동안 정지 상태를 유지해야 하는 교통 상황(정지 상황의 일시적 전개)

  ㉠ 교통정리를 하고 있지 않고 좌우를 확인할 수 없거나 교통이 빈번한 교차로에서 일시정지

ⓒ 시·도경찰청장이 필요하다고 인정하여 안전표지로 지정한 곳에서 일시정지
ⓒ 보도를 횡단하기 직전에 일시정지하여 좌측과 우측 부분 등을 살핀 후 보행자의 통행을 방해하지 않도록 횡단하여야 함
ⓔ 철길 건널목을 통과하려는 경우 건널목 앞에서 일시정지하여 안전한지 확인한 후 통과하여야 함
ⓜ 보행자(자전거에서 내려서 자전거를 끌고 통행하는 자전거 운전자 포함)가 횡단보도를 통행하고 있을 때 보행자의 횡단을 방해하거나 위험을 주지 않도록 그 횡단보도 앞(정지선이 설치되어 있는 곳에서는 그 정지선)에서 일시정지
ⓑ 보행자전용도로의 통행이 허용된 차마의 운전자는 보행자를 위험하게 하거나 보행자의 통행을 방해하지 않도록 차마를 보행자의 걸음 속도로 운행하거나 일시정지

6 자동차의 정비 및 점검

(1) 자동차의 정비

정비불량차 운전 금지	모든 차의 사용자, 정비책임자 또는 운전자는 자동차관리법·건설기계관리법이나 그 법에 따른 명령에 의한 장치가 정비되지 않은 차를 운전하도록 시키거나 운전하여서는 안 됨
운송사업용 자동차 또는 화물자동차 등의 운전자 금지 행위	① 운행기록계가 설치되어 있지 않거나 고장 등으로 사용할 수 없는 운행기록계가 설치된 자동차를 운전하는 행위 ② 운행기록계를 원래의 목적대로 사용하지 않고 자동차를 운전하는 행위 ③ 승차를 거부하는 행위

(2) 자동차의 점검

① 정비불량차에 해당한다고 인정하는 차가 운행되고 있는 경우: **경찰공무원**은 우선 그 차를 정지시킨 후, 운전자에게 그 차의 자동차등록증 또는 자동차운전면허증을 제시하도록 요구하고 그 차의 장치를 점검할 수 있음
② 정비불량사항이 발견된 경우
 ㉠ 정비불량 상태의 정도에 따라 그 차의 운전자로 하여금 응급조치를 하게 한 후에 운전을 하도록 함
 ㉡ 도로 또는 교통 상황을 고려하여 통행구간, 통행로와 위험 방지를 위한 필요한 조건을 정한 후 그에 따라 운전을 계속하게 할 수 있음
③ 정비 상태가 매우 불량하여 위험 발생의 우려가 있는 경우
 ㉠ 시·도경찰청장은 그 차의 자동차등록증을 보관하고 운전의 일시정지를 명할 수 있으며 필요하면 10일의 범위에서 정비기간을 정하여 그 차의 사용을 정지시킬 수 있음
 ㉡ 경찰공무원은 일시정지를 명하는 경우 정비불량표지를 자동차 등의 앞면 창유리에 붙이고, 정비명령서를 교부해야 함
 ㉢ 누구든지 자동차 등에 붙인 정비불량표지를 찢거나 훼손하여 못 쓰게 해서는 안 되며, 시·도경찰청장의 정비확인을 받지 않고는 이를 떼어낼 수 없음

7 운전면허

빈출 (1) 운전할 수 있는 차의 종류

제1종	대형면허	① 승용자동차 ② 승합자동차 ③ 화물자동차 ④ 건설기계[덤프 트럭, 아스팔트살포기, 노상안정기, 콘크리트믹서트럭, 콘크리트펌프, 천공기(트럭 적재식), 콘크리트믹서트레일러, 아스팔트콘크리트재생기, 도로보수트럭, 3톤 미만의 지게차 등] ⑤ 특수자동차[대형견인차, 소형견인차 및 구난차(구난차 등)는 제외] ⑥ 원동기장치자전거
	보통면허	① 승용자동차 ② 승차정원 15명 이하의 승합자동차 ③ 적재중량 12톤 미만의 화물자동차 ④ 건설기계(도로를 운행하는 3톤 미만의 지게차로 한정) ⑤ 총중량 10톤 미만의 특수자동차[대형견인차, 소형견인차 및 구난차(구난차 등)는 제외] ⑥ 원동기장치자전거
	소형면허	① 3륜화물자동차 ② 3륜승용자동차 ③ 원동기장치자전거
	특수면허 — 대형 견인차	① 견인형 특수자동차 ② 제2종 보통면허로 운전할 수 있는 차량
	특수면허 — 소형 견인차	① 총중량 3.5톤 이하의 견인형 특수자동차 ② 제2종 보통면허로 운전할 수 있는 차량
	특수면허 — 구난차	① 구난형 특수자동차 ② 제2종 보통면허로 운전할 수 있는 차량
제2종	보통면허	① 승용자동차 ② 승차정원 10명 이하의 승합자동차 ③ 적재중량 4톤 이하 화물자동차 ④ 총중량 3.5톤 이하의 특수자동차[대형견인차, 소형견인차 및 구난차(구난차 등)는 제외] ⑤ 원동기장치자전거
	소형면허	① 이륜자동차(측차부 포함) ② 원동기장치자전거
	원동기장치자전거면허	원동기장치자전거

(2) 위험물 등을 운반하는 화물자동차의 운전 가능 면허

적재중량 3톤 이하 또는 적재용량 3천 리터 이하의 화물자동차	제1종 보통면허
적재중량 3톤 초과 또는 적재용량 3천 리터 초과의 화물자동차	제1종 대형면허

(3) 운전면허 취소처분 기준

① 도주(뺑소니): 교통사고로 사람을 죽게 하거나 다치게 하고, 구호조치를 하지 않은 때
② 음주운전
　㉠ 혈중알코올농도 0.03퍼센트 이상을 넘어서 운전하다가 교통사고로 사람을 죽게 하거나 다치게 한 때
　㉡ 혈중알코올농도 0.08퍼센트 이상의 상태에서 운전한 때
　㉢ 술에 취한 상태에서 운전하거나 술에 취한 상태에서 운전하였다고 인정할 만한 상당한 이유가 있음에도 불구하고 경찰공무원의 측정 요구에 불응한 때
　　참 도로교통법상 '술에 취한 상태'의 기준: 혈중알코올농도 0.03%
③ 면허증 대여(도난, 분실 제외)
　㉠ 면허증 소지자가 다른 사람에게 면허증을 대여하여 운전하게 한 때
　㉡ 면허 취득자가 다른 사람의 면허증을 대여 받거나 그 밖에 부정한 방법으로 입수한 면허증으로 운전한 때
④ 투약·흡연·섭취·주사 등으로 정상적인 운전을 하지 못할 염려가 있는 상태에서 자동차 등을 운전한 때
⑤ 공동위험행위, 난폭운전으로 구속된 때
⑥ 다음의 결격사유에 해당한 때
　㉠ 교통상의 위험과 장해를 일으킬 수 있는 정신질환자 또는 뇌전증환자
　㉡ 앞을 보지 못하는 사람(한쪽 눈만 보지 못하는 사람인 경우 제1종 운전면허 중 대형면허·특수면허로 한정)
　㉢ 듣지 못하는 사람(제1종 운전면허 중 대형면허·특수면허로 한정)
　㉣ 양팔의 팔꿈치 관절 이상을 잃은 사람, 또는 양팔을 전혀 쓸 수 없는 사람(본인의 신체장애 정도에 적합하게 제작된 자동차를 이용하여 정상적으로 운전할 수 있는 경우는 제외)
　㉤ 다리, 머리, 척추 그 밖의 신체장애로 인하여 앉아 있을 수 없는 사람
　㉥ 교통상의 위험과 장해를 일으킬 수 있는 마약, 대마, 향정신성 의약품 또는 알코올 중독자

(4) 운전면허 정지처분 기준

① 도로교통법령을 위반한 때의 벌점

벌점	위반사항
100	① 혈중알코올농도 0.03퍼센트 이상 0.08퍼센트 미만 상태에서 운전한 때 ② 보복운전을 하여 입건된 때
40	공동위험행위, 난폭운전으로 형사입건된 때

벌점	위반사항
30	① 중앙선침범 ② 철길 건널목 통과방법 위반 ③ 어린이통학버스 특별보호, 어린이통학버스 운전자의 의무 위반 ④ 고속도로·자동차전용도로 갓길통행 ⑤ 고속도로 버스전용차로·다인승전용차로 통행 위반 ⑥ 운전면허증 등의 제시의무위반 또는 운전자 신원확인을 위한 경찰공무원의 질문에 불응
15	① 신호·지시 위반 ② 앞지르기 금지시기·장소 위반 ③ 적재 제한 위반 또는 적재물 추락 방지 위반 ④ 운전 중 휴대용 전화 사용 ⑤ 운전 중 운전자가 볼 수 있는 위치에 영상 표시 ⑥ 운전 중 영상표시장치 조작 ⑦ 운행기록계 미설치 자동차 운전금지 등의 위반
10	① 보도침범, 보도 횡단방법 위반 ② 지정차로 통행 위반(진로 변경 금지장소에서의 진로 변경 포함) ③ 일반도로 전용차로 통행 위반 ④ 안전거리 미확보(진로 변경 방법 위반 포함) ⑤ 앞지르기 방법 위반 ⑥ 보행자 보호 불이행(정지선 위반 포함) ⑦ 승객 또는 승하차자 추락 방지 조치 위반 ⑧ 안전운전 의무 위반 ⑨ 노상 시비·다툼 등으로 차마의 통행 방해행위 ⑩ 돌·유리병·쇳조각이나 그 밖에 도로에 있는 사람이나 차마를 손상시킬 우려가 있는 물건을 던지거나 발사하는 행위 ⑪ 도로를 통행하고 있는 차마에서 밖으로 물건을 던지는 행위

② 속도 위반 관련 벌점

벌점	위반사항
100	100km/h 초과
80	80km/h 초과 100km/h 이하
60	60km/h 초과 80km/h 이하
30	40km/h 초과 60km/h 이하
15	① 20km/h 초과 40km/h 이하 ② 어린이보호구역 안에서 오전 8시부터 오후 8시까지 사이에 제한속도를 20km/h 이내에서 초과한 경우

③ 자동차 등 운전 중 인적피해 교통사고를 일으킨 때 사고 결과에 따른 벌점

구분	벌점	내용
사망 1명마다	90	사고 발생 시부터 72시간 이내에 사망한 때
중상 1명마다	15	3주 이상의 치료를 요하는 의사의 진단이 있는 사고
경상 1명마다	5	3주 미만 5일 이상의 치료를 요하는 의사의 진단이 있는 사고
부상신고 1명마다	2	5일 미만의 치료를 요하는 의사의 진단이 있는 사고

(5) 벌점 등 초과로 인한 운전면허의 취소·정지

① 벌점·누산점수 초과로 인한 면허 취소: 1회의 위반·사고로 인한 벌점 또는 연간 누산점수가 다음 표의 점수에 도달한 때에는 그 운전면허를 취소함

1년간	121점 이상 도달 시 운전면허 취소
2년간	201점 이상 도달 시 운전면허 취소
3년간	271점 이상 도달 시 운전면허 취소

② 벌점·처분벌점 초과로 인한 면허 정지: 운전면허 정지처분은 1회의 위반·사고로 인한 벌점 또는 처분벌점이 40점 이상이 된 때부터 결정하여 집행하되, 원칙적으로 1점을 1일로 계산하여 집행함

8 벌칙

(1) 도주·재물 손괴 관련 벌칙

교통사고 발생 시의 사상자 구호 등 조치를 하지 않은 사람	5년 이하의 징역이나 1천500만 원 이하의 벌금
업무상 필요한 주의를 게을리 하거나 중대한 과실로 다른 사람의 건조물이나 그 밖의 재물을 손괴한 경우	2년 이하의 금고나 500만 원 이하의 벌금

(2) 음주운전 관련 벌칙

음주운전 금지사항을 2회 이상 위반한 사람	2년 이상 5년 이하의 징역이나 1천만 원 이상 2천만 원 이하의 벌금
혈중알코올농도가 0.2퍼센트 이상인 사람	2년 이상 5년 이하의 징역이나 1천만 원 이상 2천만 원 이하의 벌금
혈중알코올농도가 0.08퍼센트 이상 0.2퍼센트 미만인 사람	1년 이상 2년 이하의 징역이나 500만 원 이상 1천만 원 이하의 벌금
혈중알코올농도가 0.03퍼센트 이상 0.08퍼센트 미만인 사람	1년 이하의 징역이나 500만 원 이하의 벌금
자동차 등 운전자 중 음주 측정을 거부한 경우	1년 이상 5년 이하의 징역이나 500만 원 이상 2천만 원 이하의 벌금

CHAPTER 1 출제 예상문제

도로교통법령

01
도로교통법상 '차'에 해당하지 않는 것은?

① 케이블카
② 건설기계
③ 원동기장치자전거
④ 사람이 끄는 손수레

해설 가설된 선을 이용하여 운전되는 케이블카는 차에 해당하지 않는다.

02
도로교통법상 자동차에 해당하지 않는 것은?

① 화물자동차
② 승합자동차
③ 특수자동차
④ 원동기장치자전거

해설 원동기장치자전거는 차에 해당하나, 자동차에 해당하지 않는다.

03
도로교통법상 도로에 해당하지 않는 것은?

① 도로법에 따른 도로
② 유료도로법에 따른 유료도로
③ 아파트 단지 내에 설치된 도로
④ 농어촌도로법에 따른 농어촌도로

해설 도로교통법상 도로는 도로, 유료도로, 농어촌도로, 현실적으로 불특정 다수의 사람 또는 차마가 통행할 수 있는 공개된 장소로서 안전하고 원활한 교통을 확보할 필요가 있는 장소이다. 아파트 단지 내에 설치된 도로는 도로교통법상 도로가 아니다.

04
고속도로의 정의로 옳은 것은?

① 자동차만 다닐 수 있도록 설치된 도로
② 자동차가 최저속도로 달릴 수 있는 도로
③ 자동차가 최고속도로 달릴 수 있는 도로
④ 자동차의 고속 운행에만 사용하기 위해 지정된 도로

해설 고속도로는 자동차의 고속 운행에만 사용하기 위하여 지정된 도로이다.

05
'十'자로, 'T'자로나 그 밖에 둘 이상의 도로가 교차하는 부분을 일컫는 말은?

① 차선
② 보도
③ 차도
④ 교차로

해설 '十'자로, 'T'자로나 그 밖에 둘 이상의 도로가 교차하는 부분은 교차로이다.

06 ⚠️ 빈출
횡으로 나열했을 때 3색등화의 신호 순서로 옳은 것은?

① 황색신호 – 적색신호 – 녹색신호
② 녹색신호 – 황색신호 – 적색신호
③ 황색신호 – 녹색신호 – 적색신호
④ 녹색신호 – 적색신호 – 녹색화살표신호

해설 3색등화의 신호 순서는 '녹색(적색 및 녹색화살표) → 황색 → 적색'이다.

07
신호기의 황색 등화 시에 대한 설명으로 옳지 <u>않은</u> 것은?

① 차마는 다른 교통 또는 안전표지의 표시에 주의하면서 진행할 수 있다.
② 차마는 우회전할 수 있고 우회전하는 경우에는 보행자의 횡단을 방해할 수 없다.
③ 이미 교차로에 차마의 일부라도 진입한 경우에는 신속히 교차로 밖으로 진행하여야 한다.
④ 차마는 정지선이 있거나 횡단보도가 있을 때에는 그 직전이나 교차로의 직전에 정지하여야 한다.

해설 황색 등화의 점멸 시 차마는 다른 교통 또는 안전표지의 표시에 주의하면서 진행할 수 있다.

08 빈출
신호기의 적색 등화 시에 대한 설명으로 옳지 <u>않은</u> 것은?

① 차마는 횡단보도 직전에서 정지하여야 한다.
② 차마는 교차로의 직전에서 정지하여야 한다.
③ 차마는 정지선이나 횡단보도가 있을 때에는 그 직전이나 교차로의 직전에 일시정지한 후 다른 교통에 주의하면서 진행할 수 있다.
④ 차마는 우회전 삼색등이 적색의 등화인 경우를 제외하고 신호에 따라 진행하는 다른 차마의 교통을 방해하지 않고 우회전할 수 있다.

해설 적색 등화의 점멸 시 차마는 정지선이나 횡단보도가 있을 때에는 그 직전이나 교차로의 직전에 일시정지한 후 다른 교통에 주의하면서 진행할 수 있다.

09 빈출
교통안전표지 종류에 해당하지 <u>않는</u> 것은?

① 주의표지　　② 규제표지
③ 지시표지　　④ 도로안내표지

해설 안전표지의 종류에는 주의표지, 규제표지, 지시표지, 보조표지, 노면표시가 있다.

10
다음 중 주의표지가 <u>아닌</u> 것은?

① 진입금지 　　② 터널

③ 횡풍 　　④ 중앙분리대 시작

해설 진입금지는 규제표지에 해당한다.

11
보조표지로 알리는 것이 <u>아닌</u> 것은?

① 노면 상태　　② 교통규제
③ 통행규제　　④ 중앙선

해설 중앙선은 노면표시에 해당한다.

12
앞지르기 할 때의 통행기준으로 옳은 것은?

① 왼쪽 바로 옆 차로로 앞지르기한다.
② 오른쪽 바로 옆 차로로 앞지르기한다.
③ 어떠한 경우에도 앞지르기는 할 수 없다.
④ 도로의 길가장자리구역으로 앞지르기한다.

해설 앞지르기를 할 때에는 통행기준에 지정된 차로의 왼쪽 바로 옆 차로로 통행할 수 있다.

13

차마의 운전자는 도로의 우측 부분을 통행하여야 하나 예외로 좌측 부분을 통행할 수 있다. 이 경우로 옳지 않은 것은?

① 도로가 일방통행인 경우
② 도로의 좌측 부분을 확인할 수 없는 경우
③ 도로 우측 부분의 폭이 6미터가 되지 아니하는 도로에서 다른 차를 앞지르려는 경우
④ 도로의 파손, 도로공사나 그 밖의 장애 등으로 도로의 우측 부분을 통행할 수 없는 경우

해설 도로의 좌측 부분을 확인할 수 없는 경우에는 중앙이나 좌측 부분으로 통행할 수 없다.

14

비탈진 좁은 도로에서 자동차가 서로 마주보고 진행할 때 도로의 우측 가장자리로 피하여 진로를 양보하여야 하는 자동차로 옳은 것은?

① 긴급자동차
② 올라가는 자동차
③ 내려가는 자동차
④ 동승자가 있고 물건을 실은 자동차

해설 비탈진 좁은 도로에서 자동차가 서로 마주보고 진행하는 경우 올라가는 자동차가 양보한다.

15

교차로 통행방법으로 옳지 않은 것은?

① 우회전은 어떤 신호에서든 할 수 있다.
② 우회전을 하기 위해서는 미리 도로의 우측 가장자리를 서행하면서 우회전하여야 한다.
③ 좌회전을 하기 위해서는 미리 도로의 중앙선을 따라 서행하면서 교차로의 중심 안쪽을 이용하여 좌회전하여야 한다.
④ 우회전이나 좌회전을 하기 위하여 손이나 방향지시기 또는 등화로써 신호를 하는 차가 있는 경우에 그 뒤차의 운전자는 신호를 한 앞차의 진행을 방해하여서는 아니 된다.

해설 우회전하는 차의 운전자는 신호에 따라 정지하거나 진행하는 보행자 또는 자전거에 주의하여야 한다.

16 ⚠️빈출

다음 중 교통정리를 하고 있지 않는 교차로에서의 양보운전으로 옳지 않은 것은?

① 교통정리를 하고 있지 않는 교차로에서 좌회전하려고 하는 차의 운전자는 그 교차로에서 직진하거나 우회전하려는 다른 차가 있을 때에는 그 차에 진로를 양보하여야 한다.
② 교통정리를 하고 있지 않는 교차로에 동시에 들어가려고 하는 차의 운전자는 우측도로의 차에 진로를 양보하여야 한다.
③ 교통정리를 하고 있지 않는 교차로에 들어가려고 하는 차의 운전자는 폭이 넓은 도로로부터 교차로에 들어가려고 하는 다른 차가 있을 때에는 그 차에 진로를 양보하여야 한다.
④ 교통정리를 하고 있지 않는 교차로에 들어가려고 하는 차의 운전자는 이미 교차로에 들어가 있는 다른 차가 있을 때에는 빠른 속도로 진입한다.

해설 교통정리를 하고 있지 않는 교차로에 들어가려고 하는 차의 운전자는 이미 교차로에 들어가 있는 다른 차가 있을 때에는 그 차에 진로를 양보하여야 한다.

17
긴급자동차의 우선 통행 및 특례에 대한 설명으로 옳지 않은 것은?

① 법에 따른 자동차의 속도제한, 앞지르기 금지, 끼어들기 금지를 적용하지 않는다.
② 긴급자동차의 운전자는 긴급하고 부득이한 경우에는 교통안전에 주의하지 않아도 된다.
③ 긴급자동차는 긴급하고 부득이한 경우에는 도로의 중앙이나 좌측 부분으로 통행할 수 있다.
④ 긴급자동차는 도로교통법령에 따라 정지하여야 하는 경우에도 불구하고 긴급하고 부득이한 경우에는 정지하지 아니할 수 있다.

해설 긴급자동차의 운전자는 긴급하고 부득이한 경우에 교통안전에 특히 주의하면서 통행하여야 한다.

18 ⚠️빈출
화물자동차의 적재중량은 구조 및 성능에 따르는 적재중량의 몇 퍼센트 이내이어야 하는가?

① 110퍼센트 이내
② 120퍼센트 이내
③ 130퍼센트 이내
④ 140퍼센트 이내

해설 화물자동차의 적재중량은 구조 및 성능에 따르는 적재중량의 110퍼센트 이내이어야 한다.

19 ⚠️빈출
최고속도의 20/100을 줄인 속도로 운행해야 하는 경우에 해당하는 것은?

① 노면이 얼어붙은 경우
② 눈이 20mm 이상 쌓인 경우
③ 비가 내려 노면이 젖어있는 경우
④ 폭우·폭설·안개 등으로 가시거리가 100m 이내인 경우

해설 최고속도의 20/100을 줄인 속도로 운행해야 하는 상황은 비가 내려 노면이 젖어있는 경우, 눈이 20mm 미만 쌓인 경우이다.
①, ②, ④는 최고속도의 50/100을 줄인 속도로 운행해야 하는 상황이다.

20 ⚠️빈출
최고속도의 50/100을 줄인 속도로 운행해야 하는 경우가 아닌 것은?

① 노면이 얼어붙은 경우
② 오르막길을 올라가는 경우
③ 눈이 20mm 이상 쌓인 경우
④ 폭설·안개 등으로 가시거리가 100m 이내인 경우

해설 최고속도의 50/100을 줄인 속도로 운행해야 하는 경우
• 노면이 얼어붙은 경우
• 눈이 20mm 이상 쌓인 경우
• 폭우·폭설·안개 등으로 가시거리가 100m 이내인 경우

21 ⚠️빈출
편도 1차로 고속도로에서의 운행속도로 옳은 것은?

① 최고속도: 매시 80km, 최저속도: 매시 50km
② 최고속도: 매시 80km, 최저속도: 매시 30km
③ 최고속도: 매시 100km, 최저속도: 매시 50km
④ 최고속도: 매시 100km, 최저속도: 매시 30km

해설 편도 1차로 고속도로에서의 운행속도는 최고속도 매시 80km, 최저속도 매시 50km이다.

22
편도 2차로 고속도로에서의 최고속도로 옳은 것은?

① 매시 80km
② 매시 90km
③ 매시 100km
④ 매시 120km

해설 편도 2차로 이상 고속도로에서의 최고속도는 매시 100km이다.

23 ⚠️빈출
서행해야 하는 장소가 아닌 것은?

① 도로가 구부러진 부근
② 가파른 비탈길의 오르막
③ 비탈길의 고갯마루 부근
④ 교통정리를 하고 있지 않는 교차로

해설 가파른 비탈길의 내리막에서는 서행해야 한다.

24
다음 설명 중 옳지 않은 것은?

① 일시정지는 차 또는 노면전차가 즉시 정지할 수 있는 느린 속도로 진행하는 것이다.
② 차량신호등이 황색의 등화인 경우 차마는 정지선이 있거나 횡단보도가 있을 때에는 그 직전이나 교차로의 직전에 정지한다.
③ 차마의 운전자는 보도를 횡단하기 직전에 일시정지하여 좌측과 우측 부분 등을 살핀 후 보행자의 통행을 방해하지 않도록 횡단하여야 한다.
④ 교통정리를 하고 있지 않는 교차로에 들어가려고 하는 경우 그 차가 통행하고 있는 도로의 폭보다 교차하는 도로의 폭이 넓은 경우에는 서행한다.

해설 서행은 차 또는 노면전차가 즉시 정지할 수 있는 느린 속도로 진행하는 것이다.

25
운송사업용 자동차 또는 화물자동차 등의 운전자가 해서는 안 되는 행위가 아닌 것은?

① 승차를 거부하는 행위
② 운행기록계가 설치되어 있는 자동차를 운전하는 행위
③ 운행기록계를 원래의 목적대로 사용하지 않고 자동차를 운전하는 행위
④ 고장 등으로 사용할 수 없는 운행기록계가 설치된 자동차를 운전하는 행위

해설 운송사업용 자동차 또는 화물자동차 등의 운전자는 운행기록계가 설치되어 있지 않은 자동차를 운전하는 행위를 해서는 안 된다.

26
정비불량차에 해당한다고 인정하는 차가 운행되고 있는 경우에 그 차를 정지시킨 후 그 차의 장치를 점검할 수 있는 공무원으로 옳은 것은?

① 경찰공무원
② 행정직공무원
③ 구청단속공무원
④ 정비책임공무원

해설 경찰공무원은 정비불량차에 해당한다고 인정하는 차가 운행되고 있는 경우에는 우선 그 차를 정지시킨 후, 운전자에게 그 차의 자동차등록증 또는 자동차운전면허증을 제시하도록 요구하고 그 차의 장치를 점검할 수 있다.

27
정비불량차에 해당한다고 인정하는 차가 운행되고 있는 경우에 경찰공무원은 차를 정지시키고 장치를 점검할 수 있다. 이 경우 경찰공무원이 지시할 수 없는 것은?

① 그 차의 운전자로 하여금 응급조치를 하게 한 후에 운전을 하도록 한다.
② 정비 상태가 매우 불량한 경우 자동차의 운전을 멈추고 원동기장치자전거를 구매하도록 한다.
③ 정비 상태가 매우 불량하여 위험 발생의 우려가 있는 경우 자동차등록증을 보관하고 일시정지를 명할 수 있다.
④ 도로 또는 교통 상황을 고려하여 통행구간, 통행로와 위험 방지를 위한 필요한 조건을 정한 후 그에 따라 운전을 계속하게 할 수 있다.

해설 경찰공무원은 원동기장치자전거의 구매를 지시할 수 없다.

28
제1종 대형면허로 운전할 수 있는 차량으로 옳은 것은?

① 구난차
② 아스팔트살포기
③ 소형견인차
④ 대형견인차

해설 아스팔트살포기는 제1종 대형면허로 운전할 수 있는 차량이다. 구난차, 소형견인차, 대형견인차는 제1종 특수면허가 있어야 운전할 수 있다.

29 ⚠️빈출
제1종 보통면허로 운전할 수 <u>없는</u> 차량에 해당하는 것은?

① 원동기장치자전거
② 승차정원 20명 이하의 승합자동차
③ 적재중량 12톤 미만의 화물자동차
④ 구난차 등을 제외한 총중량 10톤 미만의 특수자동차

해설 제1종 보통면허로 승차정원 15명 이하의 승합자동차를 운전할 수 있다.

30
위험물 등을 운반하는 적재중량 3톤 이하 또는 적재용량 3천 리터 이하의 화물자동차 운전자가 가지고 있어야 하는 면허의 종류로 옳은 것은?

① 제1종 보통면허 ② 제1종 소형면허
③ 제1종 특수면허 ④ 제2종 보통면허

해설 위험물 등을 운반하는 적재중량 3톤 이하 또는 적재용량 3천 리터 이하의 화물자동차 운전자는 제1종 보통면허가 있어야 운전할 수 있다.

31
운전면허 취소처분 기준에 해당하지 <u>않는</u> 것은?

① 면허증을 분실한 상태에서 운전한 때
② 교통사고로 사람을 죽게 하거나 다치게 하고, 구호조치를 하지 아니한 때
③ 마약·대마·향정신성 의약품 등 약물을 사용한 상태에서 자동차 등을 운전한 때
④ 혈중알코올농도 0.03퍼센트 이상을 넘어서 운전을 하다가 교통사고로 사람을 죽게 하거나 다치게 한 때

해설 면허증을 분실한 상태에서 운전한 때는 운전면허 취소처분 기준이 아니다.

32 ⚠️빈출
운전면허증을 발급받을 수 있는 사람으로 옳은 것은?

① 미성년자
② 정신질환자
③ 두 눈이 안 보이는 자
④ 양쪽 눈 시력이 1.0 이상이고 색 구분을 할 수 있는 자

해설 양쪽 눈 시력이 1.0 이상이고 색 구분을 할 수 있는 자는 운전면허증을 발급받을 수 있다.

33
혈중알코올농도 0.03퍼센트 이상 0.08퍼센트 미만 상태에서 운전한 때의 벌점으로 옳은 것은?

① 40점 ② 60점
③ 80점 ④ 100점

해설 벌점 100점에 해당하는 경우
- 속도 위반(100km/h 초과)
- 보복운전을 하여 입건된 때
- 혈중알코올농도 0.03퍼센트 이상 0.08퍼센트 미만 상태에서 운전한 때

34
승용차 운전자가 어린이나 영유아를 태우고 있다는 표시를 하고 도로를 통행하는 어린이 통학버스를 앞지르기 한 경우 부과되는 벌점으로 옳은 것은?

① 10점 ② 15점
③ 30점 ④ 40점

해설 승용차 운전자가 어린이나 영유아를 태우고 있다는 표시를 하고 도로를 통행하는 어린이 통학버스를 앞지르기한 경우 어린이 통학버스 특별보호 위반으로 30점의 벌점이 부과된다.

CHAPTER 2 교통사고처리특례법

합격TIP 교통사고처리특례법의 목적을 이해하고 특례가 적용되지 않는 경우를 정확히 암기하여야 합니다.

1 교통사고처리특례법의 목적

(1) 교통사고 처벌의 원칙

운전자가 업무상 과실 또는 중대한 과실로 교통사고를 일으켜 사람을 사망이나 상해에 이르게 한 경우에는 5년 이하의 금고 또는 2천만 원 이하의 벌금에 처함(형법 제268조의 적용)

(2) 교통사고처리특례법의 목적

① 교통사고는 일상에서 흔히 일어나는 일이며, 사고마다 피해의 정도가 다르기 때문에 모든 사고에 **(1)**의 원칙을 적용할 수 없으므로 피해자와 적절한 합의가 이루어졌다면 **(1)**의 처벌을 하지 않도록 하는 교통사고처리특례법이 제정됨

② 다만, 피해자와 합의가 이루어졌더라도 피해자의 의사에 반하여 죄를 처벌할 수 있는 경우를 따로 명시함

2 처벌의 특례 [빈출]

(1) 특례의 적용(반의사불벌죄)

차의 교통으로 업무상과실치상죄 또는 중과실치상죄와 도로교통법 제151조의 죄(업무상 과실·과실손괴죄)를 범한 운전자에 대하여는 **피해자의 명시적인 의사에 반하여 공소를 제기할 수 없음**

(2) 특례의 예외(반의사불벌죄의 예외)

다음의 경우 **피해자의 의사에 반하여 공소를 제기할 수 있음**

① 피해자 **사망사고·중상해사고**

② 아래에 해당하는 경우

도주 (뺑소니)	① 차의 운전자가 피해자를 구호하는 등 조치를 하지 않고 도주한 경우 ② 피해자를 사고 장소로부터 옮겨 유기하고 도주한 경우
음주측정 불응	술에 취한 상태에서 운전하여 음주측정 요구에 따르지 않은 경우
12대 중과실	① **신호·지시** 위반사고 ② **중앙선침범**, 고속도로나 자동차전용도로에서의 횡단·유턴 또는 후진 위반사고 ③ **제한속도를 20km/h 초과**한 과속사고 ④ **앞지르기**의 방법·금지시기·금지장소 또는 끼어들기 금지 위반사고 ⑤ **철길** 건널목 통과방법 위반사고

12대 중과실	⑥ **보행자**보호의무 위반사고 ⑦ **무면허** 운전사고 ⑧ **음주운전·약물복용**운전사고 ⑨ **보도침범**·보도횡단방법 위반사고 ⑩ 승객**추락**방지의무 위반사고 ⑪ **어린이** 보호구역 내 안전운전의무 위반으로 어린이의 신체를 상해에 이르게 한 경우 ⑫ 자동차의 **화물**이 떨어지지 않도록 필요한 조치를 하지 않고 운전한 경우

3 처벌의 가중

(1) 사망사고

① 교통사고에 의한 사망: **교통사고가 주된 원인**이 되어 교통사고 발생 시부터 **30일 이내에 사람이 사망**한 사고
② 반의사불벌죄의 예외: 사망사고는 그 피해의 중대성과 심각성으로 말미암아 사고차량이 보험이나 공제에 가입되어 있더라도 이를 반의사불벌죄의 예외로 규정하여 형법 제268조에 따라 처벌
③ 벌점: 도로교통법령상 교통사고 발생 후 **72시간 내 사망**하면 벌점 **90점** 부과

(2) 도주사고(뺑소니)

① 도주차량 운전자의 가중처벌

구분	피해자를 사망에 이르게 하고 도주하거나 도주 후 피해자가 사망한 경우	피해자를 상해에 이르게 한 경우
피해자를 구호하는 등 조치를 하지 않고 도주	무기 또는 5년 이상의 징역	1년 이상의 유기징역 또는 500만 원 이상 3천만 원 이하의 벌금
피해자를 사고 장소로부터 옮겨 유기하고 도주	**사형**, 무기 또는 5년 이상의 징역	3년 이상의 유기징역

② 도주사고의 적용

도주사고가 적용되는 경우	① 사상 사실을 인식하고도 가버린 경우 ② 피해자를 방치한 채 사고현장을 이탈, 도주한 경우 ③ 사고현장에 있었어도 사고사실을 은폐하기 위해 거짓진술·신고한 경우 ④ 부상피해자에 대한 적극적인 구호조치 없이 가버린 경우 ⑤ 피해자가 이미 사망했다고 하더라도 사체 안치, 후송 등 조치 없이 가버린 경우 ⑥ **피해자를 병원까지만 후송하고 계속 치료 받을 수 있는 조치 없이 도주한 경우** ⑦ 운전자를 바꿔치기 하여 신고한 경우
도주사고가 적용되지 않는 경우	① 피해자가 부상 사실이 없거나 극히 경미하여 구호조치가 필요치 않는 경우 ② 가해자 및 피해자 일행 또는 경찰관이 환자를 후송 조치하는 것을 보고 연락처를 주고 가버린 경우

도주사고가 적용되지 않는 경우	③ 교통사고 가해운전자가 심한 부상을 입어 타인에게 의뢰하여 피해자를 후송 조치한 경우 ④ 교통사고 장소가 혼잡하여 도저히 정지할 수 없어 일부 진행한 후 정지하고 되돌아와 조치한 경우

4 특례 적용이 배제되는 중대법규 위반(12대 중과실) 관련 주요 내용

(1) 신호·지시 위반사고

① 신호 위반의 사례
  ㉠ 사전출발
  ㉡ 주의(황색)신호에 무리한 진입
  ㉢ 신호를 무시하고 진행한 경우
  ㉣ 비보호좌회전 또는 유턴을 허용하는 표시가 없는 도로에서의 좌회전이나 유턴
  ㉤ 경찰공무원을 보조하는 사람(모범운전자, 군사경찰, 소방공무원)의 수신호 위반

② **지시 위반의 사례**: 규제표지 중 다음의 표지 등에 대해 적용

통행금지	자동차통행금지	화물자동차통행금지	승합자동차통행금지	이륜자동차 및 원동기장치자전거 통행금지
자동차·이륜자동차 및 원동기장치자전거통행금지	경운기·트랙터 및 손수레통행금지	자전거통행금지	진입금지	일시정지

(2) 중앙선침범, 횡단·유턴 또는 후진 위반사고

사고의 참혹성과 예방목적상 차체의 일부라도 걸치면 중앙선침범 적용

고의 또는 의도적인 중앙선침범사고	① 좌측도로나 건물 등으로 가기 위해 회전하며 중앙선을 침범한 경우 ② 오던 길로 되돌아가기 위해 유턴하며 중앙선을 침범한 경우 ③ 중앙선을 침범하거나 걸친 상태로 계속 진행한 경우 ④ 앞지르기를 위해 중앙선을 넘어 진행하다가 다시 진행 차로로 들어오는 경우 ⑤ 후진으로 중앙선을 넘었다가 다시 진행 차로로 들어오는 경우 ⑥ 황색점선으로 된 중앙선을 넘어 회전 중 발생한 사고 또는 추월 중 발생한 사고

현저한 부주의로 중앙선침범 이전에 선행된 중대한 과실사고	① 커브길 과속운행으로 중앙선을 침범한 사고 ② 빗길에 과속으로 운행하다가 미끄러지며 중앙선을 침범한 사고 ③ 졸다가 뒤늦게 급제동으로 중앙선을 침범한 사고 ④ 차내 잡담 등 부주의로 인해 중앙선을 침범한 사고
고속도로, 자동차전용도로 사고	① 고속도로, 자동차전용도로에서 횡단, 유턴 또는 후진 중 발생한 사고 ② 예외: 긴급자동차, 도로보수 유지 작업차, 사고응급조치 작업차

(3) 속도 위반(20km/h 초과) 과속사고

① 교통사고처리특례법상 과속: 도로교통법에서 규정된 법정속도와 지정속도를 20km/h 초과한 경우

② 성립요건 및 예외사항

성립 요건	① 고속도로(일반도로 포함)나 자동차전용도로에서 제한속도 20km/h를 초과한 경우 ② 속도제한표지판 설치 구간에서 제한속도 20km/h를 초과한 경우 ③ 비·안개·눈 등으로 인한 악천후 시 감속운행 기준에서 20km/h를 초과한 경우 ④ 총중량 2,000kg에 미달자동차를 3배 이상의 자동차로 견인하는 때 30km/h에서 20km/h를 초과한 경우 ⑤ 이륜자동차가 견인하는 때 25km/h에서 20km/h를 초과한 경우
예외 사항	① 제한속도 20km/h 이하로 과속하여 운행 중 사고를 야기한 경우 ② 제한속도 20km/h 초과하여 과속 운행 중 대물 피해만 입은 경우

(4) 앞지르기의 방법·금지시기·금지장소 또는 끼어들기 금지 위반사고

앞지르기 금지 장소 빈출 ⚠	① 교차로　　② 터널 안　　③ 다리 위 ④ 도로의 구부러진 곳, 비탈길의 고갯마루 부근 또는 가파른 비탈길의 내리막 등 시·도경찰청장이 　안전표지에 의하여 지정한 곳
앞지르기 금지 위반 행위	① 병진 시 앞지르기　참 병진: 앞차의 좌측에 다른 차가 앞차와 나란히 가고 있는 경우 ② 앞차의 좌회전 시 앞지르기 ③ 위험 방지를 위한 정지·서행 시 앞지르기 ④ 앞지르기 금지 장소에서의 앞지르기 ⑤ 실선의 중앙선침범 앞지르기
앞지르기 방법 위반 행위	① 우측 앞지르기 ② 2개 차로 사이로 앞지르기

(5) 철길 건널목 통과방법 위반사고

① 철길 건널목 직전 일시정지 불이행으로 발생한 사고

② 안전미확인 통행 중 사고

③ 고장 시 승객대피, 차량이동조치 불이행으로 발생한 사고

(6) 보행자보호의무 위반사고

보행자의 보호	모든 차의 운전자는 보행자가 횡단보도를 통행하고 있는 때에는 그 횡단보도 앞(정지선이 설치되어 있는 곳에서는 그 정지선)에서 일시정지하여 보행자의 횡단을 방해하거나 위험을 주어서는 안 됨
보행자보호의무 위반에 해당하는 경우	① 횡단보도를 건너는 보행자를 충돌한 경우 ② 횡단보도 전에 정지한 차량을 추돌, 앞차가 밀려나가 보행자를 충돌한 경우 ③ 보행신호(녹색 등화)에 횡단보도 진입, 건너던 중 주의신호(녹색 등화의 점멸) 또는 정지신호(적색 등화)가 되어 마저 건너고 있는 보행자를 충돌한 경우

(7) 무면허 운전사고

무면허 운전에 해당되는 경우	① 면허를 취득하지 않고 운전하는 경우 ② 유효기간이 지난 운전면허증으로 운전하는 경우 ③ 면허 취소처분을 받은 자가 운전하는 경우 ④ 면허정지 기간 중에 운전하는 경우 ⑤ 운전면허 시험합격 후 면허증 교부 전에 운전하는 경우 ⑥ 면허종별 외 차량을 운전하는 경우 ⑦ 위험물을 운반하는 화물자동차가 적재중량 3톤을 초과함에도 제1종 보통운전면허로 운전한 경우 ⑧ 건설기계를 제1종 보통운전면허로 운전한 경우 ⑨ 면허 있는 자가 도로에서 무면허자에게 운전연습을 시키던 중 사고를 야기한 경우 ⑩ 군인(군속인 자)이 군면허만 취득·소지하고 일반차량을 운전한 경우 ⑪ 임시운전증명서 유효기간이 지나 운전 중 사고를 야기한 경우 ⑫ 외국인으로 국제운전면허를 받지 않고 운전하는 경우 ⑬ 외국인으로 입국하여 1년이 지난 국제운전면허증을 소지하고 운전하는 경우

(8) 음주운전·약물복용운전사고

음주운전에 해당되는 장소	① 불특정 다수인이 이용하는 도로 ② 불특정 다수인 또는 차마의 통행을 위하여 공개된 장소 ③ 공개되지 않는 통행로와 같이 문, 차단기에 의해 도로와 차단되고 관리되는 장소의 통행로 　예 공장, 관공서, 학교, 사기업 등 정문 안쪽 통행로 ④ 주차장 또는 주차선 안
음주운전에 해당되지 않는 사례	도로교통법에서 정한 음주 기준(혈중알코올농도 0.03% 이상)에 해당되지 않을 때

CHAPTER 2 교통사고처리특례법 출제 예상문제

01 ⚠️빈출
교통사고처리특례법상 특례가 배제되는 사고가 아닌 것은?

① 지시 위반사고
② 중앙선침범사고
③ 앞지르기 방법 위반사고
④ 속도 위반(10km/h 초과) 과속사고

해설 속도 위반(20km/h 초과) 과속사고의 경우 교통사고처리특례법상 특례의 배제에 해당한다.

02
교통사고에 의한 사망사고에 대한 설명으로 옳지 않은 것은?

① 교통사고 발생 후 72시간이 경과된 후에 사망한 경우는 사망사고가 아니다.
② 도로교통법령상 교통사고 발생 후 72시간 내에 사망하면 벌점 90점이 부과된다.
③ 교통사고에 의한 사망은 교통사고가 주된 원인이 되어 교통사고 발생 시부터 30일 이내에 사람이 사망한 사고이다.
④ 사망사고는 그 피해의 중대성과 심각성으로 말미암아 사고차량이 보험이나 공제에 가입되어 있더라도 이를 반의사불벌죄의 예외로 규정하여 형법 제268조에 따라 처벌한다.

해설 교통사고가 주된 원인이 되어 교통사고 발생 시부터 30일 이내에 사람이 사망한 사고는 교통사고에 의한 사망사고에 해당한다.

03
교통사고의 사고운전자가 피해자를 사고 장소로부터 옮겨 유기하여 피해자를 사망에 이르게 하고 도주하거나, 도주 후에 피해자가 사망한 경우의 가중처벌로 옳은 것은?

① 3년 이상의 유기징역
② 무기 또는 5년 이상의 징역
③ 사형, 무기 또는 5년 이상의 징역
④ 1년 이상의 유기징역 또는 500만 원 이상 3천만 원 이하의 벌금

해설 교통사고의 사고운전자가 피해자를 사고 장소로부터 옮겨 유기하여 피해자를 사망에 이르게 하고 도주하거나, 도주 후에 피해자가 사망한 경우에는 사형, 무기 또는 5년 이상의 징역에 처한다.

04 ⚠️빈출
교통사고 발생 시 도주에 해당하는 것은?

① 피해자가 부상 사실이 없거나 극히 경미하여 구호조치가 필요치 않는 경우
② 피해자를 병원까지만 후송하고 계속 치료를 받을 수 있는 조치 없이 도주한 경우
③ 교통사고 가해운전자가 심한 부상을 입어 타인에게 의뢰하여 피해자를 후송 조치한 경우
④ 가해자 및 피해자 일행 또는 경찰관이 환자를 후송 조치하는 것을 보고 연락처를 주고 가버린 경우

해설 ①, ③, ④는 도주사고가 적용되지 않는 경우이다.

05

교통사고처리특례법상 신호 위반의 사례로 옳지 <u>않은</u> 것은?

① 사전출발
② 신호를 무시하고 진행한 경우
③ 황색신호에 무리하게 진입하여 빠르게 달린 경우
④ 황색신호 전에 교차로에 진입하여 황색신호에 교차로를 통과한 경우

> 해설 신호 위반의 사례
> • 사전출발
> • 주의(황색)신호에 무리한 진입
> • 신호를 무시하고 진행한 경우
> • 비보호좌회전 또는 유턴을 허용하는 표시가 없는 도로에서의 좌회전이나 유턴
> • 경찰공무원을 보조하는 사람(모범운전자, 군사경찰, 소방공무원)의 수신호 위반

06

중앙선침범사고 중 교통사고처리특례법상 특례 적용이 배제되는 경우에 해당하는 것은?

① 횡단보도에서의 추돌사고로 중앙선을 침범한 사고
② 뒤차의 추돌로 앞차가 밀리면서 중앙선을 침범한 사고
③ 빗길에 과속으로 운행하다가 미끄러지며 중앙선을 침범한 사고
④ 내리막길 주행 중 브레이크 파열 등 정비불량으로 중앙선을 침범한 사고

> 해설 ①, ②, ④는 불가항력적 중앙선침범사고로 교통사고처리특례법상 반의사불벌 특례가 적용된다.

07

교통사고처리특례법상 특례 적용이 배제되는 과속사고로 적절하지 <u>않은</u> 것은?

① 제한속도 20km/h 초과 차량에 충돌되어 대물 피해만 입은 경우
② 속도제한표지판 설치 구간에서 제한속도 20km/h를 초과한 경우
③ 비·안개·눈 등으로 인한 악천후 시 감속운행 기준에서 20km/h를 초과한 경우
④ 고속도로(일반도로 포함)나 자동차전용도로에서 제한속도 20km/h를 초과한 경우

> 해설 과속 차량(20km/h 초과)에 충돌되어 인적 피해를 입은 경우 교통사고처리특례법상 특례 적용이 배제되며, 대물 피해만 입은 경우에는 특례가 적용된다.

08

무면허 운전에 해당되는 경우가 <u>아닌</u> 것은?

① 면허 취소처분을 받은 자가 운전하는 경우
② 유효기간이 지난 운전면허증으로 운전하는 경우
③ 외국인으로 입국하여 1년 이내의 국제운전면허증을 소지한 자가 운전하는 경우
④ 위험물을 운반하는 화물자동차가 적재중량 3톤을 초과함에도 제1종 보통운전면허로 운전한 경우

> 해설 외국인으로 입국하여 1년이 지난 국제운전면허증을 소지한 자가 운전하는 경우는 무면허 운전에 해당한다.

CHAPTER 3 화물자동차운수사업법령

출제예상 6문항

합격TIP 화물자동차의 유형, 화물자동차운송사업과 운송가맹사업의 허가사항 등에 대해 암기해야 합니다.

1 총칙

빈출 (1) 화물자동차의 유형별 구분

화물 자동차	일반형	보통의 화물운송용인 것
	덤프형	적재함을 원동기의 힘으로 기울여 적재물을 중력에 의하여 쉽게 미끄러뜨리는 구조의 화물운송용인 것
	밴형	지붕 구조의 덮개가 있는 화물운송용인 것
	특수용도형	특정한 용도를 위하여 특수한 구조로 하거나 기구를 장치한 것으로서 위 어느 형에도 속하지 않는 화물운송용인 것
특수 자동차	견인형	피견인차의 견인을 전용으로 하는 구조인 것
	구난형	고장·사고 등으로 운행이 곤란한 자동차를 구난·견인할 수 있는 구조인 것
	특수작업형	위 어느 형에도 속하지 않는 특수작업용인 것

(2) 화물자동차운수사업법령에서 규정하고 있는 사업

화물자동차 운수사업	화물자동차 운송사업	다른 사람의 요구에 응하여 화물자동차를 사용하여 화물을 유상으로 운송하는 사업
	화물자동차 운송주선사업	다른 사람의 요구에 응하여 유상으로 화물운송계약을 중개·대리하거나 화물자동차운송사업 또는 화물자동차운송가맹사업을 경영하는 자의 화물 운송수단을 이용하여 자기의 명의와 계산으로 화물을 운송하는 사업(화물이 이사화물인 경우에는 포장 및 보관 등 부대서비스를 함께 제공하는 사업 포함)
	화물자동차 운송가맹사업	다른 사람의 요구에 응하여 자기 화물자동차를 사용하여 유상으로 화물을 운송하거나 화물정보망을 통하여 소속 화물자동차운송가맹점에 의뢰하여 화물을 운송하게 하는 사업

2 화물자동차운송사업

(1) 화물자동차운송사업의 허가

① 화물자동차운송사업 허가권자·허가 변경권자: 국토교통부장관
② 허가를 받지 않아도 되는 경우: 화물자동차운송가맹사업의 허가를 받은 자

빈출 ③ 허가사항의 변경

변경허가	운송사업자가 허가사항을 변경하려면 국토교통부장관의 변경허가를 받아야 함
변경신고 (경미한 사항)	다음의 경미한 사항을 변경하려면 국토교통부장관에게 신고하여야 함 ① 상호의 변경 ② 대표자의 변경(법인인 경우만 해당) ③ 화물취급소의 설치 또는 폐지 ④ 화물자동차의 대폐차(代廢車) ⑤ 주사무소·영업소 및 화물취급소의 이전(주사무소의 경우 관할 관청의 행정구역 내에서의 이전만 해당)

④ 운송사업자는 허가받은 날부터 5년마다 허가기준에 관한 사항을 국토교통부장관에게 신고하여야 함

(2) 화물자동차운송사업의 허가 결격사유

① 허가 거부권자: 국토교통부장관

② 허가 결격사유

    ㉠ 피성년후견인 또는 피한정후견인

    ㉡ 파산선고를 받고 복권되지 않은 자

    ㉢ 화물자동차운수사업법을 위반하여 징역 이상의 실형을 선고받고 그 집행이 끝나거나 집행이 면제된 날부터 2년이 지나지 않은 자

    ㉣ 화물자동차운수사업법을 위반하여 징역 이상의 형의 집행유예를 선고받고 그 유예기간 중에 있는 자

    ㉤ 허가를 받은 후 6개월간의 운송실적이 국토교통부령으로 정하는 기준에 미달한 경우, 허가기준을 충족하지 못하게 된 경우, 5년마다 허가기준에 관한 사항을 신고하지 않았거나 거짓으로 신고한 경우 등에 해당하여 허가가 취소된 후 2년이 지나지 않은 자

    ㉥ 부정한 방법으로 허가를 받은 경우 또는 부정한 방법으로 변경허가를 받거나, 변경허가를 받지 않고 허가사항을 변경한 경우에 해당하여 허가가 취소된 후 5년이 지나지 않은 자

(3) 운임 및 요금의 신고(변경신고)

① 신고(변경신고): 운송사업자는 운임 및 요금을 정하여 미리 국토교통부장관에게 신고하여야 함

② 운임 및 요금신고(변경신고) 시 제출서류

필수서류	운송사업 운임 및 요금신고서
첨부서류	① 원가계산서 ② 운임·요금표 ③ 운임 및 요금의 신·구대비표

(4) 운송사업자의 책임
① 화물의 멸실·훼손 또는 인도의 지연(적재물사고)으로 발생한 운송사업자의 손해배상 책임에 관하여는 **상법** 준용

빈출 ② 화물이 인도기한이 지난 후 **3개월 이내**에 인도되지 않으면 그 화물은 멸실된 것으로 간주

(5) 운수종사자가 해서는 안 되는 행위
① 정당한 사유 없이 화물을 중도에서 내리게 하는 행위
② 정당한 사유 없이 화물의 운송을 거부하는 행위
③ 부당한 운임 또는 요금을 요구하거나 받는 행위

(6) 과징금의 부과

과징금 부과·징수권자	국토교통부장관
과징금 부과·징수 사유	운송사업자에게 사업정지처분을 하여야 하는 경우로서 그 사업정지처분이 해당 화물자동차운송사업의 이용자에게 심한 불편을 주거나 그 밖에 공익을 해칠 우려가 있는 경우 **사업정지처분을 갈음하여 과징금 부과·징수 가능**
과징금 부과·징수 금액	**2천만 원 이하의 과징금**
과징금의 용도	① 화물 터미널의 건설 및 확충 ② 공동차고지의 건설과 확충 ③ 경영 개선이나 그 밖에 화물에 대한 정보 제공사업 등 화물자동차운수사업의 발전을 위하여 필요한 사항 ④ 신고포상금의 지급

3 화물자동차운송주선사업과 운송가맹사업

(1) 화물자동차운송주선사업의 허가
① 허가권자: **국토교통부장관**
② 허가를 받지 않아도 되는 경우: 화물자동차운송가맹사업의 허가를 받은 자
③ 허가사항 변경: 화물자동차운송주선사업의 허가를 받은 자가 허가사항을 변경하려면 국토교통부장관에게 신고하여야 함

(2) 화물자동차운송가맹사업의 허가

① 허가권자: 국토교통부장관

빈출 ② 허가사항의 변경

변경허가	운송가맹사업자가 허가사항을 변경하려면 국토교통부장관의 변경허가를 받아야 함
변경신고 (경미한 사항)	다음의 경미한 사항을 변경하려면 국토교통부장관에게 신고하여야 함 ① 대표자의 변경(법인인 경우만 해당) ② 화물취급소의 설치 및 폐지 ③ 화물자동차의 대폐차(화물자동차를 직접 소유한 운송가맹사업자만 해당) ④ 주사무소·영업소 및 화물취급소의 이전 ⑤ 화물자동차운송가맹계약의 체결 또는 해제·해지

4 화물운송종사자격

빈출 (1) 화물운송종사자격증의 발급 및 재발급

화물운송종사자격증 발급 신청	서류	화물운송종사자격증 발급 신청서, 사진 1장
	제출	한국교통안전공단
화물운송종사자격증 재발급 신청	서류	화물운송종사자격증 재발급 신청서, 화물운송종사자격증(잃어버린 경우 제외), 사진 1장
	제출	한국교통안전공단 또는 협회
화물운송종사자격증명 재발급 신청	서류	화물운송종사자격증명 재발급 신청서, 화물운송종사자격증명(잃어버린 경우 제외), 사진 2장
	제출	한국교통안전공단 또는 협회

빈출 (2) 화물운송종사자격증명의 게시

운송사업자는 화물자동차 운전자에게 화물운송종사자격증명을 화물자동차 밖에서 쉽게 볼 수 있도록 운전석 앞창의 오른쪽 위에 항상 게시하고 운행하도록 하여야 함

(3) 화물자동차운수사업의 운전업무 종사자격

① 화물자동차를 운전하기에 적합한 도로교통법 제80조에 따른 운전면허를 가지고 있을 것
② 18세 이상일 것
③ 운전경력이 2년 이상일 것(여객자동차운수사업용 자동차 또는 화물자동차운수사업용 자동차를 운전한 경력이 있는 경우에는 그 운전경력이 1년 이상일 것)
④ 운전적성에 대한 정밀검사기준에 맞을 것

⑤ 다음 중 하나의 요건을 갖출 것
  ㉠ 화물자동차운수사업법령, 화물취급요령 등에 관하여 국토교통부장관이 시행하는 시험에 합격하고 정해진 교육을 받을 것
  ㉡ 교통안전체험에 관한 연구·교육시설에서 교통안전체험, 화물취급요령 및 화물자동차운수사업법령 등에 관하여 국토교통부장관이 실시하는 이론 및 실기 교육을 이수할 것

(4) 화물운송종사자격 취소

① 화물자동차운수사업법을 위반하여 징역 이상의 실형을 선고받고 그 집행이 끝나거나 집행이 면제된 날부터 2년이 지나지 않았거나, 징역 이상의 형의 집행유예를 선고받고 그 유예기간 중에 있는 자에 속하는 경우
② 거짓이나 그 밖의 부정한 방법으로 화물운송종사자격을 취득한 경우
③ 국토교통부장관의 업무개시 명령을 정당한 사유 없이 거부한 경우
④ 화물운송 중에 고의나 과실로 교통사고를 일으켜 사람을 사망하게 하거나 다치게 한 경우
⑤ 화물운송종사자격증을 다른 사람에게 빌려준 경우
⑥ 화물운송종사자격 정지 기간 중에 화물자동차운수사업의 운전 업무에 종사한 경우
⑦ 화물자동차를 운전할 수 있는 도로교통법에 따른 운전면허가 취소된 경우
⑧ 화물자동차 교통사고와 관련하여 거짓이나 그 밖의 부정한 방법으로 보험금을 청구하여 금고 이상의 형을 선고받고 그 형이 확정된 경우

5 벌칙

5년 이하의 징역 또는 2천만 원 이하의 벌금	① 적재된 화물이 떨어지지 아니하도록 덮개·포장·고정장치 등 필요한 조치를 하지 아니하여 사람을 상해 또는 사망에 이르게 한 운송사업자 ② 적재된 화물이 떨어지지 아니하도록 덮개·포장·고정장치 등 필요한 조치를 하지 아니하고 화물자동차를 운행하여 사람을 상해 또는 사망에 이르게 한 운수종사자
3년 이하의 징역 또는 3천만 원 이하의 벌금	① 운수종사자가 정당한 사유 없이 집단으로 화물운송을 거부한 경우 ② 거짓이나 부정한 방법으로 보조금을 교부받은 자 ③ 보조금 지급 정지를 위반하는 행위에 가담하였거나 이를 공모한 주유업자
1년 이하의 징역 또는 1천만 원 이하의 벌금	① 다른 사람에게 자신의 화물운송종사자격증을 빌려 준 사람 ② 다른 사람의 화물운송종사자격증을 빌린 사람 ③ 화물운송종사자격증 대여를 알선한 사람
500만 원 이하의 과태료	① 화물운송종사자격증을 받지 않고 화물자동차운수사업의 운전 업무에 종사한 자 ② 거짓이나 그 밖의 부정한 방법으로 화물운송종사자격을 취득한 자 ③ 운수종사자의 교육을 받지 않은 자

6 화물자동차 유가보조금

(1) 개념

화물자동차 유류세 연동보조금	2001년 에너지 세제 개편에 따라 유류세 인상분의 일부 또는 전부를 보조
화물자동차 수소연료 보조금	2021년 수소연료 가격보조 제도 도입에 따라 수소를 구매하는 경우 그 비용의 일부 또는 전부를 보조 참 화물자동차 수소연료 보조금 지급단가는 5,000원/kg이다.
화물자동차 유가 연동보조금	2024년 물가경제차관회의 결과에 따라 경유 가격의 일부를 보조

(2) 지급

① **지급액 산정**: 주유업자가 통보한 주유량 × 지급단가(지급한도량 범위 내에서 지급)
② **지급 대상과 범위**

대상	① 화물자동차 중 경유, LPG, 수소를 연료로 사용하는 차량 ② 화물차주의 청구에 따라 해당 차량의 화물차주에게 지급 ③ 운송사업의 경우 　㉠ 직영차량: 운송사업자가 지급 청구·수령권 보유 　㉡ 위·수탁차량: 위·수탁차주가 지급 청구·수령권 보유
범위	① 적법한 절차에 따라 화물자동차운송사업 및 화물자동차운송가맹사업을 허가받거나 화물자동차운송사업을 위탁받은 자가 구매한 유류 ② 경유, LPG 또는 수소를 연료로 사용하는 사업용 화물자동차 중 다른 법령 등에 의해 사업 또는 운행의 제한을 받지 않는 차량 참 화물자동차 유가 연동보조금은 경유를 연료로 사용하는 사업용 화물자동차만 적용

(3) 화물차주 행위 금지 사항 및 제재

① 지급 대상이 아닌 유종을 구매하거나 운송실적 또는 유류사용량을 부풀려 유가보조금을 지급받거나 이에 공모·가담하는 행위
② 화물자동차 운수사업이 아닌 다른 목적에 사용한 유류분에 대하여 유가보조금을 지급받거나 이에 공모·가담하는 행위
③ 유류구매카드에 표기된 자동차등록번호 이외의 차량에 유류구매카드를 사용하거나 이에 공모·가담하는 행위
④ 화물차주가 주유 시마다 결제하지 않거나 거래내역을 남기지 않고 나중에 일괄 결제하여 유가보조금을 지급받은 행위
　참 외상거래카드로 거래 후 체크카드로 일괄 결제하는 경우 등은 제외

⑤ 유류구매카드를 주유업자 등 제3자에게 양도·대여하거나 위탁·보관하여 유가보조금을 지급받거나 이에 공모·가담하는 행위
⑥ 위 ①~⑤ 중 화물차주가 유가보조금을 부정하게 지급받은 것이 확인된 경우 관할관청의 조치
  ㉠ 화물차주가 부정한 방법으로 지급받은 유가보조금 환수
    참 화물차주가 유가보조금 환수 명령에도 불구하고 납부하지 않을 경우 차기 보조금에서 환수금액 차감
  ㉡ **지급정지**: 행위금지사항 1회 위반 시 6개월, 2회 이상 위반 시 1년
  ㉢ 필요한 경우 형사고발 등의 조치
    참 유가보조금 부정수급 시: 1년 이하의 징역 또는 1천만원 이하의 벌금

CHAPTER 3 화물자동차운수사업법령 출제 예상문제

01 ⚠️빈출
화물자동차의 유형에 해당하지 <u>않는</u> 것은?

① 밴형 ② 일반형
③ 덤프형 ④ **특수작업형**

해설 화물자동차의 유형은 밴형, 일반형, 덤프형, 특수용도형이다.

02 ⚠️빈출
특수자동차에 속하지 <u>않는</u> 것은?

① **밴형** ② 견인형
③ 구난형 ④ 특수작업형

해설 화물자동차의 유형별 구분
- 특수자동차: 견인형, 구난형, 특수작업형
- 화물자동차: 일반형, 덤프형, 밴형, 특수용도형

03
다른 사람의 요구에 응하여 화물자동차를 사용하여 화물을 유상으로 운송하는 사업을 일컫는 말은?

① 화물자동차운수사업
② **화물자동차운송사업**
③ 화물자동차운송주선사업
④ 화물자동차운송가맹사업

해설 다른 사람의 요구에 응하여 화물자동차를 사용하여 화물을 유상으로 운송하는 사업은 화물자동차운송사업이다.

04
화물운송자동차운수사업법령에서 규정하고 있는 사업이 <u>아닌</u> 것은?

① 화물자동차운송사업
② **화물자동차운송관리사업**
③ 화물자동차운송주선사업
④ 화물자동차운송가맹사업

해설 화물자동차운수사업법령에서 규정하고 있는 사업은 화물자동차운송사업, 화물자동차운송주선사업, 화물자동차운송가맹사업이다.

05
화물자동차운송사업의 허가권자로 옳은 것은?

① 시·도지사 ② **국토교통부장관**
③ 행정안전부장관 ④ 한국교통안전공단이사장

해설 화물자동차운송사업을 경영하려는 자는 국토교통부장관의 허가를 받아야 한다.

06 ⚠️빈출
화물자동차운수사업법상 운송사업자의 허가사항 변경신고 대상이 <u>아닌</u> 것은?

① 영업소 이전 ② 상호의 변경
③ **운송자의 변경** ④ 화물자동차의 대폐차

해설 화물자동차운송사업자의 허가사항 변경신고 대상
- 상호의 변경
- 화물자동차의 대폐차
- 화물취급소의 설치 또는 폐지
- 대표자의 변경(법인인 경우만 해당)
- 주사무소·영업소 및 화물취급소의 이전

07
운송사업자는 허가기준에 관한 사항을 허가받은 날부터 몇 년마다 국토교통부장관에게 신고하여야 하는가?

① 1년
② 3년
③ 5년
④ 7년

해설 운송사업자는 허가받은 날부터 5년마다 허가기준에 관한 사항을 국토교통부장관에게 신고하여야 한다.

08
운송사업자에 대한 허가 결격사유에 해당하지 <u>않는</u> 것은?

① 피성년후견인
② 파산 선고를 받고 복권되지 않은 자
③ 부정한 방법으로 허가를 받아 허가가 취소된 뒤 5년이 지나지 않은 자
④ 화물자동차운수사업법 위반으로 징역 이상의 실형을 선고받고 2년이 지난 자

해설 화물자동차운수사업법을 위반하여 징역 이상의 실형을 선고받고 그 집행이 끝나거나 집행이 면제된 날부터 2년이 지나지 않은 자가 허가 결격사유에 해당한다.

09
화물의 멸실·훼손 또는 인도의 지연으로 발생한 운송사업자의 손해배상 책임에 대하여 준용하는 법으로 옳은 것은?

① 상법
② 형법
③ 헌법
④ 민법

해설 화물의 멸실·훼손 또는 인도의 지연으로 발생한 운송사업자의 손해배상 책임에 관하여는 상법을 준용한다.

10
화물의 멸실·훼손 또는 인도의 지연으로 화물이 인도 기한을 경과한 후 몇 개월 이내에 인도되지 아니한 경우 당해 화물은 멸실된 것으로 보는가?

① 1개월 이내
② 2개월 이내
③ 3개월 이내
④ 4개월 이내

해설 화물의 멸실·훼손 또는 인도의 지연으로 발생한 운송사업자의 손해배상 책임에 관하여는 상법을 준용하며, 이 경우 인도기한이 지난 후 3개월 이내에 화물이 인도되지 않으면 그 화물은 멸실된 것으로 본다.

11 ⚠빈출
화물자동차운송가맹사업자가 허가사항에 대하여 변경 신고를 해야 하는 경우가 <u>아닌</u> 것은?

① 상호의 변경
② 화물자동차의 대폐차
③ 법인인 경우 대표자의 변경
④ 화물취급소의 설치 또는 폐지

해설 상호의 변경은 화물자동차운송사업자의 변경신고 대상이다.

12
화물운송종사자격증 발급기관으로 옳은 것은?

① 시·도지사
② 행정안전부
③ 한국교통안전공단
④ 화물운송사업협회

해설 화물운송종사자격증은 한국교통안전공단에서 발급한다.

13 ⚠️빈출

화물운송종사자격증 재발급 시 필요한 서류에 해당하는 것은?

① 재발급 신청서, 화물운송종사자격증, 사진 1장
② 재발급 신청서, 화물운송종사자격증명, 사진 1장
③ 재발급 신청서, 화물운송종사자격증, 운전면허증 사본 1부
④ 재발급 신청서, 화물운송종사자격증명, 운전면허증 사본 1부

해설 화물운송종사자격증 재발급을 신청하는 경우 화물운송종사자격증 재발급 신청서에 화물운송종사자격증, 사진 1장을 첨부하여 한국교통안전공단 또는 협회에 제출하여야 한다.

14 ⚠️빈출

운송사업자는 화물자동차 운전자로 하여금 화물운송종사 자격증명이 화물자동차 밖에서 쉽게 보일 수 있도록 게시토록 해야 하는데, 그 위치로 옳은 곳은?

① 운전석 앞창의 왼쪽 위
② 운전석 앞창의 중간 위
③ 운전석 앞창의 오른쪽 위
④ 운전석 앞창의 오른쪽 아래

해설 화물자동차 운전자는 화물운송종사자격증명을 화물자동차 밖에서 쉽게 볼 수 있도록 운전석 앞창의 오른쪽 위에 항상 게시하고 운행하여야 한다.

15

화물자동차운수사업의 운전업무 종사자의 자격으로 옳지 않은 것은?

① 20세 이상일 것
② 운전경력이 1년 이상일 것
③ 운전적성에 대한 정밀검사기준에 맞을 것
④ 화물자동차를 운전하기에 적합한 도로교통법 제80조에 따른 운전면허를 가지고 있을 것

해설 화물자동차운수사업의 운전업무 종사자는 운전경력이 2년 이상이어야 한다.

16

화물운송종사자격이 취소되는 경우가 아닌 것은?

① 화물운송종사자격증을 다른 사람에게 빌려준 경우
② 혈중알코올농도 0.03퍼센트 이상 0.08퍼센트 미만 상태에서 운전한 때
③ 화물운송 중 고의나 과실로 교통사고를 일으켜 사람을 사망하게 한 경우
④ 화물자동차를 운전할 수 있는 도로교통법에 따른 운전면허가 취소된 경우

해설 혈중알코올농도 0.03퍼센트 이상 0.08퍼센트 미만 상태에서 운전한 때는 도로교통법령을 위반으로 운전면허 정지 및 벌점 100점에 해당한다.

17

운수종사자가 정당한 사유 없이 집단으로 화물운송을 거부한 경우의 벌칙으로 옳은 것은?

① 500만 원 이하의 과태료
② 1년 이하의 징역 또는 1천만 원 이하의 벌금
③ 3년 이하의 징역 또는 3천만 원 이하의 벌금
④ 5년 이하의 징역 또는 2천만 원 이하의 벌금

해설 3년 이하의 징역 또는 3천만 원 이하의 벌금
• 거짓이나 부정한 방법으로 보조금을 교부받은 자
• 운수종사자가 정당한 사유 없이 집단으로 화물운송을 거부한 경우
• 보조금 지급 정지를 위반하는 행위에 가담하였거나 이를 공모한 주유업자

18

화물운송종사자격증을 받지 않고 화물자동차운수사업의 운전 업무에 종사한 자에게 부과하는 과태료의 범위로 옳은 것은?

① 100만 원 이하의 과태료
② 300만 원 이하의 과태료
③ 500만 원 이하의 과태료
④ 1천만 원 이하의 과태료

해설 500만 원 이하의 과태료
• 운수종사자의 교육을 받지 않은 자
• 거짓이나 그 밖의 부정한 방법으로 화물운송종사자격을 취득한 자
• 화물운송종사자격증을 받지 않고 화물자동차운수사업의 운전 업무에 종사한 자

CHAPTER 4 자동차관리법령

출제예상 **2문항**

합격TIP 자동차관리법은 전체적으로 자주 출제되지는 않는 영역이지만 자동차검사, 과태료, 검사 유효기간 등은 간혹 한 문항씩 출제되기도 합니다.

1 총칙

(1) 자동차관리법의 목적 및 내용
① 자동차의 등록, 안전기준, 자기인증, 제작결함 시정, 점검, 정비, 검사 및 자동차관리사업 등에 관한 사항
② 자동차의 효율적 관리
③ 자동차의 성능 및 안전을 확보함으로써 공공의 복리를 증진

(2) 자동차의 차령기산일
참 차령기산일: 자동차의 나이를 계산하는 기준이 되는 날짜

제작연도에 등록된 자동차	최초의 신규등록일
제작연도에 등록되지 않은 자동차	제작연도의 말일

(3) 자동차의 종류

승용자동차	10인 이하를 운송하기에 적합하게 제작된 자동차	
승합자동차	11인 이상을 운송하기에 적합하게 제작된 자동차	
	승차인원에 관계없이 승합자동차로 보는 경우	① 내부의 특수한 설비로 인하여 승차인원이 **10인 이하**로 된 자동차 ② 국토교통부령으로 정하는 경형자동차로서 승차정원이 10인 이하인 전방 조종자동차
화물자동차	화물을 운송하기에 적합한 화물적재공간을 갖추고 화물적재공간의 총적재화물 무게가 운전자를 제외한 승객이 승차공간에 모두 탑승했을 때의 승객의 무게보다 많은 자동차	
특수자동차	다른 자동차를 견인하거나 구난작업 또는 특수한 용도로 사용하기에 적합하게 제작된 자동차로서 승용자동차·승합자동차 또는 화물자동차가 아닌 자동차	
이륜자동차	총배기량 또는 정격출력의 크기와 관계없이 1인 또는 2인의 사람을 운송하기에 적합하게 제작된 이륜의 자동차 및 그와 유사한 구조로 되어 있는 자동차	

2 자동차의 등록

(1) 자동차등록번호판

① 자동차등록번호판을 붙이고 봉인을 하여야 하는 자: 시·도지사

② 등록번호판의 부착 또는 봉인을 하지 않은 자동차는 운행할 수 없음(임시운행허가번호판을 붙인 경우는 예외)

③ 자동차등록번호판을 가리거나 알아보기 곤란하게 하거나, 그러한 자동차를 운행한 경우

과태료	① 1차 50만 원 ② 2차 150만 원 ③ 3차 250만 원
벌칙	고의로 등록번호판을 가리거나 알아보기 곤란하게 한 자는 1년 이하의 징역 또는 1천만 원 이하의 벌금에 처함

(2) 변경등록

① 등록원부의 기재사항 변경등록 신청: 시·도지사에게 신청

② 자동차의 변경등록 신청을 하지 않은 경우 과태료

신청 지연기간	90일 이내	2만 원
	90일 초과 174일 이내	2만 원 + 91일째부터 계산하여 3일 초과 시마다 1만 원
	175일 이상	30만 원

(3) 이전등록

① 소유권 이전등록 신청: 등록된 자동차를 양수받는 자가 시·도지사에게 신청

② 자동차를 양수한 자가 다시 제3자에게 양도하려는 경우: 양도 전에 자기 명의로 이전등록을 하여야 함

(4) 말소등록

① 말소등록 신청: 시·도지사에게 신청

② 말소등록 신청하여야 하는 경우

  ㉠ 자동차해체재활용업을 등록한 자에게 폐차를 요청한 경우

  ㉡ 자동차제작·판매자 등에게 반품한 경우(자동차의 교환 또는 환불 요구에 따라 반품된 경우 포함)

  ㉢ 여객자동차운수사업법에 따른 차령이 초과된 경우

  ㉣ 여객자동차운수사업법 및 화물자동차운수사업법에 따라 면허·등록·인가 또는 신고가 실효되거나 취소된 경우

  ㉤ 천재지변·교통사고 또는 화재로 자동차 본래의 기능을 회복할 수 없게 되거나 멸실된 경우

③ 말소등록 신청하지 않은 경우의 과태료

신청 지연기간	10일 이내	5만 원
	10일 초과 54일 이내	5만 원 + 11일째부터 계산하여 1일마다 1만 원
	55일 이상	50만 원

④ 시·도지사가 직권으로 말소등록할 수 있는 경우
  ㉠ 말소등록을 신청하여야 할 자가 신청하지 않은 경우
  ㉡ 자동차의 차대가 등록원부상의 차대와 다른 경우
  ㉢ 자동차 운행정지 명령에도 불구하고 해당 자동차를 계속 운행하는 경우
  ㉣ 자동차를 폐차한 경우
  ㉤ 속임수나 그 밖의 부정한 방법으로 등록된 경우

3 자동차의 검사

(1) 자동차검사

① 자동차 소유자는 국토교통부장관이 실시하는 다음의 검사를 받아야 함

신규검사	신규등록을 하려는 경우 실시하는 검사
정기검사	신규등록 후 일정 기간마다 정기적으로 실시하는 검사
튜닝검사	자동차를 튜닝한 경우에 실시하는 검사
임시검사	자동차관리법령이나 자동차 소유자의 신청을 받아 비정기적으로 실시하는 검사

② 자동차 소유자가 천재지변이나 그 밖의 부득이한 사유로 검사를 받을 수 없다고 인정될 때에는 국토교통부령으로 정하는 바에 따라 그 기간을 연장하거나 자동차검사를 유예할 수 있음

(2) 자동차 정기검사 유효기간

비사업용 승용자동차 및 피견인자동차	2년(최초 4년)	
사업용 승용자동차	1년(최초 2년)	
경형·소형의 승합 및 화물자동차	1년	
사업용 대형화물자동차	차령 2년 이하	1년
	차령 2년 초과	6개월
중형 승합자동차 및 사업용 대형 승합자동차	차령 8년 이하	1년
	차령 8년 초과	6개월

	차령 5년 이하	1년
그 밖의 자동차	차령 5년 초과	6개월

(3) 자동차 종합검사

① 종합검사를 받은 경우: 정기검사, 정밀검사, 특정경유자동차검사를 받은 것으로 봄
② 자동차 종합검사에서 실시하는 내용
  ㉠ 자동차의 동일성 확인 및 배출가스 관련 장치 등의 작동 상태 확인을 관능검사 및 기능검사로 하는 공통 분야
  ㉡ 자동차 안전검사 분야
  ㉢ 자동차 배출가스 정밀검사 분야

빈출 ③ 종합검사의 대상과 유효기간

승용자동차	비사업용 차령 4년 초과	2년
	사업용 차령 2년 초과	1년
경형·소형의 승합 및 화물자등차	비사업용 차령 3년 초과	1년
	사업용 차령 2년 초과	1년
사업용 대형화물자동차	차령 2년 초과	6개월
사업용 대형승합자동차	차령 2년 초과	차령 8년까지는 1년, 이후부터는 6개월
중형 승합자동차	비사업용 차령 3년 초과	차령 8년까지는 1년, 이후부터는 6개월
	사업용 차령 2년 초과	
그 밖의 자동차	비사업용 차령 3년 초과	차령 5년까지는 1년, 이후부터는 6개월
	사업용 차령 2년 초과	

④ 자동차종합검사기간이 지난 자에 대한 독촉: 시·도지사는 종합검사기간이 지난 자동차의 소유자에게 그 기간이 끝난 다음 날부터 10일 이내와 20일 이내에 각각 종합검사를 받을 것을 독촉하여야 함
⑤ 정기검사나 종합검사를 받지 않은 경우 과태료

검사 지연기간	30일 이내	4만 원
	30일 초과 114일 이내	4만 원 + 31일째부터 계산하여 3일 초과 시마다 2만 원
	115일 이상	60만 원

CHAPTER 4 자동차관리법령 출제 예상문제

01
자동차관리법에서 다루는 내용이 <u>아닌</u> 것은?

① 자동차 점검
② 자동차 등록
③ 자동차 안전기준
④ **자동차 증가 추세 관리**

해설 자동차관리법은 자동차의 등록, 안전기준, 자기인증, 제작결함 시정, 점검, 정비, 검사 및 자동차관리사업 등에 관한 사항을 정하여 자동차를 효율적으로 관리하고 자동차의 성능 및 안전을 확보함으로써 공공의 복리를 증진하는 데 목적이 있다.

02
2020년 제작된 차를 2020년 4월 23일에 구매하여 2021년 1월 15일 신규등록하였을 경우의 차령기산일로 옳은 것은?

① 2020년 4월 23일
② **2020년 12월 31일**
③ 2021년 1월 15일
④ 2021년 12월 31일

해설 제작연도에 등록되지 않은 자동차는 제작연도의 말일이 차령기산일이다.

03
자동차관리법상 내부의 특수한 설비로 인하여 승차인원이 10인 이하로 된 자동차에 해당하는 것은?

① 승용자동차
② **승합자동차**
③ 화물자동차
④ 특수자동차

해설 내부의 특수한 설비로 인하여 승차인원이 10인 이하로 된 자동차는 승차인원에 관계없이 승합자동차로 본다.

04 ⚠빈출
자동차등록번호판을 가리고 운행한 경우 1차 과태료로 옳은 것은?

① **50만 원**
② 70만 원
③ 100만 원
④ 200만 원

해설 자동차등록번호판을 가리고 운행한 경우 과태료는 1차 50만 원, 2차 150만 원, 3차 250만 원이다.

05
종합검사를 받은 경우에 검사를 받은 것으로 인정하는 검사가 <u>아닌</u> 것은?

① 정기검사
② 정밀검사
③ **신규검사**
④ 특정경유자동차검사

해설 종합검사를 받은 경우 정기검사, 정밀검사, 특정경유자동차검사를 받은 것으로 본다.

06 ⚠빈출
차령이 2년 초과인 사업용 대형화물자동차의 종합검사 유효기간으로 옳은 것은?

① **6개월**
② 1년
③ 2년
④ 3년

해설 차령이 2년 초과인 사업용 대형화물자동차의 종합검사 유효기간은 6개월이다.

CHAPTER 5 도로법령

⚠️ **합격TIP** 도로의 종류나 운행제한 차량, 벌금 등 구체적인 숫자가 자주 출제되니 꼭 암기하시길 바랍니다.

1 총칙

빈출⚠️ (1) 도로법의 내용 및 목적

내용	도로망의 계획 수립, 도로 노선의 지정, 도로공사의 시행과 도로의 시설 기준, 도로의 관리·보전 및 비용 부담 등에 관한 사항을 규정
목적	국민이 안전하고 편리하게 이용할 수 있는 도로의 건설과 공공복리의 향상에 이바지

빈출⚠️ (2) 도로법상 용어의 정의

도로	의미	다음 시설로 구성된 것으로서 도로의 부속물을 포함한 개념 ① 차도·보도·자전거도로 및 측도 ② 터널·교량·지하도 및 육교(해당 시설에 설치된 엘리베이터 포함) ③ 궤도 ④ 옹벽·배수로·길도랑·지하통로 및 무넘기시설 ⑤ 도선장 및 도선의 교통을 위하여 수면에 설치하는 시설
	종류 및 등급 순위	고속국도 → 일반국도 → 특별시도·광역시도 → 지방도 → 시도 → 군도 → 구도
도로의 부속물	의미	도로의 편리한 이용과 안전 및 원활한 도로교통의 확보, 그 밖에 도로의 관리를 위하여 설치하는 시설 또는 공작물
	종류	① 주차장, 버스정류시설, 휴게시설 등 도로이용 지원시설 ② 시선유도표지, 중앙분리대, 과속방지시설 등 도로안전시설 ③ 통행료 징수시설, 도로관제시설, 도로관리사업소 등 도로관리시설 ④ 도로표지 및 교통량 측정시설 등 교통관리시설 ⑤ 낙석방지시설, 제설시설, 식수대 등 도로에서의 재해 예방 및 구조 활동, 도로환경의 개선·유지 등을 위한 도로부대시설 ⑥ 그 밖에 도로의 기능 유지 등을 위한 시설로서 대통령령으로 정하는 시설

2 도로의 보전 및 공용부담

(1) 도로에 관한 금지행위

① 도로에 대하여 해서는 안 되는 행위
- ㉠ 도로를 파손하는 행위
- ㉡ 도로에 토석(土石), 입목(立木)·죽(竹) 등 장애물을 쌓아놓는 행위
- ㉢ 그 밖에 도로의 구조나 교통에 지장을 주는 행위

② 정당한 사유 없이 고속국도를 제외한 도로를 파손하여 교통을 방해하거나 교통에 위험을 발생하게 한 자: 10년 이하의 징역이나 1억 원 이하의 벌금

(2) 차량의 운행제한

운행제한차량	① 축하중이 10톤을 초과하거나 총중량이 40톤을 초과하는 차량 ② 차량의 폭 2.5미터, 높이 4.0미터, 길이 16.7미터를 초과하는 차량(도로구조의 보전과 통행의 안전에 지장이 없다고 도로관리청이 인정하여 고시한 도로노선의 경우 높이 4.2미터를 초과하는 차량) ③ 도로관리청이 특히 도로구조의 보전과 통행의 안전에 지장이 있다고 인정하는 차량
운행제한차량 운행허가 신청서 첨부서류	① 차량검사증 또는 차량등록증 ② 차량 중량표 ③ 구조물 통과 하중 계산서

(3) 적재량 측정 방해 행위의 금지 등

차량의 적재량 측정을 방해한 자, 정당한 사유 없이 도로관리청의 재측정 요구에 따르지 않은 자는 1년 이하의 징역이나 1천만 원 이하의 벌금에 처함

(4) 자동차전용도로의 통행방법

① 자동차전용도로의 통행: 차량만을 사용해서 통행하거나 출입하여야 함
② 차량을 사용하지 아니하고 자동차전용도로를 통행하거나 출입한 자: 1년 이하의 징역이나 1천만 원 이하의 벌금

CHAPTER 5 도로법령 출제 예상문제

01 ⚠️빈출
도로법에서 다루는 내용이 아닌 것은?

① 자동차 정밀검사
② 도로 노선의 지정
③ 도로의 관리·보전
④ 도로망의 계획 수립

해설 도로법은 도로망의 계획 수립, 도로 노선의 지정, 도로공사의 시행과 도로의 시설 기준, 도로의 관리·보전 및 비용 부담 등에 관한 사항을 규정하여 국민이 안전하고 편리하게 이용할 수 있는 도로의 건설과 공공복리의 향상에 이바지함을 목적으로 한다.

02
도로의 부속물이 아닌 것은?

① 터널·교량·지하도 및 육교
② 도로표지 및 교통량 측정시설
③ 주차장, 버스정류시설, 휴게시설
④ 시선유도표지, 중앙분리대, 과속방지시설

해설 터널·교량·지하도 및 육교는 도로에 해당한다.

03 ⚠️빈출
도로 등급의 순위로 옳은 것은?

① 고속국도 → 일반국도 → 특별시도·광역시도 → 지방도
② 고속국도 → 특별시도·광역시도 → 일반국도 → 지방도
③ 일반국도 → 고속국도 → 특별시도·광역시도 → 지방도
④ 일반국도 → 고속국도 → 지방도 → 특별시도·광역시도

해설 도로 등급은 '고속국도 → 일반국도 → 특별시도·광역시도 → 지방도 → 시도 → 군도 → 구도'의 순위이다.

04
차량의 구조나 적재화물의 특수성으로 인하여 제한차량 운행허가 신청서에 첨부하여야 하는 서류가 아닌 것은?

① 원가계산서
② 차량 중량표
③ 구조물 통과 하중 계산서
④ 차량검사증 또는 차량등록증

해설 운행허가 신청서 첨부서류는 차량검사증 또는 차량등록증, 차량 중량표, 구조물 통과 하중 계산서이다.

05
차량의 적재량 측정을 방해한 자 또는 정당한 사유 없이 도로관리청의 재측정 요구에 따르지 아니한 자에 대한 벌칙으로 옳은 것은?

① 1년 이하의 징역이나 1천만 원 이하의 벌금
② 1년 이하의 징역이나 2천만 원 이하의 벌금
③ 2년 이하의 징역이나 1천만 원 이하의 벌금
④ 2년 이하의 징역이나 2천만 원 이하의 벌금

해설 차량의 적재량 측정을 방해한 자 또는 정당한 사유 없이 도로관리청의 재측정 요구에 따르지 아니한 자는 1년 이하의 징역이나 1천만 원 이하의 벌금에 처한다.

06
차량을 사용하지 아니하고 자동차전용도로를 통행하거나 출입한 자에 대한 벌칙으로 옳은 것은?

① 500만 원 이하의 과태료
② 1년 이하의 징역이나 1천만 원 이하의 벌금
③ 2년 이하의 징역이나 2천만 원 이하의 벌금
④ 10년 이하의 징역이나 1억 원 이하의 벌금

해설 자동차전용도로에서는 차량만을 사용하여 통행하거나 출입하여야 하며, 이를 위반할 경우 1년 이하의 징역이나 1천만 원 이하의 벌금에 처한다.

CHAPTER 6 대기환경보전법령

출제예상 2문항

👍 **합격TIP** 용어의 정의가 주로 출제되는 편이니 각각의 개념을 반드시 구분해야 합니다.
또한 각각의 과태료도 반드시 기억해야 합니다.

1 총칙

(1) 목적
① 대기오염으로 인한 국민건강이나 환경에 관한 위해 예방
② 대기환경을 적정하고 지속 가능하게 관리·보전
③ 모든 국민이 건강하고 쾌적한 환경에서 생활할 수 있게 함

빈출⚠ (2) 대기환경보전법상 용어의 정의

대기오염물질	대기오염의 원인이 되는 가스·입자상물질로서 기후에너지환경부령으로 정하는 것
온실가스	① 적외선 복사열을 흡수하거나 다시 방출하여 온실효과를 유발하는 대기 중의 가스 상태의 물질 ② 종류: 이산화탄소, 메탄, 아산화질소, 수소불화탄소, 과불화탄소, 육불화황
가스	물질이 연소·합성·분해될 때에 발생하거나 물리적 성질로 인하여 발생하는 기체상물질
입자상물질	물질이 파쇄·선별·퇴적·이적(移積)될 때, 그 밖에 기계적으로 처리되거나 연소·합성·분해될 때에 발생하는 고체상 또는 액체상의 미세한 물질
먼지	대기 중에 떠다니거나 흩날려 내려오는 입자상물질
매연	연소할 때에 생기는 유리탄소가 주가 되는 미세한 입자상물질
검댕	연소할 때에 생기는 유리탄소가 응결하여 입자의 지름이 1미크론 이상이 되는 입자상물질
저공해자동차	① 대기오염물질의 배출이 없는 자동차 ② 제작차의 배출허용기준보다 오염물질을 적게 배출하는 자동차
배출가스저감장치	자동차에서 배출되는 대기오염물질을 줄이기 위하여 자동차에 부착 또는 교체하는 장치로서 기후에너지환경부령으로 정하는 저감효율에 적합한 장치
저공해엔진	자동차에서 배출되는 대기오염물질을 줄이기 위한 엔진(엔진 개조에 사용하는 부품 포함)으로서 기후에너지환경부령으로 정하는 배출허용기준에 맞는 엔진
공회전제한장치	자동차에서 배출되는 대기오염물질을 줄이고 연료를 절약하기 위하여 자동차에 부착하는 장치

> 🚚 **참고** 공회전
> ① 차의 엔진을 켜둔 상태로 운행하지 않고 서 있는 것
> ② 장시간의 공회전은 배기가스 배출로 인해 대기를 오염시킬 수 있음

2 자동차 배출가스의 규제

(1) 대기질 개선 또는 기후·생태계 변화유발물질 배출감소를 위한 조치

시·도지사 또는 시장·군수는 다음을 명령하거나 조기폐차를 권고할 수 있음

명령 내용	① 저공해자동차로의 전환 또는 개조 ② 배출가스저감장치의 부착 또는 교체 및 배출가스 관련 부품의 교체 ③ 저공해엔진(혼소엔진 포함)으로의 개조 또는 교체
명령을 이행하지 않은 경우	300만 원 이하의 과태료

(2) 공회전의 제한 [빈출]

① 공회전을 제한할 수 있는 자: 시·도지사

공회전의 제한	목적	자동차의 배출가스로 인한 대기오염 및 연료 손실을 줄이기 위함
	장소	터미널, 차고지, 주차장 등
위반 시	1차 위반	과태료 5만 원
	2차 위반	과태료 5만 원
	3차 이상 위반	과태료 5만 원

② 공회전제한장치의 부착을 명령할 수 있는 자: 시·도지사

공회전제한장치 부착 대상	① 시내버스운송사업에 사용되는 자동차 ② 일반택시운송사업에 사용되는 자동차 ③ 화물자동차운송사업에 사용되는 최대적재량이 1톤 이하인 밴형 화물자동차로서 택배용으로 사용되는 자동차
공회전제한장치 부착 지원	국가나 지방자치단체는 부착 명령을 받은 자동차 소유자에 대하여 예산의 범위에서 필요한 자금을 보조하거나 융자할 수 있음

(3) 운행차의 수시 점검

① 운행차를 수시 점검해야 하는 자: 기후에너지환경부장관, 시·도지사, 시장·군수·구청장
② 운행차의 수시 점검에 불응하거나 기피·방해한 자: 200만 원 이하의 과태료
③ 점검방법 등에 관하여 필요한 사항: 기후에너지환경부령으로 정함

CHAPTER 6 대기환경보전법령 출제 예상문제

01
대기환경보전법의 목적으로 옳지 <u>않은</u> 것은?

① 대기환경을 지속 가능하게 관리
② 모든 국민이 건강하고 쾌적한 환경에서 생활
③ 대기오염으로 인한 국민건강이나 환경에 관한 위해 예방
④ 자동차의 성능 및 안전을 확보함으로써 공공의 복리를 증진

해설 자동차의 성능 및 안전을 확보함으로써 공공의 복리를 증진하는 것은 자동차관리법의 목적이다.

02 빈출
대기오염의 원인이 되는 가스·입자상의 물질로서 환경부령으로 정하는 것은?

① 먼지
② 매연
③ 온실가스
④ 대기오염물질

해설 대기오염의 원인이 되는 가스·입자상물질로서 기후에너지환경부령으로 정하는 것은 대기오염물질이다.

03
시·도지사 또는 시장·군수 등이 대기질 개선 또는 기후·생태계 변화유발물질 배출감소를 위하여 자동차의 소유자에게 명령·권고할 수 있는 사항이 <u>아닌</u> 것은?

① 저공해자동차로의 전환 또는 개조
② 엔진청소, 연료절약 등을 위한 부품의 장착
③ 저공해엔진(혼소엔진 포함)으로의 개조 또는 교체
④ 배출가스저감장치의 부착 또는 교체 및 배출가스 관련 부품의 교체

해설 대기질 개선 등을 위하여 명령할 수 있는 사항
- 저공해자동차로의 전환 또는 개조
- 저공해엔진(혼소엔진 포함)으로의 개조 또는 교체
- 배출가스저감장치의 부착 또는 교체 및 배출가스 관련 부품의 교체

04 빈출
시·도지사가 공회전제한장치를 부착하도록 명령할 수 있는 자동차가 <u>아닌</u> 것은?

① 최대적재량이 5톤 이하인 화물자동차
② 시내버스운송사업에 사용되는 자동차
③ 일반택시운송사업에 사용되는 자동차
④ 최대적재량이 1톤 이하인 밴형 화물자동차로서 택배용으로 사용되는 자동차

해설 공회전제한장치를 부착해야 하는 자동차
- 시내버스운송사업에 사용되는 자동차
- 일반택시운송사업에 사용되는 자동차
- 화물자동차운송사업에 사용되는 최대적재량이 1톤 이하인 밴형 화물자동차로서 택배용으로 사용되는 자동차

05
시·도지사, 시장·군수·구청장의 수시 점검에 불응하거나 기피·방해한 자에게 부과하는 과태료 금액으로 옳은 것은?

① 100만 원 이하의 과태료
② 200만 원 이하의 과태료
③ 300만 원 이하의 과태료
④ 400만 원 이하의 과태료

해설 운행차의 수시 점검에 불응하거나 기피·방해한 자는 200만 원 이하의 과태료에 처한다.

15문항 출제

PART 02

화물취급요령

※ CHAPTER 앞의 숫자는 출제예상 문항 수입니다.

3문항	CHAPTER 01 운송장 작성과 화물포장		2문항	CHAPTER 05 화물의 인수인계요령
2문항	CHAPTER 02 화물의 상하차		2문항	CHAPTER 06 화물자동차의 종류
2문항	CHAPTER 03 적재물 결박 덮개 설치		2문항	CHAPTER 07 화물운송의 책임한계
2문항	CHAPTER 04 운행요령			

CHAPTER 1 운송장 작성과 화물포장

👍 **합격TIP** 운송장의 기재항목과 부착요령은 반드시 알아두어야 합니다. 일상생활에서 자주 접하는 내용이므로 단순 암기보다는 이해를 하는 것이 중요합니다.

1 운송장

(1) 기능

① 계약서 기능
③ 운송요금 영수증 기능
⑤ 배달에 대한 증빙
⑦ 행선지 분류정보 제공(작업지시서 기능)

② 화물인수증 기능
④ 정보처리 기본자료
⑥ 수입금 관리자료

(2) 운송장 기재항목

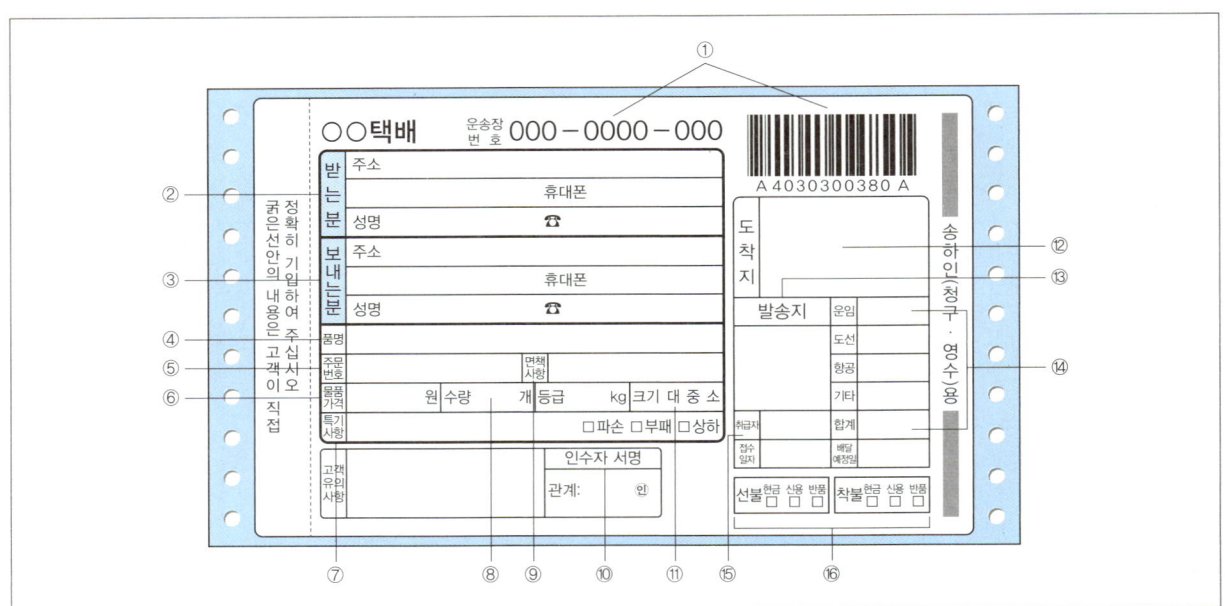

① 운송장 번호와 바코드
② 수하인(받는 분) 주소·성명 및 전화번호
③ 송하인(보내는 분) 주소·성명 및 전화번호
④ **화물명(품명)**: 화물의 파손, 분실, 배달지연 사고 발생 시 손해배상의 기준
⑤ 주문번호 또는 고객번호
⑥ **화물의 가격**: 화물의 파손, 분실, 배달지연 사고 발생 시 손해배상의 기준
⑦ 특기사항

⑧ 화물의 수량: 포장 내의 물품 수량이 아니라 수탁 받은 단위를 나타냄

원칙	1개의 화물에 1개의 운송장 부착
예외	1개의 운송장으로 기입하되 다수화물에 보조스티커를 사용하는 경우에는 총 박스 수량(단위 포장 수량)을 기록할 수 있음

빈출 ⑨ 면책사항: 포장 상태 불완전 등으로 사고 발생 가능성이 높아 수탁이 곤란한 화물의 경우에는 송하인이 모든 책임을 진다는 조건으로 수탁할 수 있음

파손면책	포장이 불완전하거나 파손 가능성이 높은 화물인 때
배달지연면책, 배달불능면책	수하인의 전화번호가 없는 때
부패면책	식품 등 정상적으로 배달해도 부패의 가능성이 있는 화물인 때

⑩ 인수자 날인   ⑪ 화물의 크기(중량, 사이즈)   ⑫ 도착지(코드)   ⑬ 발송지(집하점)
⑭ 운송요금   ⑮ 집하자   ⑯ 운임의 지급방법

(3) 운송장 기재방법

송하인 기재사항	① 송하인의 주소, 성명(또는 상호) 및 전화번호 ② 수하인의 주소, 성명, 전화번호(거주지 또는 휴대 전화 번호) ③ 물품의 품명, 수량, 가격 ④ 특약사항 약관설명 확인필 자필 서명 ⑤ 파손품 또는 냉동 부패성 물품의 경우: 면책확인서(별도 양식) 자필 서명
집하담당자 기재사항	① 접수일자, 발송점, 도착점, 배달 예정일 ② 운송료, 집하자 성명 및 전화번호 ③ 수하인용 송장상의 좌측 하단에 총수량 및 도착점 코드 ④ 기타 물품의 운송에 필요한 사항

빈출 (4) 운송장 기재 시 유의사항 및 부착요령

운송장 기재 시 유의사항	① 화물 인수 시 적합성 여부를 확인한 다음, 고객이 직접 운송장 정보를 기입하도록 함 ② 운송장은 꼭꼭 눌러 기재하여 맨 뒷면까지 잘 복사되도록 함 ③ 수하인의 주소 및 전화번호가 맞는지 재차 확인 ④ 유사지역과 혼동되지 않도록 도착점 코드가 정확히 기재되었는지 확인 ⑤ 특약사항에 대하여 고객에게 고지한 후 특약사항 약관설명 확인필에 서명을 받음 ⑥ 파손, 부패, 변질 등 문제의 소지가 있는 물품의 경우에는 면책확인서를 받음 ⑦ 같은 장소로 2개 이상 보내는 물품에 대해서는 보조송장을 기재할 수 있으며, 보조송장도 주송장과 같이 정확한 주소와 전화번호 기재

운송장 기재 시 유의사항	⑧ 산간 오지, 섬 지역 등은 지역특성을 고려하여 배송예정일을 정함 ⑨ 고가품 　㉠ 그 품목과 물품가격을 정확히 확인하여 기재 　㉡ 할증료 청구 　㉢ 할증료를 거절하는 경우에는 특약사항을 설명하고 보상한도에 대해 서명을 받음
운송장 부착요령	① 운송장은 원칙적으로 접수 장소에서 매 건마다 작성하여 화물에 부착 ② 운송장은 물품의 정중앙 상단에 뚜렷하게 보이도록 부착 ③ 운송장을 물품 정중앙 상단에 부착하기 어려운 경우 최대한 잘 보이는 곳에 부착 ④ 박스 모서리나 후면 또는 측면에 부착하여 혼동을 주어서는 안 됨 ⑤ 운송장이 떨어지지 않도록 손으로 잘 눌러서 부착 ⑥ 운송장을 부착할 때에는 운송장과 물품이 정확히 일치하는지 확인하고 부착 ⑦ 운송장을 화물포장 표면에 부착할 수 없는 소형, 변형화물, 작은 소포의 경우 운송장 부착이 가능한 박스에 포장하여 수탁한 후 부착 ⑧ 박스 물품이 아닌 쌀, 매트, 카펫 등 　㉠ 물품의 정중앙에 운송장 부착 　㉡ 테이프 등을 이용하여 운송장이 떨어지지 않도록 조치 　㉢ 운송장의 바코드가 가려지지 않도록 함 ⑨ 운송장이 떨어질 우려가 큰 물품의 경우 송하인의 동의를 얻어 포장재에 수하인 주소 및 전화번호 등 필요한 사항을 기재하도록 함 ⑩ 기존에 사용하던 박스를 재사용하는 경우에는 반드시 구 운송장을 제거하고 새로운 운송장을 부착하여 1개의 화물에 2개의 운송장이 부착되지 않도록 함 ⑪ 취급주의 스티커의 경우 운송장 바로 우측 옆에 붙여서 눈에 띄게 함

2 운송화물의 포장

(1) 포장의 개념

① 포장의 종류

개장(個裝)	① 물품 개개의 포장, 낱개포장(단위포장) ② 물품의 상품가치를 높이기 위해 또는 물품 개개를 보호하기 위해 적절한 재료, 용기 등으로 포장
내장(內裝)	① 포장 화물 내부의 포장, 속포장(내부포장) ② 물품에 대한 수분, 습기, 광열, 충격 등을 고려하여 적절한 재료, 용기 등으로 포장
외장(外裝)	① 포장 화물 외부의 포장, 겉포장(외부포장) ② 물품 또는 포장 물품을 상자, 포대, 나무통 및 금속관 등의 용기에 넣거나 용기를 사용하지 않고 결속하여 기호, 화물표시 등을 하는 방법 및 포장한 상태

② 포장의 기능

보호성	① 내용물의 변질 방지 ② 내용물의 변형과 파손, 이물질의 혼입과 오염, 기타의 병균으로부터 보호
표시성	인쇄, 라벨 붙이기 등의 포장에 의한 표시
상품성	포장을 통한 상품화
편리성	① 설명서, 증서, 서비스품, 팸플릿을 넣거나 진열이 쉬움 ② 수송, 하역, 보관에 편리함
효율성	생산, 판매, 하역, 수배송 등의 작업이 효율적으로 이루어짐
판매촉진성	판매의욕 환기 및 광고 효과

(2) 포장의 분류

① 포장 재료의 특성에 따른 분류

유연포장	① 의미: 포장된 물품 또는 단위포장물의 본질적인 형태는 변화되지 않으나 포장 재료나 용기의 유연성 때문에 일반적으로 외모가 변화될 수 있는, 부드럽게 구부리기 쉬운 포장 ② 유연성이 풍부한 포장 재료: 종이, 플라스틱 필름, 알루미늄포일(알루미늄박), 면포, 필름이나 엷은 종이, 셀로판 등
강성포장	① 의미: 포장된 물품 또는 단위포장물이 포장 재료나 용기의 경직성으로 형태가 변화되지 않고 고정되는 포장(유연포장과 대비되는 포장) ② 강성을 가진 포장 재료: 유리제 및 플라스틱제의 병이나 통, 목제 및 금속제의 상자나 통 등
반강성포장	강성을 가진 포장 중에서 약간의 유연성을 갖는 골판지상자, 플라스틱보틀 등에 의한 포장(유연포장과 강성포장의 중간적인 포장)

② 포장방법에 따른 분류

방수포장	① 방수포장 재료 등을 사용하여 포장 내부에 물이 침입하는 것을 방지하는 포장 ② 방수포장에 방습포장을 병용하는 경우: 방습포장은 내면에, 방수포장은 외면에 하는 것이 원칙
방습포장	① 포장 내용물을 습기의 피해로부터 보호하기 위하여 방습포장 재료 및 포장용 건조제를 사용하여 건조 상태로 유지하는 포장 ② 제품별 방습포장의 주요 기능 　㉠ 비료, 시멘트, 농약, 공업약품: 흡습에 의해 부피가 늘어나는 것(팽윤), 고체가 저절로 녹는 것(조해), 액체가 굳어지는 것(응고) 방지 　㉡ 건조식품, 의약품: 흡습에 의한 변질, 상품가치의 상실 방지 　㉢ 식료품, 섬유제품 및 피혁제품: 곰팡이 발생 방지 　㉣ 고수분 식품, 청과물: 탈습에 의한 변질, 신선도 저하 방지 　㉤ 금속제품: 표면의 변색 방지 　㉥ 정밀기기(전자제품 등): 기능 저하 방지

방청포장	① 금속제품 및 부품을 수송 또는 보관할 때 녹 발생을 막기 위하여 하는 포장 ② 방청포장 작업은 낮은 습도의 환경에서 하는 것이 바람직함 ③ 금속제품의 연마부분은 가급적 맨손으로 만지지 않는 것이 바람직하며, 맨손으로 만진 경우에는 지문을 제거할 필요가 있음
기타	완충포장, 진공포장, 압축포장, 수축포장

(3) 포장 유의사항

포장이 부실하거나 불량한 경우		① 고객에게 화물이 훼손되지 않게 포장을 보강하도록 양해를 구함 ② 포장비를 별도로 받고 포장할 수 있음(포장 재료비는 실비로 수령) ③ 포장이 미비하거나 포장 보강을 고객이 거부할 경우, 집하를 거절할 수 있으며 부득이 발송할 경우에는 면책확인서에 고객의 자필 서명을 받고 집하함(특약사항 약관설명 확인필 란에 자필 서명한 후, 면책확인서는 지점에서 보관)
특별 품목에 대한 포장 유의사항	손잡이가 있는 박스 물품	손잡이를 안으로 접어 사각이 되게 한 다음 테이프로 포장
	고가품	내용물이 파악되지 않도록 별도의 박스로 이중 포장 예 휴대폰, 노트북
	병 제품	① 플라스틱 병으로 대체하거나 병이 움직이지 않도록 포장재를 보강하여 낱개로 포장한 뒤 박스로 포장 ② 부득이하게 병으로 집하하는 경우 면책확인서를 받음
	식품류	① 원칙: 스티로폼포장 ② 스티로폼이 없을 경우: 비닐로 내용물이 손상되지 않도록 포장한 후 두꺼운 골판지 박스 등으로 포장 예 김치, 특산물, 농수산물 등
	가구류	박스포장하고 모서리 부분을 에어캡으로 포장처리 후 면책확인서를 받아 집하
	포장된 박스가 낡은 경우	운송 중에 박스 손상으로 인한 내용물의 유실 또는 파손 가능성이 있는 물품에 대해서는 박스를 교체하거나 보강하여 포장함
	작고 가벼운 물품	작은 박스에 넣어 포장 예 서류
	비나 눈이 올 경우	비닐포장 후 박스포장
	매트 제품	비닐포장을 하여 내용물 오손 방지

(4) 일반화물의 취급표지(한국산업표준 KS T ISO 780)

① 취급표지의 색상 및 크기

색상	① 기본: **검은색** ② 포장의 색이 검은색 표지가 잘 보이지 않는 색이라면 흰색과 같이 적절한 대조를 이룰 수 있는 색을 부분 배경으로 사용 ③ 위험물 표지와 혼동을 가져올 수 있는 색의 사용은 피함 ④ 적색, 주황색, 황색 등의 사용은 이들 색의 사용이 규정화되어 있는 지역 및 국가 외에서는 사용을 피하는 것이 좋음
크기	① 일반적인 독적으로 사용하는 취급표지의 전체 높이: 100mm, 150mm, 200mm ② 포장의 크기나 모양에 따라 표지의 크기는 조정 가능

② 취급표지

호칭	표지	호칭	표지	호칭	표지
무게 중심 위치		거는 위치		깨지기 쉬움, 취급주의	
갈고리 금지		손수레 사용 금지		지게차 취급 금지	
조임쇠 취급 제한		조임쇠 취급 표시		굴림 방지	
젖음 방지		직사광선 금지		방사선 보호	
위 쌓기		온도 제한		적재 제한	
적재 단 수 제한		적재 금지			

참 위 쌓기: 화물 적재 시 올바른 윗 방향을 표시

출제 예상문제

CHAPTER 1 운송장 작성과 화물포장

01
운송장의 기능으로 옳지 <u>않은</u> 것은?

① 전표 기능
② 계약서 기능
③ 배달에 대한 증빙
④ 운송요금 영수증 기능

해설 운송장의 기능
- 계약서 기능
- 화물인수증 기능
- 수입금 관리자료
- 배달에 대한 증빙
- 정보처리 기본자료
- 행선지 분류정보 제공
- 운송요금 영수증 기능

02 ⚠빈출
포장이 불완전하거나 파손 가능성이 높아 수탁이 곤란한 화물의 경우 송하인이 모든 책임을 진다는 조건으로 수탁하도록 하는 면책사항에 해당하는 것은?

① 부패면책
② 파손면책
③ 배달지연면책
④ 배달불능면책

해설 포장이 불완전하거나 파손 가능성이 높아 수탁이 곤란한 화물의 경우 송하인이 모든 책임을 진다는 조건으로 수탁하도록 하는 면책사항은 파손면책이다.

03
운송장을 기재할 경우 집하담당자가 기재할 사항으로 옳은 것은?

① 운송료
② 물품의 품명, 수량, 가격
③ 특약사항 약관설명 확인필 자필 서명
④ 송하인의 주소, 성명(또는 상호) 및 전화번호

해설 ②, ③, ④는 송하인이 기재할 사항이다.

04
운송장 기재 시 유의사항이 <u>아닌</u> 것은?

① 산간 오지, 섬 지역 등은 지역특성을 고려하여 배송예정일을 정한다.
② 파손, 부패, 변질 등 문제의 소지가 있는 물품의 경우에는 면책확인서를 받는다.
③ 고가품의 경우에는 도난의 위험이 있으므로, 별도의 할증료를 청구하지 않는다.
④ 화물 인수 시 적합성 여부를 확인한 다음, 고객이 직접 운송장 정보를 기입하도록 한다.

해설 고가품에 대하여는 그 품목과 물품가격을 정확히 확인하여 기재하고 할증료를 청구하여야 하며, 할증료를 거절하는 경우에는 특약사항을 설명하고 보상한도에 대해 서명을 받는다.

05 ⚠빈출
운송장 부착 시 주의사항으로 옳지 <u>않은</u> 것은?

① 박스 모서리나 후면 또는 측면에 부착하여 혼동을 주어서는 안 된다.
② 운송장 부착은 원칙적으로 접수 장소에서 매 건마다 작성하여 부착한다.
③ 박스 물품이 아닌 쌀, 매트, 카펫 등은 물품의 모서리에 운송장을 부착한다.
④ 운송장이 떨어질 우려가 큰 물품의 경우 송하인의 동의를 얻어 포장재에 수하인 주소 및 전화번호 등 필요한 사항을 기재하도록 한다.

해설 박스 물품이 아닌 쌀, 매트, 카펫 등은 물품의 정중앙에 운송장을 부착한다.

06 ⚠️빈출
운송장 부착 시 옳지 않은 것은?

① 취급주의 스티커는 운송장이 있는 반대편 뒷면에 붙인다.
② 운송장은 물품의 정중앙 상단에 뚜렷하게 보이도록 부착한다.
③ 작은 소포의 경우에 운송장 부착이 가능한 박스에 포장하여 수탁한 후 부착한다.
④ 기존에 사용하던 박스를 사용하여 보낼 경우 이전 운송장은 버리고 새 운송장을 붙여서 1개의 화물에 2개의 운송장이 부착되지 않도록 한다.

해설 취급주의 스티커의 경우 운송장 바로 우측 옆에 붙여서 눈에 띄게 한다.

07
물품에 대한 수분, 습기, 광열, 충격 등을 고려하여 적절한 재료, 용기 등으로 물품을 포장하는 방법을 일컫는 말은?

① 속포장   ② 외포장
③ 단위포장 ④ 낱개포장

해설 속포장(내부포장)은 물품에 대한 수분, 습기, 광열, 충격 등을 고려하여 적절한 재료, 용기 등으로 물품을 포장하는 방법 및 포장한 상태를 말한다.

08
강성포장 재료에 해당하지 않는 것은?

① 목제의 통   ② 금속제의 상자
③ 알루미늄포일 ④ 플라스틱제의 병

해설 강성포장은 용기의 경직성으로 형태가 변화되지 않고 고정되는 포장으로 강성을 가진 재료를 사용한다. 알루미늄포일은 유연포장에 사용한다.

09
제품별 방습포장의 주요 기능이 아닌 것은?

① 금속제품: 곰팡이 발생 방지
② 정밀기기(전자제품 등): 기능 저하 방지
③ 건조식품, 의약품: 흡습에 의한 변질 방지
④ 고수분 식품, 청과물: 탈습에 의한 변질, 신선도 저하 방지

해설 금속제품 방습포장의 주요 기능은 표면의 변색 방지이다.

10
일반화물의 취급표지에 대한 설명으로 옳지 않은 것은?

① 표지의 색은 기본적으로 검은색을 사용한다.
② 위험물표지와 혼동을 가져올 수 있는 색의 사용은 피한다.
③ 표지의 크기는 포장의 크기나 모양에 따라 조정할 수 있다.
④ 적색, 주황색, 황색 등은 국제적으로 취급표지에 사용되는 색이다.

해설 적색, 주황색, 황색 등의 사용은 이들 색의 사용이 규정화되어 있는 지역 및 국가 외에서는 사용을 피하는 것이 좋다.

11
다음 화물 취급표지 중 "위 쌓기"에 해당하는 것은?

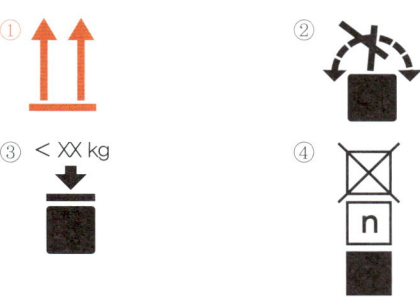

해설 ②는 굴림 방지, ③은 적재 제한, ④는 적재 단 수 제한표지이다.

CHAPTER 2 화물의 상하차

출제예상 2문항

👍 **합격TIP** 화물의 취급방법, 주유취급소의 위험물 취급기준 등 시험에 자주 출제되는 내용을 이해하고 문제 위주로 암기하는 것이 좋습니다.

1 화물취급 전 준비사항

① 위험물, 유해물을 취급할 때에는 반드시 보호구를 착용하고, 안전모는 턱 끈을 매어 착용함
② 보호구의 자체결함은 없는지 또는 사용방법은 알고 있는지 확인함
③ 취급할 화물의 품목별, 포장별, 비포장별(산물, 분탄, 유해물) 등에 따른 취급방법 및 작업순서를 사전 검토함
④ 유해, 유독화물 확인을 철저히 하고, 위험에 대비한 약품, 세척용구 등을 준비함
⑤ 화물의 포장이 거칠거나 미끄러움, 뾰족함 등은 없는지 확인한 후 작업에 착수함
⑥ 화물의 낙하, 분탄화물의 비산 등의 위험을 사전에 제거하고 작업을 시작함
⑦ 작업도구는 해당 작업에 적합한 물품으로 필요한 수량만큼 준비함

2 창고 내 작업 및 입출고 작업 요령

창고 내에서 화물을 옮길 때	① 창고의 통로 등에 장애물이 없도록 조치 ② 작업 안전 통로를 충분히 확보한 후 화물을 적재 ③ 바닥에 물건 등이 놓여 있으면 즉시 치우도록 함 ④ 바닥의 기름기나 물기는 즉시 제거하여 미끄럼 사고를 예방 ⑤ 운반통로에 있는 맨홀이나 홈에 주의하며 안전하지 않은 곳이 없도록 조치
화물더미에서 작업할 때	① 화물더미 한쪽 가장자리에서 작업할 때에는 화물더미의 불안전한 상태를 수시 확인하여 붕괴 등의 위험이 발생하지 않도록 주의 ② 화물더미에 오르내릴 때에는 화물의 쏠림이 발생하지 않도록 조심함 ③ 화물을 쌓거나 내릴 때에는 순서에 맞게 신중히 함 ④ 화물더미의 화물을 출하할 때에는 화물더미 위에서부터 순차적으로 층계를 지으면서 헐어냄 ⑤ 화물더미의 상층과 하층에서 동시에 작업을 하지 않음 ⑥ 화물더미의 중간에서 화물을 뽑아내거나 직선으로 깊이 파내는 작업을 하지 않음 ⑦ 화물더미 위에서 작업을 할 때에는 힘을 줄 때 발밑을 항상 조심 ⑧ 화물더미 위로 오르고 내릴 때에는 안전한 승강시설을 이용
화물을 연속적으로 이동시키기 위해 컨베이어를 사용할 때	① 상차용 컨베이어를 이용하여 타이어 등을 상차할 때는 타이어 등이 떨어지거나 떨어질 위험이 있는 곳에서 작업을 해서는 안 됨 ② 컨베이어 위로 절대 올라가서는 안 됨 ③ 상차 작업자와 컨베이어를 운전하는 작업자는 상호 간에 신호를 긴밀히 해야 함

화물을 운반할 때	① 운반하는 물건이 시야를 가리지 않도록 함 ② 뒷걸음질로 화물을 운반해서는 아니 됨 ③ 작업장 주변의 화물 상태, 차량 통행 등을 항상 살핌 ④ 원기둥형 화물을 굴릴 때는 앞으로 밀어 굴리고 뒤로 끌어서는 아니 됨 ⑤ 화물자동차에서 화물을 내리기 위하여 로프를 풀거나 옆문을 열 때는 화물 낙하 여부를 확인하고 안전위치에서 행함
발판을 활용한 작업을 할 때	① 발판은 경사를 완만하게 하여 사용 ② 발판을 이용하여 오르내릴 때에는 2명 이상이 동시에 통행하지 않음 ③ 발판의 너비와 길이는 작업에 적합하고 자체결함이 없는지 확인 ④ 발판의 설치는 안전하게 되어 있는지 확인 ⑤ 발판의 미끄럼 방지 조치는 되어 있는지 확인 ⑥ 발판이 움직이지 않도록 목마 위에 설치하거나 발판 상하 부위에 철저하게 고정 조치

3 화물의 취급방법

하역방법	① 상자로 된 화물은 취급표지에 따라 다루어야 함 ② 화물의 적하순서에 따라 작업함 ③ 종류가 다르거나 부피가 큰 것을 쌓을 때는 무거운 것은 밑에, 가벼운 것은 위에 쌓음 ④ 작은 화물 위에 큰 화물을 놓지 말아야 함 ⑤ 화물 종류별로 표시된 쌓는 단 수 이상으로 적재하지 않음 ⑥ 길이가 고르지 못하면 한쪽 끝이 맞도록 함 ⑦ 화물을 한 줄로 높이 쌓지 말아야 함 ⑧ 물품을 야외에 적치할 때는 밑받침을 하여 부식을 방지하고, 덮개로 덮어야 함 ⑨ 높이 올려 쌓는 화물은 무너질 염려가 없도록 하고, 쌓아 놓은 물건 위에 다른 물건을 던져 쌓아 화물이 무너지는 일이 없도록 하여야 함 ⑩ 화물을 내려서 밑바닥에 닿을 때에는 갑자기 화물이 무너지는 일이 있으므로 안전한 거리를 유지하고, 무심코 접근하지 말아야 함 ⑪ 화물을 싣고 내리는 작업을 할 때에는 화물더미 적재순서를 준수하여 화물의 붕괴 등을 예방 ⑫ 화물더미에서 한쪽으로 치우치는 편중작업을 하고 있는 경우에는 붕괴, 전도 및 충격 등의 위험에 각별히 유의 ⑬ 화물을 적재할 때에는 소화기, 소화전, 배전함 등의 설비 사용에 장애를 주지 않도록 하여야 함 ⑭ 바닥으로부터의 높이가 2미터 이상 되는 화물더미와 인접 화물더미 사이의 간격은 화물더미의 밑 부분을 기준으로 10센티미터 이상으로 하여야 함 ⑮ 원목과 같은 원기둥형의 화물 　㉠ 열을 지어 정방형을 만들고 그 위에 직각으로 열을 지어 쌓거나, 열 사이에 끼워 쌓음 　㉡ 구르기 쉬우므로 외측에 제동장치를 하여야 함

하역방법	⑯ 화물더미가 무너질 위험이 있는 경우에는 로프를 사용하여 묶거나, 망을 치는 등 위험 방지를 위한 조치를 하여야 함 ⑰ 제재목(製材木)을 적치할 때는 건너지르는 대목을 3개소에 놓아야 함 ⑱ 높은 곳에 적재할 때나 무거운 물건을 적재할 때에는 절대 무리해서는 아니 되며, 안전모를 착용해야 함 ⑲ 물품을 적재할 때는 구르거나 무너지지 않도록 받침대를 사용하거나 로프로 묶어야 함 ⑳ 같은 종류 또는 동일 규격끼리 적재해야 함

적재함
적재방법
	① 한쪽으로 기울지 않게 쌓고, 적재하중을 초과하지 않도록 해야 함
	② 최대한 무게가 골고루 분산될 수 있도록 하고, 무거운 화물은 적재함의 중간 부분에 무게가 집중될 수 있도록 적재
	    ㉠ 무거운 화물을 적재함 뒤쪽에 실으면 앞바퀴가 들려 조향이 마음대로 되지 않아 위험
	    ㉡ 무거운 화물을 적재함 앞쪽에 실으면 조향이 무겁고 제동할 때에 뒷바퀴가 먼저 제동되어 좌우로 틀어지는 경우가 발생
	③ 가축은 화물칸에서 이리저리 움직여 차량이 흔들릴 수 있어 차량 운전에 문제가 발생하므로 화물칸에 완전히 차지 않을 경우, 가축을 한데 몰아 움직임을 제한하는 임시 칸막이 사용
	④ 적재함의 폭을 초과하여 과다하게 적재하지 않도록 함
	⑤ 가벼운 화물이라도 너무 높게 적재하지 않도록 함
	⑥ 적재함보다 긴 물건을 적재할 때에는 적재함 밖으로 나온 부위에 위험표시를 함
	⑦ 지상에서 결박하는 사람은 한 발을 타이어 또는 차량 하단부를 밟고 당기지 않으며, 옆으로 서서 고무바를 짧게 잡고 조금씩 여러 번 당김

운반방법	① 물품 및 박스의 날카로운 모서리나 가시를 제거 ② 물품 운반에 적합한 장갑을 착용하고 작업 ③ 긴 물건을 어깨에 메고 운반할 때에는 앞부분의 끝을 운반자 키보다 약간 높게 하여 모서리 등에 충돌하지 않도록 운반 ④ 화물을 운반할 때는 들었다 놓았다 하지 말고 직선거리로 운반 ⑤ 장척물, 구르기 쉬운 화물은 단독 운반을 피하고, 중량물은 하역기계를 사용
기타 작업	① 화물은 가급적 세우지 말고 눕혀 놓음 ② 화물을 바닥에 놓는 경우 화물의 가장 넓은 면이 바닥에 놓이도록 함 ③ 바닥이 약하거나 원형물건 등 평평하지 않은 화물은 지지력이 있고 평평한 면적을 가진 받침을 이용 ④ 사람의 손으로 하는 작업은 가능한 한 줄이고, 기계를 이용 ⑤ 화물 위에 올라타지 않도록 함 ⑥ 제품 파손을 인지하였을 때는 즉시 사용 가능, 불가능 여부에 따라 분리하여 2차 오손을 방지 ⑦ 박스가 물에 젖어 훼손되었을 때에는 즉시 다른 박스로 교환하여 배송이나 운반 도중에 박스의 훼손으로 인한 제품파손이 발생하지 않도록 함

4 고압가스의 취급

① 운반하는 고압가스의 명칭, 성질 및 이동 중의 재해방지를 위해 필요한 주의사항을 기재한 서면을 운반책임자 또는 운전자에게 교부하고 운반 중에 휴대시킴
② 차량의 고장, 교통사정 또는 운반책임자나 운전자의 휴식 등 부득이한 경우를 제외하고는 장시간 정차하지 않으며, 운반책임자와 운전자가 동시에 차량에서 이탈하면 안 됨
③ 그 충전용기를 수요자에게 인도하는 때까지 최선의 주의를 다하여 안전하게 운반하여야 하며, 운반 도중 보관하는 때에는 안전한 장소에 보관
④ 200km 이상의 거리를 운행하는 경우에는 중간에 충분한 휴식을 취한 후 운전할 것
⑤ 노면이 나쁜 도로에서는 가능한 한 운행하지 말 것
　㉠ 부득이 노면이 나쁜 도로를 운행할 때에는 운행 개시 전에 충전용기의 적재 상황을 재검사하여 이상이 없는지를 확인
　㉡ 노면이 나쁜 도로를 운행한 후에는 일시정지하여 적재 상황, 용기밸브, 로프 등의 풀림 등이 없는지 확인

5 컨테이너 및 위험물 탱크로리의 취급

빈출 (1) 컨테이너에 위험물 수납 시 주의사항

표시	위험물의 분류명, 표찰 및 컨테이너 번호를 외측부 가장 잘 보이는 곳에 표시
수납 및 적재방법	① 컨테이너에 위험물을 수납하기 전에 철저히 점검하여 그 구조와 상태 등이 불안한 컨테이너를 사용해서는 안 되며 개폐문의 방수상태를 점검할 것 ② 수납되는 위험물 용기의 포장 및 표찰이 완전한지를 충분히 점검하여 포장 및 용기가 파손되었거나 불완전한 것은 수납을 금지함 ③ 화물의 이동, 전도, 충격, 마찰, 누설 등에 의한 위험이 생기지 않도록 충분한 깔판 및 각종 고임목을 사용할 것 ④ 화물 중량의 배분과 외부충격의 완화를 고려하며 어떠한 경우라도 화물 일부가 컨테이너 밖으로 튀어 나와서는 아니 됨 ⑤ 수납이 완료되면 즉시 문을 폐쇄함 ⑥ 이동하는 동안에 전도, 손상, 찌그러지는 현상 등이 생기지 않도록 적재 ⑦ 적재 후 반드시 콘(잠금장치)을 잠금
동일 컨테이너에 수납해서는 안 되는 경우	품명이 다른 위험물 또는 위험물과 위험물 이외의 화물이 상호작용하여 발열 및 가스의 발생, 부식작용, 기타 물리적·화학적 작용이 일어날 염려가 있을 때

(2) 위험물 탱크로리의 취급

① 탱크로리에 커플링(Coupling)은 잘 연결되었는지 확인
② 접지는 연결시켰는지 확인

③ 플랜지(Flange) 등 연결 부분에 새는 곳은 없는지 확인
④ 플렉서블 호스(Flexible hose)는 고정시켰는지 확인
⑤ 누유된 위험물은 회수하여 처리
⑥ 인화성물질을 취급할 때에는 소화기를 준비하고, 흡연자가 없는지 확인
⑦ 주위 정리정돈 상태는 양호한지 점검
⑧ 담당자 이외에는 손대지 않도록 조치
⑨ 주위에 위험표지를 설치

6 주유취급소의 위험물 취급기준

① 자동차 등에 주유할 때는 고정주유설비를 사용하여 직접 주유
② 자동차 등을 주유할 때는 자동차 등의 원동기를 정지시킴
③ 자동차 등의 일부 또는 전부가 주유취급소 밖에 나온 채로 주유하지 않음
④ 주유취급소의 전용탱크 또는 간이탱크에 위험물을 주입할 때
  ㉠ 그 탱크에 연결되는 고정주유설비의 사용을 중지
  ㉡ 자동차 등을 그 탱크의 주입구에 접근시켜서는 안 됨
⑤ 유분리장치에 고인 유류는 넘치지 않도록 수시로 퍼내어야 함
⑥ 고정주유설비에 유류를 공급하는 배관은 전용탱크 또는 간이탱크로부터 고정주유설비에 직접 연결된 것이어야 함

7 상·하차 작업 시의 확인사항

① 작업원에게 화물의 내용, 특성 등을 잘 주지시켰는가?
② 받침목, 지주, 로프 등 필요한 보조용구는 준비되어 있는가?
③ 차량에 구름막이는 되어 있는가?
④ 위험한 승강을 하고 있지는 않는가?
⑤ 던지기 및 굴려 내리기를 하고 있지 않는가?
⑥ 적재량을 초과하지 않았는가?
⑦ 적재화물의 높이, 길이, 폭 등의 제한은 지키고 있는가?
⑧ 화물의 붕괴를 방지하기 위한 조치는 취해져 있는가?
⑨ 위험물이나 긴 화물은 소정의 위험표지를 하였는가?
⑩ 차량의 이동 신호는 잘 지키고 있는가?
⑪ 작업 신호에 따라 작업이 잘 행하여지고 있는가?
⑫ 차를 통로에 방치해 두지 않았는가?

CHAPTER 2 화물의 상하차 출제 예상문제

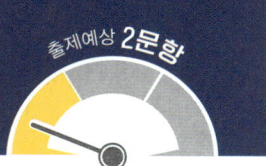

01 ⚠빈출
화물의 하역방법으로 적절하지 <u>않은</u> 것은?

① 동일 규격끼리 적재하지 않는다.
② 높은 곳에 적재할 때는 안전모를 착용한다.
③ 화물을 적재할 때에는 소화기, 소화전, 배전함 등의 설비 사용에 장애를 주지 않도록 해야 한다.
④ 화물이 무너질 위험이 있을 경우에는 로프를 사용하여 묶거나, 망을 치는 등 위험 방지를 위한 조치를 하여야 한다.

해설 화물은 같은 종류 또는 동일 규격끼리 적재해야 한다.

02 ⚠빈출
화물의 하역방법으로 옳지 <u>않은</u> 것은?

① 물건을 쌓을 때는 떨어지거나 건드려서 넘어지지 않도록 한다.
② 화물 종류별로 표시된 쌓는 단 수 이상으로 적재하지 않는다.
③ 부피가 큰 것을 쌓을 때는 가벼운 것은 밑에, 무거운 것은 위에 쌓는다.
④ 물품을 야외에 적치할 때는 밑받침을 하여 부식을 방지하고, 덮개로 덮어야 한다.

해설 부피가 큰 것을 쌓을 때는 무거운 것은 밑에, 가벼운 것은 위에 쌓는다.

03
고압가스 취급에 대한 설명으로 옳지 <u>않은</u> 것은?

① 되도록 장시간 정차하지 않는다.
② 200km 이상 운행할 경우 중간에 휴식을 취한다.
③ 노면이 나쁜 도로에서는 가능한 한 운행하지 않는다.
④ 운반 도중 휴식 시에는 운반책임자와 운전자가 동시에 차량에서 이탈해야 한다.

해설 차량의 고장, 교통사정 또는 운반책임자나 운전자의 휴식 등 부득이한 경우를 제외하고는 장시간 정차하지 않으며, 운반책임자와 운전자가 동시에 차량에서 이탈하면 아니 된다.

04
컨테이너에 수납되어 있는 위험물을 표시할 때 적어야 하는 것에 해당하지 <u>않는</u> 것은?

① 표찰
② 컨테이너 규격
③ 컨테이너 번호
④ 위험물의 분류명

해설 컨테이너에 수납되어 있는 위험물의 분류명, 표찰 및 컨테이너 번호를 외측부 가장 잘 보이는 곳에 표시한다.

05
위험물 탱크로리 취급 시 옳지 <u>않은</u> 것은?

① 누유된 위험물은 위험하므로 마를 때까지 기다린다.
② 플렉서블 호스(Flexible hose)는 고정시켰는지 확인한다.
③ 플랜지(Flange) 등 연결 부분에 새는 곳은 없는지 확인한다.
④ 인화성물질을 취급할 때에는 소화기를 준비하고, 흡연자가 없는지 확인한다.

해설 누유된 위험물은 회수하여 처리한다.

06 ⚠빈출
주유취급소의 위험물 취급기준으로 옳지 <u>않은</u> 것은?

① 유분리장치에 고인 유류는 충분히 넘치도록 한다.
② 자동차 등을 주유할 때는 자동차 등의 원동기를 정지시킨다.
③ 자동차 등에 주유할 때에는 고정주유설비를 사용하여 직접 주유한다.
④ 자동차 등의 일부 또는 전부가 주유취급소 밖에 나온 채로 주유하지 않는다.

해설 유분리장치에 고인 유류는 넘치지 않도록 수시로 퍼내어야 한다.

CHAPTER 3 적재물 결박 덮개 설치

👍 **합격TIP** 화물의 붕괴 방지요령이 주로 출제되며, 각각의 차이점을 정확히 알아야 합니다.

출제예상 **2문항**

1 파렛트(팰릿) 화물의 붕괴 방지요령

(1) 밴드걸기 방식

① 의미: 나무상자를 파렛트에 쌓는 경우의 붕괴 방지에 많이 사용
② 단점: 어느 쪽이나 밴드가 걸려 있는 부분은 화물의 움직임을 억제하지만, 밴드가 걸리지 않은 부분의 화물이 튀어나오는 결점이 있음
③ 종류: 수평 밴드걸기 방식, 수직 밴드걸기 방식

▲ 밴드걸기 방식

(2) 주연어프 방식

① 의미: 파렛트의 가장자리(주연)를 높게 하여 포장화물을 안쪽으로 기울여, 화물이 갈라지는 것을 방지하는 방법으로 부대화물에 효과가 있음
② 활용: 주연어프 방식만으로 화물이 갈라지는 것을 방지하기는 어려워 다른 방법과 병용하여 안전을 확보하는 것이 효율적임

(3) 슬립 멈추기 시트 삽입 방식

① 의미: 포장과 포장 사이에 미끄럼을 멈추는 시트를 넣음으로써 안전을 도모하는 방법
② 단점: 부대화물에는 효과가 있으나, 상자는 진동하면 튀어 오르기 쉽다는 문제가 있음

(4) 풀 붙이기 접착 방식

① 장점: 자동화·기계화 가능, 저렴한 비용
② 풀
  ㉠ 미끄럼에 대한 저항이 강하고 상하로 뗄 때의 저항이 약한 것을 택하지 않으면 화물을 파렛트에서 분리할 때 장해가 일어남
  ㉡ 풀은 온도에 의해 변화할 수도 있어, 포장화물의 중량이나 형태에 따라서 풀의 양이나 풀칠하는 방식을 결정하여야 함

(5) 수평 밴드걸기 풀 붙이기 방식

① 의미: 풀 붙이기와 밴드걸기 방식을 병용한 것
② 장점: 화물의 붕괴를 방지하는 효과를 한층 더 높이는 방법

(6) 슈링크 방식

① 의미: 열수축성 플라스틱 필름을 파렛트 화물에 씌우고 슈링크 터널을 통과시킬 때 가열하여 필름을 수축시켜 파렛트와 밀착시키는 방식

② 장점: 물이나 먼지도 막아내기 때문에 우천 시의 하역이나 야적보관도 가능함

③ 단점
  ㉠ 통기성이 없고, 비용이 많이 듦
  ㉡ 고열(120~130℃)의 터널을 통과하므로 상품에 따라서는 이용할 수가 없음

(7) 스트레치 방식

① 의미: 스트레치 포장기를 사용하여 플라스틱 필름을 파렛트 화물에 감아 움직이지 않게 하는 방법

② 장점: 슈링크 방식과는 다르게 열처리는 행하지 않음

③ 단점: 통기성이 없고, 비용이 많이 듦

▲ 스트레치 방식

(8) 박스 테두리 방식

① 의미: 파렛트에 테두리를 붙이는 박스 파렛트와 같은 형태

② 장점: 화물의 무너짐 방지 효과는 큼

③ 단점: 평 파렛트에 비해 제조원가가 많이 듦

2 포장화물 운송과정의 외압과 보호요령

① 하역 시의 충격 중 가장 큰 충격: 낙하충격

② 수송 중의 충격
  ㉠ 트랙터와 트레일러를 연결할 때 발생하는 수평충격: 낙하충격에 비하면 적은 편
  ㉡ 비포장 도로 등 포장 상태가 나쁜 길을 달리는 경우: 상하진동이 발생하게 되므로 화물을 고정시켜 진동으로부터 화물을 보호함

③ **압축하중**: 밑에 쌓은 화물은 반드시 압축하중을 받으며, 주행 중에는 상하진동을 받으므로 2배 정도로 압축하중을 받게 됨

④ **내하중**: 포장 재료에 따라 다름

나무상자	강도의 변화가 거의 없음
골판지	시간이나 외부 환경에 의해 변화를 받기 쉬워 외부의 온도와 습기, 방치시간 등에 특히 유의하여야 함

CHAPTER 3 적재물 결박 덮개 설치
출제 예상문제

01
파렛트 화물의 붕괴를 방지하기 위한 방식이 아닌 것은?

① 밴드걸기 방식
② 완충포장 방식
③ 박스 테두리 방식
④ 풀 붙이기 접착 방식

해설 파렛트 화물의 붕괴를 방지하기 위한 방식은 밴드걸기 방식, 주연어프 방식, 슬립 멈추기 시트 삽입 방식, 풀 붙이기 접착 방식, 수평 밴드걸기 풀 붙이기 방식, 슈링크 방식, 스트레치 방식, 박스 테두리 방식이 있다.

02 ⚠️빈출
풀 붙이기와 밴드걸기 방식을 병용한 것으로 화물의 붕괴를 방지하는 효과를 높이는 방법을 일컫는 말은?

① 슈링크 방식
② 밴드걸기 방식
③ 박스 테두리 방식
④ 수평 밴드걸기 풀 붙이기 방식

해설 풀 붙이기와 밴드걸기 방식을 병용한 것으로 화물의 붕괴를 방지하는 효과를 한층 더 높이는 방법은 수평 밴드걸기 풀 붙이기 방식이다.

03 ⚠️빈출
슈링크 방식에 대한 설명으로 옳지 않은 것은?

① 통기성이 없다.
② 비용이 적게 든다.
③ 물이나 먼지가 통하지 않는다.
④ 열수축성 플라스틱 필름을 사용한다.

해설 슈링크 방식은 비용이 많이 든다.

04
포장화물 운송과정의 외압과 보호요령에 대한 설명으로 옳지 않은 것은?

① 하역 시의 충격 중 가장 큰 충격은 낙하충격이다.
② 포장화물의 보관 중 또는 수송 중에 밑에 쌓은 포장화물은 압축하중을 받는다.
③ 수송 중의 충격으로는 트랙터와 트레일러를 연결할 때 발생하는 수평충격이 있는데, 이는 낙하충격에 비하면 적은 편이다.
④ 나무상자는 강도의 변화가 커 시간이나 외부 환경에 의해 변화를 받기 쉬우므로 외부의 온도와 습기, 방치시간 등에 특히 유의하여야 한다.

해설 나무상자는 강도의 변화가 거의 없으나, 골판지는 시간이나 외부 환경에 의해 변화를 받기 쉬우므로 외부의 온도와 습기, 방치시간 등에 특히 유의하여야 한다.

05
포장화물 중에 밑에 쌓인 화물은 주행 중 몇 배 정도의 압축하중을 받게 되는가?

① 1배 정도
② 2배 정도
③ 3배 정도
④ 4배 정도

해설 포장화물의 보관 중 또는 수송 중에 밑에 쌓은 화물은 반드시 압축하중을 받는다. 이를 테면, 통상 높이는 창고에서는 4m, 트럭이나 화차에서는 2m이지만, 주행 중에는 상하진동을 받으므로 2배 정도로 압축하중을 받게 된다.

CHAPTER 4 운행요령

👍 **합격TIP** 고속도로 운행제한 차량의 총중량, 길이 등 숫자는 반드시 암기해야 합니다. 또한 그 기준을 초과하는 숫자도 그 운행제한에 속한다는 것을 알아야 합니다.

1 일반사항

① 배차지시에 따라 차량을 운행함
② 배차지시에 따라 배정된 물자를 지정된 장소로 한정된 시간 내에 안전하고 정확하게 운송할 책임이 있음
③ 사고 예방을 위하여 관계법규를 준수함은 물론 운전 전, 운전 중, 운전 후 점검 및 정비를 철저히 이행함
④ 운전에 지장이 없도록 충분한 수면을 취하고, 음주운전이나 운전 중 흡연 또는 잡담을 금지함
⑤ 주차할 때에는 엔진을 끄고 주차 브레이크장치로 완전 제동함
⑥ 내리막길을 운전할 때에는 기어를 중립에 두지 않음
⑦ 트레일러를 운행할 때에는 트랙터와의 연결 부분을 점검하고 확인함
⑧ 크레인의 인양중량을 초과하는 작업을 허용하지 않음
⑨ 미끄러지는 물품, 길이가 긴 물건, 인화성물질 운반 시에는 각별한 안전관리를 함
⑩ 장거리운송의 경우 고속도로 휴게소 등에서 휴식을 취하다가 잠이 들어 시간이 지연되는 일이 없도록 하고, 특히 과다한 음주 등으로 인한 장시간 수면으로 운송시간이 지연되지 않도록 주의함
⑪ 기타 고속도로 운전, 장마철, 여름철, 한랭기, 악천후, 철길 건널목, 나쁜 길, 야간에 운전할 때에는 제반 안전관리 사항에 대해 더욱 주의함

2 운행요령

(1) 트랙터(Tractor) 운행에 따른 주의사항

① 중량물 및 활대품을 수송하는 경우 바인더 잭(Binder Jack)으로 화물결박을 철저히 하고, 운행할 때에는 수시로 결박 상태를 확인함
② 고속주행 중의 급제동은 잭나이프 현상 등의 위험을 초래하므로 조심함
③ 트랙터는 일반적으로 트레일러와 연결하여 운행하므로 일반 차량에 비해 회전반경 및 점유면적이 커, 미리 운행경로의 도로정보와 화물의 제원, 장비의 제원을 정확히 파악함
④ 화물의 균등한 적재가 이루어지도록 함
⑤ 후진할 때에는 반드시 뒤를 확인 후 서행함
⑥ 가능한 한 경사진 곳에 주차하지 않도록 함
⑦ 장거리 운행 시 최소한 2시간 주행마다 10분 이상 휴식하면서 타이어 및 화물결박 상태를 확인함

(2) 컨테이너 상차 등에 따른 주의사항

상차 전 확인사항	배차부서로부터 아래 사항을 확인함 ① 배차지시 ② 보세 면장번호 ③ 컨테이너 라인 ④ 상차지 ⑤ 도착시간 ⑥ 컨테이너 중량 ⑦ 화주 ⑧ 공장 위치 ⑨ 공장 전화번호 ⑩ 담당자 이름
상차할 때 확인사항	① 손해 여부와 봉인번호(Seal No.)를 체크해야 하고 그 결과를 배차부서에 통보함 ② 상차할 때는 안전하게 실었는지 확인함 ③ 섀시 잠금 장치는 안전한지 확실히 검사함
상차 후 확인사항	① 도착장소와 도착시간을 다시 한 번 정확히 확인함 ② 면장상의 중량과 실중량에는 차이가 있을 수 있으므로, 운전자 본인이 실중량이 더 무겁다고 판단되면 관련부서로 연락해서 운송 여부를 통보받음 ③ 상차한 후에는 해당 게이트로 가서 전산을 정리함
도착이 지연될 때	일정 시간 이상 지연될 때에는 반드시 배차부서에 아래 내용을 전달하여야 함 ① 출발시간 ② 도착 지연 이유 ③ 현재 위치 ④ 예상 도착시간
화주 공장에 도착하였을 때	① 공장 내 운행속도를 준수함 ② 사소한 문제라도 발생하면 직접 담당자와 문제를 해결하려고 하지 말고, 반드시 배차부서에 연락함 ③ 복장 불량, 폭언 등은 절대 하지 않음 ④ 상·하차할 때 시동은 반드시 꺼야 함 ⑤ 각 공장 작업자의 모든 지시사항을 반드시 따름 ⑥ 작업 상황을 배차부서로 통보함
작업 종료 후	작업 종료 후 배차부서에 통보함

빈출 (3) 고속도로 운행제한 차량

축하중	차량의 축하중 10톤 초과 차량
총중량	차량의 총중량 40톤 초과 차량
길이	적재물을 포함한 차량의 길이가 16.7m 초과한 차량
폭	적재물을 포함한 차량의 폭이 2.5m 초과한 차량
높이	적재물을 포함한 차량의 높이가 4.0m 초과한 차량(도로 구조의 보전과 통행의 안전에 지장이 없다고 도로관리청이 인정하여 고시한 도로의 경우에는 4.2m)
적재불량 차량	① 화물적재가 편중되어 전도 우려가 있는 차량 ② 모래, 흙, 골재류, 쓰레기 등을 운반하면서 덮개를 미설치하거나 없는 차량 ③ 스페어 타이어 고정상태가 불량한 차량

적재불량 차량	④ 덮개를 씌우지 않았거나 묶지 않아 결속 상태가 불량한 차량 ⑤ 액체 적재물 방류 또는 유출 차량 ⑥ 사고 차량을 견인하면서 파손품의 낙하가 우려되는 차량 ⑦ 기타 적재불량으로 인하여 적재물 낙하 우려가 있는 차량
저속	정상운행속도가 50km/h 미만인 차량

(4) 과적차량 단속

① 위반에 따른 벌칙

500만 원 이하의 과태료	① 총중량 40톤, 축하중 10톤, 높이 4.0m, 길이 16.7m, 폭 2.5m를 초과하는 차량의 운전자 ② 운행제한을 위반하도록 지시하거나 요구한 자 ③ 임차한 화물적재차량이 운행제한을 위반하지 않도록 관리하지 않은 임차인
1년 이하 징역이나 1천만 원 이하의 벌금	① 적재량의 측정 및 관계서류의 제출요구를 거부한 자 ② 적재량 측정을 방해(축조작)행위 및 재측정 요구를 거부한 자 ③ 적재량 측정을 위한 도로관리원의 차량 승차요구 거부 시

② 과적의 폐해 및 방지방법

과적의 폐해	안전운행 취약 특성	① 윤하중 증가에 따른 타이어 파손 및 타이어 내구 수명 감소로 사고 위험성 증가 ② 적재중량보다 20%를 초과한 과적차량의 경우 타이어 내구 수명은 30% 감소, 50% 초과의 경우 내구 수명은 60% 감소함 ③ 과적에 의해 차량이 무거워지면 제동거리가 길어져 사고의 위험성 증가 ④ 무게중심 상승으로 인해 차량이 균형을 잃어 전도될 가능성 높아짐 ⑤ 충돌 시의 충격력은 차량의 중량과 속도에 비례하여 증가함
	도로에 미치는 영향	① 축하중이 10%만 증가하여도 도로파손에 미치는 영향은 50% 상승함 ② 총중량의 증가는 교량의 손상도를 높이는 주요 원인으로, 총중량 50톤의 과적차량의 손상도는 도로법 운행제한기준인 40톤에 비하여 17배 증가함
방지방법	운전자	① 과적재를 하지 않겠다는 운전자의 의식 변화 ② 과적재 요구에 대한 거절의사 표시
	운송사업자, 화주	① 과적재로 인해 발생할 수 있는 각종 위험요소 및 위법행위에 대한 올바른 인식을 통해 안전운행을 확보 ② 화주는 과적재를 요구해서는 안 되며, 운송사업자는 운송차량이나 운전자의 부족 등의 사유로 과적재 운행계획 수립은 금물 ③ 사업자와 화주와의 협력체계 구축 ④ 중량계 설치를 통한 중량증명 실시 등

CHAPTER 4 운행요령 출제 예상문제

01
트랙터(Tractor) 운행에 따른 주의사항으로 옳지 <u>않은</u> 것은?

① **가능한 한 경사진 곳에 주차하도록 한다.**
② 고속주행 중의 급제동은 잭나이프 현상 등의 위험을 초래하므로 조심한다.
③ 장거리 운행 시 최소한 2시간 주행마다 10분 이상 휴식하면서 타이어 및 화물결박 상태를 확인한다.
④ 중량물 및 활대품을 수송하는 경우에는 바인더 잭(Binder Jack)으로 화물결박을 철저히 하고, 운행할 때에는 수시로 결박 상태를 확인한다.

해설 트랙터(Tractor)는 가능한 한 경사진 곳에 주차하지 않도록 한다.

02
컨테이너 상차 등에 따른 주의사항 중 화주 공장에 도착하였을 때의 확인사항이 <u>아닌</u> 것은?

① 공장 내 운행속도를 준수한다.
② 상·하차할 때 시동은 반드시 끈다.
③ **사소한 문제라도 발생하면 직접 담당자와 문제를 해결한다.**
④ 복장 불량(슬리퍼, 런닝 차림 등), 폭언 등은 절대 하지 않는다.

해설 사소한 문제라도 발생하면 직접 담당자와 문제를 해결하려고 하지 말고, 반드시 배차부서에 연락한다.

03 ⚠ 빈출
고속도로의 운행이 제한되는 차량의 총중량으로 옳은 것은?

① 20톤　　② 30톤
③ 40톤　　④ **50톤**

해설 차량의 총중량이 40톤을 초과하는 경우 고속도로의 운행이 제한된다.

04 ⚠ 빈출
고속도로 운행 시 제한되는 차량으로 옳지 <u>않은</u> 것은?

① 차량의 축하중이 10톤을 초과한 차량
② 차량의 총중량이 40톤을 초과한 차량
③ 적재물을 포함한 차량의 폭이 2.5m 초과한 차량
④ **적재물을 포함한 차량의 높이가 3.5m 초과한 차량**

해설 적재물을 포함한 차량의 높이가 4.0m 초과하는 경우 고속도로의 운행이 제한된다.

05
과적차량에 대하여 1년 이하 징역이나 1천만 원 이하의 벌금이 부과되는 위반사항이 <u>아닌</u> 것은?

① **총중량 40톤, 축하중 10톤 초과 차량 운행 시**
② 적재량의 측정 및 관계서류의 제출요구 거부 시
③ 적재량 측정 방해(축조작)행위 및 재측정 거부 시
④ 적재량 측정을 위한 도로관리원의 차량 승차요구 거부 시

해설 총중량 40톤, 축하중 10톤, 높이 4.0m, 길이 16.7m, 폭 2.5m를 초과하는 차량의 운전자는 500만 원 이하의 과태료 부과대상이다.

06
다음 중 과적차량의 안전운행 취약 특성으로 옳지 <u>않은</u> 것은?

① **충돌 시의 충격력은 차량의 중량과 속도에 비례하여 감소한다.**
② 과적에 의해 차량이 무거워지면 제동거리가 길어져 사고의 위험성이 증가한다.
③ 윤하중 증가에 따른 타이어 파손 및 타이어 내구 수명 감소로 사고 위험성이 증가한다.
④ 적재중량보다 20%를 초과한 과적차량의 경우 타이어 내구 수명은 30% 감소하고, 50% 초과의 경우 내구 수명은 60% 감소한다.

해설 충돌 시의 충격력은 차량의 중량과 속도에 비례하여 증가한다.

CHAPTER 5 화물의 인수인계요령

합격TIP 화물의 인수인계요령에 대한 일반적인 내용으로, 이해하기 어렵지 않으나 문제를 풀 때 헷갈릴 수 있습니다. 문제를 주의 깊게 읽고 오답이 되는 선지를 기억하는 것이 좋습니다.

1 화물의 인수요령 · 적재요령 · 인계요령

화물의 인수요령	① 포장 및 운송장 기재요령을 반드시 숙지하고 인수에 임함 ② 집하 자제품목 및 집하 금지품목(화약류 및 인화물질 등 위험물)의 경우는 그 취지를 알리고 양해를 구한 후 정중히 거절 ③ 집하물품의 도착지와 고객의 배달요청일이 배송 소요 일수 내에 가능한지 필히 확인하고, 기간 내에 배송 가능한 물품을 인수(○월 ○일 ○시까지 배달 등 조건부 운송물품 인수 금지) ④ 제주도 및 도서지역인 경우 그 지역에 적용되는 부대비용(항공료, 도선료)을 수하인에게 징수할 수 있음을 반드시 알려주고, 이해를 구한 후 인수함 ⑤ 도서지역의 경우 차량이 직접 들어갈 수 없는 지역은 착불로 거래 시 운임을 징수할 수 없으므로 소비자의 양해를 얻어 운임 및 도선료는 선불로 처리 ⑥ 항공료가 착불일 경우 기타 란에 '항공료 착불'이라고 기재하고 합계 란은 공란으로 비워 둠 ⑦ 물품을 인수하고 운송장을 교부한 시점부터 운송인의 책임 발생 ⑧ 두 개 이상의 화물을 하나의 화물로 밴딩처리한 경우에는 반드시 고객에게 파손 가능성을 설명하고, 별도로 포장하여 각각 운송장 및 보조송장을 부착하여 집하 ⑨ 인수(집하)예약은 반드시 접수대장에 기재하여 누락되는 일이 없도록 함 ⑩ 거래처 및 집하지 점에서 반품요청이 들어왔을 때 반품요청일 다음 날부터 빠른 시일 내에 처리
화물의 적재요령	① 긴급을 요하는 화물은 우선적으로 배송될 수 있도록 쉽게 꺼낼 수 있게 적재 ② 취급주의 스티커 부착 화물은 적재함 별도공간에 위치하도록 하고, 중량화물은 적재함 하단에 적재하여 타 화물이 훼손되지 않도록 주의 ③ 다수화물이 도착하였을 때에는 미도착 수량이 있는지 확인
화물의 인계요령	① 수하인의 주소 및 수하인이 맞는지 확인한 후에 인계 ② 지점에 도착된 물품에 대해서는 당일 배송이 원칙이나 산간 오지 및 당일 배송이 불가능한 경우 소비자의 양해를 구한 뒤 조치함 ③ 수하인에게 물품을 인계할 때 인계 물품의 이상 유무를 확인하여, 이상이 있을 경우 즉시 지점에 알려 조치하도록 함 ④ 인수된 물품 중 부패성 물품과 긴급을 요하는 물품에 대해서는 우선적으로 배송하여 손해배상 요구가 발생하지 않도록 함 ⑤ 수하인 부재로 배송이 곤란한 경우, 임의적으로 방치 또는 배송처 안으로 무단 투기하지 말고 수하인에게 연락하여 지정하는 장소에 전달하고, 수하인에게 알림(특히 아파트의 소화전이나 집 앞에 물건을 방치해 두지 말 것)

화물의 인계요령	⑥ 수하인과 연락이 되지 않아 물품을 다른 곳에 맡길 경우, 반드시 수하인과 연락하여 맡겨놓은 위치 및 연락처를 남겨 물품 인수를 확인하도록 함 ⑦ 귀중품 및 고가품의 경우는 분실의 위험이 높고 분실되었을 때 피해 보상액이 크므로 수하인에게 직접 전달하도록 하며, 부득이 본인에게 전달이 어려울 경우 정확하게 전달될 수 있도록 조치함 ⑧ 배송 중 수하인이 직접 찾으러 오는 경우 물품을 전달할 때 반드시 본인 확인을 한 후 물품을 전달하고, 인수확인란에 직접 서명을 받아 그로 인한 피해가 발생하지 않도록 유의 ⑨ 물품 배송 중 발생할 수 있는 도난에 대비하여 근거리 배송이라도 차에서 떠날 때는 반드시 잠금장치를 하여 사고를 미연에 방지하도록 함

2 고객 유의사항

고객 유의사항 사용 범위	① 수리를 목적으로 운송을 의뢰하는 모든 물품 ② 포장이 불량하여 운송에 부적합하다고 판단되는 물품 ③ 중고제품으로 원래의 제품 특성을 유지하고 있다고 보기 어려운 물품(외관상 전혀 이상이 없는 경우 보상 불가) ④ 통상적으로 물품의 안전을 보장하기 어렵다고 판단되는 물품 ⑤ 일정 금액을 초과하는 물품으로 위험 부담률이 극히 높고, 할증료를 징수하지 않은 물품 ⑥ 물품 사고 시 다른 물품에까지 영향을 미쳐 손해액이 증가하는 물품
고객 유의사항 확인 요구 물품	① 중고 가전제품 및 A/S용 물품 ② 기계류, 장비 등 중량 고가물로 40kg 초과 물품 ③ 포장 부실 물품 및 무포장 물품 예 비닐포장 또는 쇼핑백 등 ④ 파손 우려 물품 및 내용검사가 부적당하다고 판단되는 부적합 물품

3 화물사고의 원인과 대책

파손사고 빈출⚠	원인	① 집하할 때 화물의 포장 상태를 미확인한 경우 ② 화물을 함부로 던지거나 발로 차거나 끄는 경우 ③ 화물을 적재할 때 무분별한 적재로 압착되는 경우 ④ 차량에 상하차할 때 컨베이어 벨트 등에서 떨어져 파손되는 경우
	대책	① 집하할 때 고객에게 내용물에 관한 정보를 충분히 듣고 포장 상태 확인 ② 가까운 거리 또는 가벼운 화물이라도 절대 함부로 취급하지 않음 ③ 사고위험이 있는 물품은 안전박스에 적재하거나 별도 적재 관리 ④ 충격에 약한 화물은 보강포장 및 특기사항을 표기

사고 유형	구분	내용
오손사고 (더럽혀지고 손상됨)	원인	① 김치, 젓갈, 한약류 등 수량에 비해 포장이 약한 경우 ② 화물을 적재할 때 중량물을 상단에 적재한 경우 ③ 쇼핑백, 이불, 카펫 등 포장이 미흡한 경우
	대책	① 상습적으로 오손이 발생하는 화물은 안전박스에 적재하여 위험으로부터 격리 ② 중량물은 하단에, 경량물은 상단에 적재한다는 규정 준수
분실사고	원인	① 대량화물을 취급할 때 수량 미확인 및 송장이 2개 부착된 화물을 집하한 경우 ② 집배송을 위해 차량을 이석하였을 때 차량 내 화물이 도난당한 경우 ③ 화물을 인계할 때 인수자 확인(서명 등)이 부실한 경우
	대책	① 집하할 때 화물 수량 및 운송장 부착 여부 확인 등 분실 원인 제거 ② 차량에서 벗어날 때 시건장치 확인 철저(지점 및 사무소 등 방범시설 확인) ③ 인계할 때 인수자 확인은 반드시 인수자가 직접 서명하도록 할 것
내용물 부족사고	원인	① 마대화물(쌀, 고춧가루, 잡곡 등) 등 박스가 아닌 화물의 포장이 파손된 경우 ② 포장이 부실한 화물(과일, 가전제품 등)에 대한 절취 행위가 발생한 경우
	대책	① 대량거래처의 부실포장 화물에 대한 포장 개선 업무 요청 ② 부실포장 화물을 집하할 때 내용물 상세 확인 및 포장 보강 시행
오배달사고	원인	① 수령인이 없을 때 임의장소에 두고 간 후 미확인한 경우 ② 수령인의 신분 확인 없이 화물을 인계한 경우
	대책	① 화물을 인계하였을 때 수령인 본인 여부 확인 작업 필히 실시 ② 우편함, 우유통, 소화전 등 임의장소에 화물 방치 행위 엄금
지연배달사고	원인	① 사전에 배송연락 미실시로 제3자가 수취한 후 전달이 늦어지는 경우 ② 당일 배송되지 않는 화물에 대한 관리가 미흡한 경우 ③ 제3자에게 전달한 후 원래 수령인에게 받은 사람을 미통지한 경우 ④ 집하 부주의, 터미널 오분류로 터미널 오착 및 잔류되는 경우
	대책	① 사전에 배송연락 후 배송 계획 수립으로 효율적 배송 시행 ② 미배송되는 화물 명단 작성과 조치사항 확인으로 최대한의 사고 예방 조치 ③ 터미널 잔류화물 운송을 위한 가용차량 사용 조치 ④ 부재중 방문표의 사용으로 방문사실을 고객에게 알려 고객과의 분쟁 예방
받는 사람과 보낸 사람을 알 수 없는 화물사고	원인	미포장 화물, 마대화물 등에 운송장을 부착한 경우 떨어지거나 훼손된 경우
	대책	① 집하단계에서부터 운송장 부착 여부 확인 및 테이프 등으로 떨어지지 않도록 고정 ② 운송장과 보조운송장을 부착(이중부착)하여 훼손 가능성을 최소화

CHAPTER 5 화물의 인수인계요령
출제 예상문제

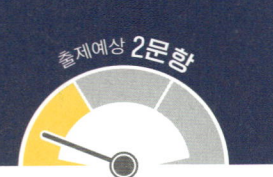

01 ⚠️빈출
화물의 인수요령에 대한 설명으로 옳지 않은 것은?

① 도서지역인 경우 모든 화물은 반드시 착불로 처리한다.
② 운송인의 책임은 물품을 인수하고 운송장을 교부한 시점부터 발생한다.
③ 항공료가 착불인 경우 기타 란에 '항공료 착불'이라고 기재하고 합계 란은 공란으로 비워둔다.
④ 제주도 및 도서지역인 경우 그 지역에 적용되는 부대비용(항공료, 도선료)을 수하인에게 징수할 수 있음을 반드시 알려주고, 이해를 구한 후 인수한다.

해설 도서지역의 경우 차량이 직접 들어갈 수 없는 지역은 착불로 거래 시 운임을 징수할 수 없으므로 소비자의 양해를 얻어 운임 및 도선료는 선불로 처리한다.

02
화물의 인계요령에 대한 설명으로 옳지 않은 것은?

① 지점에 도착된 물품에 대해서는 당일 배송이 원칙이다.
② 수하인 부재인 경우 수하인과 연락하여 지정한 장소에 물건을 놓는다.
③ 수하인이 직접 화물을 가지러 온 경우 반드시 집까지 같이 가서 배달해 준다.
④ 물품 배송 중 발생할 수 있는 도난에 대비하여 근거리 배송이라도 차에서 떠날 때는 반드시 잠금장치를 하여 사고를 미연에 방지하도록 한다.

해설 배송 중 수하인이 직접 찾으러 오는 경우 물품을 전달할 때 반드시 본인 확인을 한 후 물품을 전달하고, 인수확인란에 직접 서명을 받아 그로 인한 피해가 발생하지 않도록 유의한다. 반드시 집까지 같이 가서 배달할 필요는 없다.

03 ⚠️빈출
화물이 파손되는 이유로 적절하지 않은 것은?

① 화물을 함부로 던지거나 발로 차거나 끄는 경우
② 화물을 적재할 때 무분별한 적재로 압착되는 경우
③ 화물을 인계할 때 인수자 확인(서명 등)이 부실한 경우
④ 차량에 상하차할 때 컨베이어 벨트 등에서 떨어져 파손되는 경우

해설 ③은 분실사고의 원인이다.

04
오손사고의 원인으로 옳지 않은 것은?

① 중량물을 상단에 적재할 경우
② 쇼핑백, 이불, 카펫 등 포장이 미흡한 경우
③ 김치 등을 수량에 비해 약하게 포장한 경우
④ 마대화물(쌀, 고춧가루, 잡곡 등) 등 박스가 아닌 화물의 포장이 파손된 경우

해설 ④는 내용물 부족사고의 원인이다.

05
화물의 분실사고의 대책으로 옳지 않은 것은?

① 차량에서 벗어날 때 시건장치를 철저히 확인한다.
② 중량물은 하단에, 경량물은 상단에 적재한다는 규정을 준수한다.
③ 인계할 때의 인수자 확인은 반드시 인수자가 직접 서명하도록 한다.
④ 집하할 때 화물 수량 및 운송장 부착 여부 확인 등 분실 원인을 제거한다.

해설 ②는 오손사고의 대책이다.

화물자동차의 종류

합격TIP 다양한 화물차와 트레일러 종류, 그리고 그에 대한 특징을 묻는 문제가 자주 출제되니, 각각의 차이점 위주로 기억하세요.

출제예상 **2문항**

1 산업 현장의 일반적인 화물자동차

보닛 트럭	원동기부의 덮개가 운전실의 앞쪽에 나와 있는 트럭	
캡 오버 엔진 트럭	원동기의 전부 또는 대부분이 운전실의 아래쪽에 있는 트럭	
밴	상자형 화물실을 갖추고 있는 트럭(지붕이 없는 오픈 톱형도 포함)	
픽업	화물실의 지붕이 없고, 옆판이 운전대와 일체로 되어 있는 화물자동차	
특수자동차	① 특별한 장비를 한 사람 및 물품의 수송전용, 특수한 작업전용 ② 보통트럭을 제외한 트레일러, 전용특장차, 합리화 특장차는 모두 특별차에 해당	
	특수용도 자동차 (특용차)	특별한 목적을 위하여 보디(차체)를 특수한 것으로 하거나 특수한 기구를 갖추고 있는 특수자동차 예 선전자동차, 구급차, 우편차, 냉장차, 트레일러, 전용특장차 등
	특수장비차 (특장차)	특별한 기계를 갖추고, 그것을 자동차의 원동기로 구동하거나 별도의 적재 원동기로 구동하는 특수자동차 예 탱크차, 덤프차, 믹서 자동차, 위생 자동차, 소방차, 레커차, 냉동차, 트럭 크레인, 크레인붙이트럭, 합리화 특장차 등
냉장차	수송물품을 냉각제를 사용하여 냉장하는 설비를 갖추고 있는 특수용도 자동차	
탱크차	탱크모양의 용기와 펌프 등을 갖추고, 오로지 물, 휘발유와 같은 액체를 수송하는 특수장비차	
덤프차	화물대를 기울여 적재물을 중력으로 쉽게 미끄러지게 내리는 구조의 특수장비자동차 예 리어 덤프, 사이드 덤프, 삼전 덤프 등	
믹서 자동차	① 시멘트, 골재(모래·자갈), 물을 드럼 내에서 혼합 반죽하여(믹싱) 콘크리트로 하는 특수장비자동차 ② 애지테이터(Agitator): 생 콘크리트를 교반하면서 수송하는 것	
레커차	크레인 등을 갖추고, 고장차의 앞 또는 뒤를 매달아 올려서 수송하는 특수장비자동차	
트럭 크레인	크레인을 갖추고 크레인 작업을 하는 특수장비자동차(레커차는 제외)	
크레인붙이트럭	차에 실은 화물의 쌓기·내림용 크레인을 갖춘 특수장비자동차	
트레일러 견인 자동차 (트랙터)	① 주로 풀 트레일러를 견인하도록 설계된 자동차 ② 풀 트레일러를 견인하지 않는 경우에는 트럭으로서 사용할 수 있음	

세미 트레일러 견인 자동차 (트랙터)	세미 트레일러를 견인하도록 설계된 자동차
폴 트레일러 견인 자동차 (트랙터)	폴 트레일러를 견인하도록 설계된 자동차

2 트레일러

(1) 의미
① 동력을 갖추지 않고 모터 비이클(모터가 있는 차량)에 의하여 견인되며 사람 및 물품을 수송하는 목적을 위하여 설계되어 도로상을 주행하는 차량
② 자동차를 동력 부분(견인차 또는 트랙터)과 적하 부분(피견인차)으로 나누었을 때, **적하 부분을 지칭**

(2) 장점
① 트랙터의 효율적 이용
② 효과적인 적재량
③ 탄력적인 작업
④ 트랙터와 운전자의 효율적 운영
⑤ 일시보관기능의 실현
⑥ 중계지점에서의 탄력적인 이용

(3) 트레일러 종류

빈출 ① 연결되는 트랙터에 따른 분류

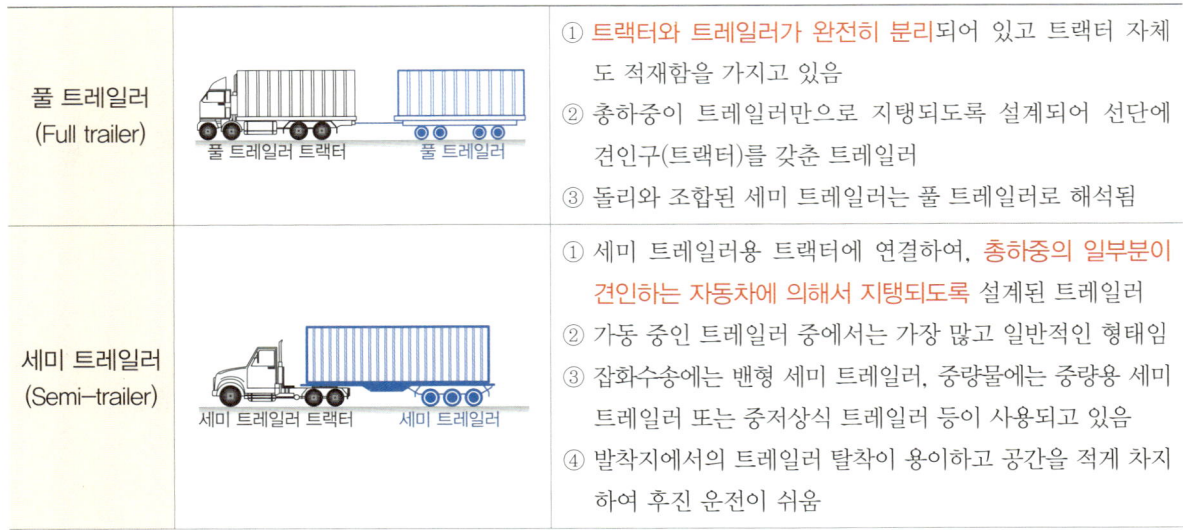

풀 트레일러 (Full trailer)	① 트랙터와 트레일러가 완전히 분리되어 있고 트랙터 자체도 적재함을 가지고 있음 ② 총하중이 트레일러만으로 지탱되도록 설계되어 선단에 견인구(트랙터)를 갖춘 트레일러 ③ 돌리와 조합된 세미 트레일러는 풀 트레일러로 해석됨
세미 트레일러 (Semi-trailer)	① 세미 트레일러용 트랙터에 연결하여, **총하중의 일부분이 견인하는 자동차에 의해서 지탱되도록** 설계된 트레일러 ② 가동 중인 트레일러 중에서는 가장 많고 일반적인 형태임 ③ 잡화수송에는 밴형 세미 트레일러, 중량물에는 중량용 세미 트레일러 또는 중저상식 트레일러 등이 사용되고 있음 ④ 발착지에서의 트레일러 탈착이 용이하고 공간을 적게 차지하여 후진 운전이 쉬움

폴 트레일러 (Pole trailer)	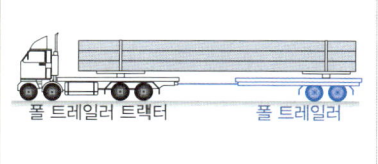	① 기둥, 통나무 등 장척의 적하물 자체가 트랙터와 트레일러의 연결 부분을 구성하는 구조의 트레일러 ② 파이프나 H형강 등 장척물의 수송을 목적으로 한 트레일러 ③ 트랙터에 턴테이블을 비치하고, 폴 트레일러를 연결해서 적재함과 턴테이블이 적재물을 고정시키는 것으로, 축 거리는 적하물의 길이에 따라 조정할 수 있음

> 🚚 **참고** 돌리(Dolly)
>
> 세미 트레일러와 조합해서 풀 트레일러로 사용하기 위한 견인구를 갖춘 대차
>
>

② 트레일러 자체의 구조 형상에 따른 분류

평상식	① 전장의 프레임 상면이 평면의 하대를 가진 구조 ② 일반화물이나 강재 등의 수송에 적합
저상식	① 적재할 때 전고가 낮은 하대를 가진 트레일러 ② 불도저나 기중기 등 건설장비의 운반에 적합
중저상식	① 저상식 트레일러의 가운데 프레임 중앙 하대부가 오목하게 낮은 트레일러 ② 대형 핫코일(Hot coil)이나 중량블록화물 등 중량화물의 운반에 편리
스케레탈 트레일러	① 컨테이너 운송을 위해 제작된 트레일러(20피트용, 40피트용 등) ② 전·후단에 컨테이너 고정장치가 부착되어 있음
밴 트레일러	① 하대 부분에 밴형의 보데가 장치된 트레일러 ② 일반잡화 및 냉동화물 등의 운반용으로 사용
오픈 탑 트레일러	① 밴형 트레일러의 일종 ② 천장에 개구부가 있어 채광이 들어가게 만든 고척화물 운반용
특수용도 트레일러	덤프 트레일러, 탱크 트레일러, 자동차 운반용 트레일러 등

(4) 연결차량

① 의미: 1대의 모터 비이클(모터가 있는 차량)에 1대 또는 그 이상의 트레일러를 결합시킨 것으로 통상적으로 '트레일러 트럭'이라고 불림

② 종류

단차	연결 상태가 아닌 자동차 및 트레일러를 지칭하는 말
풀 트레일러 연결차량	① 1대의 트럭, 특별차 또는 풀 트레일러 트랙터와 1대 또는 그 이상의 독립된 풀 트레일러를 결합한 조합 ② 차량 자체의 중량과 화물의 전 중량을 자기의 전·후 차축만으로 흡수할 수 있는 구조를 가진 트레일러가 붙어 있는 트럭 ③ 트랙터와 트레일러가 완전히 분리되어 있고 트랙터 자체 보디를 가짐
세미 트레일러 연결차량	① 1대의 세미 트레일러 트랙터와 1대의 세미 트레일러로 이루는 조합 ② 자체 차량중량과 적하의 총중량 중 상당 부분을 연결장치가 끼워진 세미 트레일러 트랙터에 지탱시키는 하나 이상의 차축을 가진 트레일러를 갖춘 트럭 ③ 트레일러의 일부 하중을 트랙터가 부담하는 형태
더블 트레일러 연결차량	1대의 세미 트레일러용 트랙터와 1대의 세미 트레일러 및 1대의 풀 트레일러로 이루어진 조합
폴 트레일러 연결차량	① 1대의 폴 트레일러용 트랙터와 1대의 폴 트레일러로 이루어 조합 ② 대형 파이프, 교각, 대형 목재 등 장척화물을 운반하는 트레일러가 부착된 트럭 ③ 트랙터에 장치된 턴테이블에 폴 트레일러를 연결하고, 하대의 턴테이블에 적재물을 고정시켜서 수송

3 적재함 구조에 따른 화물자동차의 종류

카고 트럭		① 하대에 간단히 접는 형식의 문짝을 단 차량으로 우리나라에서 가장 보유 대수가 많고 일반화됨 ② 적재량 1톤 미만의 소형차부터 12톤 이상의 대형차에 이르기까지 다양함
전용 특장차	덤프 트럭	적재함 높이를 경사지게 하여 적재물을 쏟아 내리는 차량으로 주로 흙, 모래를 수송하는 데 사용
	믹서차량	적재함 위에 회전하는 드럼을 싣고, 그 속에 생 콘크리트를 뒤섞으면서 토목건설 현장 등으로 운행하는 차량
	벌크차량 (분립체수송차)	시멘트, 사료, 곡물, 화학제품, 식품 등 분립체를 자루에 담지 않고 실물 상태로 운반하는 차량
	액체수송차	각종 액체를 수송하기 위해 탱크 형식의 적재함을 장착한 차량으로 '탱크로리'라고 불림
	냉동차	단열 보디에 차량용 냉동장치를 장착하여 적재함 내에 온도 관리가 가능하도록 한 것
합리화 특장차		① 화물을 싣거나 내릴 때 발생하는 하역을 합리화하는 설비기기를 차량 자체에 장비하고 있는 차 ② 종류: 실내 하역기기 장비차, 측방 개폐차, 쌓기·내리기 합리화차, 시스템 차량

CHAPTER 6 화물자동차의 종류 출제 예상문제

01 ⚠빈출
화물실의 지붕이 없고, 옆판이 운전대와 일체로 되어 있는 화물자동차를 일컫는 말은?

① 밴 ② **픽업**
③ 보닛 트럭 ④ 캡 오버 엔진 트럭

해설 픽업(Pickup)은 화물실의 지붕이 없고, 옆판이 운전대와 일체로 되어 있는 화물자동차이다.

02
자동차를 동력 부분(견인차)과 적하 부분(피견인차)으로 나누었을 때 적하 부분을 일컫는 말은?

① 레커 ② 트랙터
③ 크레인 ④ **트레일러**

해설 트레일러는 자동차를 동력 부분(견인차· 또는 트랙터)과 적하 부분(피견인차)으로 나누었을 때, 적하 부분을 지칭한다.

03
트레일러의 장점으로 옳지 않은 것은?

① **비탄력적인 작업**
② 효과적인 적재량
③ 일시보관기능의 실현
④ 트랙터의 효율적 이용

해설 트레일러를 별도로 분리하여 화물을 적재하거나 하역할 수 있는 탄력적인 작업을 할 수 있다.

04 ⚠빈출
총하중의 일부분이 견인하는 자동차에 의해서 지탱되도록 설계된 트레일러 종류에 해당하는 것은?

① 돌리(Dolly)
② 풀 트레일러(Full trailer)
③ 폴 트레일러(Pole trailer)
④ **세미 트레일러(Semi-trailer)**

해설 세미 트레일러(Semi-trailer)는 세미 트레일러용 트랙터에 연결하여, 총하중의 일부분이 견인하는 자동차에 의해서 지탱되도록 설계된 트레일러이다.

05
파이프나 H형강 등 장척물의 수송을 목적으로 한 트레일러를 일컫는 말은?

① 돌리(Dolly)
② 풀 트레일러(Full trailer)
③ **폴 트레일러(Pole trailer)**
④ 세미 트레일러(Semi-trailer)

해설 폴 트레일러(Pole trailer)는 기둥, 통나무 등 장척의 적하물 자체가 트랙터와 트레일러의 연결 부분을 구성하는 구조로 파이프나 H형강 등 장척물의 수송을 목적으로 한 트레일러이다.

06
하대에 간단히 접는 형식의 문짝을 단 차량으로 우리나라에서 가장 보유 대수가 많고 일반화된 차량을 일컫는 말은?

① 벌크차량 ② 믹서차량
③ **카고 트럭** ④ 덤프 트럭

해설
- 벌크차량: 시멘트, 사료, 화학제품, 식품 등 분립체를 자루에 담지 않고 실물 상태로 운반하는 차량
- 믹서차량: 적재함 위에 회전하는 드럼을 싣고, 그 속에 생 콘크리트를 뒤섞으면서 토목건설현장 등으로 운행하는 차량
- 덤프 트럭: 적재함 높이를 경사지게 하여 적재물을 쏟아 내리는 차량으로 주로 흙, 모래를 수송하는 데 사용

CHAPTER 7 화물운송의 책임한계

출제예상 2문항

합격TIP 기간과 금액 등 다양한 숫자가 출제되므로 빈출 영역 위주로 시험 전에 꼭 암기하세요!

1 이사화물 표준약관의 규정

(1) 인수거절

이사화물이 다음에 해당될 때에 사업자는 그 인수를 거절할 수 있음

① 현금, 유가증권, 귀금속, 예금통장, 신용카드, 인감 등 고객이 휴대할 수 있는 귀중품
② 위험물, 불결한 물품 등 다른 화물에 손해를 끼칠 염려가 있는 물건
③ 동식물, 미술품, 골동품 등 운송에 특수한 관리를 요하기 때문에 다른 화물과 동시에 운송하기에 적합하지 않은 물건
④ 일반이사화물의 종류, 무게, 부피, 운송거리 등에 따라 운송에 적합하도록 포장할 것을 사업자가 요청하였으나 고객이 이를 거절한 물건
⑤ ①~④에 해당되는 이사화물이더라도 그 운송을 위한 특별한 조건을 고객과 합의한 경우에는 이를 인수할 수 있음

(2) 계약해제

① **고객의 책임 있는 사유**: 고객의 책임 있는 사유로 계약을 해제한 경우에는 다음의 손해배상액을 사업자에게 지급(고객이 이미 지급한 계약금이 있는 경우에는 그 금액을 공제할 수 있음)

고객이 약정된 이사화물의	인수일 1일 전까지 해제를 통지한 경우	계약금
	인수일 당일에 해제를 통지한 경우	계약금의 배액

② **사업자의 책임 있는 사유**: 사업자의 책임 있는 사유로 계약을 해제한 경우에는 다음의 손해배상액을 고객에게 지급(고객이 이미 지급한 계약금이 있는 경우에는 손해배상액과는 별도로 그 금액도 반환)

사업자가 약정된 이사화물의	인수일 2일 전까지 해제를 통지한 경우	계약금의 배액
	인수일 1일 전까지 해제를 통지한 경우	계약금의 4배액
	인수일 당일에 해제를 통지한 경우	계약금의 6배액
	인수일 당일에도 해제를 통지하지 않은 경우	계약금의 10배액

③ 이사화물의 인수가 사업자의 귀책사유로 약정된 인수일시로부터 2시간 이상 지연된 경우: 고객은 계약을 해제하고 이미 지급한 계약금의 반환 및 계약금 6배액의 손해배상을 청구할 수 있음

(3) 손해배상

① **사업자의 손해배상**: 사업자는 이사화물의 포장, 운송, 보관, 정리 등에 관하여 주의를 게을리 하지 않았음을 증명하지 못하는 한, 고객에게 다음 이사화물의 멸실, 훼손 또는 연착으로 인한 손해를 배상할 책임을 짐(단, 사업자가 보험에 가입하여 고객이 직접 보험회사로부터 보험금을 받은 경우에는 그 보험금을 공제한 잔액 지급)

연착되지 않은 경우	전부 또는 일부 멸실된 경우	약정된 인도일과 도착장소에서의 이사화물의 가액을 기준으로 산정한 손해액 지급
	훼손된 경우	① 수선이 가능한 경우: 수선 ② 수선이 불가능한 경우: 약정된 인도일과 도착장소에서의 이사화물의 가액을 기준으로 산정한 손해액 지급
연착된 경우	멸실 및 훼손되지 않은 경우	계약금의 10배액 한도에서 '연착 시간 수×계약금 1/2' 지급(1시간 미만의 시간은 산입하지 않음)
	일부 멸실된 경우	아래의 금액을 합산하여 지급함 ① 약정된 인도일과 도착장소에서의 이사화물의 가액을 기준으로 산정한 손해액 ② 계약금의 10배액 한도에서 '연착 시간 수×계약금 1/2' 지급(1시간 미만의 시간은 산입하지 않음)
	훼손된 경우	① 수선이 가능한 경우: 수선하고 계약금의 10배액 한도에서 '연착 시간 수×계약금 1/2' 지급(1시간 미만의 시간은 산입하지 않음) ② 수선이 불가능한 경우: 아래의 금액을 합산하여 지급함 　㉠ 약정된 인도일과 도착장소에서의 이사화물의 가액을 기준으로 산정한 손해액 　㉡ 계약금의 10배액 한도에서 '연착 시간 수×계약금 1/2' 지급(1시간 미만의 시간은 산입하지 않음)

② **고객의 손해배상**
　㉠ 고객의 책임 있는 사유로 이사화물의 인수가 지체된 경우: '지체 시간 수×계약금 1/2' 지급. 단, 계약금의 배액을 한도로 하며, 지체 시간 수의 계산에서 1시간 미만의 시간은 산입하지 않음
　㉡ 고객의 귀책사유로 이사화물의 인수가 약정된 일시로부터 2시간 이상 지체된 경우: 사업자는 계약을 해제하고 계약금의 배액을 손해배상으로 청구할 수 있음. 단, 고객이 이미 지급한 계약금이 있는 경우에는 손해배상액에서 그 금액을 공제할 수 있음

③ **사업자가 이사화물의 멸실, 훼손 또는 연착에 대하여 손해배상 책임을 지지 않는 사유(면책 사유)**
　㉠ 이사화물의 결함, 자연적 소모
　㉡ 이사화물의 성질에 의한 발화, 폭발, 뭉그러짐, 곰팡이 발생, 부패, 변색 등
　㉢ 법령 또는 공권력의 발동에 의한 운송의 금지, 개봉, 몰수, 압류 또는 제3자에 대한 인도

ⓔ 천재지변 등 불가항력적인 사유

단, ㉠~㉢의 사유에 대해서는 자신의 책임이 없음을 입증해야 함

④ 책임의 특별소멸사유와 시효

사업자의 손해배상 책임	이사화물의 일부 멸실 또는 훼손	고객이 이사화물을 인도받은 날부터 30일 이내에 그 일부 멸실 또는 훼손의 사실을 사업자에게 통지하지 않으면 소멸
	이사화물의 멸실, 훼손 또는 연착	고객이 이사화물을 인도받은 날부터 1년이 경과하면 소멸(이사화물이 전부 멸실된 경우 약정된 인도일부터 기산)

㉠ 위의 경우 사업자 또는 그 사용인이 이사화물의 일부 멸실 또는 훼손의 사실을 알면서 이를 숨기고 이사화물을 인도한 경우에는 적용되지 않음

㉡ 사업자의 손해배상 책임은 고객이 이사화물을 인도받은 날부터 5년간 존속함

2 택배 표준약관의 규정

(1) 운송물의 수탁거절 사유

① 고객이 운송장에 필요한 사항을 기재하지 않은 경우
② 사업자가 고객에게 운송에 적합하지 않은 운송물에 대하여 필요한 포장을 하도록 청구하거나 고객의 승낙을 얻고자 하였으나, 고객이 이를 거절하여 운송에 적합한 포장이 되지 않은 경우
③ 사업자가 운송장에 기재된 운송물의 종류와 수량에 관하여 고객의 동의를 얻어 그 참여하에 이를 확인하고자 하였으나 고객이 그 확인을 거절하거나 운송물의 종류와 수량이 운송장에 기재된 것과 다른 경우
④ 운송물 1포장의 가로·세로·높이 세 변의 합, 최장변, 무게 등의 정한 기준을 초과하는 경우
⑤ 운송물 1포장의 가액이 300만 원을 초과하는 경우
⑥ 운송물의 인도예정일(시)에 따른 운송이 불가능한 경우
⑦ 운송물이 화약류, 인화물질 등 위험한 물건인 경우
⑧ 운송물이 밀수품, 군수품, 부정임산물 등 위법한 물건인 경우
⑨ 운송물이 현금, 카드, 어음, 수표, 유가증권 등 현금화가 가능한 물건인 경우
⑩ 운송물이 재생 불가능한 계약서, 원고, 서류 등인 경우
⑪ 운송물이 살아있는 동물, 동물사체 등인 경우
⑫ 운송이 법령, 사회질서, 기타 선량한 풍속에 반하는 경우
⑬ 운송이 천재지변, 기타 불가항력적인 사유로 불가능한 경우

(2) 운송물의 인도일

① 인도예정일: 사업자는 다음의 인도예정일까지 운송물을 인도해야 함

운송장에 인도예정일의 기재가 있는 경우		그 기재된 날
운송장에 인도예정일의 기재가 없는 경우	일반 지역	운송장에 기재된 운송물의 수탁일부터 2일
	도서, 산간벽지	운송장에 기재된 운송물의 수탁일부터 3일

② 수하인이 특정 일시에 사용할 운송물을 수탁한 경우: 사업자는 운송장에 기재된 인도예정일의 특정 시간까지 운송물을 인도해야 함

(3) 수하인 부재 시의 조치

① 운송물의 인도 시: 수하인으로부터 인도확인을 받아야 함
② 수하인의 대리인에게 운송물을 인도하였을 경우: 수하인에게 그 사실을 통지해야 함

(4) 손해배상

① 사업자의 손해배상
  ㉠ 사업자는 운송물의 수탁, 인도, 보관 및 운송에 관하여 주의를 태만히 하지 않았음을 증명하지 못하는 한, 고객에게 운송물의 멸실, 훼손 또는 연착으로 인한 손해를 배상해야 함
  ㉡ 고객이 운송장에 운송물의 가액을 기재한 경우 사업자의 손해배상 기준

전부 또는 일부 멸실된 때	운송장에 기재된 운송물의 가액을 기준으로 산정한 손해액의 지급
훼손된 때	① 수선이 가능한 경우: 수선해줌 ② 수선이 불가능한 경우: 운송장에 기재된 운송물의 가액을 기준으로 산정한 손해액의 지급
연착되고 일부 멸실 및 훼손되지 않은 때	① 일반적인 경우: '초과일수×운송장 기재 운임액의 50%' 지급(운송장 기재 운임액의 200% 한도) ② 특정 일시에 사용할 운송물의 경우: 운송장 기재 운임액의 200% 지급
연착되고 일부 멸실 또는 훼손된 때	'전부 또는 일부 멸실된 때' 또는 '훼손된 때'에 준함

  ㉢ 고객이 운송장에 운송물의 가액을 기재하지 않은 경우
    • 사업자의 손해배상 기준

전부 멸실된 때	인도예정일의 인도예정장소에서의 운송물 가액을 기준으로 산정한 손해액
일부 멸실된 때	인도일의 인도장소에서의 운송물 가액을 기준으로 산정한 손해액

훼손된 때	① 수선이 가능한 경우: 수선해 줌 ② 수선이 불가능한 경우: '일부 멸실된 때'에 준함
연착되고 일부 멸실 및 훼손되지 않은 때	'고객이 운송장에 운송물의 가액을 기재한 경우의 연착되고 일부 멸실 및 훼손되지 않은 때'를 준용
연착되고 일부 멸실 또는 훼손된 때	'일부 멸실된 때' 또는 '훼손된 때'에 의하되, '인도일'을 '인도예정일'로 함

- **손해배상 한도액**: 50만 원으로 하되, 운송물의 가액에 따라 할증요금을 지급하는 경우의 손해배상한도액은 각 운송가액 구간별 운송물의 최고가액으로 함

② **사업자의 면책**: 사업자는 천재지변, 기타 불가항력적인 사유에 의하여 발생한 운송물의 멸실, 훼손 또는 연착에 대해서는 손해배상 책임을 지지 않음

③ **책임의 특별소멸사유와 시효**

사업자의 손해배상 책임	운송물의 일부 멸실 또는 훼손	수하인이 운송물을 수령한 날부터 14일 이내에 그 일부 멸실 또는 훼손의 사실을 사업자에게 통지하지 않으면 소멸
	운송물의 일부 멸실, 훼손 또는 연착	수하인이 운송물을 수령한 날부터 1년이 경과하면 소멸(운송물이 전부 멸실된 경우 그 인도예정일로부터 기산)

위의 경우 사업자 또는 그 사용인이 운송물의 일부 멸실 또는 훼손의 사실을 알면서 이를 숨기고 운송물을 인도한 경우에는 적용되지 않으며, 사업자의 손해배상 책임은 수하인이 운송물을 수령한 날부터 5년간 존속함

CHAPTER 7 화물운송의 책임한계
출제 예상문제

01 ⚠빈출

이사화물에서 인수거절할 수 있는 물품으로 옳지 않은 것은?

① 동식물, 미술품, 골동품 등 운송에 특수한 관리를 요하는 물건
② 야채, 생선, 과일 등 냉장보관하지 않으면 상할 염려가 있는 식품류
③ 현금, 유가증권, 귀금속, 예금통장, 신용카드, 인감 등 고객이 휴대할 수 있는 귀중품
④ 일반이사화물의 종류, 무게, 부피, 운송거리 등에 따라 운송에 적합하도록 포장할 것을 사업자가 요청하였으나 고객이 이를 거절한 물건

[해설] ①, ③, ④ 외에 위험물, 불결한 물품 등 다른 화물에 손해를 끼칠 염려가 있는 물건은 인수거절할 수 있다.

02

사업자가 약정된 이사화물의 인수일 당일에 해제를 통지한 경우 계약금의 몇 배를 배상해야 하는가?

① 2배액   ② 4배액
③ 6배액   ④ 10배액

[해설] 사업자가 약정된 이사화물의 인수일 당일에 해제를 통지한 경우 계약금의 6배액의 손해배상액을 고객에게 지급한다.

03 ⚠빈출

이사화물의 멸실, 훼손 또는 연착에 대한 사업자의 손해배상 책임은 고객이 이사화물을 인도받은 날부터 얼마의 기간이 경과하면 소멸하는가?

① 30일   ② 3개월
③ 1년   ④ 5년

[해설] 이사화물의 멸실, 훼손 또는 연착에 대한 사업자의 손해배상 책임은 고객이 이사화물을 인도받은 날부터 1년이 경과하면 소멸한다.

04

운송물의 수탁거절 사유로 적절하지 않은 것은?

① 운송물 1포장의 가액이 200만 원을 초과하는 경우
② 고객이 운송장에 필요한 사항을 기재하지 않은 경우
③ 운송이 법령, 사회질서, 기타 선량한 풍속에 반하는 경우
④ 운송물이 밀수품, 군수품, 부정임산물 등 위법한 물건인 경우

[해설] 운송물 1포장의 가액이 300만 원을 초과하는 경우는 운송물의 수탁거절 사유에 해당한다.

05

운송장에 인도예정일이 기재되어 있지 않은 경우 일반 지역은 언제까지 운송물을 인도하여야 하는가?

① 그 기재된 날
② 운송물의 수탁일부터 2일
③ 운송물의 수탁일부터 3일
④ 운송물의 수탁일부터 10일

[해설] 운송장에 인도예정일의 기재가 없는 경우에 일반 지역은 운송장에 기재된 운송물의 수탁일부터 2일까지 운송물을 인도한다.

06

고객이 운송장에 운송물의 가액을 기재하지 않은 경우 사업자의 손해배상 한도액으로 옳은 것은?

① 50만 원   ② 100만 원
③ 150만 원 ④ 200만 원

[해설] 고객이 운송장에 운송물의 가액을 기재하지 않은 경우 사업자의 손해배상 한도액은 50만 원이다.

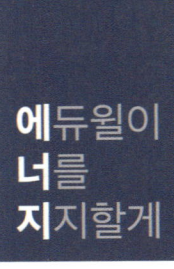

한계는 없다.
도전을 즐겨라.

– 칼리 피오리나(Carly Fiorina)

25문항 출제

PART 03

안전운행요령

※ CHAPTER 앞의 숫자는 출제예상 문항 수입니다.

| 6문항 | CHAPTER 01 운전자 요인과 안전운행
| 6문항 | CHAPTER 02 자동차 요인과 안전운행
| 4문항 | CHAPTER 03 도로 요인과 안전운행
| 7문항 | CHAPTER 04 안전운전방법
| 2문항 | CHAPTER 05 가짜 석유 관련 안내

CHAPTER 1. 운전자 요인과 안전운행

출제예상 **6문항**

🔼 **합격TIP** 안전운행에 대한 일반적인 내용은 문제 위주로 숙지하고, 정지시력과 동체시력, 운행기록분석시스템 등 이해 및 암기가 필요한 부분을 중점적으로 학습합니다.

1 교통사고의 요인

인적 요인		① 신체, 생리, 심리, 적성, 습관, 태도 요인 등을 포함하는 개념 ② 운전자 또는 보행자의 신체적·생리적 조건, 위험의 인지와 회피에 대한 판단, 심리적 조건, 운전자의 적성과 자질, 운전습관, 내적태도 등에 관한 것
차량 요인		차량구조장치, 부속품 또는 적하 등
도로 요인	도로구조	도로의 선형, 노면, 차로 수, 노폭, 구배 등에 관한 것
	안전시설	신호기, 노면표시, 방호책 등 도로의 안전시설에 관한 것을 포함하는 개념
환경 요인	자연환경	기상, 일광 등 자연조건에 관한 것
	교통환경	차량 교통량, 운행차 구성, 보행자 교통량 등 교통 상황에 관한 것
	사회환경	일반국민·운전자·보행자 등의 교통도덕, 정부의 교통정책, 교통단속과 형사처벌 등에 관한 것
	구조환경	교통 여건 변화, 차량 점검 및 정비관리자와 운전자의 책임한계 등

2 운전특성

(1) 운전특성

빈출 ① 운전자의 정보처리과정: 운전정보 → 구심성 신경 → 뇌 → 의사결정과정 → 원심성 신경 → 효과기(운동기) → 운전 조작행위

② 운전특성
  ㉠ 운전특성은 일정하지 않고 사람 간에 차이(개인차)가 있음
  ㉡ 개인의 신체적·생리적 및 심리적 상태가 항상 일정한 것은 아니기 때문에 인간의 운전행위를 공산품의 공정처럼 일정하게 유지할 수 없음
  ㉢ 환경조건과의 상호작용이 매우 가변적임
  ㉣ 인간의 특성은 운전뿐 아니라 인간행위, 삶 자체에도 큰 영향을 미침

(2) 시각특성

빈출 ① 운전과 관련되는 시각의 특성
  ㉠ 운전자는 운전에 필요한 정보의 대부분을 시각을 통하여 획득함
  ㉡ 속도가 빨라질수록 시력은 떨어짐
  ㉢ 속도가 빨라질수록 시야의 범위가 좁아짐
  ㉣ 속도가 빨라질수록 전방주시점은 멀어짐

② 도로교통법령에서 정한 시력기준(교정시력 포함)
  ㉠ 붉은색, 녹색 및 노란색을 구별할 수 있어야 함
  ㉡ 면허에 따른 시력 기준

제1종 운전면허에 필요한 시력	① 두 눈을 동시에 뜨고 잰 시력이 0.8 이상, 두 눈의 시력이 각각 0.5 이상 ② 한쪽 눈을 보지 못하는 사람: 다른 쪽 눈의 시력이 0.8 이상, 수평시야 120° 이상, 수직시야 20° 이상, 중심시야 20° 내 암점 또는 반맹이 없어야 함
제2종 운전면허에 필요한 시력	① 두 눈을 동시에 뜨고 잰 시력이 0.5 이상 ② 한쪽 눈을 보지 못하는 사람: 다른 쪽 눈의 시력이 0.6 이상

빈출 (3) 정지시력과 동체시력

정지시력	아주 밝은 상태에서 1/3인치(0.85cm) 크기의 글자를 20피트(6.10m) 거리에서 읽을 수 있는 사람의 시력을 말하며 정상시력은 20/20으로 나타냄

동체시력	① 움직이는 물체(자동차, 사람 등) 또는 움직이면서(운전하면서) 다른 자동차나 사람 등의 물체를 보는 시력
	② 특성
	  ㉠ 동체시력은 물체의 이동속도가 빠를수록 상대적으로 저하됨
	  ㉡ 동체시력은 연령이 높을수록 더욱 저하됨
	  ㉢ 동체시력은 장시간 운전에 의한 피로 상태에서 저하됨

(4) 야간시력

① 운전하기 가장 어려운 시간: 해질 무렵
② 옷 색깔의 영향
  ㉠ 야간에 인지하기 쉬운 색깔: 흰색 → 엷은 황색 순서
  ㉡ 야간에 가장 인지하기 어려운 색: 흑색
③ 통행인의 노상위치와 확인거리: 야간에는 대향차량 간의 전조등에 의한 현혹 현상(눈부심 현상)으로 중앙선에 있는 통행인을 우측 갓길에 있는 통행인보다 확인하기 어려움

④ 야간운전 주의사항
  ㉠ 운전자가 눈으로 확인할 수 있는 시야의 범위가 좁아지므로 주의
  ㉡ 마주 오는 차의 전조등 불빛에 현혹되는 경우 물체 식별이 어려워지므로 시선을 약간 오른쪽으로 돌려 눈부심 방지
  ㉢ 술에 취한 사람이 차도에 뛰어드는 경우에 주의
  ㉣ 전방이나 좌우 확인이 어려운 신호등 없는 교차로나 커브길 진입 직전에는 전조등(상향과 하향을 2~3회 변환)으로 자기 차가 진입하고 있음을 알려 사고 방지
  ㉤ 보행자와 자동차의 통행이 빈번한 도로에서는 항상 전조등의 방향을 하향으로 함

(5) 명순응과 암순응

명순응	① 일광 또는 조명이 어두운 조건에서 밝은 조건으로 변할 때 사람의 눈이 그 상황에 적응하여 시력을 회복하는 것 ② 어두운 터널을 벗어나 밝은 도로로 주행할 때 운전자가 일시적으로 주변의 눈부심으로 인해 물체가 보이지 않는 시각장애 ③ 일반적으로 **명순응에 걸리는 시간은 암순응보다 빨라** 1분 이내의 시간이 걸림

암순응	① 일광 또는 조명이 밝은 조건에서 어두운 조건으로 변할 때 사람의 눈이 그 상황에 적응하여 시력을 회복하는 것
	② 맑은 날 낮 시간에 터널 밖을 운행하던 운전자가 갑자기 어두운 터널 안으로 주행하는 순간 일시적으로 일어나는 운전자의 심한 시각장애
	③ **시력 회복이 명순응에 비해 매우 느림**
	  ㉠ 일반적으로 완전한 암순응에는 30분 혹은 그 이상 걸리며, 빛의 강도에 좌우됨(터널은 5~10초 정도)
	  ㉡ 주간 운전 시 터널에 막 진입하였을 때 더욱 조심스러운 안전운전이 요구됨

빈출 ⚠ (6) 시야

① 시야와 주변시력
  ㉠ **시야**: 정지한 상태에서 눈의 초점을 고정시키고 양쪽 눈으로 볼 수 있는 범위
  ㉡ **정상적인 시력을 가진 사람의 시야의 범위**: 180°~200°
  ㉢ 주행 중인 운전자는 전방의 한 곳에만 주의를 집중하기보다는 시야를 넓게 갖도록 하고 주시점을 적절하게 이동시키거나 머리를 움직여 상황에 대응하는 운전을 해야 함
② **속도와 시야**: 속도가 높아질수록 주시점은 멀어지고, **시야의 범위는 점점 좁아짐**
③ **주의의 정도와 시야**: 운전 중 불필요한 대상에 주의가 집중되어 있다면 주의를 집중한 것에 비례하여 시야 범위가 좁아지고 교통사고의 위험은 그만큼 커짐

3 사고의 심리

(1) 사고의 원인과 요인

간접적 요인	교통사고 발생을 용이하게 한 상태를 만든 조건 예) 운전자에 대한 홍보활동 및 훈련의 결여, 운전 전 차량 점검 습관의 결여, 안전운전을 위하여 필요한 교육 태만, 안전지식의 결여, 무리한 운행계획, 직장이나 가정에서의 원만하지 못한 인간관계 등
중간적 요인	직접적 요인 또는 간접적 요인과 복합적으로 작용하여 교통사고 발생 예) 운전자의 지능, 운전자 성격, 운전자 심신기능, 불량한 운전 태도, 음주·과로
직접적 요인	사고를 직접 발생시키는 요인 예) 사고 직전 과속과 같은 법규 위반, 위험인지의 지연, 운전 조작의 잘못, 잘못된 위기 대처

(2) 사고의 심리적 요인

교통사고 운전자의 특성		① 선천적·후천적 능력 부족 ② 바람직한 동기와 사회적 태도 결여 ③ 불안정한 생활환경 등
착각	크기의 착각	어두운 곳에서는 가로 폭보다 세로 폭을 보다 넓은 것으로 판단
	원근의 착각	작은 것은 멀리 있는 것 같이, 덜 밝은 것은 멀리 있는 것으로 느껴짐
	경사의 착각	① 작은 경사는 실제보다 작게, 큰 경사는 실제보다 크게 보임 ② 오름경사는 실제보다 크게, 내림경사는 실제보다 작게 보임
	속도의 착각	① 주시점이 가까운 좁은 시야에서는 빠르게, 먼 곳에 있을 때는 느리게 느껴짐 ② 상대 가속도감(반대 방향), 상대 감속도감(동일 방향)을 느낌
	상반의 착각	① 주행 중 급정거 시 반대 방향으로 움직이는 것처럼 보임 ② 큰 물건들 가운데 있는 작은 물건은 작은 물건들 가운데 있는 같은 물건보다 작아 보임 ③ 한쪽 방향의 곡선을 보고 반대 방향의 곡선을 봤을 경우 실제보다 더 구부러져 있는 것처럼 보임
예측의 실수		① 감정이 격앙된 경우 ② 고민거리가 있는 경우 ③ 시간에 쫓기는 경우

4 운전피로

(1) 개념
운전 작업에 의해서 일어나는 신체적인 변화, 심리적으로 느끼는 무기력감, 객관적으로 측정되는 운전기능의 저하를 총칭

(2) 운전피로의 요인

생활요인	수면, 생활환경 등
운전 작업 중의 요인	차내환경, 차외환경, 운행 조건 등
운전자 요인	신체 조건, 경험 조건, 연령 조건, 성별 조건, 성격, 질병 등

(3) 피로와 운전착오
① 운전 작업의 착오는 운전업무 개시 후·종료 시에 많아지며, 개시 직후의 착오는 정적 부조화, 종료 시의 착오는 운전피로가 그 배경임
② 운전시간 경과와 더불어 운전피로가 증가하여 작업타이밍의 불균형 초래. 이는 운전기능, 판단착오, 작업 단절 현상을 초래하는 잠재적 사고로 볼 수 있음
③ 운전착오는 심야에서 새벽 사이에 많이 발생되며 각성 수준의 저하, 졸음과 관련됨
④ 운전피로에 정서적 부조나 신체적 부조가 가중되면 조잡하고 난폭하며 방만한 운전을 하게 됨
⑤ 피로가 쌓이면 졸음 상태가 되어 차외, 차내의 정보를 효과적으로 입수하지 못함

5 보행자

빈출 (1) 보행자사고의 실태
① OECD 보행 중 교통사고 사망자 구성비: 한국(38.9%) > 일본(36.2%) > 미국(14.5%) > 프랑스(14.2%)
② 차 대 사람의 사고가 가장 많은 보행 유형: 횡단 중의 사고(횡단보도 횡단, 횡단보도 부근 횡단, 육교 부근 횡단, 기타 횡단)
③ 차 대 사람의 사고가 가장 많은 연령층: 어린이와 노약자

(2) 보행자사고의 요인
① 인지결함
② 판단착오
③ 동작착오

6 교통약자

(1) 고령자 교통안전

① 고령자 교통안전 장애요인

고령자의 시각능력 빈출⚠️	① 시력 저하 현상 발생: 자동차 운전에서는 근점시력보다 원점시력이 중요한데 고령자는 조도가 낮은 상황에서는 원점시력이 더욱 저하됨 ② 대비능력 저하: 여러 개의 사물 간 또는 사물과 배경을 식별하는 능력인 대비능력 저하 ③ 동체시력 약화: 움직이는 물체를 정확히 식별하고 인지하는 능력인 동체시력 약화 ④ 원근 구별능력 약화 ⑤ 암순응에 필요한 시간이 증가 ⑥ 눈부심에 대한 감수성이 증가 ⑦ 시야 감소 현상: 시야가 좁아져서 시야 바깥에 있는 표지판, 신호, 차량, 보행자들을 발견하지 못하는 경우 증가
고령자의 청각능력	① 청각기능의 상실 또는 약화 현상 ② 주파수 높이의 판별 저하 ③ 목소리 구별의 감수성 저하
고령자의 사고·신경능력	① 빠른 신경활동 및 정보판단 처리능력 저하 ② 선택적 주의력 저하: 덜 중요한 위기정보는 걸러내고 가장 중요한 위기정보에 지속적으로 초점을 맞춰가는 선택적 주의력이 저하 ③ 다중적인 주의력 저하: 복잡한 도로교통 상황을 전반적으로 이해하는 동시에 여러 사항들을 함께 처리하는 능력 저하 ④ 인지반응시간 증가: 특별한 도로사정과 교통조건들에 대해 어떻게 대응하는 것이 적합한지 판단을 내리고 핸들과 브레이크 작동을 하는 데 필요한 시간 증가
고령보행자의 보행행동 특성	① 고착화된 자기 경직성: 뒤에서 오는 차의 접근에도 주의를 기울이지 않거나 경음기를 울려도 반응을 보이지 않는 경향 증가 ② 이면도로 등에서 도로의 노면표시가 없으면 도로 중앙부를 걷는 경향 ③ 보행 궤적이 흔들거리며 보행 중에 사선횡단을 하기도 함 ④ 보행 시 상점이나 포스터를 보면서 걷는 경향이 있음 ⑤ 정면에서 오는 차량 등을 회피할 수 있는 여력을 갖지 못함 ⑥ 소리 나는 방향을 주시하지 않는 경향이 있음

② 고령보행자 안전수칙

㉠ 안전한 횡단보도를 찾아 멈춤
㉡ 횡단보도 신호에 녹색불이 들어와도 바로 건너지 않고 오고 있는 자동차가 정지했는지 확인
㉢ 자동차가 오고 있다면 보낸 후 똑바로 횡단
㉣ 횡단하는 동안에도 계속 주의를 기울임

ⓜ 횡단보도를 건널 때 젊은이의 보행속도에 맞추어 무리하게 건너지 말고 능력에 맞게 건너면서 손을 들어 자동차에 양보신호를 보냄
ⓗ 횡단보도 신호가 점멸 중일 때는 늦게 진입하지 말고 다음 신호를 기다림
ⓢ 주차 또는 정차된 자동차 앞뒤와 골목길, 코너는 운전자가 볼 수 없는 지역이므로 일단 정지하여 확인한 후 천천히 이동해야 함
ⓞ 음주 보행은 신체적·정신적 능력을 저하시키므로 최대한 삼가야 함
ⓩ 생활 도로를 이용할 때 길가장자리를 이용하여 안전하게 이동해야 함
ⓒ 야간 이동 시에는 눈에 띄는 밝은 색 옷을 입어야 함

(2) 어린이 교통안전

어린이 교통사고의 특징	① 어릴수록 교통사고가 많이 발생 ② 오후 4~6시 사이에 가장 많음 ③ 집이나 학교 근처 등 어린이 통행이 잦은 곳에서 보행 중 사상자 가장 많이 발생
어린이들이 당하기 쉬운 교통사고 유형	① 도로에 갑자기 뛰어들기 ② 도로 횡단 중의 부주의 ③ 도로상에서 위험한 놀이 ④ 자전거를 타고 멈추지 않고 그대로 달려 나오다가 자동차와 부딪힘
어린이가 승용차에 탑승했을 때 주의사항	① 안전띠 착용 ② 여름철 어린이를 차내에 혼자 방치하면 탈수현상과 산소 부족으로 생명을 잃는 경우가 있으므로 주의 ③ 문은 어른이 열고 닫음 ④ 어린이 혼자 차에 남지 않도록 함 ⑤ 어린이는 뒷좌석에 앉도록 함

7 사업용자동차 위험운전행태 분석

(1) 운행기록장치

① 자동차의 속도, 위치, 방위각, 가속도, 주행거리 및 교통사고 상황 등을 기록하는 자동차의 부속장치 중 하나인 전자식 장치
② 여객자동차운수사업법에 따른 여객자동차운송사업자는 그 운행하는 차량에 운행기록장치를 장착하여야 함
③ 전자식 운행기록장치의 장착 시 이를 수평상태로 유지되도록 하여야 함
④ 운행기록장치에 기록된 운행기록을 보관하여야 하는 기간: 6개월

(2) 운행기록분석시스템

운행기록분석시스템 의미	자동차의 운행정보를 실시간으로 저장하여 시시각각 변화하는 운행 상황을 자동적으로 기록할 수 있는 운행기록장치를 통해 자동차의 순간속도, 분당엔진회전수(RPM), 브레이크 신호, GPS, 방위각, 가속도 등의 운행기록 자료를 분석하여 운전자의 과속, 급감속 등 운전자의 위험행동 등을 과학적으로 분석하는 시스템
운행기록분석시스템 분석 항목	① 자동차의 운행경로에 대한 궤적의 표기 ② 운전자별·시간대별 운행속도 및 주행거리의 비교 ③ 진로 변경 횟수와 사고위험도 측정, 과속·급가속·급감속·급출발·급정지 등 위험운전행동 분석 ④ 그 밖에 자동차의 운행 및 사고 발생 상황의 확인
운행기록분석결과의 활용 빈출 ⚠	다음과 같은 교통안전 관련 업무에 한정하여 활용할 수 있음 ① 자동차의 운행관리 ② 운전자에 대한 교육·훈련 ③ 운전자의 운전습관 교정 ④ 운송사업자의 교통안전관리 개선 ⑤ 교통수단 및 운행체계의 개선 ⑥ 교통행정기관의 운행계통 및 운행경로 개선 ⑦ 그 밖에 사업용 자동차의 교통사고 예방을 위한 교통안전정책의 수립

CHAPTER 1 출제 예상문제

운전자 요인과 안전운행

01
교통사고의 요인 중 인적 요인에 해당하지 않는 것은?

① 질병
② 신체
③ 운전습관
④ 자연환경

해설 자연환경은 교통사고의 환경 요인에 해당한다.

02 ⚠️빈출
운전자의 정보처리과정을 순서대로 연결한 것은?

① 구심성 신경 → 뇌 → 의사결정과정 → 원심성 신경 → 효과기
② 원심성 신경 → 뇌 → 의사결정과정 → 구심성 신경 → 효과기
③ 구심성 신경 → 뇌 → 효과기 → 원심성 신경 → 의사결정과정
④ 원심성 신경 → 뇌 → 효과기 → 구심성 신경 → 의사결정과정

해설 운전자의 정보처리과정
운전정보 → 구심성 신경 → 뇌 → 의사결정과정 → 원심성 신경 → 효과기(운동기) → 운전 조작행위

03 ⚠️빈출
동체시력의 특성으로 옳지 않은 것은?

① 운전시간과 관계가 없다.
② 동체시력은 연령이 높을수록 더욱 저하된다.
③ 장시간 운전에 의한 피로 상태에서 저하된다.
④ 동체시력은 물체의 이동속도가 빠를수록 상대적으로 저하된다.

해설 동체시력은 장시간 운전에 의한 피로 상태에서도 저하되며, 운전시간과 관계가 있다.

04
일조시간에 따라 운전에 영향을 미치기도 하는데 운전하기 가장 힘든 시간으로 옳은 것은?

① 해 뜰 무렵
② 오전 9시
③ 오후 12시
④ 해질 무렵

해설 해질 무렵이 운전하기 가장 힘든 시간으로, 전조등을 비추어도 주변의 밝기와 비슷하기 때문에 의외로 다른 자동차나 보행자를 보기가 어렵다.

05
야간에 마주 오는 차의 전조등 불빛으로 인한 눈부심을 피하는 방법으로 옳은 것은?

① 눈을 가늘게 뜨고 자기 차로 바로 아래쪽을 본다.
② 전조등 불빛을 정면으로 보지 말고 자기 차로의 바로 아래쪽을 본다.
③ 전조등 불빛을 정면으로 보지 말고 도로 좌측의 가장자리 쪽을 본다.
④ 전조등 불빛을 정면으로 보지 말고 시선을 약간 오른쪽으로 돌린다.

해설 마주 오는 차의 전조등에 의해 눈이 부실 경우에는 전조등의 불빛을 정면으로 보지 말고, 시선을 약간 오른쪽으로 돌려 눈부심을 방지한다.

06
낮 시간에 터널 밖을 운행하던 운전자가 어두운 터널 안으로 주행할 때와 터널 밖으로 나올 때의 시력 회복 속도에 대한 설명으로 옳은 것은?

① 같다.
② 터널 밖으로 나올 때 적응이 더 빠르다.
③ 터널 안에 들어갈 때 적응이 더 빠르다.
④ 터널 밖으로 나올 때 적응이 더 느리다.

해설 맑은 날 낮 시간에 터널 밖에서 어두운 터널 안으로 주행할 때의 시력 회복에 걸리는 시간보다 터널 안에서 밖으로 나올 때의 시력 회복에 걸리는 시간이 빠르다. 따라서 명순응에 걸리는 시간이 암순응에 걸리는 시간보다 빠르다.

07 ⚠️빈출
다음 중 시야에 대한 설명으로 옳지 않은 것은?

① 등속주행을 하면 시야가 좁아진다.
② 정상적인 시력을 가진 사람의 시야 범위는 180°~200°이다.
③ 운전 중 불필요한 대상에 주의가 집중되어 있다면 주의를 집중한 것에 비례하여 시야 범위가 좁아진다.
④ 시야 범위 안에 있는 대상물이라고 하더라도 시축에서 시각이 약 3° 벗어나면 시력은 약 80% 저하된다.

해설 속도가 높아질수록 시야의 범위는 점점 좁아진다.

08
터널에서 안전운전과 관련된 내용으로 옳은 것은?

① 터널 출구에서는 암순응 현상이 발생한다.
② 터널 안에서는 앞차와의 거리감이 저하된다.
③ 터널 진입 시 명순응 현상을 주의해야 한다.
④ 앞지르기는 왼쪽 방향지시등을 켜고 좌측으로 한다.

해설 교차로, 다리 위, 터널 안 등은 앞지르기가 금지된 장소이며, 터널 진입 시는 암순응 현상, 터널 출구에서는 명순응 현상이 발생한다.

09
교통사고 운전자가 예측의 실수를 하게 될 경우로 옳지 않은 것은?

① 심신이 편안한 경우
② 감정이 격앙된 경우
③ 시간에 쫓기는 경우
④ 고민거리가 있는 경우

해설 운전자가 예측의 실수를 하게 될 경우는 감정이 격앙된 경우, 고민거리가 있는 경우, 시간에 쫓기는 경우이다.

10
운전피로의 요인 중 운전자 요인에 해당하지 않는 것은?

① 질병　　　　　② 수면
③ 신체 조건　　　④ 연령 조건

해설 수면은 운전피로의 요인 중 생활요인에 해당한다.

11
운전자의 피로가 운전 행동에 미치는 영향에 대한 설명으로 옳은 것은?

① 시력이 떨어지고 시야가 넓어진다.
② 지각 및 운전 조작 능력이 떨어진다.
③ 치밀하고 계획적인 운전 행동이 나타난다.
④ 주변 자극에 대해 반응 동작이 빠르게 나타난다.

해설 피로는 지각 및 운전 조작 능력을 떨어지게 한다.

12 ⚠️빈출
보행자사고에 대한 설명으로 옳지 않은 것은?

① 피곤한 상태여서 주의력이 상승하였다.
② 횡단 중 한쪽 방향에만 주의를 기울였다.
③ 어린이와 노약자가 높은 비중을 차지한다.
④ 차 대 사람의 사고에서 가장 많은 보행 유형은 횡단 중의 사고이다.

해설 피곤한 상태여서 주의력이 저하되었을 경우 보행자사고가 일어난다.

13 ⚠️빈출
고령운전자는 여러 개의 사물 간 또는 사물과 배경을 식별하는 능력이 저하되는데, 이 능력을 일컫는 말은?

① 암순응
② 대비능력
③ 동체시력
④ 원근 구별능력

해설 고령운전자는 여러 개의 사물 간 또는 사물과 배경을 식별하는 대비능력이 저하된다.

14
교통약자 중 노인의 특징에 해당하지 않은 것은?

① 반사 신경이 둔하다.
② 돌발 사태 시 대응력이 미흡하다.
③ 시력 및 청력 약화로 인지능력이 떨어진다.
④ 경험에 의한 신속한 판단이 가능하다.

해설 노인은 빠른 신경활동 및 정보판단 처리능력이 저하된다.

15
어린이의 행동 특성 중 가장 적절하지 않은 것은?

① 사고방식이 단순하다.
② 호기심이 많고 모험심이 강하다.
③ 판단력이 부족하고 모방행동이 많다.
④ 행동이 매우 느리고 망설이는 경향이 있다.

해설 행동이 매우 느리고 망설이는 경향은 노인의 행동 특성이다.

16
운행기록장치 장착의무자가 그 운행하는 차량의 운행기록장치에 기록된 운행기록을 보관하여야 하는 기간으로 옳은 것은?

① 6개월
② 3년
③ 5년
④ 1년

해설 운행기록장치 장착의무자는 교통안전법에 따라 운행기록장치에 기록된 운행기록을 6개월 동안 보관하여야 한다.

17 ⚠️빈출
운행기록장치의 분석결과를 활용할 수 있는 업무가 아닌 것은?

① 운전자의 운전습관 교정
② 운전자에 대한 교육·훈련
③ 운송사업자의 교통안전관리 개선
④ 어린이 보행자의 안전의식 교육의 강화

해설 운행기록분석결과의 활용 업무
- 자동차의 운행관리
- 운전자의 운전습관 교정
- 운전자에 대한 교육·훈련
- 교통수단 및 운행체계의 개선
- 운송사업자의 교통안전관리 개선
- 교통행정기관의 운행계통 및 운행경로 개선
- 그 밖에 사업용 자동차의 교통사고 예방을 위한 교통안전정책의 수립

CHAPTER 2 자동차 요인과 안전운행

합격TIP 자동차와 관련된 물리적 현상은 반드시 원리를 이해해야 합니다. 또한 자동차가 고장 났을 때 현상과 응급처치 방법을 연결하여 암기하여야 합니다.

1 자동차의 주요장치

(1) 제동장치

주행하는 자동차를 감속 또는 정지시킴과 동시에 주차 상태를 유지하기 위하여 필요한 장치

주차 브레이크	① 차를 주차 또는 정차시킬 때 사용하는 제동장치 ② 주로 손으로 조작하나 일부 승용자동차의 경우 발로 조작하는 경우도 있음	
풋 브레이크	① 주행 중에 발로써 조작하는 주 제동장치 ② 브레이크 페달을 밟으면 페달 바로 앞에 있는 마스터 실린더 내의 피스톤이 작동하여 브레이크액이 압축되고, 압축된 브레이크액은 파이프를 따라 휠 실린더로 전달됨. 휠 실린더의 피스톤에 의해 브레이크 라이닝을 밀어주어 **타이어와 함께 회전하는 드럼을 잡아 멈추게 함**	
엔진 브레이크	가속 페달을 놓거나 저단기어로 바꾸게 되면 엔진 브레이크가 작용하여 속도가 떨어지게 되며, 마치 구동바퀴에 의해 엔진이 역으로 회전하는 것과 같이 되어 그 회전 저항으로 제동력이 발생함	
ABS (Anti-lock Brake System)	기능	빙판이나 빗길 등 미끄러운 노면상이나 통상의 주행에서 제동 시에 바퀴를 록(lock) 시키지 않음으로써 브레이크가 작동하는 동안에도 핸들의 조종이 용이하도록 하는 제동장치
	사용목적	① 방향 안정성과 조종성 확보 ② 불쾌한 스키드(skid)음을 막고, 바퀴 잠김에 따른 편마모를 방지해 타이어의 수명 연장 가능
	ABS가 작동하는 경우	① 매우 미끄러운 노면에서 브레이크를 밟는 경우 예 눈길, 빙판길, 빗길 등 ② 브레이크 페달을 급하게 힘을 주어 밟는 경우 예 아스팔트, 콘크리트노면 등

(2) 주행장치

엔진에서 발생한 동력이 최종적으로 바퀴에 전달되어 자동차가 노면 위를 달리게 됨

휠(Wheel)	① 타이어와 함께 차량의 중량을 지지하고 구동력과 제동력을 지면에 전달하는 역할 ② 무게가 가볍고 노면의 충격과 측력에 견딜 수 있는 강성이 있어야 함 ③ 타이어에서 발생하는 열을 흡수하여 대기 중으로 잘 방출시켜야 함

타이어	① 휠의 림에 끼워져서 일체로 회전하며 자동차가 달리거나 멈추는 것을 원활히 함 ② 자동차의 중량을 떠받쳐 줌 ③ 지면으로부터 받는 충격을 흡수해 승차감을 좋게 함 ④ 자동차의 진행방향을 전환시킴

(3) 조향장치

① 기능

  ㉠ 운전석에 있는 핸들에 의해 **앞바퀴의 방향을 틀어서** 자동차의 진행방향을 바꾸는 장치
  ㉡ 주행 중의 안정성이 좋고 핸들 조작이 용이하도록 앞바퀴 정렬이 잘 되어 있어야 함

빈출 ② 앞바퀴 정렬(휠 얼라인먼트)

토우인 (Toe-in)	상태	앞바퀴를 위에서 보았을 때 앞쪽이 뒤쪽보다 좁은 상태
	기능	① 바퀴를 원활하게 회전시켜서 핸들의 조작을 용이하게 함 ② 주행 중 타이어가 바깥쪽으로 벌어짐 방지 ③ 주행저항 및 구동력의 반력으로 토아웃이 되는 것을 방지하여 타이어의 마모 방지
캠버 (Camber)	상태	① (+) 캠버: 앞에서 보았을 때, 위쪽이 아래보다 약간 바깥쪽으로 기울어져 있는 것 ② (-) 캠버: 앞에서 보았을 때, 위쪽이 아래보다 약간 안쪽으로 기울어져 있는 것
	기능	① 앞바퀴가 하중을 받을 때 아래로 벌어짐 방지 ② 핸들 조작을 가볍게 함 ③ 수직 방향 하중에 의해 앞차축의 휨을 방지
캐스터 (Caster)	상태	옆에서 보았을 때 차축과 연결되는 킹핀의 중심선이 약간 뒤쪽(+) 혹은 앞쪽(-)으로 기울어져 있는 것
	기능	① 앞바퀴에 **직진성**을 부여하여 차의 롤링을 방지 ② 핸들의 복원성을 좋게 하기 위해 필요 ③ 조향을 하였을 때 직진 방향으로 되돌아오려는 복원력을 줌

(4) 현가장치

① 기능
  ㉠ 차량의 무게를 지탱하여 차체가 직접 차축에 얹히지 않도록 함
  ㉡ 도로 충격을 흡수하여 더욱 유연한 승차감 제공

② 유형

판 스프링	① 차축은 스프링의 중앙에 놓이게 되며, 스프링의 앞과 뒤가 차체에 부착됨 ② 주로 화물자동차에 사용됨 ③ 내구성이 좋고 구조가 간단하나 승차감이 안 좋음 ④ 판 간 마찰력을 이용하여 진동을 억제하나, 작은 진동을 흡수하기에는 적합하지 않음 ⑤ 너무 투드러운 판 스프링을 사용하면 차축의 지지력이 부족하여 차체가 불안정하게 됨
코일 스프링	① 각 차륜에 내구성이 강한 금속 나선을 놓은 것 ② 주로 승용자동차에 사용됨
비틀림 막대 스프링	① 뒤틀림에 의한 충격을 흡수하며, 뒤틀린 후에도 원형을 되찾는 특수금속으로 제조 ② 도로의 융기나 함몰 지점에 대응하여 신축하거나 비틀려 차륜이 도로 표면에 따라 아래위로 움직이도록 하는 한편, 차체는 수평을 유지하도록 해 줌
공기 스프링	① 고무인프로 제조되어 압축공기로 채워지며, 에어백이 신축하도록 되어 있음 ② 주로 버스와 같은 대형차량에 사용됨
충격흡수장치 (쇽업소버, Shock absorber)	① 작동유를 채운 실린더로서 스프링의 동작에 반응하여 피스톤이 위아래로 움직이며 운전자에게 전달되는 반동량을 줄임 ② 노면에서 발생한 스프링의 진동 흡수 ③ 승차감을 향상시킴 ④ 스프링의 피로를 감소시킴 ⑤ 타이어와 노면의 접착성을 향상시켜 커브길이나 빗길에 차가 튀거나 미끄러지는 현상 방지

2 물리적 현상

빈출 (1) 원심력

개념	원의 중심으로부터 벗어나려는 힘으로 차가 커브를 돌 때 작용함
특징	① 원심력은 속도가 빠를수록, 커브가 작을수록, 중량이 무거울수록 커짐 ② 원심력은 속도의 제곱에 비례해서 커짐
원심력과 안전운행	① 커브에 진입하기 전에 속도를 줄여 노면에 대한 타이어의 접지력(Grip)이 원심력을 안전하게 극복해야 함 ② 커브가 예각을 이룰수록 원심력은 커지므로 안전하게 회전하려면 이러한 커브에서 보다 감속하여야 함 ③ 비포장도로는 도로의 한가운데가 높고 가장자리로 갈수록 낮아지는 곳이 많은데, 이러한 도로는 커브에서 원심력이 오히려 더 커질 수 있으므로 주의함

빈출 (2) 주행 중 물리적 현상

스탠딩 웨이브 현상	개념	① 타이어의 회전속도가 빨라지면 접지부에서 받은 타이어의 변형(주름)이 다음 접지 시점까지도 복원되지 않고 접지의 뒤쪽에 진동의 물결이 일어나는 현상 ② 스탠딩 웨이브 현상이 계속되면 타이어는 쉽게 과열되고, 원심력으로 인해 트레드부가 변형될 뿐 아니라 오래가지 못해 파열됨
	예방법	속도를 맞추거나 공기압을 높임
수막 현상	개념	**자동차가 물이 고인 노면을 고속으로 주행할 때** 타이어 그루브(타이어 홈) 사이에 있는 물을 배수하는 기능이 감소되어 물의 저항에 의해 노면에서 떠올라 물 위를 미끄러지는 현상
	예방법	① 고속으로 주행하지 않음 ② 마모된 타이어를 사용하지 않으며, 공기압을 조금 높게 함 ③ 배수효과가 좋은 타이어 사용
페이드 현상	개념	비탈길을 내려갈 때 브레이크를 반복하여 사용하면 마찰열이 라이닝에 축적되어 브레이크의 제동력이 저하되는 현상
워터 페이드 현상	개념	① 브레이크 마찰재가 물에 젖어 마찰계수가 작아져 브레이크의 제동력이 저하되는 현상 ② 물이 고인 도로에 자동차를 정차시켰거나 수중 주행을 하였을 경우 발생
	예방법	브레이크 페달을 반복해 밟으면서 천천히 주행하면 열에 의하여 서서히 브레이크가 회복됨
베이퍼 록 현상	개념	유압식 브레이크의 휠 실린더나 브레이크 파이프 속에서 **브레이크액이 기화**하여, 페달을 밟아도 스펀지를 밟는 것 같고 유압이 전달되지 않아 브레이크가 작용하지 않는 현상
모닝 록 현상	개념	비가 자주 오거나 습도가 높은 날, 또는 오랜 시간 주차한 후에 브레이크 드럼에 미세한 녹이 발생하는 현상
	예방법	① 아침에 운행을 시작할 때나 장시간 주차한 다음 운행을 시작하는 경우에는 출발하기 전에 브레이크를 몇 차례 밟아주는 것이 좋음 ② 서행하면서 브레이크를 몇 번 밟아주게 되면 녹이 자연히 제거되면서 해소됨

(3) 현가장치 관련 현상

① 자동차의 진동

바운싱(상하 진동)	차체가 Z축 방향과 평행 운동을 하는 고유 진동
피칭(앞뒤 진동)	① 차량의 무게중심을 지나는 가로 방향의 축(Y축)을 중심으로 차량이 앞뒤로 기울어지는 현상 ② 적재물이 없는 대형차량의 급제동 시 피칭현상으로 인해 스키드마크가 짧게 끊어진 형태로 나타남
롤링(좌우 진동)	① 차량의 무게중심을 지나는 세로 방향의 축(X축)을 중심으로 차량이 좌우로 기울어지는 현상 ② 롤링 시 급제동되면 좌우 스키드마크의 길이에서 차이가 남
요잉(차체 후부 진동)	① 차량의 무게중심을 지나는 윗방향의 축(Z축)을 중심으로 차량이 회전하는 현상 ② 심할 경우 노면상에 요마크 생성

② 노즈 다운, 노즈 업

노즈 다운 (Nose down)	자동차를 제동할 때 바퀴는 정지하려 하고 차체는 관성에 의해 이동하려는 성질 때문에 앞 범퍼 부분이 내려가는 현상
노즈 업 (Nose up)	자동차가 출발할 때 구동 바퀴는 이동하려 하지만 차체는 정지하고 있기 때문에 앞 범퍼 부분이 들리는 현상

(4) 내륜차와 외륜차

내륜차		① 앞바퀴의 안쪽과 뒷바퀴의 안쪽과의 차이 ② 자동차가 전진 중 회전할 경우 교통사고의 위험이 있음
외륜차		① 앞바퀴의 바깥쪽과 뒷바퀴의 바깥쪽과의 차이 ② 자동차가 후진 중 회전할 경우 교통사고의 위험이 있음

(5) 타이어 마모에 영향을 주는 요소

공기압	규정 압력보다 낮을 때	① 트레드 접지 면에서의 운동이 커져서 마모가 빨라짐 ② 승차감이 좋아짐 ③ 숄더 부분에 마찰력이 집중되어 수명이 짧아짐
	규정 압력보다 높을 때	① 승차감이 나빠짐 ② 트레드 중앙 부분의 마모가 촉진됨
하중		① 하중이 커지면 타이어의 굴신이 심해져서 트레드의 접지 면적이 증가하여 트레드의 미끄러짐 정도도 커지고 타이어 마모를 촉진함 ② 하중이 커지면 공기압 부족과 같은 형태로 타이어가 크게 굴곡되어 마찰력이 증가하므로 내마모성이 저하됨
속도		속도가 증가하면 타이어의 온도도 상승하여 트레드 고무의 내마모성이 저하됨
커브		활각이 클수록 마모가 많아짐
브레이크		브레이크를 밟는 횟수가 많을수록, 브레이크를 밟기 직전의 속도가 빠를수록 타이어의 마모량이 커짐
노면		비포장도로에서 운행할 경우 노면에 알맞은 주행을 하여야 마모를 줄일 수 있음

(6) 유체자극의 현상

① 의미: 속도가 빠를수록 주변의 경관이 거의 흐르는 선과 같이 되어 눈을 자극하는 현상

② 유체자극과 안전운행

    ㉠ 유체자극을 받으면서 오랜 시간 운전을 하면, 운전자의 눈이 몹시 피로해짐

    ㉡ 운전자는 무의식중에 유체자극을 피하여 안정된 시계를 갖기 위해 앞에 자동차가 주행하고 있으면 그 차

와의 일정한 거리까지 접근하여, 될 수 있는 한 앞차의 뒷부분에 시선을 고정시켜서 앞차와 같은 속도로 주행하려고 함
ⓒ 앞차와 같은 속도나 또는 일정한 거리를 두고 주행하게 되면, 눈의 시점이 한 곳에만 고정되어 주위의 정보(경관)가 거의 시계에 들어오지 않으며, 점차 시계의 입체감을 잃게 되고, 속도감·거리감 등이 마비되어 점점 의식이 저하되며, 반응도 둔해지게 됨

3 정지시간과 정지거리

공주시간과 공주거리	공주시간	운전자가 자동차를 정지시켜야 할 상황임을 지각하고 브레이크 페달로 발을 옮겨 브레이크가 작동을 시작하는 순간까지의 시간
	공주거리	공주시간까지 자동차가 진행한 거리
제동시간과 제동거리	제동시간	운전자가 브레이크에 발을 올려 브레이크가 막 작동을 시작하는 순간부터 자동차가 완전히 정지할 때까지의 시간
	제동거리	제동시간까지 자동차가 진행한 거리
정지시간과 정지거리	정지시간	① 공주시간 + 제동시간 ② 운전자가 위험을 인지하고 자동차를 정지시키려고 시작하는 순간부터 자동차가 완전히 정지할 때까지의 시간
	정지거리	① 공주거리 + 제동거리 ② 정지시간까지 자동차가 진행한 거리

4 자동차의 일상점검

(1) 점검사항

원동기	① 시동이 쉽고 잡음이 없는가? ② 배기가스의 색이 깨끗하고 유독가스 및 매연이 없는가? ③ 엔진오일의 양이 충분하고 오염되지 않으며 누출이 없는가? ④ 연료 및 냉각수가 충분하고 새는 곳이 없는가? ⑤ 연료분사펌프조속기의 봉인상태가 양호한가? ⑥ 배기관 및 소음기의 상태가 양호한가?
동력전달장치	① 클러치 페달의 유동이 없고 클러치의 유격은 적당한가? ② 변속기의 조작이 쉽고 변속기 오일의 누출은 없는가? ③ 추진축 연결부의 헐거움이나 이음은 없는가?
조향장치	① 스티어링 휠의 유동·느슨함·흔들림은 없는가? ② 조향축의 흔들림이나 손상은 없는가?

제동장치	① 브레이크 페달을 밟았을 때 상판과의 간격은 적당한가? ② 브레이크액의 누출은 없는가? ③ 주차 제동레버의 유격 및 당겨짐은 적당한가? ④ 브레이크 파이프 및 호스의 손상 및 연결 상태는 양호한가?	
완충장치	① 섀시스프링 및 쇽업소버 이음부의 느슨함이나 손상은 없는가? ② 섀시스프링이 절손된 곳은 없는가? ③ 쇽업소버의 오일 누출은 없는가?	
주행장치	① 휠너트(허브너트)의 느슨함은 없는가? ② 타이어의 이상마모와 손상은 없는가? ③ 타이어의 공기압은 적당한가?	

(2) 차량 점검 및 주의사항

① 운행 전 점검을 실시
② 적색 경고등이 들어온 상태에서는 절대로 운행하지 않음
③ 운행 전에 조향핸들의 높이와 각도가 맞는지 점검하며, 운행 중에는 조정하지 않음
④ 주차 시에는 항상 주차 브레이크를 사용함
⑤ 주차 브레이크를 작동시키지 않은 상태에서 절대로 운전석에서 떠나지 않음
⑥ 트랙터 차량의 경우 트레일러 주차 브레이크는 일시적으로만 사용하고, 트레일러 브레이크만을 사용하여 주차하지 않음

5 자동차 응급조치방법

(1) 고장이 자주 일어나는 부분

진동과 소리	엔진의 점화장치 부분	① 주행 전 차체에 이상한 진동이 느껴질 때는 엔진에서의 고장이 주원인임 ② 플러그 배선이 빠져있거나 플러그 자체가 나쁠 때 나타남
	엔진의 이음	① 엔진의 회전수에 비례하여 쇠가 마주치는 소리가 남 ② 밸브장치에서 나는 소리로, 밸브 간극 조정으로 고쳐질 수 있음
	팬벨트	① 가속 페달을 힘껏 밟는 순간 "끼익!"하는 소리가 남 ② 팬벨트 또는 기타의 V벨트가 이완되어 걸려 있는 풀리와의 미끄러짐에 의해 일어남
	클러치 부분	클러치를 밟고 있을 때 "달달달" 떨리는 소리와 함께 차체가 떨린다면, 클러치 릴리스 베어링의 고장으로, 정비공장에 가서 교환하여야 함
	브레이크 부분	① 브레이크 페달을 밟아 차를 세우려고 할 때 바퀴에서 "끼익!" 하는 소리가 나는 경우 ② 브레이크 라이닝의 마모가 심하거나 라이닝에 결함이 있을 때 일어나는 현상

진동과 소리	조향장치 부분	① 핸들이 어느 속도에 이르면 극단적으로 흔들리는 경우 ② 앞차륜 정렬(휠 얼라인먼트)이 맞지 않거나 바퀴 자체의 휠 밸런스가 맞지 않을 때 주로 일어남
	바퀴 부분	주행 중 하체 부분에서 비틀거리는 흔들림이 일어나며, 특히 커브를 돌았을 때 휘청거리는 느낌이 들 때는 바퀴의 휠 너트의 이완이나 타이어의 공기가 부족할 때가 많음
	현가장치 부분	비프장도로의 울퉁불퉁한 험한 노면상을 달릴 때 "딱각딱각"하는 소리나 "쿵쿵"하는 소리가 날 때에는 현가장치인 쇽업소버의 고장으로 볼 수 있음
냄새와 열	전기장치 부분	① 고무 같은 것이 타는 냄새가 날 때는 바로 차를 세워야 함 ② 엔진실 내의 전기 배선 등의 피복이 녹아 벗겨져 합선에 의해 전선이 타면서 나는 냄새가 대부분임
	브레이크 부분	① 단내가 심하게 나는 경우 ② 즈브레이크의 간격이 좁거나 주차 브레이크를 당겼다 풀었으나 완전히 풀리지 않았거나, 긴 언덕길을 내려갈 때 계속 브레이크를 밟는 경우 발생
	바퀴 부분	① 바퀴마다 드럼에 손을 대보면 어느 한쪽만 뜨거울 경우가 있음 ② 브레이크 라이닝 간격이 좁아 브레이크가 끌리기 때문임
배출가스	무색	완전연소 때 배출되는 가스의 색은 정상 상태에서 무색 또는 약간 엷은 청색을 띰
	검은색	① 농후한 혼합가스가 들어가 불완전 연소되는 경우 ② 초크 고장이나 에어클리너 엘리먼트의 막힘, 연료장치 고장 등이 원인임
	백색(흰색)	① 엔진 안에서 다량의 엔진오일이 실린더 위로 올라와 연소되는 경우 ② 헤드개스킷 파손, 밸브의 오일씰 노후 또는 피스톤 링의 마모 등 엔진 보링을 할 시기가 됐음을 알려줌

(2) 고장 유형별 조치방법

빈출 ① 엔진계통

엔진오일 과다 소모	현상	하루 평균 약 2~4리터의 엔진오일 소모
	점검사항	① 배기 배출가스 육안 확인 ② 에어 클리너 오염도 확인(과다 오염) ③ 블로바이 가스(Blow-by gas) 과다 배출 확인 ④ 에어 클리너 청소 및 교환주기 미준수, 엔진과 콤프레셔 피스톤 링 과다 마모
	조치방법	① 엔진 피스톤 링 교환 ② 실린더라이너 교환 ③ 실린더 교환이나 보링작업 ④ 오일팬이나 개스킷 교환 ⑤ 에어 클리너 청소 및 장착방법 준수 철저

엔진 온도 과열	현상	주행 시 엔진 과열(온도 게이지 상승됨)
	점검사항	① 냉각수 및 엔진오일의 양 확인과 누출 여부 확인 ② 냉각팬 및 워터펌프의 작동 확인 ③ 팬 및 워터펌프의 벨트 확인 ④ 수온조절기의 열림 확인 ⑤ 라디에이터 손상 상태 및 써머스태트 작동 상태 확인
	조치방법	① 냉각수 보충 ② 팬벨트의 장력 조정 ③ 냉각팬 휴즈 및 배선 상태 확인 ④ 팬벨트 교환 ⑤ 수온조절기 교환 ⑥ 냉각수 온도 감지센서 교환
엔진 과회전 현상	현상	내리막길 주행 변속 시 엔진 소리와 함께 재시동이 불가함
	점검사항	① 내리막길에서 순간적으로 고단에서 저단으로 기어 변속 시(감속 시) 엔진 내부가 손상되므로 엔진 내부 확인 ② 로커암 캡을 열고 푸쉬로드 휨 상태, 밸브 스템 등 손상 확인
	조치방법	① 내리막길 주행 시 과도한 엔진 브레이크 사용 지양 ② 최대 회전속도를 초과한 운전 금지 ③ 고단에서 저단으로 급격한 기어 변속 금지(특히 내리막길에서)
엔진 매연 과다 발생	현상	엔진 출력이 감소되며 매연(흑색)이 과다 발생됨
	점검사항	① 엔진오일 및 필터 상태 점검 ② 에어 클리너 오염 상태 및 덕트 내부 상태 확인 ③ 블로바이 가스 발생 여부 확인 ④ 연료의 질 분석 및 흡·배기 밸브 간극 점검(소리로 확인)
	조치방법	① 출력 감소 현상과 함께 매연이 발생되는 것은 흡입 공기량(산소량) 부족으로 불완전 연소된 탄소가 나오는 것임 ② 에어 클리너 오염 확인 후 청소 ③ 에어 클리너 덕트 내부 확인 ④ 밸브간극 조정 실시
엔진 시동 꺼짐	현상	정차 중 엔진의 시동이 꺼짐, 재시동이 불가함
	점검사항	① 연료량 확인 ② 연료파이프 누유 및 공기 유입 확인 ③ 연료탱크 내 이물질 혼입 여부 확인 ④ 워터 세퍼레이터 공기 유입 확인

엔진 시동 꺼짐	조치방법	① 연료 공급 계통의 공기빼기 작업 ② 워터 세퍼레이터 공기 유입 부분을 확인하여 현장에서 조치 가능하면 작업에 착수 ③ 작업 불가 시 응급조치하여 공장으로 입고
혹한기 주행 중 시동 꺼짐	현상	① 혹한기 주행 중 오르막 경사로에서 급가속 시 시동 꺼짐 ② 일정 시간 경과 후 재시동은 가능함
	점검사항	① 연료 파이프 및 호스 연결 부분 에어 유입 확인 ② 연료 차단 솔레노이드 밸브 작동 상태 확인 ③ 워터 세퍼레이터 내 결빙 확인
	조치방법	① 인젝션 펌프 에어 빼기 작업 ② 워터 세퍼레이트 수분 제거 ③ 연료탱크 내 수분 제거
엔진 시동 불량	현상	초기 시동이 불량하고 시동이 꺼짐
	점검사항	① 연료 파이프 에어 유입 및 누유 점검 ② 펌프 내부에 이물질이 유입되어 연료 공급이 안 됨
	조치방법	① 플라이밍 펌프 작동 시 에어 유입 확인 및 에어 빼기 ② 플라이밍 펌프 내부의 필터 청소

② 섀시계통

덤프 작동 불량	현상	덤프 작동 시 상승 중에 적재함이 멈춤
	점검사항	① P.T.O(Power Take Off: 동력인출장치) 작동 상태 점검 ② 호이스트 오일 누출 상태 점검 ③ 클러치 스위치 점검
	조치방법	① P.T.O 스위치 교환 ② 현장에서 작업 조치하고 불가능 시 공장으로 입고
ABS 경고등 점등	현상	주행 중 간헐적으로 ABS 경고등이 점등되다가 요철 부위 통과 후 경고등이 계속 점등
	점검사항	① 자기 진단 점검 ② 휠 스피드 센서 단선 단락 ③ 휠 센서 단품 점검 이상 발견 ④ 변속기 체인지 레버 작동 시 간섭으로 커넥터 빠짐
	조치방법	① 휠 스피드 센서 저항 측정 ② 센서 불량인지 확인 및 교환 ③ 배선 부분 불량인지 확인 및 교환

주행 제동 시 차량 쏠림	현상	① 주행 제동 시 차량 쏠림 ② 리어 앞쪽 라이닝 조기 마모 및 드럼 과열 제동 불능 ③ 브레이크 조기 록 및 밀림
	점검사항	① 좌우 타이어의 공기압 점검 ② 좌우 브레이크 라이닝 간극 및 드럼손상 점검 ③ 브레이크 에어 및 오일 파이프 점검 ④ 듀얼 서킷 브레이크 점검
	조치방법	① 타이어의 공기압 좌우 동일하게 주입 ② 좌우 브레이크 라이닝 간극 재조정 ③ 브레이크 드럼 교환 ④ 리어 앞 브레이크 커넥터의 장착 불량으로 유압 오작동
제동 시 차체 진동	현상	급제동 시 차체 진동이 심하고 브레이크 페달이 떨림
	점검사항	① 앞차륜 정렬 상태 점검(휠 얼라이먼트) ② 제동력 점검, 브레이크 드럼 및 라이닝 점검 ③ 브레이크 드럼의 진원도 불량
	조치방법	① 조향핸들 유격 점검 ② 허브베어링 교환 또는 허브너트 재조임 ③ 앞 브레이크 드럼 연마 작업 또는 교환

③ 전기계통

와이퍼 미작동	현상	와이퍼 작동스위치를 작동시켜도 와이퍼가 작동하지 않음
	점검사항	모터가 도는지 점검
	조치방법	① 모터 작동 시 블레이드 암의 고정너트를 조이거나 링크기구 교환 ② 모터 미작동 시 퓨즈, 모터, 스위치, 커넥터 점검 및 손상부품 교환
와이퍼 작동 시 소음 발생	현상	와이퍼 작동 시 주기적으로 소음이 발생함
	점검사항	와이퍼 암을 세워놓고 작동
	조치방법	① 소음 발생 시 링크기구를 탈거하여 점검 ② 소음 미발생 시 와이퍼 블레이드 및 와이퍼 암 교환
워셔액 분출 불량	현상	워셔액이 분출되지 않거나 분사방향이 불량함
	점검사항	워셔액 분사 스위치 작동
	조치방법	① 분출이 안 될 때는 워셔액의 양을 점검하고 가는 철사로 막힌 구멍 뚫기 ② 분사방향 불량 시에는 가는 철사를 구멍에 넣어 분사방향 조절

제동등 계속 작동	현상	미등 작동 시 브레이크 페달 미작동 시에도 제동등이 계속 점등
	점검사항	① 제동등 스위치 접점 고착 점검 ② 전원 연결배선 점검 ③ 배선의 차체 접촉 여부 점검
	조치방법	① 제동등 스위치 교환 ② 전원 연결배선 교환 ③ 배선의 절연상태 보완
틸트 캡 하강 후 경고등 점등	현상	① 틸트 캡 하강 후 계속적으로 캡 경고등이 점등 ② 틸트 모터 작동 완료 상태임
	점검사항	① 하강 리미트 스위치 작동 상태 점검 ② 록킹 실린더 누유 점검 ③ 틸트 경고등 스위치 정상 작동 ④ 캡 밀착 상태 점검 ⑤ 캡 리어 우측 쇽업소버 볼트 장착부 용접불량 점검 ⑥ 쇽업소버 장착 부위 정렬 불량 확인
	조치방법	① 캡 리어 우측 쇽업소버 볼트 장착부 용접불량 개소 정비 ② 쇽업소버 장착 부위 정렬 불량 정비 ③ 쇽업소버 교환
비상등 작동 불량	현상	비상등 작동 시 점멸은 되지만 좌측이 빠르게 점멸함
	점검사항	① 좌측 비상등 전구 교환 후 동일 현상 발생 여부 점검 ② 커넥터 점검 ③ 전원 연결 정상 여부 확인 ④ 턴 시그널 릴레이 점검
	조치방법	턴 시그널 릴레이 교환
수온 게이지 작동 불량	현상	주행 중 브레이크 작동 시 온도 미터 게이지 하강
	점검사항	① 온도 미터 게이지 교환 후 동일 현상 발생 여부 점검 ② 수온센서 교환 후 동일 현상 발생 여부 점검 ③ 배선 및 커넥터 점검 ④ 프레임과 엔진 배선 중간부위 과다하게 꺾임 확인 ⑤ 배선 피복은 정상이나 내부 에나멜선의 단선 확인
	조치방법	① 온도 미터 게이지 교환 ② 수온센서 교환 ③ 배선 및 커넥터 교환 ④ 단선된 부위 납땜 조치 후 테이핑

CHAPTER 2 자동차 요인과 안전운행
출제 예상문제

01
ABS에 대한 설명으로 옳지 않은 것은?

① ABS는 방향 안정성과 조종성을 확보한다.
② 차를 주차 또는 정차시킬 때 사용하는 제동장치이다.
③ 매우 미끄러운 노면에서 브레이크를 밟는 경우 ABS가 작동한다.
④ 빙판이나 빗길 등 미끄러운 노면상이나 통상의 주행에서 제동 시에 바퀴를 록(lock) 시키지 않음으로써 브레이크가 작동하는 동안에도 핸들의 조종이 용이하도록 하는 제동장치이다.

해설 차를 주차 또는 정차시킬 때 사용하는 제동장치는 주차 브레이크이다.

02
자동차의 진행방향을 좌우로 바꿀 수 있는 장치로 옳은 것은?

① 주행장치 ② 제동장치
③ 조향장치 ④ 전기장치

해설
• 주행장치: 엔진에서 발생한 동력이 최종적으로 바퀴에 전달되어 자동차가 노면 위를 달리게 함
• 제동장치: 주행하는 자동차를 감속 또는 정지시킴과 동시에 주차 상태를 유지하기 위하여 필요한 장치

03 ⚠빈출
주행 시 앞바퀴에 직진성을 부여하며, 조향을 하였을 때 직진 방향으로 되돌아오려는 복원력을 주는 장치로 옳은 것은?

① 캠버 ② 토우인
③ 캐스터 ④ 판 스프링

해설 캐스터는 주행 시 앞바퀴에 직진성을 부여하며, 조향을 하였을 때 직진 방향으로 되돌아오려는 복원력을 준다.

04
자동차의 안전장치에 대한 설명으로 옳지 않은 것은?

① 주행장치에는 휠과 타이어가 속한다.
② 현가장치는 차량의 무게를 지탱하여 차체를 직접 차축에 얹도록 하는 장치이다.
③ 조향장치는 운전석에 있는 핸들에 의해 앞바퀴의 방향을 틀어서 자동차의 진행방향을 바꾸는 장치이다.
④ 제동장치는 주행하는 자동차를 감속 또는 정지시킴과 동시에 주차 상태를 유지하기 위하여 필요한 장치이다.

해설 현가장치는 차량의 무게를 지탱하여 차체가 직접 차축에 얹히지 않도록 하는 장치이다.

05
주로 화물자동차에 사용되며, 내구성이 좋고 구조가 간단하나 승차감이 좋지 않은 현가장치에 해당하는 것은?

① 판 스프링 ② 코일 스프링
③ 공기 스프링 ④ 비틀림 막대 스프링

해설
• 코일 스프링: 각 차륜에 내구성이 강한 금속 나선을 놓은 것으로 주로 승용자동차에 사용됨
• 공기 스프링: 고무인포로 제조되어 압축공기로 채워지며, 에어백이 신축하도록 되어 있음
• 비틀림 막대 스프링: 뒤틀림에 의한 충격을 흡수하며, 뒤틀린 후에도 원형을 되찾는 특수금속으로 제조

06 ⚠빈출
원심력에 대한 설명으로 옳지 않은 것은?

① 원심력은 속도와 관계가 없다.
② 원심력은 속도의 제곱에 비례한다.
③ 중량이 무거울수록 원심력이 크다.
④ 원의 크기가 클수록 원심력이 작다.

해설 원심력은 속도가 빠를수록 커진다.

07 ⚠️빈출

자동차가 물이 고인 노면을 고속으로 주행할 때 타이어 그루브(타이어 홈) 사이에 있는 물을 배수하는 기능이 감소되어 물의 저항에 의해 노면에서 떠올라 물 위를 미끄러지는 현상을 일컫는 말은?

① 수막 현상
② 페이드 현상
③ 베이퍼 록 현상
④ 스탠딩 웨이브 현상

해설
- 페이드 현상: 비탈길에서 브레이크를 반복하여 사용하면 마찰열이 라이닝에 축적되어 브레이크의 제동력이 저하되는 현상
- 베이퍼 록 현상: 브레이크액이 기화하여 브레이크가 작용하지 않는 현상
- 스탠딩 웨이브 현상: 타이어의 회전속도가 빨라지면 타이어에 진동의 물결이 일어나는 현상

08 ⚠️빈출

유압식 브레이크의 휠 실린더나 브레이크 파이프 속에서 브레이크액이 기화하여 페달을 밟아도 스펀지를 밟는 것 같고 유압이 전달되지 않아 브레이크가 작용하지 않는 현상을 일컫는 말은?

① 페이드 현상
② 모닝 록 현상
③ 베이퍼 록 현상
④ 스탠딩 웨이브 현상

해설
- 페이드 현상: 비탈길에서 브레이크를 반복 사용하면 마찰열이 라이닝에 축적되어 브레이크의 제동력이 저하되는 현상
- 모닝록 현상: 브레이크 드럼에 미세한 녹이 발생하는 현상
- 스탠딩 웨이브 현상: 타이어의 회전속도가 빨라지면 타이어에 진동의 물결이 일어나는 현상

09

차량의 무게중심을 지나는 윗방향의 축(Z축)을 중심으로 차량이 회전하는 현상으로, 심할 경우 노면상에 요마크를 생성하는 자동차의 진동을 일컫는 말은?

① 요잉
② 피칭
③ 롤링
④ 바운싱

해설
- 바운싱: 차체가 Z축 방향과 평행 운동을 하는 고유 진동
- 피칭: 차량의 무게중심을 지나는 가로 방향의 축(Y축)을 중심으로 차량이 앞뒤로 기울어지는 현상
- 롤링: 차량의 무게중심을 지나는 세로 방향의 축(X축)을 중심으로 차량이 좌우로 기울어지는 현상

10

타이어 마모에 영향을 주는 요소가 아닌 것은?

① 커브
② 하중
③ 대기압
④ 브레이크

해설 타이어 마모에 영향을 주는 요소로는 공기압, 하중, 속도, 커브, 브레이크, 노면 등이 있다.

11

자동차의 운행속도가 빠를수록 주변의 경관이 흐르는 선과 같이 되어 눈을 자극하는 현상을 일컫는 말은?

① 수막 현상
② 페이드 현상
③ 유체자극 현상
④ 스탠딩 웨이브 현상

해설 유체자극 현상
- 속도가 빠를수록 주변의 경관이 거의 흐르는 선과 같이 되어 눈을 자극하는 현상
- 유체자극을 받으면서 오랜 시간 운전을 하면, 운전자의 눈은 몹시 피로하게 됨
- 운전자는 유체자극을 피하기 위해 무의식중에 앞차와 같은 속도로 주행하게 되고, 점차 시계의 입체감을 잃고 속도감과 거리감 등이 마비됨

12 ⚠️빈출

운전자가 자동차를 정지시켜야 할 상황임을 지각하고 브레이크 페달로 발을 옮겨 브레이크가 작동을 시작하는 순간까지 자동차가 진행한 거리를 일컫는 말은?

① 공주거리
② 제동거리
③ 정지거리
④ 지각거리

해설 공주거리는 운전자가 자동차를 정지시켜야 할 상황임을 지각하고 브레이크 페달로 발을 옮겨 브레이크가 작동을 시작하는 순간까지 자동차가 진행한 거리를 말한다.

13 ⚠빈출
자동차의 일상점검 중 원동기의 점검사항이 <u>아닌</u> 것은?

① 시동이 쉽고 잡음이 없는가?
② 클러치 페달의 유동이 없고 클러치의 유격은 적당한가?
③ 배기가스의 색이 깨끗하고 유독가스 및 매연이 없는가?
④ 엔진오일의 양이 충분하고 오염되지 않으며 누출이 없는가?

해설 '클러치 페달의 유동이 없고 클러치의 유격은 적당한가?'는 동력전달장치의 점검사항이다.

14
차량 점검 및 주의사항으로 옳지 <u>않은</u> 것은?

① 주차 시에는 항상 주차 브레이크를 사용한다.
② 운행 중에 조향핸들의 높이와 각도를 조정한다.
③ 주차 브레이크를 작동시키지 않은 상태에서 절대로 운전석에서 떠나지 않는다.
④ 트랙터 차량의 경우 트레일러 주차 브레이크는 일시적으로만 사용하고 트레일러 브레이크만을 사용하여 주차하지 않는다.

해설 운행 전에 조향핸들의 높이와 각도가 맞는지 점검하며, 운행 중에는 조향핸들의 높이와 각도를 조정하지 않는다.

15 ⚠빈출
클러치를 밟고 있을 때 "달달달" 떨리는 소리와 함께 차체가 떨리는 경우 해당되는 고장 부분으로 옳은 것은?

① 팬벨트
② 엔진의 이음
③ 클러치 부분
④ 엔진의 점화장치 부분

해설 클러치를 밟고 있을 때 "달달달" 떨리는 소리와 함께 차체가 떨리고 있다면, 이것은 클러치 릴리스 베어링의 고장이다.

16
자동차에서 고무 같은 것이 타는 냄새가 나는 경우 해당되는 고장 부분으로 옳은 것은?

① 브레이크가 파열된 경우
② 긴 언덕길을 내려갈 때 계속 브레이크를 밟는 경우
③ 브레이크 라이닝 간격이 좁아 브레이크가 끌리는 경우
④ 엔진실 내의 전기 배선 등의 피복이 녹아 벗겨져 합선에 의해 전선이 타는 경우

해설 고무 같은 것이 타는 냄새가 날 때는 엔진실 내의 전기 배선 등의 피복이 녹아 벗겨져 합선에 의해 전선이 타면서 나는 경우가 대부분이다.

17 ⚠빈출
엔진오일이 과다 소모됐을 때 조치방법으로 옳지 <u>않은</u> 것은?

① 에어 클리너 청소
② 엔진 피스톤 링 교환
③ 오일팬이나 개스킷 교환
④ 라디에이터 손상 상태 확인

해설 라디에이터 손상 상태 확인은 엔진 온도 과열 시의 점검사항이다.

18
제동등 작동 불량 시 점검사항으로 옳지 <u>않은</u> 것은?

① 전원 연결배선 점검
② 턴 시그널 릴레이 점검
③ 배선의 차체 접촉 여부 점검
④ 제동등 스위치 접점 고착 점검

해설 턴 시그널 릴레이 점검은 비상등 작동 불량 시 점검사항이다.

CHAPTER 3 도로 요인과 안전운행

합격TIP 도로의 다양한 구조물을 숙지하고 서로의 차이점을 구분하여 암기해야 합니다.

출제예상 4문항

1 도로와 교통사고

(1) 평면선형과 교통사고
① 곡선반경이 적어짐(곡선이 급해짐)에 따라 사고율이 높아지고, 이 경향은 오른쪽 굽은 곡선도로나 왼쪽 굽은 곡선도로 모두 유사함
② 곡선부가 오르막·내리막의 종단경사와 중복되는 곳은 훨씬 더 사고 위험성이 높음

[빈출] ③ 곡선부 방호울타리의 기능
　㉠ 자동차의 차도 이탈 방지
　㉡ 탑승자의 상해 및 자동차의 파손 감소
　㉢ 자동차를 정상적인 진행방향으로 복귀시킴
　㉣ 운전자의 시선을 유도

(2) 종단선형과 교통사고
① 일반적으로 종단경사(오르막·내리막 경사)가 커짐에 따라 사고율이 높음
② 종단선형이 자주 바뀌면 종단곡선의 정점에서 시거가 단축되어 사고가 일어나기 쉬움

[빈출] (3) 길어깨(갓길)와 교통사고

구분	내용
정의	도로를 보호하고 비상시에 이용하기 위하여 차로에 접속하여 설치하는 도로의 부분
안전성	① 길어깨가 넓으면 차량의 이동공간이 넓고, 시계가 넓으며, 고장차량을 주행차로 밖으로 이동시킬 수 있기 때문에 안전성이 큼 ② 토사나 자갈 또는 잔디보다는 포장된 노면이 더 안전하며, 포장이 되어 있지 않을 경우에는 건조하고 유지관리가 용이할수록 안전함
기능	① 고장차가 본선차도로부터 대피할 수 있고, 사고 시 교통의 혼잡을 방지하는 역할 ② 측방 여유폭을 가지므로 교통의 안전성과 쾌적성에 기여 ③ 유지관리 작업장이나 지하매설물에 대한 장소로 제공 ④ 절토부 등에서는 곡선부의 시거가 증대되기 때문에 교통의 안전성이 높음 ⑤ 유지가 잘 되어 있는 길어깨는 도로 미관을 높임 ⑥ 보도 등이 없는 도로에서는 보행자 등의 통행장소로 제공

빈출 ⚠️ **(4) 중앙분리대와 교통사고**

① 분리대의 폭이 넓을수록 분리대를 넘어가는 횡단사고가 적고, 전체사고에 대한 정면충돌사고의 비율도 낮음

② 중앙분리대의 기능

㉠ **상하 차도의 교통 분리**: 차량의 중앙선침범에 의한 치명적인 정면충돌사고 방지, 도로 중심선 축의 교통 마찰을 감소시켜 교통용량 증대

㉡ 평면교차로가 있는 도로에서는 폭이 충분할 때 좌회전 차로로 활용할 수 있음

㉢ 보행자에 대한 안전섬이 됨으로써 횡단 시 안전

㉣ 필요에 따라 유턴(U Turn) 방지: 교통류의 혼잡을 피함으로써 안전성을 높임

㉤ 대향차의 현광 방지: 야간 주행 시 전조등의 불빛을 방지

㉥ 도로표지, 기타 교통관제시설 등을 설치할 수 있는 장소를 제공 등

③ 중앙분리대의 종류

방호울타리형	개념	중앙분리대 내에 충분한 설치 폭의 확보가 어려운 곳에서 차량의 대향차로로의 이탈을 방지하는 곳에 비중을 두고 설치하는 형
	기능	① 횡단 방지 ② 차량을 감속시킬 수 있음 ③ 차량이 대향차로 튕겨나가지 않도록 함 ④ **차량의 손상이 적도록 함** ⑤ **정면충돌사고를 차량단독사고로 변환시킴**
연석형	장점	① 좌회전 차로의 제공이나 향후 차로 확장에 쓰일 공간 확보 ② 연석의 중앙에 잔디나 수목을 심어 녹지공간 제공 ③ 운전자의 심리적 안정감에 기여
	단점	차량과 충돌 시 차량을 본래의 주행방향으로 복원해주는 기능이 미약함
광폭 중앙분리대	개념	도로선형의 양방향 차로가 완전히 분리될 수 있는 충분한 공간 확보로 대향차량의 영향을 받지 않을 정도의 너비를 제공
	기능	사고 및 고장 차량이 정지할 수 있는 여유 공간을 제공

(5) 차로 폭, 교량과 교통사고

① 일반적으로 횡단면의 차로 폭이 넓을수록 교통사고 예방 효과가 있음

② 교량 접근로의 폭에 비하여 교량의 폭이 좁을수록 사고가 더 많이 발생함

③ 교량 접근로의 폭과 교량의 폭이 같을 때 사고율이 가장 낮음

2 도로구조규칙상 용어의 정의

차로 수	양방향차로(오르막차로, 회전차로, 변속차로 및 양보차로 제외)의 수를 합한 것
오르막차로	오르막 구간에서 저속 자동차를 다른 자동차와 분리하여 통행시키기 위하여 추가로 설치하는 차로
회전차로	자동차가 우회전, 좌회전 또는 유턴을 할 수 있도록 직진하는 차로와 분리하여 추가로 설치하는 차로
변속차로	자동차를 가속시키거나 감속시키기 위하여 추가로 설치하는 차로
측대	운전자의 시선을 유도하고 옆 부분의 여유를 확보하기 위하여 중앙분리대 또는 길어깨에 차로와 동일한 구조로 차로와 접속하여 설치하는 부분
분리대	차도를 통행의 방향에 따라 분리하거나 성질이 다른 같은 방향의 교통을 분리하기 위하여 설치하는 도로의 부분이나 시설물
중앙분리대	차도를 통행의 방향에 따라 분리하고 옆 부분의 여유를 확보하기 위하여 도로의 중앙에 설치하는 분리대와 측대
길어깨	도로를 보호하고, 비상시나 유지관리 시에 이용하기 위하여 차로에 접속하여 설치하는 도로의 부분
주정차대	자동차의 주차 또는 정차에 이용하기 위하여 도로에 접속하여 설치하는 부분
노상시설	보도, 자전거도로, 중앙분리대, 길어깨 또는 환경시설대 등에 설치하는 표지판 및 방호울타리, 가로등, 가로수 등 도로의 부속물
횡단경사	도로의 진행방향에 직각으로 설치하는 경사로서 도로의 배수를 원활하게 하기 위하여 설치하는 경사와 평면곡선부에 설치하는 편경사
편경사	평면곡선부에서 자동차가 원심력에 저항할 수 있도록 하기 위하여 설치하는 횡단경사
종단경사	도로의 진행방향으로 설치하는 경사로서 중심선의 길이에 대한 높이의 변화 비율
정지시거	① 운전자가 같은 차로 위에 있는 고장차 등의 장애물을 인지하고 안전하게 정지하기 위하여 필요한 거리 ② 차로 중심선 위의 1미터 높이에서 그 차로의 중심선에 있는 높이 15센티미터 물체의 맨 윗부분을 볼 수 있는 거리를 그 차로의 중심선에 따라 측정한 길이
앞지르기시거	① 2차로 도로에서 저속 자동차를 안전하게 앞지를 수 있는 거리 ② 차로 중심선 위의 1미터 높이에서 반대쪽 차로의 중심선에 있는 높이 1.2미터의 반대쪽 자동차를 인지하고 앞차를 안전하게 앞지를 수 있는 거리를 도로 중심선에 따라 측정한 길이

CHAPTER 3 출제 예상문제

도로 요인과 안전운행

출제예상 **4문항**

01
도로와 교통사고에 대한 설명으로 옳지 않은 것은?

① 도로의 곡선이 급해짐에 따라 사고율이 높아진다.
② 일반적으로 도로의 종단경사가 커질수록 사고율이 적다.
③ 도로의 곡선부가 오르막·내리막의 종단경사와 중복되는 곳은 훨씬 더 사고 위험성이 높다.
④ 도로의 종단선형이 자주 바뀌면 종단곡선의 정점에서 시거가 단축되어 사고가 일어나기 쉽다.

해설 일반적으로 도로의 종단경사가 커질수록 사고율이 높다.

02 빈출
곡선부 방호울타리의 기능으로 옳지 않은 것은?

① 심미적 기능
② 자동차의 차도 이탈 방지
③ 탑승자의 상해 및 자동차의 파손 감소
④ 자동차를 정상적인 진행방향으로 복귀시킴

해설 곡선부 방호울타리의 기능
- 자동차의 차도 이탈 방지
- 탑승자의 상해 및 자동차의 파손 감소
- 자동차를 정상적인 진행방향으로 복귀시킴
- 운전자의 시선을 유도

03 빈출
도로를 보호하고 비상시에 사용하기 위해 차로에 접속하여 설치하는 도로의 부분을 일컫는 말은?

① 측대
② 길어깨
③ 안전지대
④ 중앙분리대

해설
- 안전지대: 도로를 횡단하는 보행자나 통행하는 차마의 안전을 위해 안전표지나 이와 비슷한 인공구조물로 표시한 도로의 부분
- 측대: 운전자의 시선을 유도하고 옆 부분의 여유를 확보하기 위해 중앙분리대 또는 길어깨에 차로와 동일한 구조로 차로와 접속하여 설치하는 부분
- 중앙분리대: 차도를 통행의 방향에 따라 분리하고 옆 부분의 여유를 확보하기 위해 도로의 중앙에 설치하는 분리대와 측대

04 빈출
중앙분리대의 종류로 옳지 않은 것은?

① 연석형
② 갓길형
③ 방호울타리형
④ 광폭 중앙분리대

해설 중앙분리대의 종류에는 방호울타리형, 연석형, 광폭 중앙분리대가 있다.

05 빈출
중앙분리대를 설치했을 때 줄어드는 사고로 옳은 것은?

① 추돌사고
② 정면충돌사고
③ 측면충돌사고
④ 가장자리접촉사고

해설 중앙분리대로 설치된 방호울타리는 정면충돌사고를 차량단독사고로 변환시킨다.

06
중앙분리대의 기능으로 옳지 <u>않은</u> 것은?

① 보행자의 횡단을 방지한다.
② 차량의 손상이 많도록 한다.
③ 상하 차도의 교통을 분리한다.
④ 평면 교차로가 있는 도로에서는 폭이 충분할 때 좌회전 차로로 활용 가능하다.

해설 중앙분리대는 차량의 손상을 적게 하는 기능을 한다.

07 ⚠️빈출
2차로 도로에서 저속 자동차를 안전하게 앞지를 수 있는 거리로서 차로 중심선 위의 1미터 높이에서 반대쪽 차로의 중심선에 있는 높이 1.2미터의 반대쪽 자동차를 인지하고 앞차를 안전하게 앞지를 수 있는 거리를 도로 중심선에 따라 측정한 길이를 일컫는 말은?

① 저속시거　　　　② 정지시거
③ 반대시거　　　　④ 앞지르기시거

해설 앞지르기시거는 2차로 도로에서 저속 자동차를 안전하게 앞지를 수 있는 거리로서 차로 중심선 위의 1미터 높이에서 반대쪽 차로의 중심선에 있는 높이 1.2미터의 반대쪽 자동차를 인지하고 앞차를 안전하게 앞지를 수 있는 거리를 도로 중심선에 따라 측정한 길이를 말한다.

08
보도, 자전거도로, 중앙분리대, 길어깨 또는 환경시설대 등에 설치하는 표지판 및 방호울타리, 가로등, 가로수 등 도로의 부속물을 일컫는 말은?

① 측대　　　　　　② 안전표지
③ 노상시설　　　　④ 안전지대

해설
- 측대: 운전자의 시선을 유도하고 옆 부분의 여유를 확보하기 위해 중앙분리대 또는 길어깨에 차로와 동일한 구조로 차로와 접속하여 설치하는 부분
- 안전표지: 교통안전에 필요한 주의·규제·지시 등을 표시하는 표지판이나 도로의 바닥에 표시하는 기호·문자 또는 선
- 안전지대: 도로를 횡단하는 보행자나 통행하는 차마의 안전을 위해 안전표지나 이와 비슷한 인공구조물로 표시한 도로의 부분

09
자동차의 주차 또는 정차에 이용하기 위하여 도로에 접속하여 설치하는 부분을 일컫는 말은?

① 측대　　　　　　② 분리대
③ 길어깨　　　　　④ 주정차대

해설
- 측대: 운전자의 시선을 유도하고 옆 부분의 여유를 확보하기 위해 중앙분리대 또는 길어깨에 차로와 동일한 구조로 차로와 접속하여 설치하는 부분
- 분리대: 차도를 통행의 방향에 따라 분리하거나 성질이 다른 같은 방향의 교통을 분리하기 위해 설치하는 도로의 부분이나 시설물
- 길어깨: 도로를 보호하고, 비상시나 유지관리 시에 이용하기 위해 차로에 접속하여 설치하는 도로의 부분

CHAPTER 4 안전운전방법

출제예상 **7문항**

👍 **합격TIP** 운전을 할 때 일상적으로 겪는 문제에 대해 다루지만, 각 개념이나 상황별 차이점 위주로 정확히 숙지해야만 헷갈리지 않고 문제를 풀 수 있습니다.

1 방어운전

빈출 ⚠ **(1) 개념 및 기본**

개념	방어운전	① 자기 자신이 사고의 원인을 만들지 않는 운전 ② 자기 자신이 사고에 말려들지 않게 하는 운전 ③ 타인의 사고를 유발하지 않는 운전
	안전운전	운전자가 자동차를 그 본래의 목적에 따라 운행함에 있어서 운전자 자신이 위험한 운전을 하거나 교통사고를 유발하지 않도록 주의하여 운전하는 것
방어운전의 기본		① 능숙한 운전 기술, 정확한 운전지식, 세심한 관찰력 ② 예측력: 앞으로 일어날 위험 및 운전 상황을 미리 파악하면서 안전을 위협하는 운전 상황의 변화요소를 재빠르게 파악하는 능력 ③ 판단력: 교통 상황에 적절하게 대응하고 이에 맞게 자신의 행동을 통제하고 조절하면서 운행하는 능력 ④ 양보와 배려의 실천, 교통 상황 정보 수집
실전 방어운전 방법		① 운전자는 앞차의 전방까지 시야를 멀리 두고, 장애물이 나타나 앞차가 브레이크를 밟았을 때 즉시 브레이크를 밟을 수 있도록 준비 태세를 갖춤 ② 뒤차의 움직임을 룸미러나 사이드미러로 끊임없이 확인하면서 방향지시등이나 비상등으로 자기 차의 진행방향과 운전 의도를 분명히 알림 ③ 교통신호가 바뀐다고 해서 무작정 출발하지 말고 주위 자동차의 움직임을 관찰한 후 진행 ④ 보행자가 갑자기 나타날 수 있는 골목길이나 주택가에서는 상황을 예견하고 속도를 줄임 ⑤ 교통이 혼잡할 때는 조심스럽게 교통의 흐름을 따르고, 끼어들기 등을 삼가함 ⑥ 과로로 피로하거나 심리적으로 흥분된 상태에서는 운전을 자제함 ⑦ 앞차를 뒤따라 갈 때는 앞차가 급제동을 하더라도 추돌하지 않도록 차간거리를 충분히 유지함 ⑧ 진로를 바꿀 때는 상대방이 잘 알 수 있도록 여유 있게 신호를 보냄 ⑨ 밤에 마주 오는 차가 전조등 불빛을 줄이거나 아래로 비추지 않고 접근해 올 때는 불빛을 정면으로 보지 말고 시선을 약간 오른쪽으로 돌림 ⑩ 밤에 산모퉁이 길을 통과할 때는 전조등을 상향과 하향을 번갈아 켜거나 껐다 켰다 하여 자신의 존재를 알림

빈출 ⚠ (2) 운전 상황별 방어운전방법

주행 시 속도 조절	① 교통량이 많은 곳에서는 속도를 줄여서 주행 ② 노면의 상태가 나쁜 도로에서는 속도를 줄여서 주행 ③ 기상상태나 도로조건 등으로 시계조건이 나쁜 곳에서는 속도를 줄여서 주행 ④ 해질 무렵, 터널 등 조명조건이 나쁠 때에는 속도를 줄여서 주행 ⑤ 주택가나 이면도로 등에서는 과속이나 난폭운전을 하지 않음 ⑥ 곡선반경이 작은 도로나 신호의 설치간격이 좁은 도로에서는 속도를 낮추어 안전하게 통과
주차할 때	① 주차가 허용된 지역이나 안전한 지역에 주차 ② 주행차로에 차의 일부분이 돌출된 상태로 주차하지 않음 ③ 언덕길 등 기울어진 길에는 바퀴를 고이거나 위험 방지를 위한 조치를 취한 후 안전을 확인하고 차에서 떠남 ④ 차가 노상에서 고장을 일으킨 경우에는 적절한 고장표지 설치

2 상황별 운전

(1) 교차로

① 교차로 안전운전 및 방어운전

교차로 정차 시	① 신호를 대기할 때는 브레이크 페달에 발을 올려놓음 ② 정지할 때까지는 앞차에서 눈을 떼지 않음
교차로 통과 시	① 신호는 자기의 눈으로 확실히 확인(보는 것만이 아니고 안전을 확인) ② 직진할 경우는 좌·우회전하는 차를 주의 ③ 성급한 좌회전은 보행자를 간과하기 쉬우므로 주의 ④ 앞차를 따라 차간거리를 유지해야 하며, 맹목적으로 앞차를 따라가지 않음

② 교차로 황색신호

개념	① 전신호와 후신호 사이에 부여되는 신호 ② 전신호 차량과 후신호 차량이 교차로 상에서 상충(상호충돌)하는 것을 예방하여 교통사고를 방지하고자 하는 목적에서 운영되는 신호
시간	① 교차로 황색신호시간: 통상 3초를 기본으로 운영 ② 이미 교차로에 진입한 차량은 신속히 빠져나가야 하는 시간이며, 아직 교차로에 진입하지 못한 차량은 진입해서는 안 되는 시간이지만 현실적으로는 무리하게 진행하는 차량이 많음
안전운전 및 방어운전	① 황색신호에는 반드시 신호를 지켜 정지선에 멈출 수 있도록 교차로에 접근할 때는 자동차의 속도를 줄여 운행 ② 교차로에 무리하게 진입하거나 통과를 시도하지 않음

(2) 이면도로

이면도로 운전의 위험성	① 도로의 폭이 좁고, 보도 등의 안전시설이 없음 ② 좁은 도로가 많이 교차하고 있음 ③ 주변에 점포와 주택 등이 밀집되어 있으므로 보행자 등이 아무 곳에서나 횡단 또는 통행함 ④ 길가에서 어린이들이 뛰어 노는 경우가 많으므로 어린이들과의 사고가 일어나기 쉬움
안전운전 및 방어운전	① 항상 위험을 예상하면서 운전 ② 위험 대상물을 계속 주시

(3) 커브길

교통사고 위험	① 도로 외 이탈의 위험이 뒤따름 ② 중앙선을 침범하여 대향차와 충돌할 위험이 있음 ③ 시야불량으로 인한 사고의 위험이 있음
안전운전 및 방어운전	① 커브길에서는 미끄러지거나 전복될 위험이 있으므로 부득이한 경우가 아니면 급핸들 조작이나 급제동은 하지 않음 ② 핸들을 조작할 때는 가속이나 감속을 하지 않음 ③ 중앙선을 침범하거나 도로의 중앙으로 치우쳐 운전하지 않음 ④ 주간에는 경음기, 야간에는 전조등을 사용하여 내 차의 존재를 알림 ⑤ 항상 반대 차로에 차가 오고 있다는 것을 염두에 두고 차로를 준수하며 운전 ⑥ 커브길에서 앞지르기는 대부분 안전표지로 금지하고 있으나 안전표지가 없더라도 절대로 하지 않음

빈출 ⚠ (4) 언덕길

① 내리막길과 오르막길의 안전운전 및 방어운전

내리막길	① 내리막길을 내려가기 전에는 미리 감속하여 천천히 내려가며 엔진 브레이크로 속도 조절
	② 엔진 브레이크를 사용하면 페이드 현상을 예방하여 운행의 안전도를 더욱 높일 수 있음
	③ 배기 브레이크를 사용하면 다음과 같은 효과로 운행의 안전도를 높일 수 있음
	   ㉠ 브레이크액의 온도 상승 억제에 따른 베이퍼 록 현상 방지
	   ㉡ 드럼의 온도 상승을 억제하여 페이드 현상 방지
	   ㉢ 브레이크 사용 감소로 라이닝의 수명을 증대시킬 수 있음

오르막길	① 정차할 때는 앞차가 뒤로 밀려 충돌할 가능성을 염두에 두고 충분한 차간거리를 유지 ② 오르막길의 사각 지대는 정상 부근이며, 마주 오는 차가 바로 앞에 다가올 때까지는 보이지 않으므로 서행하여 위험에 대비 ③ 정차 시에는 풋 브레이크와 핸드 브레이크를 같이 사용함 ④ 출발 시에는 핸드 브레이크를 사용하는 것이 안전 ⑤ 오르막길에서 앞지르기할 때는 힘과 가속력이 좋은 저단 기어를 사용하는 것이 안전

② 언덕길 교행: 언덕길에서 올라가는 차량과 내려오는 차량의 교행 시 내리막 가속에 의한 사고위험이 더 높다는 점을 고려하여 올라가는 차량이 양보

빈출 (5) 앞지르기

개념		뒤차가 앞차의 좌측면을 지나 앞차의 앞으로 진행하는 것
사고위험		① 앞지르기는 앞차보다 빠른 속도로 가속하여 상당한 거리를 진행해야 하므로 앞지르기할 때의 가속도에 따른 위험이 수반됨 ② 앞지르기는 필연적으로 진로 변경을 수반하며 사고의 위험이 높음
사고의 유형		① 앞지르기 위한 최초 진로 변경 시 동일 방향 좌측 후속차 또는 나란히 진행하던 차와 충돌 ② 좌측 도로상의 보행자와 충돌, 우회전차량과의 충돌 ③ 중앙선을 넘어 앞지르기 시 대향차와 충돌 ④ 진행 차로 내의 앞뒤 차량과의 충돌 ⑤ 앞 차량과의 근접주행에 따른 측면 충격 ⑥ 경쟁 앞지르기에 따른 충돌
안전운전 및 방어운전	자차가 앞지르기할 때	① 과속은 금물 ② 앞지르기에 필요한 충분한 거리와 시야가 확보되었을 때 앞지르기를 시도 ③ 앞차가 앞지르기를 하고 있는 때는 앞지르기를 시도하지 않음 ④ 앞차의 오른쪽으로 앞지르기 하지 않음 ⑤ 점선의 중앙선을 넘어 앞지르기하는 때에는 대향차의 움직임에 주의
	다른 차가 자차를 앞지르기할 때	① 자차의 속도를 앞지르기를 시도하는 차의 속도 이하로 적절히 감속 ② 앞지르기 금지 장소나 앞지르기를 금지하는 때에도 앞지르기 하는 차가 있다는 사실을 항상 염두에 두고 주의 운전

빈출 3 계절별 운전

(1) 봄철

교통사고의 특징	도로조건	① 날씨가 풀리면서 겨우내 얼어있던 땅이 녹아 지반 붕괴로 인한 도로의 균열이나 낙석의 위험이 큼 ② 바람과 황사현상에 의한 시야 장애
	운전자	춘곤증에 의한 졸음운전으로 전방주시 태만과 관련된 사고의 위험이 높음
	보행자	① 추웠던 날씨가 풀리면서 도로변에 보행자가 급증하기 때문에 때와 장소의 구분 없이 보행자 보호에 많은 주의를 기울여야 함 ② 어린이, 노약자 관련 교통사고가 늘어남

안전운행 및 교통사고 예방	교통 환경 변화	① 무리한 운전을 하지 말고 긴장을 늦추어서는 안 됨 ② 도로의 지반 붕괴와 균열로 인하여 도로 노면 상태가 1년 중 가장 불안정하여 사고의 원인이 되므로 시선을 멀리 두어 노면 상태 파악에 신경 씀
	주변 환경 대응	① 보행자나 운전자 모두 집중력이 떨어져 사고 발생률이 다른 계절에 비해 높음 ② 신학기를 맞아 학생들의 보행 인구가 늘어나고 학교의 소풍이나 현장학습, 본격적인 행락철을 맞아 교통수요가 많아져 통행량 증가
	춘곤증	춘곤증은 피로·나른함 및 의욕 저하를 수반하여 운전하는 과정에서 집중이 떨어져 졸음 운전으로 이어지고 대형 사고를 일으키는 원인이 될 수 있음
자동차관리		① 겨울에 노면의 결빙을 막기 위해 뿌려진 **염화칼슘**이 자동차에 부착되어 차체의 부식을 촉진시키므로 겨울이 지난 다음에는 구석구석 세차해야 함 ② 겨울에 구비해두었던 월동장비를 정리하여 보관 ③ 엔진오일 점검, 배선 상태 점검

(2) 여름철

교통사고의 특징	도로조건	① 돌발적인 악천후 및 무더위 속에서 운전하다 보면 시각적 변화와 긴장, 흥분·피로감 등이 복합적 요인으로 작용하여 교통사고를 일으킬 수 있음 ② 장마와 더불어 갑자기 소나기가 내리는 변덕스러운 기상 변화 때문에 도로 노면의 물은 빙판 못지않게 미끄러워 교통사고를 유발시킴
	운전자	① 기온과 습도 상승으로 불쾌지수가 높아짐 ② 수면부족과 피로로 인한 졸음운전 등으로 집중력 저하
	보행자	① 장마철에는 우산을 받치고 보행함에 따라 전·후방 시야를 확보하기 어려움 ② 장마 이후에는 무더운 날씨로 인해 불쾌지수가 증가하여 위험한 상황에 대한 인식이 둔해지고 안전수칙을 무시하려는 경향이 강하게 나타남
안전운행 및 교통사고 예방	뜨거운 태양 아래 오래 주차 시	출발하기 전에 창문을 열어 실내의 더운 공기를 환기시키고 에어컨을 최대로 작동하여 **실내의 더운 공기가 빠져나간 다음에 운행함**
	주행 중 갑자기 시동이 꺼졌을 때	연료 계통에서 열에 의한 증기로 통로의 막힘 현상이 나타나 연료 공급이 단절되기 때문에 자동차를 길가장자리 통풍이 잘 되는 그늘진 곳으로 옮긴 다음, 보닛을 열고 10여 분 정도 열을 식힌 후 재시동을 검
	비가 내리는 중에 주행 시	비에 젖은 도로를 주행할 때는 건조한 도로에 비해 마찰력이 떨어져 미끄럼에 의한 사고 가능성이 있으므로 감속 운행함
자동차관리	냉각장치 점검	여름철에는 무더운 날씨 속에 엔진이 과열되기 쉬우므로 다음을 확인함 ① 냉각수의 양은 충분한지, 새는 부분은 없는지 확인 ② 팬벨트의 장력은 적절한지 확인하며, 여유분을 휴대하는 것이 좋음

자동차관리	와이퍼의 작동 상태 점검	① 유리면과 접촉하는 부위인 블레이드가 닳지 않았는지 확인 ② 모터의 작동은 정상적인지 확인 ③ 노즐의 분출구가 막히지 않았는지 확인 ④ 노즐의 분사각도는 양호한지 확인 ⑤ 워셔액은 깨끗하고 충분한지 확인
	타이어 마모 상태 점검	① 과마모 타이어는 빗길에서 잘 미끄러질뿐만 아니라 제동거리가 길어지므로 교통사고의 위험이 높음 ② 노면과 맞닿는 부분인 요철형 무늬의 깊이(트레드 홈 깊이)가 최저 1.6mm 이상이 되는지를 확인하고 적정 공기압을 유지하고 있는지 점검
	차량 내부의 습기 제거	① 차량 내부에 습기가 찰 경우: 습기를 제거하여 차체의 부식과 악취 발생 방지 ② 폭우 등으로 물에 잠긴 차량의 경우: 각종 배선에서 수분이 완전히 제거되지 않아 합선이 일어날 수 있으므로 시동을 걸거나 전기장치를 작동시키지 않고 전문가의 도움을 받음

(3) 가을철

교통사고의 특징	도로조건	추석 명절 교통량 증가로 전국 도로가 몸살을 앓기는 하지만 다른 계절에 비하여 도로 조건은 비교적 좋은 편임
	운전자	높고 푸른 하늘, 형형색색 물들어 있는 단풍을 감상하다 집중력이 떨어져 교통사고의 발생 위험이 있음
	보행자	맑은 날씨, 곱게 물든 단풍, 풍성한 수확, 추석, 단체여행객의 증가 등으로 들뜬 마음에 의한 주의력 저하 관련 사고가능성이 높음
안전운행 및 교통사고 예방	이상기후 대처	① 심한 일교차로 안개 발생 가능성이 커 차들과 추돌하기 쉬우므로 감속 운행함 ② 늦가을에 안개가 끼면 노면이 동결되는 경우가 있음
	보행자에 주의하여 운행	기온이 떨어지면 보행자는 교통 상황에 대처하는 능력이 저하되므로 보행자가 있는 곳에서는 보행자의 움직임에 주의하여 운행함
	행락철 주의	행락철인 가을에는 단체여행의 증가로 운전자의 주의력을 산만하게 만들어 대형 사고를 유발할 위험성이 높으므로 과속을 피하고, 교통법규를 준수함
	농기계 주의	① 추수시기를 맞아 경운기 등 농기계의 빈번한 사용은 교통사고의 원인이 됨 ② 경운기 　㉠ 후사경이 달려있지 않고, 운전자가 비교적 고령임 　㉡ 자체 소음이 매우 커서 자동차가 뒤에서 접근한다는 사실을 모르고 급작스럽게 진행방향을 변경하는 경우가 있음 　㉢ 안전거리를 유지하고 경적을 울려, 자동차가 가까이 있다는 사실을 알림

자동차관리	① 바닷가로 여행을 다녀온 차량의 세차 및 차체 점검 ② 서리 제거용 열선 점검 ③ 여행, 명절 귀향 등 장거리 운행 전 철저한 점검

(4) 겨울철

교통사고의 특징	도로조건	겨울철에는 눈이 녹지 않고 쌓여, 적은 양의 눈이 내려도 바로 빙판이 되기 때문에 자동차의 충돌·추돌·도로 이탈 등의 사고가 많이 발생함
	운전자	① 각종 모임의 한잔 술로 인한 음주운전사고가 우려됨 ② 추운 날씨로 인해 두꺼운 옷을 착용함에 따라 움직임이 둔해져 위기 상황에 대한 민첩한 대처능력이 떨어지기 쉬움
	보행자	겨울철 보행자는 추위와 바람을 피하고자 두터운 외투, 방한복 등을 착용하고 앞만 보면서 목적지까지 최단거리로 이동하고자 하는 경향이 있음
안전운행 및 교통사고 예방	출발 시	① 도로가 미끄러울 때에는 급하거나 갑작스러운 동작을 하지 말고 부드럽게 천천히 출발하며 처음 출발할 때 도로 상태를 느끼도록 함 ② 눈이 쌓인 미끄러운 오르막길에서는 주차 브레이크를 절반쯤 당겨 서서히 출발하며, 자동차가 출발한 후에는 주차 브레이크를 완전히 풂
	전·후방 주시 철저	① 겨울철은 밤이 길고, 약간의 비나 눈만 내려도 물체를 판단할 수 있는 능력이 감소하므로 전·후방의 교통 상황에 대한 주의가 필요함 ② 미끄러운 도로를 운행할 때에는 돌발 사태에 대처할 수 있는 시간과 공간이 필요하므로 보행자나 다른 자동차의 흐름을 잘 살피고 자신의 자동차가 다른 사람의 눈에 잘 띌 수 있도록 함
	주행 시	① 미끄러운 도로에서의 제동 시 정지거리가 평소보다 2배 이상 길기 때문에 충분한 차간거리 확보 및 감속이 요구되며 다른 차량과 나란히 주행하지 않음 ② 눈이 내린 후 차바퀴 자국이 나 있을 때에는 선(앞) 차량의 타이어 자국 위에 자기 차량의 타이어 바퀴를 넣고 달리면 미끄러짐을 예방할 수 있음 ③ 미끄러운 오르막길에서는 앞서가는 자동차가 정상에 오르는 것을 확인한 후 올라가야 함 ④ 그늘진 장소, 교량 위, 터널 근처는 노면의 동결이 예상되므로 주의해야 함 ⑤ 눈 쌓인 커브길 주행 시에는 기어 변속을 하지 않음 ⑥ 커브 진입 전에 충분히 감속해야 함
자동차관리		① 월동장비, 체인, 부동액 점검 ② 써머스타 상태 점검

4 위험물 운송

(1) 위험물의 적재방법과 운반방법

적재방법	① 운반용기와 포장 외부에 표시해야 할 사항: 위험물의 품목, 화학명 및 수량 ② 운반 도중 그 위험물 또는 위험물을 수납한 운반용기가 떨어지거나 그 용기의 포장이 파손되지 않도록 적재할 것 ③ 수납구를 위로 향하게 적재할 것 ④ 직사광선 및 빗물 등의 침투를 방지할 수 있는 덮개를 설치할 것 ⑤ 혼재 금지된 위험물의 혼합 적재 금지
운반방법	① 마찰 및 흔들림을 일으키지 않도록 운반할 것 ② 지정 수량 이상의 위험물을 차량으로 운반할 때는 차량의 전면 또는 후면의 보기 쉬운 곳에 표지를 게시할 것 ③ 일시정차 시에는 안전한 장소를 택하여 안전에 주의할 것

(2) 차량에 고정된 탱크의 안전운행

운행 전 탑재기기, 탱크 및 부속품 점검		① 밸브류가 확실히 정확히 닫혀 있어야 하며, 밸브 등의 개폐상태를 표시하는 꼬리표(Tag)가 정확히 부착되어 있을 것 ② 밸브류, 액면계, 압력계 등이 정상적으로 작동하고 그 본체 이음매, 조작부 및 배관 등에 누설 부분이 없을 것
운송 시 주의사항		① 도로상이나 주택가, 상가 등 지정된 장소가 아닌 곳에서는 탱크로리 상호 간에 취급물질을 입·출하시키지 말 것 ② 운송 전 운행계획 수립 및 확인 ③ 운송 중은 물론 정차 시에도 허용된 장소 이외에서는 흡연이나 그 밖의 화기를 사용하지 말 것 ④ 운송할 물질의 특성, 차량의 구조, 탱크 및 부속품의 종류와 성능, 정비점검방법, 운행 및 주차 시의 안전조치와 재해 발생 시에 취해야 할 조치를 숙지할 것
안전운송기준	운송 중의 임시점검	도로의 노면이 나쁜 도로를 통과할 경우에는 그 주행 직전에 안전한 장소를 선택하여 주차하고, 가스의 누설, 밸브의 이완, 부속품의 부착 부분 등을 점검하여 이상 여부를 확인할 것
	운행 경로의 변경	운행계획에 따른 운행 경로를 임의로 바꾸지 말아야 하며, 부득이하게 운행 경로를 변경하고자 할 때에는 긴급한 경우를 제외하고는 소속사업소, 회사 등에 사전 연락하여 비상사태를 대비할 것
	취급물질 출하 후 탱크 속 잔류가스 취급	취급물질을 출하한 후에도 탱크 속에는 잔류가스가 남아 있으므로 내용물이 적재된 상태와 동일하게 취급 및 점검을 실시할 것

안전운송기준	주차	① 운송 중 노상에 주차할 필요가 있는 경우에는 주택 및 상가 등이 밀집한 지역을 피하고, 교통량이 적고 부근에 화기가 없는 안전하고 지반이 평탄한 장소를 선택하여 주차할 것 ② 부득이하게 비탈길에 주차하는 경우에는 사이드 브레이크를 확실히 걸고 차바퀴를 고임목으로 고정할 것 ③ 차량운전자가 차량으로부터 이탈할 경우에는 항상 차량이 눈에 띄는 곳에 있어야 함
	여름철 운행	탱크로리의 직사광선에 의한 온도 상승을 방지하기 위하여 노상에 주차할 경우에는 직사광선을 받지 않도록 그늘에 주차시키거나 탱크에 덮개를 씌우는 등의 조치를 할 것
이입작업할 때의 기준		① 차를 소정의 위치에 정차시키고 사이드 브레이크를 확실히 건 다음 엔진을 끔 ② 메인스위치 그 밖의 전기장치를 완전히 차단하여 스파크가 발생하지 않도록 함 ③ 커플링을 분리하지 않은 상태에서는 엔진을 사용할 수 없도록 적절한 조치를 강구함 ④ 차량이 앞뒤로 움직이지 않도록 차바퀴의 전·후를 차바퀴 고정목 등으로 확실하게 고정함

(3) 충전용기 등의 적재·하역 및 운반방법

고압가스 충전용기의 운반기준	충전용기를 차량에 적재하여 운반하는 때에는 당해 차량의 앞뒤 보기 쉬운 곳에 각각 붉은 글씨로 "위험 고압가스"라는 경계 표시를 할 것
충전용기 등을 적재한 차량의 주·정차 시	① 지형을 충분히 고려하여 가능한 한 평탄하고 교통량이 적은 안전한 장소를 택할 것 ② 시장 등 차량의 통행이 현저히 곤란한 장소 등에는 주·정차하지 말 것 ③ 엔진을 정지시킨 다음, 사이드 브레이크를 걸어 놓고 반드시 차바퀴를 고정목으로 고정시킴 ④ 주위의 화기 등이 없는 안전한 장소에 주·정차할 것 ⑤ 차량의 고장, 교통사정 또는 운반책임자·운전자의 휴식, 식사 등 부득이한 경우를 제외하고는 당해 차량에서 동시에 이탈하지 않으며, 동시에 이탈할 경우에는 차량이 쉽게 보이는 장소에 주차할 것

5 고속도로 교통안전

(1) 고속도로 안전운전 방법

① 전방주시
② 2시간 운전 시 15분 휴식
③ 전 좌석 안전띠 착용

> **참고** 올바른 안전띠 착용 방법

① 어깨끈이 머리에 닿지 않도록 조심한다.
② 등받이를 바로 세운다.
③ 허리 쪽은 복부에 매지 말고 반드시 골반뼈에 밀착시킨다.

④ **차간거리 확보**: 앞 차량과 간격은 100m(3초 간격) 이상으로 유지하면서 추돌사고에 대비

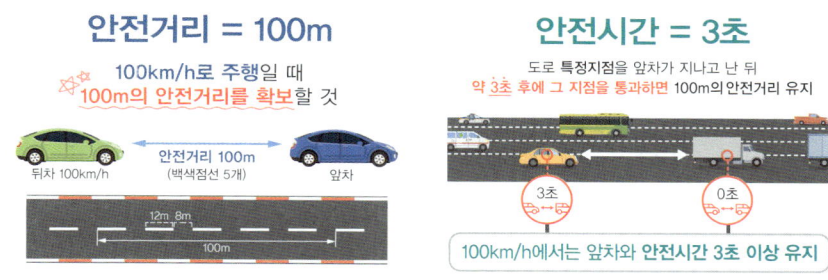

⑤ 진입은 안전하게 천천히, 진입 후 가속은 빠르게
⑥ 주변 교통흐름에 따라 적정속도 유지
⑦ 비상시 비상등 켜기
⑧ 주행차로로 주행
⑨ 후부 반사판 부착(차량 총중량 7.5톤 이상 및 특수 자동차는 의무 부착)

(2) 고속도로 작업구간 통행방법

① 작업구간의 구분

주의구간	운전자가 전방의 교통상황 변화를 사전에 인지하여 안전운행에 미리 대비하는 구간으로 길어깨(갓길)에 안내표지 등이 설치됨
변화구간	진행 중인 차로를 변화시키는 구간으로 작업 중인 해당 차로 전방에 일정 거리를 두어 차로를 차단하여 차로를 변경하게 하는 구간
작업구간	실제 작업이 이루어지는 구간으로 운전자들이 차로변경을 하지 못한 경우에 대비하여 운전자 및 작업자를 보호하기 위한 완충구간 포함
종결구간	작업구간을 통과하여 이전의 정상적인 교통 흐름으로 복귀하는 구간

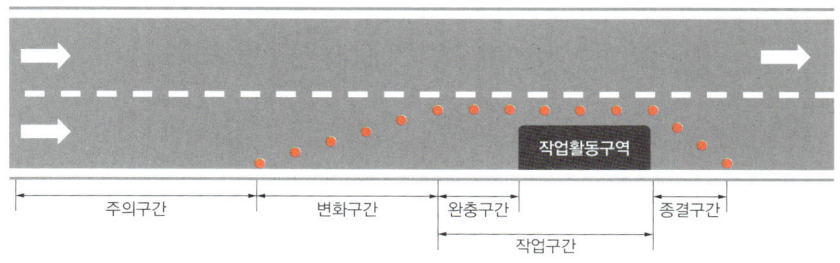

▲ 고속도록 작업장 개략도

② 작업구간 안내표지
  ㉠ 고속도로 작업구간에는 운전자의 안전한 운행과 도로의 원활한 소통을 위하여 안내표지를 설치
  ㉡ 운전자가 전방의 작업구간에 대한 내용을 인지하고 미리 차로변경 및 감속운행 등의 조치를 준비하도록 함

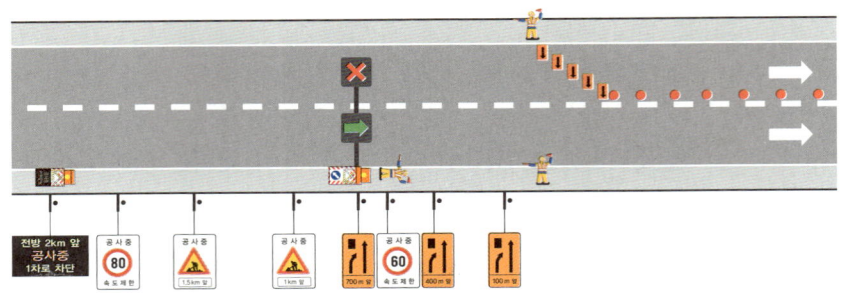

▲ 주의구간 안내표지 설치 예시도

자료: 고속도로 작업장 교통관리기준(2021)

(3) 고속도로 교통사고 및 고장 발생 시 2차사고의 방지

① 고속도로는 차량이 고속으로 주행하는 특성상 2차사고 발생 시 사망사고로 이어질 가능성이 매우 높음
   참 고속도로 2차사고 치사율은 일반사고보다 7배 높음
② 2차사고 예방 안전행동요령
  ㉠ 신속히 비상등을 켜고 다른 차의 소통에 방해가 되지 않도록 갓길로 차량을 이동시킴
     참 트렁크를 열어 위험을 알리는 것도 좋음
  ㉡ 후방에서 접근하는 차량의 운전자가 쉽게 확인할 수 있도록 고장자동차의 표지(안전삼각대)를 함
  ㉢ 운전자와 탑승자가 차량 내 또는 주변에 있는 것은 매우 위험하므로 가드레일 밖 등 안전한 장소로 대피
  ㉣ 경찰관서(112), 소방관서(119), 한국도로공사 콜센터(1588-2504)로 연락하여 도움을 요청

(4) 고속도로의 금지사항

① 횡단·유턴·후진 금지
② 보행자 통행금지
③ 정체 및 주차 금지
④ 갓길 주행금지

참고 갓길 주행 위반 시 처분

차량	범칙금	벌점	과태료
승용차, 4톤 이하 화물차	6만 원	30점	9만 원
승합차, 4톤 초과 화물차 등	7만 원		10만 원

CHAPTER 4 안전운전방법 출제 예상문제

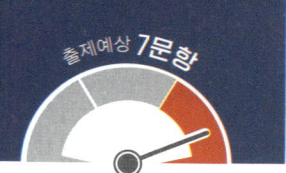

01 ⚠️빈출
방어운전방법으로 옳지 않은 것은?

① 밤에 차가 마주 오면 전조등 불빛을 아래로 비춘다.
② 진로를 바꿀 때 상대방이 잘 알 수 있도록 미리 신호를 보낸다.
③ 신호가 바뀔 때쯤 앞차에 미리 경적으로 신호를 주어서 빠르게 출발한다.
④ 밤에 산모퉁이 길을 통과할 때는 전조등을 상향과 하향을 번갈아 켜거나 껐다 켰다 하여 자신의 존재를 알린다.

해설 교통신호가 바뀐다고 해서 무작정 출발하지 말고 주위 자동차의 움직임을 관찰한 후 진행하며, 앞차에 경적으로 신호를 줄 필요는 없다.

02 ⚠️빈출
주행 시 속도 조절과 관련하여 옳지 않은 것은?

① 주택가에서는 과속하지 않는다.
② 노면의 상태가 좋지 않은 도로에서는 속도를 줄여서 주행한다.
③ 해질 무렵, 터널 등 조명조건이 나쁠 때에는 속도를 높여서 빠르게 주행한다.
④ 곡선반경이 작은 도로나 신호의 설치 간격이 좁은 도로에서는 속도를 낮추어 안전하게 통과한다.

해설 해질 무렵, 터널 등 조명조건이 나쁠 때에는 속도를 줄여서 주행한다.

03
교차로의 황색신호에 대한 설명으로 옳지 않은 것은?

① 교차로 황색신호 시간은 통상 3초를 기본으로 운영한다.
② 차량이 이미 교차로에 진입하였더라도 더 이상 진행하지 않고 그대로 멈춰야 한다.
③ 황색신호에는 반드시 신호를 지켜 정지선에 멈출 수 있도록 교차로에 접근할 때는 자동차의 속도를 줄여 운행한다.
④ 황색신호는 전신호 차량과 후신호 차량이 교차로 상에서 상호충돌하는 것을 예방하여 교통사고를 방지하고자 하는 목적에서 운영되는 신호이다.

해설 교차로의 황색신호에서 이미 교차로에 진입한 차량은 신속히 빠져나가야 한다.

04
이면도로 운전의 위험성에 대한 설명으로 옳지 않은 것은?

① 좁은 도로가 많이 교차하고 있다.
② 도로의 폭이 넓고, 보도 등의 안전시설이 다양하다.
③ 길가에서 어린이들이 뛰어 노는 경우가 많으므로, 어린이들과의 사고가 일어나기 쉽다.
④ 주변에 점포와 주택 등이 밀집되어 있으므로, 보행자 등이 아무 곳에서나 횡단이나 통행한다.

해설 이면도로는 도로의 폭이 좁고, 보도 등의 안전시설이 없어 운전에 위험성이 있다.

05
커브길에서의 안전운전 및 방어운전 방법으로 옳지 않은 것은?

① 핸들을 조작할 때는 가속이나 감속을 하지 않는다.
② 중앙선을 침범하거나 도로의 중앙으로 치우쳐 운전하지 않는다.
③ 경음기나 전조등을 사용하여 내 차의 존재를 알리는 행위는 하지 않는다.
④ 커브길에서는 미끄러지거나 전복될 위험이 있으므로 부득이한 경우가 아니면 급핸들 조작이나 급제동은 하지 않는다.

해설 커브길에서는 주간에는 경음기, 야간에는 전조등을 사용하여 내 차의 존재를 알린다.

06
배기 브레이크 사용 시 장점에 대한 설명으로 옳지 않은 것은?

① 드럼의 온도 상승을 억제하여 페이드 현상을 방지한다.
② 브레이크 사용 감소로 라이닝의 수명을 증대시킬 수 있다.
③ 브레이크액의 온도 상승 억제에 따른 베이퍼 록 현상을 방지한다.
④ 제동 시에 바퀴를 록(lock) 시키지 않음으로써 브레이크가 작동하는 동안에도 핸들의 조종이 용이하게 한다.

해설 빙판이나 빗길 등 미끄러운 노면상이나 통상의 주행에서 제동 시에 바퀴를 록(lock) 시키지 않음으로써 브레이크가 작동하는 동안에도 핸들의 조종이 용이하도록 하는 것은 ABS이다.

07 ⚠️빈출
오르막길 주행에 대한 설명으로 옳지 않은 것은?

① 오르막길은 시야가 넓으므로 최대로 속도를 낸다.
② 출발 시에는 핸드 브레이크를 사용하는 것이 안전하다.
③ 정차 시에는 풋 브레이크와 핸드 브레이크를 같이 사용한다.
④ 오르막길에서 앞지르기 할 때는 힘과 가속력이 좋은 저단 기어를 사용한다.

해설 오르막길은 마주 오는 차가 바로 앞에 다가올 때까지는 보이지 않으므로 서행하여 위험에 대비한다.

08 ⚠️빈출
앞지르기 상황에 대한 설명으로 옳지 않은 것은?

① 앞지르기는 앞차보다 빠른 속도로 가속하여 상당한 거리를 진행해야 하므로 앞지르기할 때의 가속도에 따른 위험이 수반된다.
② 앞지르기에 필요한 충분한 거리와 시야가 확보되었을 때 앞지르기를 시도한다.
③ 앞차의 오른쪽으로 앞지르기한다.
④ 앞지르기 금지 장소나 앞지르기를 금지하는 때에도 앞지르기하는 차가 있다는 사실을 항상 염두에 두고 주의 운전한다.

해설 앞차의 오른쪽으로 앞지르기하지 않는다.

09

노면의 결빙을 막기 위해 뿌리는 것으로 운행 중에 자동차의 바닥 부분에 부착되어 차체의 부식을 촉진시키는 물질은?

① 산화칼슘
② 염화칼슘
③ 염화나트륨
④ 수산화나트륨

해설 겨울에 노면의 결빙을 막기 위해 뿌려진 염화칼슘이 자동차에 부착되어 차체의 부식을 촉진시키므로, 겨울을 보낸 다음에는 구석구석 세차하여야 한다.

10 ⚠️빈출

와이퍼 점검 시 확인사항으로 옳지 않은 것은?

① 모터의 작동은 정상적인지 확인한다.
② 적정 공기압을 유지하고 있는지 점검한다.
③ 노즐의 분출구가 막히지 않았는지 확인한다.
④ 유리면과 접촉하는 부위인 블레이드가 닳지 않았는지 확인한다.

해설 적정 공기압 점검은 와이퍼가 아닌 타이어의 점검사항이다.

11 ⚠️빈출

여름철 자동차 운전 시 주의사항으로 적절하지 않은 것은?

① 내부의 더운 공기를 환기한 후에 주행한다.
② 물에 잠긴 차량은 합선 여부를 확인한 후 주행한다.
③ 비가 많이 오는 날에는 타이어 홈 깊이가 1mm 이상인지 확인한다.
④ 여름철에는 무더운 날씨 속에 엔진이 과열되기 쉬우므로 냉각수의 양은 충분한지 확인한다.

해설 타이어의 노면과 맞닿는 부분인 요철형 무늬의 깊이(트레드 홈 깊이)가 최저 1.6mm 이상이 되는지 확인한다.

12 ⚠️빈출

가을철 안전운행 및 교통사고 예방에 대한 설명으로 옳지 않은 것은?

① 추수시기를 맞아 경운기 등 농기계의 빈번한 사용은 교통사고의 원인이 된다.
② 기온이 떨어지면 보행자는 교통 상황에 대처하는 능력이 저하되므로 보행자가 있는 곳에서는 보행자의 움직임에 주의하여 운행한다.
③ 심한 일교차로 안개 발생 가능성이 커 차들과 추돌하기 쉬우므로 감속 운행을 한다.
④ 눈이 내린 후 차바퀴 자국이 나 있을 때에는 선(앞) 차량의 타이어 자국 위에 자기 차량의 타이어 바퀴를 넣고 달리면 미끄러짐을 예방할 수 있다.

해설 ④는 겨울철 안전운행 및 교통사고 예방에 대한 설명이다.

13

겨울철 주행 시 교통사고를 예방하기 위한 방법이 아닌 것은?

① 눈 쌓인 커브길 주행 시에는 기어 변속을 자주하여 미끄러짐을 예방한다.
② 그늘진 장소, 교량 위, 터널 근처는 노면의 동결이 예상되므로 주의한다.
③ 미끄러운 오르막길에서는 앞서가는 자동차가 정상에 오르는 것을 확인한 후 올라가야 한다.
④ 미끄러운 도로에서의 제동 시 정지거리가 평소보다 2배 이상 길기 때문에 충분한 차간거리 확보 및 감속이 요구되며 다른 차량과 나란히 주행하지 않는다.

해설 기어 변속은 차의 속도를 가감하여 주행 코스 이탈의 위험을 가져오므로, 눈 쌓인 커브길 주행 시에는 기어 변속을 하지 않는다.

14
위험물의 적재방법으로 옳지 않은 것은?

① 수납구를 아래로 향하게 적재할 것
② 혼재 금지된 위험물의 혼합 적재 금지
③ 직사광선 및 빗물 등의 침투를 방지할 수 있는 덮개를 설치할 것
④ 운반 도중 그 위험물 또는 위험물을 수납한 운반용기가 떨어지거나 그 용기의 포장이 파손되지 않도록 적재할 것

해설 위험물의 적재 시 수납구를 위로 향하게 적재한다.

15
위험물 운송차량에 고정된 탱크의 운행 전 탑재기기, 탱크 및 부속품 점검사항으로 옳지 않은 것은?

① 밸브류가 정확히 닫혀있는지 확인한다.
② 밸브류, 액면계, 압력계 등이 정상적으로 작동하고 있는지 확인한다.
③ 밸브의 개폐상태를 표시하는 꼬리표(Tag)는 필요에 따라 부착하지 않을 수 있다.
④ 밸브류, 액면계, 압력계 등의 본체 이음매, 조작부 및 배관 등에 누설 부분이 없어야 한다.

해설 밸브 등의 개폐상태를 표시하는 꼬리표(Tag)는 정확히 부착되어 있어야 한다.

16 ⚠️ 빈출
위험물 운송차량에 고정된 탱크에 이입작업 시 주의사항으로 옳지 않은 것은?

① 커플링을 분리하지 않은 상태에서 엔진을 사용하도록 적절한 조치를 강구한다.
② 메인스위치 그 밖의 전기장치를 완전히 차단하여 스파크가 발생하지 않도록 한다.
③ 차를 소정의 위치에 정차시키고 사이드 브레이크를 확실히 건 다음 엔진을 끈다.
④ 차량이 앞뒤로 움직이지 않도록 차바퀴의 전·후를 차바퀴 고정목 등으로 확실하게 고정한다.

해설 커플링을 분리하지 않은 상태에서는 엔진을 사용할 수 없도록 적절한 조치를 강구한다.

17
충전용기 등 위험물을 적재한 차량의 주·정차 시에 대한 설명으로 옳지 않은 것은?

① 휴식 시 최대한 멀리 떨어져서 휴식을 취한다.
② 시장 등 차량의 통행이 현저히 곤란한 장소 등에는 주·정차하지 않는다.
③ 지형을 충분히 고려하여 가능한 한 평탄하고 교통량이 적은 안전한 장소를 택한다.
④ 엔진을 정지시킨 다음, 사이드 브레이크를 걸어 놓고 반드시 차바퀴를 고정목으로 고정시킨다.

해설 차량의 고장, 교통사정 또는 운반책임자·운전자의 휴식, 식사 등 부득이한 경우를 제외하고는 당해 차량에서 동시에 이탈하지 않으며, 동시에 이탈할 경우에는 차량이 쉽게 보이는 장소에 주차한다.

CHAPTER 5 가짜 석유 관련 안내

👍 **합격TIP** 가짜 석유제품의 정의와 과태료 및 포상금에 대해 정확히 알아두어야 합니다.

1 석유 및 석유대체연료 사업법

(1) 목적
석유 수급과 가격 안정을 도모하고 석유제품과 석유대체연료의 적정한 품질을 확보함으로써 국민경제의 발전과 국민생활의 향상에 이바지함

(2) 석유 관련 용어의 정의

석유제품	휘발유, 등유, 경유, 중유, 윤활유와 이에 준하는 탄화수소유 및 석유가스
석유화학제품	석유로부터 물리·화학적 공정을 거쳐 제조되는 제품 중 석유제품을 제외한 유기화학제품으로서 산업통상자원부령으로 정하는 것
가짜 석유제품	자동차 및 대통령령으로 정하는 차량·기계의 연료로 사용하거나 사용하게 할 목적으로 다음 어느 하나의 방법으로 제조된 것 ① 석유제품에 다른 석유제품(등급이 다른 석유제품을 포함)을 혼합 예 경유에 등유를 또는 고급휘발유에 보통휘발유를 혼합 ② 석유제품에 다른 석유화학제품을 혼합 예 휘발유에 톨루엔 등을 혼합 ③ 석유화학제품에 다른 석유화학제품을 혼합 예 톨루엔에 메탄올 등을 혼합 ④ 석유제품 또는 석유화학제품에 탄소와 수소가 들어가 있는 물질을 혼합 예 경유에 바이오디젤을 혼합

2 가짜 석유제품 사용금지 및 벌칙

(1) 가짜 석유제품 제조 등 금지 사항 및 벌칙

5년 이하의 징역 또는 2억 원 이하의 벌금	가짜 석유제품을 제조·수입·저장·운송·보관 또는 판매하는 행위
	가짜 석유제품으로 제조·사용하게 할 목적으로 석유제품·석유화학제품·석유대체연료 또는 탄소와 수소가 들어 있는 물질을 공급·판매·저장·운송 또는 보관하는 행위
3천만 원 이하의 과태료	① 가짜 석유제품임을 알면서 사용하는 행위 ② 등록·신고하지 아니한 자가 판매하는 가짜 석유제품을 사용하는 행위

(2) 행위의 금지

① 누구든지 등유, 부생연료유, 바이오디젤, 바이오에탄올, 용제, 윤활유, 윤활기유, 선박용경유 및 석유중간제품을 차량·기계의 연료로 사용해서는 안 됨

② 위반행위 및 과태료

위반행위	사용량에 따른 과태료 금액				
	100L 미만	100L 이상 400L 미만	400L 이상 1KL 미만	1KL 이상 20KL 미만	20KL 이상
가짜 석유제품임을 알면서 사용	2백만원	5백만원	1천만원	1천5백만원	2천만원
등유 등을 차량의 연료로 사용					

3 소비자신고 및 포상금의 지급

(1) 소비자신고 대상

① 가짜 석유제품을 제조하거나 판매하는 행위
② 품질 부적합 제품(물과 침전물 혼합 등 품질기준에 벗어난 제품)을 제조하거나 판매하는 행위
③ 정량에 미달하여 판매하는 행위
④ 등유 등을 차량의 연료로 판매하는 행위
⑤ 석유사업자의 영업범위 및 영업방법을 위반하는 행위(예 이동판매차량을 이용하여 자동차, 덤프트럭 등에 주유) 등

(2) 포상금 지급 기준

지급 기준		포상 금액
가짜 석유제품을 제조하는 행위	100만L 이상	1,000만원
	50만L 이상 100만L 미만	600만원
	50만L 미만	200만원
가짜 석유제품을 판매하는 행위	석유사업자(등록 또는 신고사업자)	200만원
	비석유사업자	100만원
그 외	① 품질 부적합 제품을 제조하거나 판매하는 행위 ② 정량에 미달하여 판매하는 행위 ③ 영업범위나 영업방법을 위반하는 행위 ④ 취급제품이 아닌 제품을 보관하거나 공급하는 행위 ⑤ 용제 등을 보일러 또는 노용 연료로 판매하는 행위	20만원

CHAPTER 5 가짜 석유 관련 안내
출제 예상문제

01
석유 및 석유대체연료 사업법의 목적으로 옳지 않은 것은?

① 석유 수급과 가격 안정 도모
② 석유제품과 석유대체연료의 적정한 품질 확보
③ 가짜 석유제품의 적극 사용
④ 국민경제의 발전과 국민생활의 향상에 이바지함

해설 석유 및 석유대체연료 사업법은 석유 수급과 가격 안정을 도모하고 석유제품과 석유대체연료의 적정한 품질을 확보함으로써 국민경제 발전과 국민생활 향상에 이바지함을 목적으로 한다. 또한, 누구든지 가짜 석유제품의 제조 등의 행위를 해서는 안 된다.

02
휘발유, 등유, 경유, 중유, 윤활유와 이에 준하는 탄화수소유 및 석유가스를 무엇이라 하는가?

① 석유제품
② 석유화학제품
③ 가짜 석유제품
④ 등급이 다른 석유화학제품

해설 ② 석유화학제품: 석유로부터 물리·화학적 공정을 거쳐 제조되는 제품 중 석유제품을 제외한 유기화학제품으로서 산업통상자원부령으로 정하는 것
③ 가짜 석유제품: 자동차 및 대통령령으로 정하는 차량·기계의 연료로 사용하거나 사용하게 할 목적으로 석유제품에 다른 석유제품을 혼합하거나 석유제품에 다른 석유화학제품을 혼합하는 등의 방법으로 제조된 것

03
가짜 석유제품을 제조·수입·저장·운송·보관 또는 판매하는 행위의 벌칙으로 옳은 것은?

① 1천만 원 이하의 과태료
② 3천만 원 이하의 과태료
③ 5년 이하의 징역 또는 2억 원 이하의 벌금
④ 10년 이하의 징역 또는 5억 원 이하의 벌금

해설 가짜 석유제품으로 제조·사용하게 할 목적으로 석유제품·석유화학제품·석유대체연료 또는 탄소와 수소가 들어 있는 물질을 공급·판매·저장·운송 또는 보관하는 행위 역시 5년 이하의 징역 또는 2억 원 이하의 벌금에 해당한다.

04
다음 중 가짜 석유제품의 소비자신고 대상이 아닌 것은?

① 가짜 석유제품을 제조하거나 판매하는 행위
② 품질부적합 제품을 제조하거나 판매하는 행위
③ 정량을 철저하게 지켜 판매하는 행위
④ 등유 등을 차량의 연료로 판매하는 행위

해설 정량에 미달하여 판매하는 행위가 소비자신고 대상이다.

05
가짜 석유제품을 제조하는 행위에 대해 신고할 시 가짜 석유제품 제조량에 따라 (A)만 원에서 (B)만 원까지 포상금이 지급된다. A+B의 값으로 옳은 것은?

① 200
② 600
③ 1,000
④ 1,200

해설
• 50만(L) 미만인 경우: 200만 원
• 50만(L) 이상 100만(L) 미만인 경우: 600만 원
• 100만(L) 이상인 경우: 1,000만 원

**에듀윌이
너를
지**지할게

ENERGY

위대한 일들을 이루기 전에
스스로에게 위대한 일들을 기대해야 한다.

– 마이클 조던(Michael Jordan)

008 안전거리 확보 의무
- 모든 차의 운전자는 같은 방향으로 가고 있는 앞차의 뒤를 따르는 경우에는 앞차가 갑자기 정지하게 되는 경우 그 앞차와의 충돌을 피할 수 있는 필요한 거리를 확보해야 함
- 모든 차의 운전자는 차의 진로를 변경하려는 경우에 그 변경하려는 방향으로 오고 있는 다른 차의 정상적인 통행에 장애를 줄 우려가 있을 때에는 진로를 변경해서는 안 됨

009 진로 양보의 의무
- 긴급자동차를 제외한 모든 차의 운전자는 뒤에서 따라오는 차보다 느린 속도로 가려는 경우 도로의 우측 가장 자리로 피하여 진로를 양보해야 함
- 긴급자동차를 제외한 자동차가 좁은 도로에서 서로 마주보고 진행하는 경우
  - 비탈진 좁은 도로: 올라가는 자동차가 도로 우측 가장자리로 피하여 진로 양보
  - 비탈지지 않은 좁은 도로에서 사람을 태웠거나 물건을 실은 자동차와 동승자가 없고 물건을 싣지 않은 자동차가 서로 마주보고 진행하는 경우: 동승자가 없고 물건을 싣지 않은 자동차가 도로 우측 가장자리로 피하여 진로 양보

010 교통정리를 하고 있지 않는 교차로에서의 양보운전
- 교통정리를 하고 있지 않는 교차로에 동시에 들어가려고 하는 차의 운전자: 우측도로의 차에 진로를 양보해야 함
- 교통정리를 하고 있지 않는 교차로에서 좌회전하려고 하는 차의 운전자: 그 교차로에서 직진하거나 우회전하려는 다른 차가 있을 때에는 그 차에 진로를 양보해야 함

011 긴급자동차의 우선 통행
- 긴급하고 부득이한 경우에는 도로의 중앙이나 좌측 부분을 통행할 수 있음
- 도로교통법령에 따라 정지하여야 하는 경우에도 불구하고 긴급하고 부득이한 경우에는 정지하지 않을 수 있음

012 화물자동차의 적재중량 및 적재용량

적재중량		구조 및 성능에 따르는 적재중량의 110% 이내
적재용량	길이	자동차 길이에 그 길이의 10분의 1을 더한 길이 이내
	너비	자동차의 후사경으로 뒤쪽을 확인할 수 있는 범위
	높이	화물자동차는 지상으로부터 4m 이내

013 악천후 시의 운행속도

최고속도의 20/100을 줄인 속도	• 비가 내려 노면이 젖어있는 경우 • 눈이 20mm 미만 쌓인 경우
최고속도의 50/100을 줄인 속도	• 폭우·폭설·안개 등으로 가시거리가 100m 이내인 경우 • 노면이 얼어붙은 경우 • 눈이 20mm 이상 쌓인 경우

014 도로별 차로 등에 따른 속도

도로구분			최고속도	최저속도
일반도로	편도 1차로		매시 60km	제한 없음
	편도 2차로 이상		매시 80km	
고속도로	편도 1차로		매시 80km	매시 50km
	편도 2차로 이상	고속도로	• 매시 100km • 매시 80km(특수자동차, 위험물운반자동차, 건설기계)	매시 50km
		지정·고시한 노선 또는 구간의 고속도로	• 매시 120km • 매시 90km(특수자동차, 위험물운반자동차, 건설기계)	
자동차전용도로			매시 90km	매시 30km

015 서행 및 일시정지 등

• **서행**: 차 또는 노면전차가 즉시 정지할 수 있는 느린 속도로 진행하는 것(위험 예상한 상황적 대비)

서행하여야 하는 경우	• 교차로에서 좌·우회전할 때 • 교통정리를 하고 있지 않는 교차로에 들어가려고 할 때 그 차가 통행하고 있는 도로의 폭보다 교차하는 도로의 폭이 넓은 경우
서행하여야 하는 장소	• 교통정리를 하고 있지 않는 교차로 • 도로가 구부러진 부근 • 비탈길의 고갯마루 부근 • 가파른 비탈길의 내리막 • 시·도경찰청장이 안전표지로 지정한 곳

• **정지**: 자동차가 완전히 멈추는 상태. 당시의 속도가 0km/h인 상태로서 완전한 정지 상태의 이행
• **일시정지**: 반드시 차가 멈추어야 하되, 얼마간의 시간 동안 정지 상태를 유지해야 하는 교통 상황(정지 상황의 일시적 전개)

016 자동차의 점검

정비불량차에 해당한다고 인정하는 차가 운행되고 있는 경우: 경찰공무원은 우선 정지시킨 후, 운전자에게 그 차의 자동차등록증 또는 자동차운전면허증을 제시하도록 요구하고 그 차의 장치를 점검할 수 있음

017 운전할 수 있는 차의 종류

제1종	대형면허	• 승용자동차, 승합자동차, 화물자동차 • 건설기계[덤프 트럭, 아스팔트살포기, 노상안정기, 콘크리트믹서트럭, 콘크리트펌프, 천공기(트럭 적재식), 콘크리트믹서트레일러, 아스팔트콘크리트재생기, 도로보수트럭, 3톤 미만의 지게차 등] • 특수자동차[대형견인차, 소형견인차 및 구난차(구난차 등)는 제외] • 원동기장치자전거
	보통면허	• 승용자동차, 승차정원 15명 이하의 승합자동차 • 적재중량 12톤 미만의 화물자동차 • 건설기계(도로를 운행하는 3톤 미만의 지게차로 한정) • 총중량 10톤 미만의 특수자동차[대형견인차, 소형견인차 및 구난차(구난차 등)는 제외] • 원동기장치자전거
제2종	보통면허	• 승용자동차, 승차정원 10명 이하의 승합자동차, 적재중량 4톤 이하 화물자동차 • 총중량 3.5톤 이하의 특수자동차[대형견인차, 소형견인차 및 구난차(구난차 등)는 제외] • 원동기장치자전거

018 운전면허 취소처분 기준: 음주운전
- 혈중알코올농도 0.03퍼센트 이상을 넘어서 운전을 하다가 교통사고로 사람을 죽게 하거나 다치게 한 때
- 혈중알코올농도 0.08퍼센트 이상의 상태에서 운전한 때

019 운전면허 결격사유
- 교통상의 위험과 장해를 일으킬 수 있는 정신질환자 또는 뇌전증환자
- 앞을 보지 못하는 사람(한쪽 눈만 보지 못하는 사람인 경우 제1종 운전면허 중 대형면허·특수면허로 한정)
- 듣지 못하는 사람(제1종 운전면허 중 대형면허·특수면허로 한정)
- 양팔의 팔꿈치 관절 이상을 잃은 사람 또는 양팔을 전혀 쓸 수 없는 사람(본인의 신체장애 정도에 적합하게 제작된 자동차를 이용하여 정상적으로 운전할 수 있는 경우 제외)
- 다리, 머리, 척추 그 밖의 신체장애로 인해 앉아 있을 수 없는 사람
- 교통상의 위험과 장해를 일으킬 수 있는 마약, 대마, 향정신성 의약품 또는 알코올 중독자

020 교통사고처리특례법 처벌 특례의 예외
- 피해자 사망사고·중상해사고
- **아래에 해당하는 경우**

도주(뺑소니)	• 차의 운전자가 피해자를 구호하는 등 조치를 하지 않고 도주한 경우 • 피해자를 사고 장소로부터 옮겨 유기하고 도주한 경우
음주측정 불응	술에 취한 상태에서 운전하여 음주측정 요구에 따르지 않은 경우

12대 중과실	• 신호·지시 위반사고 • 중앙선침범, 고속도로나 자동차전용도로에서의 횡단·유턴 또는 후진 위반사고 • 속도 위반(20km/h 초과) 과속사고 • 앞지르기의 방법·금지시기·금지장소 또는 끼어들기 금지 위반사고 • 철길 건널목 통과방법 위반사고 • 보행자보호의무 위반사고 • 무면허 운전사고 • 음주운전·약물복용운전사고 • 보도침범·보도횡단방법 위반사고 • 승객추락방지의무 위반사고 • 어린이 보호구역 내 안전운전의무 위반으로 어린이의 신체를 상해에 이르게 한 사고 • 자동차의 화물이 떨어지지 않도록 필요한 조치를 하지 않고 운전한 경우

021 도주사고의 적용

도주사고가 적용되는 경우	• 사상 사실을 인식하고도 가버린 경우 • 피해자를 방치한 채 사고현장을 이탈 도주한 경우 • 사고현장에 있었어도 사고사실을 은폐하기 위해 거짓진술·신고한 경우 • 부상피해자에 대한 적극적인 구호조치 없이 가버린 경우 • 피해자가 이미 사망했다고 하더라도 사체 안치 후송 등 조치 없이 가버린 경우 • 피해자를 병원까지만 후송하고 계속 치료 받을 수 있는 조치 없이 도주한 경우 • 운전자를 바꿔치기 하여 신고한 경우
도주사고가 적용되지 않는 경우	• 피해자가 부상 사실이 없거나 극히 경미하여 구호조치가 필요치 않는 경우 • 가해자 및 피해자 일행 또는 경찰관이 환자를 후송 조치하는 것을 보고 연락처 주고 가버린 경우 • 교통사고 가해운전자가 심한 부상을 입어 타인에게 의뢰하여 피해자를 후송 조치한 경우 • 교통사고 장소가 혼잡하여 도저히 정지할 수 없어 일부 진행한 후 정지하고 되돌아와 조치한 경우

022 속도 위반(20km/h 초과) 과속사고

- **교통사고처리특례법상 과속**: 도로교통법에서 규정된 법정속도와 지정속도를 20km/h 초과한 경우
- **예외사항**: 제한속도 20km/h 이하로 과속하여 운행 중 사고 야기한 경우, 제한속도 20km/h 초과하여 과속 운행 중 대물 피해만 입은 경우

023 화물자동차의 유형별 구분

화물자동차	일반형	보통의 화물운송용인 것
	덤프형	적재함을 원동기의 힘으로 기울여 적재물을 중력에 의하여 쉽게 미끄러뜨리는 구조의 화물운송용인 것
	밴형	지붕 구조의 덮개가 있는 화물운송용인 것
	특수용도형	특정한 용도를 위해 특수한 구조로 하거나 기구를 장치한 것으로서 위 어느 형에도 속하지 않는 화물운송용인 것
특수자동차	견인형	피견인차의 견인을 전용으로 하는 구조인 것
	구난형	고장·사고 등으로 운행이 곤란한 자동차를 구난·견인할 수 있는 구조인 것
	특수작업형	위 어느 형에도 속하지 않는 특수작업용인 것

024 화물자동차운수사업법에서 규정하고 있는 사업

화물자동차 운송사업	다른 사람의 요구에 응하여 화물자동차를 사용하여 화물을 유상으로 운송하는 사업
화물자동차 운송주선사업	다른 사람의 요구에 응하여 유상으로 화물운송계약을 중개·대리하거나 화물자동차운송사업 또는 화물자동차운송가맹사업을 경영하는 자의 화물 운송수단을 이용하여 자기의 명의와 계산으로 화물을 운송하는 사업
화물자동차 운송가맹사업	다른 사람의 요구에 응하여 자기 화물자동차를 사용하여 유상으로 화물을 운송하거나 화물정보망을 통해 소속 화물자동차운송가맹점에 의뢰하여 화물을 운송하게 하는 사업

025 화물자동차운송사업의 허가

- 화물자동차운송사업 허가권자·허가 변경권자: 국토교통부장관
- 운송사업자는 허가받은 날부터 5년마다 허가기준에 관한 사항을 국토교통부장관에게 신고해야 함
- 허가사항의 변경

변경신고 (경미한 사항)	다음의 경미한 사항을 변경하려면 국토교통부장관에게 신고해야 함 • 상호의 변경 • 대표자의 변경(법인인 경우만 해당) • 화물취급소의 설치 또는 폐지 • 화물자동차의 대폐차 • 주사무소·영업소 및 화물취급소의 이전(주사무소의 경우 관할 관청의 행정구역 내에서의 이전만 해당)

026 화물자동차운송사업의 허가 결격사유

- **허가 거부권자:** 국토교통부장관
- **허가 결격사유**
  - 피성년후견인 또는 피한정후견인
  - 파산선고를 받고 복권되지 않은 자
  - 화물자동차운수사업법을 위반하여 징역 이상의 실형을 선고받고 그 집행이 끝나거나 집행이 면제된 날부터 2년이 지나지 않은 자
  - 화물자동차운수사업법을 위반하여 징역 이상의 형의 집행유예를 선고받고 그 유예기간 중에 있는 자
  - 허가를 받은 후 6개월간의 운송실적이 국토교통부령으로 정하는 기준에 미달한 경우, 허가기준을 충족하지 못하게 된 경우, 5년마다 허가기준에 관한 사항을 신고하지 않았거나 거짓으로 신고한 경우 등에 해당하여 허가가 취소된 후 2년이 지나지 않은 자
  - 부정한 방법으로 허가를 받은 경우 또는 부정한 방법으로 변경허가를 받거나, 변경허가를 받지 않고 허가사항을 변경한 경우에 해당하여 허가가 취소된 후 5년이 지나지 않은 자

027 운송사업자의 책임

- 화물의 멸실·훼손 또는 인도의 지연(적재물사고)으로 발생한 운송사업자의 손해배상 책임에 관하여는 상법 준용
- 화물이 인도기한이 지난 후 3개월 이내에 인도되지 않으면 그 화물은 멸실된 것으로 간주

028 과징금의 부과

과징금 부과·징수권자	국토교통부장관
과징금 부과·징수 금액	2천만 원 이하의 과징금

029 화물자동차운송가맹사업의 허가

변경신고 (경미한 사항)	다음의 경미한 사항을 변경하려면 국토교통부장관에게 신고해야 함 • 대표자의 변경(법인인 경우만 해당) • 화물취급소의 설치 또는 폐지 • 화물자동차의 대폐차(화물자동차를 직접 소유한 운송가맹사업자만 해당) • 주사무소·영업소 및 화물취급소의 이전 • 화물자동차운송가맹계약의 체결 또는 해제·해지

030 화물운송종사자격증의 발급 및 재발급

화물운송종사자격증 발급 신청	서류	화물운송종사자격증 발급 신청서, 사진 1장
	제출	한국교통안전공단
화물운송종사자격증 재발급 신청	서류	화물운송종사자격증 재발급 신청서, 화물운송종사자격증(잃어버린 경우 제외), 사진 1장
	제출	한국교통안전공단 또는 협회
화물운송종사자격증명 재발급 신청	서류	화물운송종사자격증명 재발급 신청서, 화물운송종사자격증명(잃어버린 경우 제외), 사진 2장
	제출	한국교통안전공단 또는 협회

031 화물운송종사자격증명의 게시

운송사업자는 화물자동차 운전자에게 화물운송종사자격증명을 화물자동차 밖에서 쉽게 볼 수 있도록 운전석 앞창의 오른쪽 위에 항상 게시하고 운행하도록 해야 함

032 화물자동차운수사업의 운전업무 종사자격

- 화물자동차를 운전하기에 적합한 도로교통법 제80조에 따른 운전면허를 가지고 있을 것
- 18세 이상일 것
- 운전경력이 2년 이상일 것(여객자동차운수사업용 자동차 또는 화물자동차운수사업용 자동차를 운전한 경력이 있는 경우에는 그 운전경력이 1년 이상일 것)
- 운전적성에 대한 정밀검사기준에 맞을 것
- 다음 중 하나의 요건을 갖출 것
  - 화물자동차운수사업법령, 화물취급요령 등에 관하여 국토교통부장관이 시행하는 시험에 합격하고 정해진 교육을 받을 것
  - 교통안전체험에 관한 연구·교육시설에서 교통안전체험, 화물취급요령 및 화물자동차운수사업법령 등에 관하여 국토교통부장관이 실시하는 이론 및 실기 교육을 이수할 것

033 자동차의 차령기산일

- **제작연도에 등록된 자동차:** 최초의 신규등록일
- **제작연도에 등록되지 않은 자동차:** 제작연도의 말일

034 자동차등록번호판

- **자동차등록번호판을 붙이고 봉인을 해야 하는 자:** 시·도지사
- 등록번호판의 부착 또는 봉인을 하지 않은 자동차는 운행할 수 없음(임시운행허가번호판을 붙인 경우 예외)
- **자동차등록번호판을 가리거나 알아보기 곤란하게 하거나, 그러한 자동차를 운행한 경우**

과태료	1차 50만 원, 2차 150만 원, 3차 250만 원 벌칙
벌칙	고의로 가리거나 알아보기 곤란하게 한 자는 1년 이하의 징역 또는 1천만 원 이하의 벌금

035 자동차의 변경등록 신청을 하지 않은 경우 과태료

신청 지연기간	90일 이내	2만 원
	90일 초과 174일 이내	2만 원 + 91일째부터 계산하여 3일 초과 시마다 1만 원
	175일 이상	30만 원

036 자동차검사
자동차 소유자는 국토교통부장관이 실시하는 다음의 검사를 받아야 함

신규검사	신규등록을 하려는 경우 실시하는 검사
정기검사	신규등록 후 일정 기간마다 정기적으로 실시하는 검사
튜닝검사	자동차를 튜닝한 경우에 실시하는 검사
임시검사	자동차관리법령이나 자동차 소유자의 신청을 받아 비정기적으로 실시하는 검사
수리검사	전손 처리 자동차를 수리한 후 운행하려는 경우에 실시하는 검사

037 자동차 정기검사 유효기간

비사업용 승용자동차 및 피견인자동차		2년(최초 4년)
사업용 승용자동차		1년(최초 2년)
경형·소형의 승합 및 화물자동차		1년
사업용 대형화물자동차	차령 2년 이하	1년
	차령 2년 초과	6개월
중형 승합자동차 및 사업용 대형 승합자동차	차령 8년 이하	1년
	차령 8년 초과	6개월

038 자동차 종합검사

- **종합검사를 받은 경우:** 정기검사, 정밀검사, 특정경유자동차검사를 받은 것으로 봄
- **종합검사의 대상과 유효기간**

사업용 대형화물자동차	차령 2년 초과	6개월
사업용 대형승합자동차	차령 2년 초과	차령 8년까지는 1년, 이후부터는 6개월

- **정기검사나 종합검사를 받지 않은 경우 과태료**

검사 지연기간	30일 이내	4만 원
	30일 초과 114일 이내	4만 원 + 31일째부터 계산하여 3일 초과 시마다 2만 원
	115일 이상	60만 원

039 도로법의 내용 및 목적

내용	도로망의 계획 수립, 도로 노선의 지정, 도로공사의 시행과 도로의 시설 기준, 도로의 관리·보전 및 비용 부담 등에 관한 사항을 규정
목적	국민이 안전하고 편리하게 이용할 수 있는 도로의 건설과 공공복리의 향상에 이바지

040 도로와 도로의 부속물

- **도로의 종류 및 등급 순위:** 고속국도 → 일반국도 → 특별시도·광역시도 → 지방도 → 시도 → 군도 → 구도
- **도로의 부속물:** 도로의 편리한 이용과 안전 및 원활한 도로교통의 확보, 그 밖에 도로의 관리를 위하여 설치하는 시설 또는 공작물
  - 종류: 주차장, 버스정류시설, 휴게시설 등 도로이용 지원시설, 시선유도표지, 중앙분리대, 과속방지시설 등 도로안전시설 등

041 운행제한 차량

- 축하중이 10톤을 초과하거나 총중량이 40톤을 초과하는 차량
- 차량의 폭 2.5m, 높이 4.0m, 길이 16.7m를 초과하는 차량(도로구조의 보전과 통행의 안전에 지장이 없다고 도로관리청이 인정하여 고시한 도로노선의 경우 높이 4.2m를 초과하는 차량)
- 도로관리청이 특히 도로구조의 보전과 통행의 안전에 지장이 있다고 인정하는 차량

042 적재량 측정 방해 행위의 금지 등

차량의 적재량 측정을 방해한 자, 정당한 사유 없이 도로관리청의 재측정 요구에 따르지 않은 자는 1년 이하의 징역이나 1천만 원 이하의 벌금에 처함

043 대기환경보전법령의 목적

- 대기오염으로 인한 국민건강이나 환경에 관한 위해 예방
- 대기환경을 적정하고 지속 가능하게 관리·보전
- 모든 국민이 건강하고 쾌적한 환경에서 생활할 수 있게 함

044 대기환경보전법상 용어

대기오염물질	대기오염의 원인이 되는 가스·입자상물질로서 환경부령으로 정하는 것
온실가스	• 적외선 복사열을 흡수하거나 다시 방출하여 온실효과를 유발하는 대기 중의 가스 상태의 물질 • 종류: 이산화탄소, 메탄, 아산화질소, 수소불화탄소, 과불화탄소, 육불화황
가스	물질이 연소·합성·분해될 때에 발생하거나 물리적 성질로 인해 발생하는 기체상물질
입자상물질	물질이 파쇄·선별·퇴적·이적될 때, 그 밖에 기계적으로 처리되거나 연소·합성·분해될 때에 발생하는 고체상 또는 액체상의 미세한 물질
먼지	대기 중에 떠다니거나 흩날려 내려오는 입자상물질
매연	연소할 때에 생기는 유리탄소가 주가 되는 미세한 입자상물질
검댕	연소할 때에 생기는 유리탄소가 응결하여 입자의 지름이 1미크론 이상이 되는 입자상물질

045 자동차 배출가스의 규제

시·도지사 또는 시장·군수는 다음을 명령하거나 조기폐차를 권고할 수 있음

명령 내용	• 저공해자동차로의 전환 또는 개조 • 배출가스저감장치의 부착 또는 교체 및 배출가스 관련 부품의 교체 • 저공해엔진(혼소엔진 포함)으로의 개조 또는 교체
명령을 이행하지 않은 경우	300만 원 이하의 과태료

046 공회전의 제한

공회전을 제한할 수 있는자, 공회전제한장치의 부착을 명령할 수 있는 자: 시·도지사

공회전제한장치 부착 대상	• 시내버스운송사업에 사용되는 자동차 • 일반택시운송사업에 사용되는 자동차 • 화물자동차운송사업에 사용되는 최대적재량이 1톤 이하인 밴형 화물자동차로서 택배용으로 사용되는 자동차

PART 02 화물취급요령

001 운송장

기능	계약서 기능, 화물인수증 기능, **운송요금 영수증 기능**, 정보처리 기본자료, 배달에 대한 증빙, 수입금 관리자료, 행선지 분류정보 제공(작업지시서 기능)
기재항목	• 운송장 번호와 바코드 • 수하인(받는 분)과 송하인(보내는 분)의 주소·성명 및 전화번호 • 화물명(품명): 화물의 파손, 분실, 배달지연 사고 발생 시 손해배상의 기준 • 주문번호 또는 고객번호 • 화물의 가격: 화물의 파손, 분실, 배달지연 사고 발생 시 손해배상의 기준 • 특기사항

002 면책사항

포장 상태 불완전 등 사고 발생 가능성이 높아 수탁이 곤란한 화물의 경우, 송하인이 모든 책임을 진다는 조건으로 수탁할 수 있음

파손면책	포장이 불완전하거나 파손 가능성이 높은 화물인 때
배달지연면책, 배달불능면책	수하인의 전화번호가 없는 때
부패면책	식품 등 정상적으로 배달해도 부패의 가능성이 있는 화물인 때

003 운송장 기재 시 유의사항 및 부착요령

운송장 기재 시
유의사항
	• 화물인수 시 적합성 여부를 확인한 다음, 고객이 직접 운송장 정보 기입
	• 특약사항에 대해 고객에게 고지한 후 특약사항 약관설명 확인필에 서명을 받음
	• 파손, 부패, 변질 등 문제의 소지가 있는 물품의 경우에는 면책확인서를 받음
	• 같은 장소로 2개 이상 보내는 물품에 대해서는 보조송장을 기재할 수 있으며, 보조송장도 주송장과 같이 정확한 주소와 전화번호 기재
	• **산간오지, 섬 지역 등은 지역특성을 고려하여 배송예정일을 정함**
	• 고가품
	  - 그 품목과 물품가격을 정확히 확인하여 기재
	  - 할증료를 청구하고 할증료를 거절하는 경우에는 **특약사항을 설명**하고 보상한도에 대해 서명을 받음

운송장 부착요령	• 운송장 부착은 원칙적으로 접수 장소에서 매 건마다 작성하여 화물에 부착
	• 운송장은 물품의 정중앙 상단에 뚜렷하게 보이도록 부착
	• 물품 정중앙 상단에 부착하기 어려운 경우 최대한 잘 보이는 곳에 부착
	• 박스 모서리나 후면 또는 측면에 부착하여 혼동을 주어서는 안 됨
	• 운송장을 화물포장 표면에 부착할 수 없는 소형, 변형화물, 작은 소포의 경우 운송장 부착이 가능한 박스에 포장하여 수탁한 후 부착
	• 박스물품이 아닌 쌀, 매트, 카펫 등
	  – 물품의 정중앙에 운송장 부착
	  – 테이프 등을 이용하여 운송장이 떨어지지 않도록 조치
	  – 운송장의 바코드가 가려지지 않도록 함
	• 운송장이 떨어질 우려가 큰 물품의 경우 송하인의 동의를 얻어 포장재에 수하인 주소 및 전화번호 등 필요한 사항을 기재하도록 함
	• 기존에 사용하던 박스를 사용하는 경우에 반드시 구 운송장은 제거하고 새로운 운송장을 부착하여 1개의 화물에 2개의 운송장이 부착되지 않도록 함
	• 취급주의 스티커의 경우 운송장 바로 우측 옆에 붙여서 눈에 띄게 함

004 포장 재료의 특성에 따른 분류

유연포장	• 의미: 포장된 물품 또는 단위포장물의 본질적인 형태는 변화되지 않으나 포장 재료나 용기의 유연성 때문에 일반적으로 외모가 변화될 수 있는, 부드럽게 구부리기 쉬운 포장 • 유연성이 풍부한 포장 재료: 종이, 플라스틱 필름, 알루미늄포일(알루미늄박), 면포, 필름이나 엷은 종이, 셀로판 등
강성포장	• 의미: 포장된 물품 또는 단위포장물이 포장 재료나 용기의 경직성으로 형태가 변화되지 않고 고정되는 포장(유연포장과 대비되는 포장) • 강성을 가진 포장 재료: 유리제 및 플라스틱제의 병이나 통, 목제 및 금속제의 상자나 통 등
반강성포장	강성을 가진 포장 중에서 약간의 유연성을 갖는 골판지상자, 플라스틱보틀 등에 의한 포장(유연포장과 강성포장의 중간적인 포장)

005 취급표지

- **기본색상**: 검은색
- 포장의 색이 검은색 표지가 잘 보이지 않는 색이라면 흰색과 같이 적절한 대조를 이룰 수 있는 색을 부분 배경으로 사용

호칭	표지	호칭	표지	호칭	표지
무게 중심 위치	⊕	거는 위치	⛓	깨지기 쉬움, 취급주의	🍷

갈고리 금지		손수레 사용 금지		지게차 취급 금지			
조임쇠 취급 제한		조임쇠 취급 표시		굴림 방지			
젖음 방지		직사광선 금지		방사선 보호			
위 쌓기		온도 제한		적재 제한			
적재 단수 제한		적재 금지					

006 화물취급 전 준비사항

- 위험물, 유해물을 취급할 때에는 반드시 보호구를 착용하고, 안전모는 턱 끈을 매어 착용함
- 보호구의 자체결함은 없는지 또는 사용방법은 알고 있는지 확인함
- 취급할 화물의 품목별, 포장별, 비포장별(산물, 분탄, 유해물) 등에 따른 취급방법 및 작업순서를 사전 검토함
- 유해, 유독화물 확인을 철저히 하고, 위험에 대비한 약품, 세척용구 등을 준비함

007 창고 내 작업 및 입출고 작업 요령

창고 내에서 화물을 옮길 때	• 창고의 통로 등에 장애물이 없도록 조치 • 작업 안전 통로를 충분히 확보한 후 화물을 적재 • 바닥에 물건 등이 놓여 있으면 즉시 치우도록 함
화물더미에서 작업할 때	• 화물더미 한쪽 가장자리에서 작업할 때에는 화물더미의 불안전한 상태를 수시로 확인하여 붕괴 등의 위험이 발생하지 않도록 주의 • 화물더미에 오르내릴 때에는 화물의 쏠림이 발생하지 않도록 조심함 • 화물을 쌓거나 내릴 때에는 순서에 맞게 신중히 함 • 화물더미의 상층과 하층에서 동시에 작업을 하지 않음

화물을 연속적으로 이동시키기 위해 컨베이어를 사용할 때	• 상차용 컨베이어를 이용하여 타이어 등을 상차할 때는 타이어 등이 떨어지거나 떨어질 위험이 있는 곳에서 작업을 해서는 안 됨 • 컨베이어 위로는 절대 올라가서는 안 됨 • 상차작업자와 컨베이어를 운전하는 작업자는 상호 간에 신호를 긴밀히 해야 함
화물을 운반할 때	• 운반하는 물건이 시야를 가리지 않도록 함 • 뒷걸음질로 화물을 운반해서는 안 됨 • 작업장 주변의 화물 상태, 차량 통행 등을 항상 살핌 • 원기둥형 화물을 굴릴 때는 앞으로 밀어 굴리고 뒤로 끌어서는 안 됨

008 화물의 취급방법

하역방법	• 종류가 다르거나 부피가 큰 것을 쌓을 때는 무거운 것은 밑에, 가벼운 것은 위에 쌓음 • 화물을 한 줄로 높이 쌓지 말아야 함 • 화물을 적재할 때에는 소화기, 소화전, 배전함 등의 설비 사용에 장애를 주지 않도록 해야 함 • 화물더미가 무너질 위험이 있는 경우에는 로프를 사용하여 묶거나, 망을 치는 등 위험 방지를 위한 조치를 해야 함 • 높은 곳에 또는 무거운 물건을 적재할 때 절대 무리해서는 안 되며, 안전모를 착용해야 함 • 같은 종류 또는 동일 규격끼리 적재해야 함 • 원목과 같은 원기둥형의 화물은 구르기 쉬우므로 외측에 제동장치를 해야 함
적재함 적재방법	• 한쪽으로 기울지 않게 쌓고, 적재하중을 초과하지 않도록 해야 함 • 최대한 무게가 골고루 분산될 수 있도록 하고, 무거운 화물은 적재함의 중간 부분에 무게가 집중될 수 있도록 적재 • 적재함의 폭을 초과하여 과다하게 적재하지 않도록 함 • 가벼운 화물이라도 너무 높게 적재하지 않도록 함

009 고압가스의 취급

- 운반하는 고압가스의 명칭, 성질 및 이동 중의 재해방지를 위해 필요한 주의사항을 기재한 서면을 운반책임자 또는 운전자에게 교부하고 운반 중에 휴대시킴
- 차량의 고장, 교통사정 또는 운반책임자나 운전자의 휴식 등 부득이한 경우를 제외하고는 장시간 정차하지 않으며, 운반책임자와 운전자가 동시에 차량에서 이탈하면 안 됨
- 200km 이상의 거리를 운행하는 경우에는 중간에 충분한 휴식을 취한 후 운전할 것
- 노면이 나쁜 도로에서는 가능한 한 운행하지 말 것

010 컨테이너에 위험물 수납 시 주의사항

표시	위험물의 분류명, 표찰 및 컨테이너 번호를 외측부 가장 잘 보이는 곳에 표시
수납 및 적재방법	• 컨테이너에 위험물을 수납하기 전에 철저히 점검하여 그 구조와 상태 등이 불안한 컨테이너를 사용해서는 안 되며 개폐문의 방수상태를 점검

수납 및 적재방법	• 수납되는 위험물 용기의 포장 및 표찰이 완전한가를 충분히 점검하여 포장 및 용기가 파손되었거나 불완전한 것은 수납을 금지함 • 화물의 이동, 전도, 충격, 마찰, 누설 등에 의한 위험이 생기지 않도록 충분한 깔판 및 각종 고임목을 사용할 것 • 화물 중량의 배분과 외부충격의 완화를 고려하여 어떠한 경우라도 화물 일부가 컨테이너 밖으로 튀어 나와서는 안 됨 • 수납이 완료되면 즉시 문을 폐쇄함 • 이동하는 동안에 전도, 손상, 찌그러지는 현상 등이 생기지 않도록 적재 • 적재 후 반드시 콘(잠금장치)을 잠금
동일 컨테이너에 수납해서는 안 되는 경우	품명이 다른 위험물 또는 위험물과 위험물 이외의 화물이 상호작용하여 발열 및 가스의 발생, 부식작용, 기타 물리적·화학적 작용이 일어날 염려가 있을 때

011 위험물 탱크로리의 취급
- 탱크로리에 커플링(Coupling)은 잘 연결되었는지 확인
- 접지는 연결시켰는지 확인
- 플랜지(Flange) 등 연결 부분에 새는 곳은 없는지 확인
- 플렉서블호스(Flexible hose)는 고정시켰는지 확인
- 누유된 위험물은 회수하여 처리
- 인화성물질을 취급할 때에는 소화기를 준비하고, 흡연자가 없는지 확인

012 주유취급소의 위험물 취급기준
- 자동차 등에 주유할 때는 고정주유설비를 사용하여 직접 주유
- 자동차 등을 주유할 때는 자동차 등의 원동기를 정지시킴
- 자동차 등의 일부 또는 전부가 주유취급소 밖에 나온 채로 주유하지 않음
- **주유취급소의 전용탱크 또는 간이탱크에 위험물을 주입할 때**
  - 그 탱크에 연결되는 고정주유설비의 사용을 중지
  - 자동차 등을 그 탱크의 주입구에 접근시켜서는 안 됨
- 유분리 장치에 고인 유류는 넘치지 않도록 수시로 퍼내어야 함
- 고정주유설비에 유류를 공급하는 배관은 전용탱크 또는 간이탱크로부터 고정주유설비에 직접 연결된 것이어야 함

013 파렛트(팰릿) 화물의 붕괴 방지요령

밴드걸기 방식	• 나무상자를 파렛트에 쌓는 경우의 붕괴 방지에 많이 사용 • 단점: 어느 쪽이나 밴드가 걸려 있는 부분은 화물의 움직임을 억제하지만, 밴드가 걸리지 않은 부분의 화물이 튀어나오는 결점이 있음
주연어프 방식	파렛트의 가장자리(주연)를 높게 하여 포장화물을 안쪽으로 기울여, 화물이 갈라지는 것을 방지하는 방법으로 부대화물에 효과가 있음

슬립 멈추기 시트 삽입 방식	• 포장과 포장 사이에 미끄럼을 멈추는 시트를 넣어 안전을 도모하는 방법 • 단점: 부대화물에는 효과가 있으나, 상자는 진동하면 튀어 오르기 쉽다는 문제가 있음
풀 붙이기 접착 방식	• 장점: 자동화·기계화 가능, 저렴한 비용 • 풀은 온도에 의해 변화할 수도 있어, 포장화물의 중량이나 형태에 따라서 풀의 양이나 풀칠하는 방식을 결정해야 함
수평 밴드걸기 풀 붙이기 방식	• 풀 붙이기와 밴드걸기 방식을 병용한 것 • 장점: 화물의 붕괴를 방지하는 효과를 한층 더 높이는 방법
슈링크 방식	• **열수축성 플라스틱 필름**을 파렛트 화물에 씌우고 슈링크 터널을 통과시킬 때 가열하여 필름을 수축시켜 파렛트와 밀착시키는 방식 • 장점: 물이나 먼지도 막아내기 때문에 우천 시의 하역이나 야적보관도 가능 • 단점: **통기성이 없고, 비용이 많이 들며**, 고열(120~130℃)의 터널을 통과하므로 상품에 따라서는 이용할 수가 없음
스트레치 방식	• 스트레치 포장기를 사용하여 플라스틱 필름을 파렛트 화물에 감아 움직이지 않게 하는 방법 • 장점: 슈링크 방식과는 다르게 열처리는 행하지 않음 • 단점: 통기성이 없고, 비용이 많이 듦
박스 테두리 방식	• 파렛트에 테두리를 붙이는 박스 파렛트와 같은 형태 • 장점: 화물의 무너짐 방지 효과가 큼

014 포장화물 운송과정의 외압과 보호요령

- **하역 시의 충격 중 가장 큰 충격: 낙하충격**
- **압축하중:** 밑에 쌓은 화물은 반드시 압축하중을 받으며, 주행 중에는 상하진동을 받으므로 2배 정도로 압축하중을 받게 됨
- **내하중:** 포장 재료에 따라 다름
  - 나무상자: 강도의 변화가 거의 없음
  - 골판지: 시간이나 외부 환경에 의해 변화를 받기 쉬워 외부의 온도와 습기, 방치시간 등에 특히 유의해야 함

015 트랙터(Tractor) 운행에 따른 주의사항

- 중량물 및 활대품을 수송하는 경우 바인더 잭(Binder Jack)으로 화물결박을 철저히 하고, 운행할 때에는 수시로 결박 상태를 확인함
- 고속주행 중의 급제동은 잭나이프 현상 등의 위험을 초래하므로 조심함
- 화물의 균등한 적재가 이루어지도록 함
- 가능한 한 경사진 곳에 주차하지 않도록 함
- 장거리 운행 시 최소한 2시간 주행마다 10분 이상 휴식하면서 타이어 및 화물결박 상태를 확인함

016 고속도로 운행제한 차량

축하중	차량의 축하중 10톤 초과 차량
총중량	차량 총중량 40톤 초과 차량
길이	적재물을 포함한 차량의 길이가 16.7m 초과한 차량
폭	적재물을 포함한 차량의 폭이 2.5m 초과한 차량
높이	적재물을 포함한 차량의 높이가 4.0m 초과한 차량(도로 구조의 보전과 통행의 안전에 지장이 없다고 도로관리청이 인정하여 고시한 도로의 경우에는 4.2m)
적재불량 차량	• 화물적재가 편중되어 전도 우려가 있는 차량 • 모래, 흙, 골재류, 쓰레기 등을 운반하면서 덮개를 미설치하거나 없는 차량 • 스페어 타이어 고정상태가 불량한 차량
저속	정상운행속도가 50km/h 미만인 차량

017 화물의 인수요령 · 적재요령 · 인계요령

인수요령	• 집하 자제품목 및 집하 금지품목(화약류 및 인화물질 등 위험물)의 경우는 그 취지를 알리고 양해를 구한 후 정중히 거절 • 제주도 및 도서지역인 경우 그 지역에 적용되는 부대비용(항공료, 도선료)을 수하인에게 징수할 수 있음을 반드시 알려주고, 이해를 구한 후 인수함 • 도서지역의 경우 차량이 직접 들어갈 수 없는 지역은 착불로 거래 시 운임을 징수할 수 없으므로 소비자의 양해를 얻어 운임 및 도선료는 선불로 처리 • 항공료가 착불일 경우 기타 란에 항공료 착불이라고 기재하고 합계 란은 공란으로 비워둠 • 두 개 이상의 화물을 하나의 화물로 밴딩처리한 경우에는 반드시 고객에게 파손 가능성을 설명하고, 별도로 포장하여 각각 운송장 및 보조송장을 부착하여 집하
적재요령	• 긴급을 요하는 화물은 우선적으로 배송될 수 있도록 쉽게 꺼낼 수 있게 적재 • 취급주의 스티커 부착 화물은 적재함 별도공간에 위치하도록 하고, 중량화물은 적재함 하단에 적재하여 타 화물이 훼손되지 않도록 주의 • 다수화물이 도착하였을 때에는 미도착 수량이 있는지 확인
인계요령	• 인수된 물품 중 부패성 물품과 긴급을 요하는 물품에 대해서는 우선적으로 배송하여 손해배상 요구가 발생하지 않도록 함 • 수하인 부재로 배송이 곤란한 경우, 임의적으로 방치 또는 배송처 안으로 무단 투기하지 말고 수하인에게 연락하여 지정하는 장소에 전달하고, 수하인에게 알림 • 수하인과 연락이 되지 않아 물품을 다른 곳에 맡길 경우, 반드시 수하인과 연락하여 맡겨놓은 위치 및 연락처를 남겨 물품 인수를 확인하도록 함 • 배송 중 수하인이 직접 찾으러 오는 경우 물품을 전달할 때 반드시 본인 확인을 한 후 물품을 전달하고, 인수확인란에 직접 서명을 받아 그로 인한 피해가 발생하지 않도록 유의 • 물품 배송 중 발생할 수 있는 도난에 대비하여 근거리 배송이라도 차에서 떠날 때는 반드시 잠금장치를 하여 사고를 미연에 방지하도록 함

018 화물사고의 원인과 대책

파손사고	원인	• 집하할 때 화물의 포장 상태를 미확인한 경우 • 화물을 함부로 던지거나 발로 차거나 끄는 경우 • 화물을 적재할 때 무분별한 적재로 압착되는 경우 • 차량에 상하차할 때 컨베이어 벨트 등에서 떨어져 파손되는 경우
	대책	• 집하할 때 고객에게 내용물에 관한 정보를 충분히 듣고 포장 상태 확인 • 가까운 거리 또는 가벼운 화물이라도 절대 함부로 취급하지 않음
오손사고	원인	• 김치, 젓갈, 한약류 등 수량에 비해 포장이 약한 경우 • 화물을 적재할 때 중량물을 상단에 적재한 경우
	대책	• 상습적으로 오손이 발생하는 화물은 안전박스에 적재하여 위험으로부터 격리 • 중량물은 하단에, 경량물은 상단에 적재한다는 규정 준수
내용물 부족사고	원인	• 마대화물(쌀, 고춧가루, 잡곡 등) 등 박스가 아닌 화물의 포장이 파손된 경우 • 포장이 부실한 화물(과일, 가전제품 등)에 대한 절취 행위가 발생한 경우
	대책	부실포장 화물을 집하할 때 내용물 상세 확인 및 포장 보강 시행

019 산업 현장의 일반적인 화물자동차

보닛 트럭	원동기부의 덮개가 운전실의 앞쪽에 나와 있는 트럭
캡 오버 엔진 트럭	원동기의 전부 또는 대부분이 운전실의 아래쪽에 있는 트럭
밴	상자형 화물실을 갖추고 있는 트럭(지붕이 없는 오픈 톱형도 포함)
픽업	화물실의 지붕이 없고, 옆판이 운전대와 일체로 되어 있는 화물자동차

020 트레일러

• 동력을 갖추지 않고 모터 비이클(모터가 있는 차량)에 의해 견인되며 사람 및 물품을 수송하는 목적을 위해 설계되어 도로상을 주행하는 차량
• 자동차를 동력 부분(견인차 또는 트랙터)과 적하 부분(피견인차)으로 나누었을 때, 적하 부분을 지칭

021 연결되는 트랙터에 따른 트레일러의 종류

풀 트레일러 (Full trailer)	• 트랙터와 트레일러가 완전히 분리되어 있고 트랙터 자체도 적재함을 가지고 있음 • 총하중이 트레일러만으로 지탱되도록 설계되어 선단에 견인구(트랙터)를 갖춘 트레일러
세미 트레일러 (Semi-trailer)	• 세미 트레일러용 트랙터에 연결하여, 총하중의 일부분이 견인하는 자동차에 의해서 지탱되도록 설계된 트레일러 • 가동 중인 트레일러 중 가장 많고 일반적인 트레일러임
폴 트레일러 (Pole trailer)	• 기둥, 통나무 등 장척의 적하물 자체가 트랙터와 트레일러의 연결 부분을 구성하는 구조의 트레일러 • 파이프나 H형강 등 장척물의 수송을 목적으로 한 트레일러

022 이사화물의 인수거절

- 현금, 유가증권, 귀금속, 예금통장, 신용카드, 인감 등 고객이 휴대할 수 있는 귀중품
- 위험물, 불결한 물품 등 다른 화물에 손해를 끼칠 염려가 있는 물건
- 동식물, 미술품, 골동품 등 운송에 특수한 관리를 요하기 때문에 다른 화물과 동시에 운송하기에 적합하지 않은 물건
- 일반이사화물의 종류, 무게, 부피, 운송거리 등에 따라 운송에 적합하도록 포장할 것을 사업자가 요청하였으나 고객이 이를 거절한 물건

023 이사화물의 계약해제

- **고객의 책임 있는 사유**: 다음의 손해배상액을 사업자에게 지급(고객이 이미 지급한 계약금이 있는 경우 그 금액을 공제할 수 있음)

고객이 약정된 이사화물의	인수일 1일 전까지 해제를 통지한 경우	계약금
	인수일 당일에 해제를 통지한 경우	계약금의 배액

- **사업자의 책임 있는 사유**: 다음의 손해배상액을 고객에게 지급(고객이 이미 지급한 계약금이 있는 경우 손해배상액과는 별도로 그 금액도 반환)

사업자가 약정된 이사화물의	인수일 2일 전까지 해제를 통지한 경우	계약금의 배액
	인수일 1일 전까지 해제를 통지한 경우	계약금의 4배액
	인수일 당일에 해제를 통지한 경우	계약금의 6배액
	인수일 당일에도 해제를 통지하지 않은 경우	계약금의 10배액

024 책임의 특별소멸사유와 시효

사업자의 손해배상 책임은 고객이 이사화물을 인도받은 날부터 5년간 존속함

사업자의 손해배상 책임	이사화물의 일부 멸실 또는 훼손	고객이 이사화물을 인도받은 날부터 30일 이내에 그 일부 멸실 또는 훼손의 사실을 사업자에게 통지하지 않으면 소멸
	이사화물의 멸실, 훼손 또는 연착	고객이 이사화물을 인도받은 날부터 1년이 경과하면 소멸 (이사화물이 전부 멸실된 경우 약정된 인도일부터 기산)

025 운송물의 수탁거절 사유

- 고객이 운송장에 필요한 사항을 기재하지 않은 경우
- 사업자가 고객에게 운송에 적합하지 않은 운송물에 대해 필요한 포장을 하도록 청구하거나 고객의 승낙을 얻고자 했으나, 고객이 이를 거절하여 운송에 적합한 포장이 되지 않은 경우
- 운송물 1포장의 가액이 300만 원을 초과하는 경우
- 운송물이 밀수품, 군수품, 부정임산물 등 위법한 물건인 경우
- 운송물이 살아있는 동물, 동물사체 등인 경우
- 운송이 법령, 사회질서, 기타 선량한 풍속에 반하는 경우
- 운송이 천재지변, 기타 불가항력적인 사유로 불가능한 경우

026 운송물의 인도일

사업자는 다음의 인도예정일까지 운송물을 인도해야 함

운송장에 인도예정일의 기재가 있는 경우		그 기재된 날
운송장에 인도예정일의 기재가 없는 경우	일반 지역	운송장에 기재된 운송물의 수탁일부터 2일
	도서, 산간벽지	운송장에 기재된 운송물의 수탁일부터 3일

027 고객이 운송장에 운송물의 가액을 기재하지 않은 경우 손해배상 한도액

50만 원으로 하되, 운송물의 가액에 따라 할증요금을 지급하는 경우의 손해배상한도액은 각 운송가액 구간별 운송물의 최고가액으로 함

028 사업자 손해배상 책임의 특별소멸사유와 시효

사업자의 손해배상 책임은 수하인이 운송물을 수령한 날부터 5년간 존속함

운송물의 일부 멸실 또는 훼손	수하인이 운송물을 수령한 날부터 14일 이내에 그 일부 멸실 또는 훼손의 사실을 사업자에게 통지하지 않으면 소멸
운송물의 일부 멸실, 훼손 또는 연착	수하인이 운송물을 수령한 날부터 1년이 경과하면 소멸(운송물이 전부 멸실된 경우 그 인도예정일로부터 기산)

PART 03 안전운행요령

001 교통사고의 요인

인적요인	• 신체, 생리, 심리, 적성, 습관, 태도 요인 등을 포함하는 개념 • 운전자 또는 보행자의 신체적·생리적 조건, 위험의 인지와 회피에 대한 판단, 심리적 조건, 운전자의 적성과 자질, 운전습관, 내적태도 등에 관한 것	
차량 요인	차량구조장치, 부속품 또는 적하 등	
도로요인	도로구조	도로의 선형, 노면, 차로 수, 노폭, 구배 등에 관한 것
	안전시설	신호기, 노면표시, 방호책 등 도로의 안전시설에 관한 것을 포함하는 개념
환경요인	자연환경	기상, 일광 등 자연조건에 관한 것
	교통환경	차량 교통량, 운행차 구성, 보행자 교통량 등 교통 상황에 관한 것
	사회환경	일반국민·운전자·보행자 등의 교통도덕, 정부의 교통정책, 교통단속과 형사처벌 등에 관한 것
	구조환경	교통 여건 변화, 차량 점검 및 정비관리자와 운전자의 책임한계 등

002 운전특성

- **운전자의 정보처리과정**: 운전정보 → 구심성 신경 → 뇌 → 의사결정과정 → 원심성 신경 → 효과기(운동기) → 운전 조작행위
- **운전특성**
  - 운전특성은 일정하지 않고 사람 간에 차이(개인차)가 있음
  - 개인의 신체적·생리적 및 심리적 상태가 항상 일정한 것은 아니어서 인간의 운전행위를 공산품의 공정처럼 일정하게 유지할 수 없음

003 운전과 관련되는 시각특성

- 운전자는 운전에 필요한 정보의 대부분을 시각을 통하여 획득함
- 속도가 빨라질수록 시력은 떨어짐
- 속도가 빨라질수록 시야의 범위가 좁아짐
- 속도가 빨라질수록 전방주시점은 멀어짐

004 도로교통법령에서 정한 시력기준(교정시력 포함)

- 붉은색, 녹색 및 노란색을 구별할 수 있어야 함
- 면허에 따른 시력 기준

제1종 운전면허에 필요한 시력	• 두 눈을 동시에 뜨고 잰 시력이 0.8 이상, 두 눈의 시력이 각각 0.5 이상 • 한쪽 눈을 보지 못하는 사람: 다른 쪽 눈의 시력이 0.8 이상, 수평시야 120° 이상, 수직시야 20° 이상, 중심시야 20° 내 암점 또는 반맹이 없어야 함
제2종 운전면허에 필요한 시력	• 두 눈을 동시에 뜨고 잰 시력이 0.5 이상 • 한쪽 눈을 보지 못하는 사람: 다른 쪽 눈의 시력이 0.6 이상

005 정지시력과 동체시력

정지시력	아주 밝은 상태에서 1/3인치(0.85cm) 크기의 글자를 20피트(6.10m) 거리에서 읽을 수 있는 사람의 시력을 말하며 정상시력은 20/20으로 나타냄
동체시력	• 움직이는 물체(자동차, 사람 등) 또는 **움직이면서**(운전하면서) 다른 자동차나 사람 등의 물체를 보는 시력 • 특성 　– 물체의 **이동속도가 빠를수록** 상대적으로 저하됨 　– 연령이 높을수록 더욱 저하됨 　– 장시간 운전에 의한 **피로** 상태에서 저하됨

006 야간시력

- **운전하기 가장 어려운 시간: 해질 무렵**
- 야간에는 대향차량 간의 전조등에 의한 현혹 현상(눈부심 현상)으로 중앙선에 있는 통행인을 우측 갓길에 있는 통행인보다 확인하기 어려움

007 명순응과 암순응

명순응	• 일광 또는 조명이 어두운 조건에서 밝은 조건으로 변할 때 사람의 눈이 그 상황에 적응하여 시력을 회복하는 것 • 어두운 터널을 벗어나 밝은 도로로 주행할 때 운전자가 일시적으로 주변의 눈부심으로 인해 물체가 보이지 않는 시각장애 • 일반적으로 **명순응에 걸리는 시간은 암순응보다 빨라** 1분 이내의 시간이 걸림
암순응	• 일광 또는 조명이 밝은 조건에서 어두운 조건으로 변할 때 사람의 눈이 그 상황에 적응하여 시력을 회복하는 것 • 맑은날 낮 시간에 터널 밖을 운행하던 운전자가 갑자기 어두운 터널 안으로 주행하는 순간 일시적으로 일어나는 운전자의 심한 시각장애 • **시력회복이 명순응에 비해 매우 느림** 　– 주간 운전 시 터널에 막 진입하였을 때 더욱 조심스러운 안전운전이 요구됨

008 시야

- **시야**: 정지한 상태에서 눈의 초점을 고정시키고 양쪽 눈으로 볼 수 있는 범위
- **정상적인 시력을 가진 사람의 시야의 범위:** 180°~200°
- 주행 중인 운전자는 전방의 한 곳에만 주의를 집중하기보다는 시야를 넓게 갖도록 하고, 주시점을 적절하게 이동시키거나 머리를 움직여 상황에 대응하는 운전을 해야 함
- **속도와 시야:** 속도가 높아질수록 주시점은 멀어지고, **시야의 범위는 점점 좁아짐**
- **주의의 정도와 시야:** 운전 중 불필요한 대상에 주의가 집중되어 있다면 주의를 집중한 것에 비례하여 시야 범위가 좁아지고 교통사고의 위험은 그만큼 커짐

009 사고의 심리적 요인: 예측의 실수
- 감정이 격앙된 경우
- 고민거리가 있는 경우
- 시간에 쫓기는 경우

010 보행자사고
- OECD 보행 중 교통사고 사망자 구성비: 한국(38.9%) > 일본(36.2%) > 미국(14.5%) > 프랑스(14.2%)
- 차 대 사람의 사고가 가장 많은 연령층: 어린이와 노약자
- 보행자사고의 요인: 인지결함, 판단착오, 동작착오

011 고령자 교통안전 장애요인

고령자의 시각능력	• 시력 저하 현상 발생: 자동차 운전에서는 근점시력보다 원점시력이 중요한데 고령자는 조도가 낮은 상황에서는 원점시력이 더욱 저하됨 • 대비능력 저하: 여러 개의 사물 간 또는 사물과 배경을 식별하는 능력인 대비능력 저하 • 동체시력 약화: 움직이는 물체를 정확히 식별하고 인지하는 능력인 동체시력 약화 • 원근 구별능력 약화 • 시야 감소 현상: 시야가 좁아져서 시야 바깥에 있는 표지판, 신호, 차량, 보행자들을 발견하지 못하는 경우 증가
고령보행자의 보행행동 특성	• 고착화된 자기 경직성: 뒤에서 오는 차의 접근에도 주의를 기울이지 않거나 경음기를 울려도 반응을 보이지 않는 경향 증가 • 이면도로 등에서 도로의 노면표시가 없으면 도로 중앙부를 걷는 경향 • 보행 궤적이 흔들거리며 보행 중에 사선횡단을 하기도 함 • 보행 시 상점이나 포스터를 보면서 걷는 경향이 있음 • 정면에서 오는 차량 등을 회피할 수 있는 여력을 갖지 못함 • 소리 나는 방향을 주시하지 않는 경향이 있음

012 고령보행자 안전수칙
- 횡단보도 신호에 녹색불이 들어와도 바로 건너지 않고 오고 있는 자동차가 정지했는지 확인
- 자동차가 오고 있다면 보낸 후 똑바로 횡단
- 횡단하는 동안에도 계속 주의를 기울임
- 횡단보도를 건널 때 젊은이의 보행속도에 맞추어 무리하게 건너지 말고 능력에 맞게 건너면서 손을 들어 자동차에 양보신호를 보냄

013 어린이 교통안전

어린이 교통사고의 특징	• 어릴수록 교통사고가 많이 발생, 오후 4~6시 사이에 가장 많음 • 집이나 학교 근처 등 어린이 통행이 잦은 곳에서 보행 중 사상자 가장 많이 발생
어린이들이 당하기 쉬운 교통사고 유형	• 도로에 갑자기 뛰어들기 • 도로 횡단 중의 부주의 • 도로상에서 위험한 놀이 • 자전거를 타고 멈추지 않고 그대로 달려 나오다가 자동차와 부딪힘

014 운행기록분석시스템

- 여객자동차운수사업법에 따른 여객자동차운송사업자는 운행하는 차량에 운행기록장치를 장착해야 함
- **운행기록장치에 기록된 운행기록을 보관하여야 하는 기간: 6개월**

운행기록분석 시스템 분석 항목	• 자동차의 운행경로에 대한 궤적의 표기 • 운전자별·시간대별 운행속도 및 주행거리의 비교 • 진로 변경 횟수와 사고위험도 측정, 과속·급가속·급감속·급출발·급정지 등 위험운전 행동 분석
운행기록분석 결과의 활용	다음과 같은 교통안전 관련 업무에 한정하여 활용할 수 있음 • 자동차의 운행관리 • 운전자에 대한 교육·훈련 • 운전자의 운전습관 교정 • 운송사업자의 교통안전관리 개선 • 교통수단 및 운행체계의 개선 • 교통행정기관의 운행계통 및 운행경로 개선 • 그 밖에 사업용 자동차의 교통사고 예방을 위한 교통안전정책의 수립

015 자동차의 주요장치: 제동장치

주행하는 자동차를 감속 또는 정지시킴과 동시에 주차 상태를 유지하기 위해 필요한 장치

주차 브레이크	차를 주차 또는 정차시킬 때 사용하는 제동장치
풋 브레이크	• 주행 중에 발로써 조작하는 주 제동장치 • 휠 실린더의 피스톤에 의해 브레이크 라이닝을 밀어주어 타이어와 함께 회전하는 드럼 을 잡아 멈추게 함
엔진 브레이크	가속 페달을 놓거나 저단기어로 바꾸게 되면 엔진 브레이크가 작용하여 속도가 떨어지게 되며, 마치 구동바퀴에 의해 엔진이 역으로 회전하는 것과 같이 되어 그 회전 저항으로 제동력이 발생하는 것
ABS (Anti-lock Brake System)	빙판이나 빗길 등 미끄러운 노면상이나 통상의 주행에서 제동 시에 바퀴를 록(lock) 시키 지 않음으로써 브레이크가 작동하는 동안에도 핸들의 조종이 용이하도록 하는 제동장치

016 자동차의 주요장치: 주행장치

엔진에서 발생한 동력이 최종적으로 바퀴에 전달되어 자동차가 노면 위를 달리게 됨

휠(Wheel)	타이어와 함께 차량의 중량을 지지하고 구동력과 제동력을 지면에 전달하는 역할
타이어	• 휠의 림에 끼워져서 일체로 회전하며 자동차가 달리거나 멈추는 것을 원활히 함 • 자동차의 중량을 떠받쳐 줌 • 지면으로부터 받는 충격을 흡수해 승차감을 좋게 함 • 자동차의 진행방향을 전환시킴

017 자동차의 주요장치: 조향장치

- 운전석에 있는 핸들에 의해 <u>앞바퀴의 방향</u>을 틀어서 자동차의 진행방향을 바꾸는 장치
- 주행 중의 안정성이 좋고 핸들 조작이 용이하도록 앞바퀴 정렬이 잘 되어 있어야 함
- **앞바퀴 정렬(휠 얼라인먼트)**

토우인 (Toe-in)	상태	앞바퀴를 위에서 보았을 때 앞쪽이 뒤쪽보다 좁은 상태
	기능	• 바퀴를 원활하게 회전시켜서 핸들의 조작을 용이하게 함 • 주행 중 타이어가 바깥쪽으로 벌어지는 것을 방지 • 주행저항 및 구동력의 반력으로 토아웃되는 것을 방지하여 타이어의 마모 방지
캠버 (Camber)	상태	• (+) 캠버: 앞에서 보았을 때, 위쪽이 아래보다 약간 바깥쪽으로 기울어져 있는 것 • (-) 캠버: 앞에서 보았을 때, 위쪽이 아래보다 약간 안쪽으로 기울어져 있는 것
	기능	• 앞바퀴가 하중을 받을 때 아래로 벌어지는 것 방지 • 핸들 조작을 가볍게 함 • 수직 방향 하중에 의해 앞차축의 휨을 방지
캐스터 (Caster)	상태	옆에서 보았을 때 차축과 연결되는 킹핀의 중심선이 약간 뒤쪽(+) 혹은 앞쪽(-)으로 기울어져 있는 것
	기능	• 앞바퀴에 <u>직진성</u>을 부여하여 차의 롤링을 방지 • 핸들의 복원성을 좋게 하기 위해 필요 • 조향을 했을 때 직진 방향으로 되돌아오려는 복원력을 줌

018 자동차의 주요장치: 현가장치

- 차량의 무게를 지탱하여 차체가 직접 차축에 얹히지 않도록 함
- 도로 충격을 흡수하여 더욱 유연한 승차감 제공
- **유형**: 판 스프링, 코일 스프링, 비틀림 막대 스프링, 공기 스프링, 충격흡수장치(쇽업소버)

019 원심력

특징	• 속도가 빠를수록, 커브가 작을수록, 중량이 무거울수록 커짐 • 속도의 제곱에 비례해서 커짐
원심력과 안전운행	• 커브 진입하기 전에 속도를 줄여 노면에 대한 타이어의 접지력(Grip)이 원심력을 안전하게 극복해야 함 • 커브가 예각을 이룰수록 원심력은 커지므로 안전하게 회전하려면 이러한 커브에서 보다 감속해야 함

020 주행 중 물리적 현상

수막 현상	개념	자동차가 물이 고인 노면을 고속으로 주행할 때 타이어 그루브(타이어 홈) 사이에 있는 물을 배수하는 기능이 감소되어 물의 저항에 의해 노면으로부터 떠올라 물 위를 미끄러지듯이 되는 현상
	예방법	• 고속으로 주행하지 않음 • 마모된 타이어를 사용하지 않으며, 공기압을 조금 높게 함 • 배수효과가 좋은 타이어 사용
베이퍼 록 현상	개념	유압식 브레이크의 휠 실린더나 브레이크 파이프 속에서 브레이크액이 기화하여, 페달을 밟아도 스펀지를 밟는 것 같고 유압이 전달되지 않아 브레이크가 작용하지 않는 현상
모닝 록 현상	개념	비가 자주 오거나 습도가 높은 날, 또는 오랜 시간 주차한 후에 브레이크 드럼에 미세한 녹이 발생하는 현상
	예방법	• 아침에 운행을 시작할 때나 장시간 주차한 다음 운행을 시작하는 경우에는 출발하기 전에 브레이크를 몇 차례 밟아주는 것이 좋음 • 서행하면서 브레이크를 몇 번 밟아주게 되면 녹이 자연히 제거되면서 해소됨

021 정지시간과 정지거리

공주시간과 공주거리	공주시간	운전자가 자동차를 정지시켜야 할 상황임을 지각하고 브레이크 페달로 발을 옮겨 브레이크가 작동을 시작하는 순간까지의 시간
	공주거리	공주시간까지 자동차가 진행한 거리
제동시간과 제동거리	제동시간	운전자가 브레이크에 발을 올려 브레이크가 막 작동을 시작하는 순간부터 자동차가 완전히 정지할 때까지의 시간
	제동거리	제동시간까지 자동차가 진행한 거리
정지시간과 정지거리	정지시간	• 공주시간 + 제동시간 • 운전자가 위험을 인지하고 자동차를 정지시키려고 시작하는 순간부터 자동차가 완전히 정지할 때까지의 시간
	정지거리	• 공주거리 + 제동거리 • 정지시간까지 자동차가 진행한 거리

022 자동차의 점검사항

원동기	• 시동이 쉽고 잡음이 없는가? • 배기가스의 색이 깨끗하고 유독가스 및 매연이 없는가? • 엔진오일의 양이 충분하고 오염되지 않으며 누출이 없는가? • 연료 및 냉각수가 충분하고 새는 곳이 없는가? • 연료분사펌프조속기의 봉인상태가 양호한가? • 배기관 및 소음기의 상태가 양호한가?
동력전달장치	• 클러치 페달의 유동이 없고 클러치의 유격은 적당한가? • 변속기의 조작이 쉽고 변속기 오일의 누출은 없는가? • 추진축 연결부의 헐거움이나 이음은 없는가?

023 고장이 자주 일어나는 부분

진동과 소리	팬벨트	가속 페달을 힘껏 밟는 순간 "끼익!"하는 소리가 남
	클러치 부분	클러치를 밟고 있을 때 "달달달" 떨리는 소리와 함께 차체가 떨리고 있다면, 클러치 릴리스 베어링의 고장으로, 정비공장에 가서 교환해야 함
	브레이크 부분	브레이크 페달을 밟아 차를 세우려고 할 때 바퀴에서 "끼익!"하는 소리가 남
냄새와 열	전기장치 부분	• 고무 같은 것이 타는 냄새가 날 때는 바로 차를 세워야 함 • 대개 엔진실 내의 전기 배선 등의 피복이 녹아 벗겨져 합선에 의해 전선이 타면서 나는 냄새가 대부분임
	브레이크 부분	단내가 심하게 나는 경우
배출가스	검은색	농후한 혼합가스가 들어가 불완전 연소되는 경우
	백색(흰색)	엔진 안에서 다량의 엔진오일이 실린더 위로 올라와 연소되는 경우

024 고장 유형별 조치방법

엔진오일 과다 소모	점검사항	• 배기 배출가스 육안 확인 • 에어 클리너 오염도 확인(과다 오염) • 블로바이 가스(Blow-by gas) 과다 배출 확인
	조치방법	• 엔진 피스톤 링 교환 　　　　　　• 실린더 교환이나 보링작업
엔진 온도 과열	점검사항	• 냉각수 및 엔진오일의 양 확인과 누출 여부 확인 • 냉각팬 및 워터펌프의 작동 확인
	조치방법	• 냉각수 보충　　　　　　• 팬벨트의 장력 조정 • 냉각팬 휴즈 및 배선 상태 확인
와이퍼 미작동	점검사항	모터가 도는지 점검
	조치방법	• 모터 작동 시 블레이드 암의 고정너트를 조이거나 링크기구 교환 • 모터 미작동 시 퓨즈, 모터, 스위치, 커넥터 점검 및 손상부품 교환

025 곡선부 방호울타리의 기능

- 자동차의 차도 이탈 방지
- 탑승자의 상해 및 자동차의 파손 감소
- 자동차를 정상적인 진행방향으로 복귀시킴
- 운전자의 시선을 유도

026 길어깨(갓길)와 교통사고

정의	도로를 보호하고 비상시에 이용하기 위해 차로에 접속하여 설치하는 도로의 부분
안전성	• 길어깨가 넓으면 차량의 이동공간이 넓고, 시계가 넓으며, 고장차량을 주행차로 밖으로 이동시킬 수 있기 때문에 안전성이 큼 • 토사나 자갈 또는 잔디보다는 포장된 노면이 더 안전하며, 포장이 되어 있지 않을 경우에는 건조하고 유지관리가 용이할수록 안전함
기능	• 고장차가 본선차도로부터 대피할 수 있고, 사고 시 교통의 혼잡을 방지하는 역할 • 측방 여유폭을 가지므로 교통의 안전성과 쾌적성에 기여 • 유지관리 작업장이나 지하매설물에 대한 장소로 제공 • 절토부 등에서는 곡선부의 시거가 증대되기 때문에 교통의 안전성이 높음 • 유지가 잘 되어 있는 길어깨는 도로 미관을 높임 • 보도 등이 없는 도로에서는 보행자 등의 통행장소로 제공

027 중앙분리대의 종류

방호울타리형		중앙분리대 내에 충분한 설치 폭의 확보가 어려운 곳에서 차량의 대향차로로의 이탈을 방지하는 곳에 비중을 두고 설치하는 형
연석형	장점	• 좌회전 차로의 제공이나 향후 차로 확장에 쓰일 공간 확보 • 연석의 중앙에 잔디나 수목을 심어 녹지공간 제공 • 운전자의 심리적 안정감에 기여
	단점	차량과 충돌 시 차량을 본래의 주행방향으로 복원해주는 기능이 미약함
광폭 중앙분리대		도로선형의 양방향 차로가 완전히 분리될 수 있는 충분한 공간 확보로 대향차량의 영향을 받지 않을 정도의 너비를 제공

028 중앙분리대와 교통사고

- 분리대의 폭이 넓을수록 분리대를 넘어가는 횡단사고가 적고, 전체사고에 대한 정면충돌사고의 비율도 낮음
- 중앙분리대로 설치된 방호울타리는 정면충돌사고를 차량단독사고로 변환시킴으로써 사고의 위험성을 줄임

029 중앙분리대의 기능

- 상하 차도의 교통 분리
- 평면교차로가 있는 도로에서는 폭이 충분할 때 좌회전 차로로 활용할 수 있음
- 광폭 분리대의 경우 사고 및 고장 차량이 정지할 수 있는 여유 공간을 제공
- 보행자에 대한 안전섬이 됨으로써 횡단 시 안전
- 필요에 따라 유턴(U Turn) 방지

030 정지시거와 앞지르기시거

정지시거	• 운전자가 같은 차로 위에 있는 고장차 등의 장애물을 인지하고 안전하게 정지하기 위해 필요한 거리 • 차로 중심선 위의 1m 높이에서 그 차로의 중심선에 있는 높이 15cm 물체의 맨 윗부분을 볼 수 있는 거리를 그 차로의 중심선에 따라 측정한 길이
앞지르기시거	• 2차로 도로에서 저속 자동차를 안전하게 앞지를 수 있는 거리 • 차로 중심선 위의 1m 높이에서 반대쪽 차로의 중심선에 있는 높이 1.2m의 반대쪽 자동차를 인지하고 앞차를 안전하게 앞지를 수 있는 거리를 도로 중심선에 따라 측정한 길이

031 방어운전

방어운전의 기본	• 능숙한 운전 기술, 정확한 운전지식, 세심한 관찰력 • 예측력: 앞으로 일어날 위험 및 운전 상황을 미리 파악하는, 안전을 위협하는 운전 상황의 변화요소를 재빠르게 파악하는 능력 • 판단력: 교통 상황에 적절하게 대응하고 이에 맞게 자신의 행동을 통제하고 조절하면서 운행하는 능력 • 양보와 배려의 실천, 교통 상황 정보 수집
실전 방어운전 방법	• 운전자는 앞차의 전방까지 시야를 멀리 두고, 장애물이 나타나 앞차가 브레이크를 밟았을 때 즉시 브레이크를 밟을 수 있도록 준비 태세를 갖춤 • 교통신호가 바뀐다고 해서 무작정 출발하지 말고 주위 자동차의 움직임을 관찰한 후 진행 • 진로를 바꿀 때는 상대방이 잘 알 수 있도록 여유 있게 신호를 보냄 • 밤에 마주 오는 차가 전조등 불빛을 줄이거나 아래로 비추지 않고 접근해 올 때는 불빛을 정면으로 보지 말고 시선을 약간 오른쪽으로 돌림 • 밤에 산모퉁이 길을 통과할 때는 전조등을 상향과 하향을 번갈아 켜거나 껐다 켰다 하여 자신의 존재를 알림

032 운전 상황별 방어운전방법

주행 시 속도 조절	• 교통량이 많은 곳에서는 속도를 줄여서 주행 • 노면의 상태가 나쁜 도로에서는 **속도를 줄여서 주행** • 해질 무렵, 터널 등 조명 조건이 나쁠 때에는 **속도를 줄여서 주행**
주차할 때	• 주차가 허용된 지역이나 안전한 지역에 주차 • 주행차로에 차의 일부분이 돌출된 상태로 주차하지 않음

033 내리막길과 오르막길의 안전운전 및 방어운전

내리막길	• 내리막길을 내려가기 전에는 미리 감속하여 천천히 내려가며 엔진 브레이크로 속도 조절 • 엔진 브레이크를 사용하면 페이드 현상을 예방하여 운행 안전도를 더욱 높일 수 있음
오르막길	• 오르막길의 사각 지대는 정상 부근이며, 마주 오는 차가 바로 앞에 다가올 때까지는 보이지 않으므로 서행하여 위험에 대비 • **정차** 시에는 풋 브레이크와 핸드 브레이크를 같이 사용함 • 오르막길에서 앞지르기할 때는 힘과 가속력이 좋은 **저단 기어를 사용하는** 것이 안전

034 계절별 운전

봄철	운전자	춘곤증에 의한 졸음운전으로 전방주시 태만과 관련된 사고의 위험이 높음
	자동차관리	겨울에 노면의 결빙을 막기 위해 뿌려진 **염화칼슘**이 자동차에 부착되어 차체의 부식을 촉진시키므로 겨울을 보낸 다음에는 구석구석 세차함
여름철	뜨거운 태양 아래 오래 주차 시	출발하기 전에 창문을 열어 실내의 더운 공기를 환기시키고 에어컨을 최대로 켜서 **실내의 더운 공기가 빠져나간 다음에** 운행함
	자동차관리	• 와이퍼의 작동 상태 점검: 유리면과 접촉하는 부위인 **블레이드가 닳지 않았는지** 확인 • 타이어 마모 상태 점검: 노면과 맞닿는 부분인 요철형 무늬의 깊이(트레드 홈 깊이)가 **최저 1.6mm 이상**이 되는지를 확인하고 적정 공기압을 유지하고 있는지 점검 • 폭우 등으로 물에 잠긴 차량의 경우: 각종 배선에서 수분이 완전히 제거되지 않아 **합선이 일어날 수 있으므로** 시동을 걸거나 전기장치를 작동시키지 않고 전문가의 도움을 받음
가을철	이상기후 대처	심한 일교차로 안개 발생 가능성이 커 차들과 추돌하기 쉬우므로 감속 운행함
	농기계 주의	추수시기를 맞아 경운기 등 농기계의 빈번한 사용은 교통사고의 원인이 됨
겨울철	도로조건	겨울철에는 눈이 녹지 않고 쌓여 적은 양의 눈이 내려도 바로 빙판이 되기 때문에 자동차의 충돌·추돌·도로 이탈 등의 사고가 많이 발생함
	주행 시	• 그늘진 장소, 교량 위, 터널 근처는 노면의 동결이 예상되므로 주의 • 눈 쌓인 커브길 주행 시에는 기어 변속을 하지 않음

035 차량에 고정된 탱크의 안전운행

운송 시 주의사항	• 도로상이나 주택가, 상가 등 지정된 장소가 아닌 곳에서는 탱크로리 상호 간에 취급물질을 일·출하시키지 말 것 • 운송 중은 물론 정차 시에도 허용된 장소 이외에서는 흡연이나 그 밖의 화기를 사용하지 말 것
주차 시 안전운송 기준	• 운송 중 노상에 주차할 필요가 있는 경우에는 주택 및 상가 등이 밀집한 지역을 피하고, 교통량이 적고 부근에 화기가 없는 안전하고 지반이 평탄한 장소를 선택하여 주차할 것 • 부득이하게 비탈길에 주차하는 경우에는 사이드 브레이크를 확실히 걸고 차바퀴를 고임목으로 고정할 것 • 차량운전자가 차량으로부터 이탈한 경우에는 항상 차량이 눈에 띄는 곳에 있어야 함
이입작업할 때의 기준	• 차를 소정의 위치에 정차시키고 사이드 브레이크를 확실히 건 다음 엔진을 끔 • 메인스위치 그 밖의 전기장치를 완전히 차단하여 스파크가 발생하지 않도록 함 • 커플링을 분리하지 않은 상태에서는 엔진을 사용할 수 없도록 적절한 조치를 강구함 • 차량이 앞뒤로 움직이지 않도록 차바퀴의 전·후를 차바퀴 고정목 등으로 확실하게 고정함

036 충전용기 등을 적재한 차량의 주·정차 시

- 지형을 충분히 고려하여 가능한 한 평탄하고 교통량이 적은 안전한 장소를 택할 것
- 시장 등 차량의 통행이 현저히 곤란한 장소 등에는 주·정차하지 말 것
- 엔진을 정지시킨 다음, 사이드 브레이크를 걸어 놓고 반드시 차바퀴를 고정목으로 고정시킴
- 주위의 화기 등이 없는 안전한 장소에 주·정차할 것
- 차량의 고장, 교통사정 또는 운반책임자·운전자의 휴식, 식사 등 부득이한 경우를 제외하고는 당해 차량에서 동시에 이탈하지 않으며, 동시에 이탈할 경우에는 차량이 쉽게 보이는 장소에 주차할 것

037 고속도로 안전운전 방법

- 전방주시
- 2시간 운전 시 15분 휴식
- 전 좌석 안전띠 착용
- 차간거리 확보[앞 차량과 100m(3초) 이상 간격 유지]
- 진입은 안전하게 천천히, 진입 후 가속은 빠르게
- 주변 교통 흐름에 따라 적정속도 유지
- 비상시 비상등 켜기
- 주행차로로 주행
- 후부 반사판 부착(차량 총중량 7.5톤 이상 및 특수 자동차는 의무 부착)

038 고속도로 작업구간 통행방법

주의구간	운전자가 전방의 교통상황 변화를 사전에 인지하여 안전운행에 미리 대비하는 구간으로 길어깨(갓길)에 안내표지 등이 설치됨
변화구간	진행중인 차로를 변화시키는 구간으로 작업 중인 해당 차로 전방에 일정 거리를 두어 차로를 차단하여 차로를 변경하게 하는 구간
작업구간	실제 작업이 이루어지는 구간으로 운전자들이 차로변경을 하지 못한 경우에 대비하여 운전자 및 작업자를 보호하기 위한 완충구간 포함
종결구간	작업구간을 통과하여 이전의 정상적인 교통 흐름으로 복귀하는 구간

039 고속도로 2차사고 예방 안전행동요령

- 신속히 비상등을 켜고 다른 차의 소통에 방해가 되지 않도록 갓길로 차량을 이동시킴(트렁크를 열어 위험을 알리는 것도 좋음)
- 후방에서 접근하는 차량의 운전자가 쉽게 확인할 수 있도록 고장자동차의 표지(안전삼각대)를 함
- 운전자와 탑승자가 차량 내 또는 주변에 있는 것은 매우 위험하므로 가드레일 밖 등 안전한 장소로 대피
- 경찰관서(112), 소방관서(119), 한국도로공사 콜센터(1588-2504)로 연락하여 도움을 요청

040 고속도로의 금지사항

- 횡단·유턴·후진 금지
- 보행자 통행금지
- 정체 및 주차 금지
- 갓길 주행금지

차량	범칙금	벌점	과태료
승용차, 4톤 이하 화물차	6만 원	30점	9만 원
승합차, 4톤 초과 화물차 등	7만 원		10만 원

PART 04 운송서비스

001 고객의 욕구
- 기억되기를 바람
- 관심을 가져주기를 바람
- 편안해지고 싶어 함
- 기대와 욕구를 수용하여 주기를 바람
- 환영받고 싶어 함
- 중요한 사람으로 인식되기를 바람
- 칭찬받고 싶어 함

002 고객서비스의 특징

무형성	서비스는 형태가 없는 무형의 상품으로서 제품과 같이 객관적으로 누구나 볼 수 있는 형태로 제시되지 않으며 측정하기도 어렵지만 누구나 느낄 수는 있음
동시성	서비스는 공급자에 의해 제공됨과 동시에 고객에 의해 소비되는 성격을 가짐
이질성(사람에 의존)	서비스는 사람에 의해 생산되어 고객에게 제공되기 때문에 똑같은 서비스라 하더라도 그것을 행하는 사람에 따라 품질의 차이가 발생하기 쉬움

003 고객만족을 위한 품질의 3요소

상품 품질	성능 및 사용방법을 구현한 하드웨어 품질
영업 품질	고객이 현장사원 등과 접하는 환경과 분위기를 고객만족으로 실현하기 위한 소프트웨어 품질
서비스 품질	고객으로부터 신뢰를 획득하기 위한 휴먼웨어(Human-ware) 품질

004 악수의 행동예절
- 상대와 적당한 거리에서 손을 잡음
- 손은 반드시 오른손을 내밈
- 손이 더러울 때는 양해를 구함
- 상대의 눈을 바라보며 웃는 얼굴로 악수함
- 허리는 무례하지 않도록 자연스레 폄(상대방에 따라 10~15° 정도 굽히는 게 좋음)
- 계속 손을 잡은 채로 말하지 않음
- 손을 너무 세게 쥐거나 또는 힘 없이 잡지 않음

005 언어예절: 대화 시 유의사항
- 불평불만을 함부로 떠들지 않음
- 독선적, 독단적, 경솔한 언행을 삼감
- 욕설, 독설, 험담을 삼감
- 도전적 언사는 가급적 자제
- 상대방의 약점을 지적하는 것을 피함

006 고객불만 발생 시 행동예절
- 고객의 감정을 상하게 하지 않도록 불만 내용을 끝까지 참고 들음
- 불만사항에 대하여 정중히 사과함
- 고객의 불만, 불편사항이 더 이상 확대되지 않도록 함
- 고객불만을 해결하기 어려운 경우 적당히 답변하지 말고 관련부서와 협의 후에 답변함

007 직업의 4가지 의미

경제적 의미	일터, 일자리, 경제적 가치를 창출하는 곳
정신적 의미	직업의 사명감과 소명의식을 갖고 정성과 정열을 쏟을 수 있는 곳
사회적 의미	자기가 맡은 역할을 수행하는 능력을 인정받는 곳
철학적 의미	일한다는 인간의 기본적인 리듬을 갖는 곳

008 물류
- **물류(로지스틱스)의 의미**: 공급자로부터 생산자, 유통업자를 거쳐 최종소비자에게 이르는 재화의 흐름
- **물류의 기능**: 운송(수송)기능, 포장기능, 보관기능, 하역기능, 정보기능
- **운송과 물류의 비교**

운송	• 단순히 장소적 이동을 의미 • 수요충족기능에 치우침
물류(로지스틱스)	• 생산과 마케팅기능 중에 물류 관련 영역까지도 포함 • 수요창조기능에 중점

009 물류의 발전 단계

경영정보시스템 (MIS)	기업경영에서 의사결정의 유효성을 높이기 위해 경영 내외의 관련 정보를 필요에 따라 즉각적으로 그리고 대량으로 수집, 전달, 처리, 저장, 이용할 수 있도록 편성한 인간과 컴퓨터와의 결합시스템
전사적자원관리 (ERP)	기업활동을 위해 사용되는 기업 내의 모든 인적·물적 자원을 효율적으로 관리하여 궁극적으로 기업의 경쟁력을 강화시켜 주는 역할을 하는 통합정보시스템
공급망관리 (SCM)	고객 및 투자자에게 부가가치를 창출할 수 있도록 최초의 공급업체로부터 최종소비자에게 이르기까지의 상품·서비스 및 정보의 흐름이 관련된 프로세스를 통합적으로 운영하는 경영전략

010 물류에 대한 개념적 관점에서의 물류의 역할

국민경제적 관점	• 기업의 유통효율 향상으로 물류비를 절감하여 소비자물가와 도매물가의 상승을 억제 • 자재와 자원의 낭비를 방지하여 자원의 효율적인 이용에 기여 • 사회간접자본의 증강과 각종 설비투자의 필요성을 증대시켜 국민경제개발을 위한 투자기회 부여

사회경제적 관점	• 생산, 소비, 금융, 정보 등 인간이 주체가 되어 수행하는 경제활동의 일부분 • 운송, 통신, 상업활동을 주체로 하며 이들을 지원하는 제반활동을 포함
개별기업적 관점	• **최소의 비용으로 소비자를 만족시켜서 서비스 질의 향상을 촉진시켜 매출 신장을 도모** • 고객욕구 만족을 위한 물류서비스가 판매경쟁에 있어 중요하며, 제품의 제조, 판매를 위한 원재료의 구입과 판매와 관련된 업무를 총괄관리하는 시스템 운영

011 물류관리의 기본원칙(7R과 3S1L원칙)

7R 원칙	• Right Quality(적절한 품질) • Right Time(적절한 시간) • Right Impression(좋은 인상) • Right Commodity(적절한 상품)	• Right Quantity(적절한 양) • Right Place(적절한 장소) • Right Price(적절한 가격)
3S1L 원칙	• 신속하게(Speedy) • 안전하게(Safely) • 확실하게(Surely) • 저렴하게(Low)	

012 제3자 물류(3PL)

- 기업이 사내에서 직접 수행하던 물류업무를 외부의 전문물류업체에게 아웃소싱
- 전문물류업체와의 전략적 제휴를 통해 물류시스템 전체의 효율성을 제고하려는 전략
- 제3자 물류로의 방향 전환은 화주와 물류서비스 제공업체의 관계가 기존의 단기적인 거래 기반 관계에서 중장기적인 파트너십 관계로 발전된다는 것을 의미함
- **제3자 물류의 발전:** 자사물류(제1자) → 물류자회사(제2자) → 제3자 물류

제1자 물류(1PL, 자사물류)	화주기업이 사내에 물류조직을 두고 **물류업무를 직접 수행**하는 경우
제2자 물류(2PL, 자회사)	기업이 사내의 물류조직을 별도로 분리하여 자회사로 독립시키는 경우
제3자 물류(3PL, 아웃소싱)	외부의 전문물류업체에게 물류업무를 아웃소싱하는 경우

013 제3자 물류의 효과

화주기업 측면	• 제3자 물류업체의 고도화된 물류체계를 활용함으로써 자사의 핵심사업에 주력 가능 • 각 부문별로 최고의 경쟁력을 보유하고 있는 기업 등과 통합·연계하는 공급망을 형성하여 공급망 대 공급망 간 경쟁에서 유리한 위치를 차지할 수 있음
물류업체 측면	• 제3자 물류의 활성화는 물류산업의 수요기반 확대로 이어져 규모의 경제효과에 의해 효율성, 생산성 향상을 달성함 • 고품질의 물류서비스를 개발·제공함에 따라 현재보다 높은 수익률을 확보할 수 있음
물류혁신 기대효과	• 물류산업의 합리화에 의한 고물류비 구조를 혁신 • 고품질 물류서비스의 제공으로 제조업체의 경쟁력 강화 지원 • 종합물류서비스의 활성화 • 공급망관리(SCM) 도입·확산의 촉진

014 제4자 물류(4PL)

- 다양한 조직들의 효과적인 연결을 목적으로 하는 통합체로서 공급망의 모든 활동과 계획관리를 전담
- 제3자 물류의 기능에 컨설팅 업무를 추가 수행(제3자 물류보다 한층 업그레이드 된 물류방법)
- 제4자 물류의 핵심은 고객에게 제공되는 서비스를 극대화
- **공급망관리에 있어서 제4자 물류의 4단계:** 제1단계(재창조), 제2단계(전환), 제3단계(이행), 제4단계(실행)

015 운송 합리화 방안

- 적기 운송과 운송비 부담의 완화
- 실차율 향상을 위한 공차율의 최소화
- 물류기기의 개선과 정보시스템의 정비
- 공동수·배송

구분	공동수송	공동배송
장점	• 물류시설 및 인원의 축소 • 발송작업의 간소화 • 영업용 트럭의 이용 증대 • 입출하 활동의 계획화 • 운임요금의 적정화 • 여러 운송업체와의 복잡한 거래교섭 감소 • 소량 부정기화물도 공동수송 가능	• 수송효율 향상(적재효율, 회전율 향상) • 소량화물 혼적으로 규모의 경제효과 • 자동차, 기사의 효율적 활용 • 안정된 수송시장 확보 • 네트워크의 경제효과 • 교통혼잡 완화 • 환경오염 방지
단점	• 기업비밀 누출에 대한 우려 • 영업부문의 반대 • 서비스 차별화에 한계 • 서비스 수준의 저하 우려 • 수화주와의 의사소통 부족 • 상품특성을 살린 판매전략 제약	• 외부 운송업체의 운임덤핑에 대처 곤란 • 배송순서의 조절이 어려움 • 출하시간 집중 • 물량 파악이 어려움 • 제조업체의 산재에 따른 문제 • 종업원 교육, 훈련에 시간 및 경비 소요

016 기업의 존속

기업존속 결정 조건	'매상을 올릴 수 있는가?' 또는 '코스트를 내릴 수 있는가?' 이 중에 어느 한 가지라도 실현시킬 수 있다면 기업의 존속이 가능하지만, 어느 쪽도 달성할 수 없다면 살아남기 힘듦
운송사업의 존속과 번영을 위한 변혁에 필요한 4가지 요소	• 조직이나 개인의 전통, 실적의 연장선상에 존재하는 타성을 버리고 새로운 질서를 이룩 • 유행에 휩쓸리지 않고 독자적이고 창조적인 발상을 가지고 새로운 체질을 만듦 • 형식적인 변혁이 아니라 실제로 생산성 향상에 공헌할 수 있도록 일의 본질에서부터 변혁이 이루어져야 함 • 새로운 체질로 바꾸는 것이 목적이라면 변혁에 대한 노력은 계속적인 것이어야 성과가 확실해짐

017 주파수 공용통신(TRS; Trunked Radio System)
- 중계국에 할당된 여러 개의 채널을 공동으로 사용하는 **무전기시스템**
- **도입효과:** 자동차의 운행정보 입수와 정보전달이 용이해지고 정보의 실시간 처리가 가능해짐. 화주의 수요에 신속히 대응할 수 있음

018 통합판매 · 물류 · 생산시스템(CALS; Computer Aided Logistics Support)

개념	정보유통의 혁명을 통해 제조업체의 생산 · 유통(상류와 물류) · 거래 등 모든 과정을 컴퓨터망으로 연결하여 자동화 · 정보화 환경을 구축하고자 하는 **첨단컴퓨터시스템**
도입 효과	• 새로운 생산 · 유통 · 물류의 패러다임으로 등장 • 정보화시대를 맞이하여 기업경영에 필수적인 산업정보화전략임 • 기술정보를 통합 및 공유한 세계화된 실시간 경영 실현을 통해 기업 통합이 가능할 것 • 정보시스템의 연계는 조직의 벽을 허물어 가상기업이 출현하게 하고, 이는 기업 내 또는 기업 간 장벽을 허물 것임

019 물류고객서비스
- 기존 고객의 유지 확보를 도모하고 잠재적 고객이나 신규 고객의 획득을 도모하기 위한 수단
- 고객에 대한 서비스 향상을 도모하여 고객만족도를 높이는 것
- **제공하고 있는 서비스에 대한 고객의 반응:** 단순히 제품의 품절만이 아니라 보다 많은 요인의 영향을 받고 있다는 점을 고려할 필요가 있음
  - 물류클레임: 품절, 오손, 파손, 오품, 수량 오류, 오량, 오출하, 전표 오류, 지연 등

020 택배화물의 배달방법

수하인 문전 행동방법	• 사람이 안 나온다고 문을 쾅쾅 두드리거나 발로 차지 않음 • 가족 또는 대리인이 인수할 때는 관계를 반드시 확인
화물에 이상이 있을 시 인계방법	• 약간의 문제가 있을 시에는 잘 설명하여 이용하도록 함 • 완전히 파손, 변질 시에는 진심으로 사과하고 회수 후 변상하며, 내품에 이상이 있을 시는 전화할 곳과 절차를 알려줌 • 배달 완료 후 파손, 기타 이상이 있다는 배상 요청 시 **반드시 현장 확인을 해야 함**(책임을 전가 받는 경우 발생)
고객 부재 시	방문시간, 송하인, 화물명, 연락처 등을 기록하여 문 안에 투입(문 밖에 부착은 금지)

021 운송서비스의 사업용·자가용 특징 비교

- **철도, 선박과 비교한 트럭수송의 장단점**

장점	• 문전에서 문전으로 배송서비스를 탄력적으로 행할 수 있음 • 중간 하역이 불필요하며 포장의 간소화·간략화 가능
단점	• 수송 단위가 작고 연료비나 인건비(장거리의 경우) 등 수송단가가 높음 • 진동, 소음, 광화학 스모그 등의 공해 문제, 유류의 다량소비에서 오는 자원 및 에너지절약 문제 등

- **사업용(영업용) 트럭운송과 자가용 트럭운송의 장단점**

구분	사업용(영업용) 트럭운송	자가용 트럭운송
장점	• 저렴한 수송비 • 물동량의 변동에 대응한 안정수송 가능 • 수송능력이 높음 • 융통성이 높음 • 설비투자와 인적투자가 필요 없음 • 변동비 처리 가능	• 높은 신뢰성 확보 • 상거래에 기여 • 작업의 기동성이 높음 • 안정적 공급 가능 • 시스템의 일관성 유지 • 리스크가 낮음 • 인적 교육이 가능
단점	• 운임의 안정화 곤란 • 관리기능이 저해됨 • 기동성 부족 • 시스템의 일관성이 없음 • 인터페이스가 약함 • 마케팅 사고가 희박함	• 수송량의 변동에 대응하기가 어려움 • 비용의 고정비화 • 설비투자와 인적투자가 필요 • 수송능력에 한계가 있음 • 사용하는 차종, 차량에 한계가 있음

당일치기 합격문제

- 01 도로교통법령
- 02 안전운전방법
- 03 물류의 이해
- 04 화물자동차운수사업법령
- 05 운전자 요인과 안전운행
- 06 자동차 요인과 안전운행
- 07 도로 요인과 안전운행
- 08 교통사고처리특례법
- 09 운송장 작성과 화물포장
- 10 직업운전자의 기본자세
- 11 화물운송서비스와 문제점
- 12 자동차관리법령
- 13 도로법령
- 14 대기환경보전법령
- 15 화물의 상하차
- 16 적재물 결박 덮개 설치
- 17 운행요령
- 18 화물의 인수인계요령
- 19 화물자동차의 종류
- 20 화물운송의 책임한계
- 21 화물운송서비스의 이해

PART 01 - CHAPTER 01
도로교통법령

01 횡으로 나열했을 때 3색등화의 신호 순서로 옳은 것은?

① 황색신호 – 적색신호 – 녹색신호
② 녹색신호 – 황색신호 – 적색신호
③ 황색신호 – 녹색신호 – 적색신호
④ 녹색신호 – 적색신호 – 녹색화살표신호

02 신호기의 황색 등화 시에 대한 설명으로 옳지 않은 것은?

① 차마는 다른 교통 또는 안전표지의 표시에 주의하면서 진행할 수 있다.
② 차마는 우회전할 수 있고 우회전하는 경우에는 보행자의 횡단을 방해할 수 없다.
③ 이미 교차로에 차마의 일부라도 진입한 경우에는 신속히 교차로 밖으로 진행하여야 한다.
④ 차마는 정지선이 있거나 횡단보도가 있을 때에는 그 직전이나 교차로의 직전에 정지하여야 한다.

03 신호기의 적색 등화 시에 대한 설명으로 옳지 않은 것은?

① 차마는 횡단보도 직전에서 정지하여야 한다.
② 차마는 교차로의 직전에서 정지하여야 한다.
③ 차마는 정지선이나 횡단보도가 있을 때에는 그 직전이나 교차로의 직전에 일시정지한 후 다른 교통에 주의하면서 진행할 수 있다.
④ 차마는 우회전 삼색등이 적색의 등화인 경우를 제외하고 신호에 따라 진행하는 다른 차마의 교통을 방해하지 아니하고 우회전할 수 있다.

04 교통안전표지 종류에 해당하지 않는 것은?

① 주의표지 ② 규제표지
③ 지시표지 ④ **도로안내표지**

05 앞지르기 할 때의 통행기준으로 옳은 것은?

① **왼쪽 바로 옆 차로로 앞지르기한다.**
② 오른쪽 바로 옆 차로로 앞지르기한다.
③ 어떠한 경우에도 앞지르기는 할 수 없다.
④ 도로의 길가장자리구역으로 앞지르기한다.

06 다음 중 교통정리를 하고 있지 아니하는 교차로에서의 양보운전으로 옳지 않은 것은?

① 교통정리를 하고 있지 아니하는 교차로에 동시에 들어가려고 하는 차의 운전자는 우측도로의 차에 진로를 양보하여야 한다.
② **교통정리를 하고 있지 아니하는 교차로에 들어가려고 하는 차의 운전자는 이미 교차로에 들어가 있는 다른 차가 있을 때에는 빠른 속도로 진입한다.**
③ 교통정리를 하고 있지 아니하는 교차로에서 좌회전하려고 하는 차의 운전자는 그 교차로에서 직진하거나 우회전하려는 다른 차가 있을 때에는 그 차에 진로를 양보하여야 한다.
④ 교통정리를 하고 있지 아니하는 교차로에 들어가려고 하는 차의 운전자는 폭이 넓은 도로로부터 교차로에 들어가려고 하는 다른 차가 있을 때에는 그 차에 진로를 양보하여야 한다.

07 화물자동차의 적재중량은 구조 및 성능에 따르는 적재중량의 몇 퍼센트 이내이어야 하는가?

① 110퍼센트 이내
② 120퍼센트 이내
③ 130퍼센트 이내
④ 140퍼센트 이내

08 화물자동차 운행상의 안전기준으로 옳지 않은 것은?

① 높이: 화물자동차는 지상으로부터 4미터
② 길이: 자동차 길이에 그 길이의 10분의 1을 더한 길이
③ 너비: 자동차의 후사경으로 뒤쪽을 확인할 수 있는 범위
④ 적재중량: 구조 및 성능에 따르는 적재중량의 140퍼센트 이내

09 최고속도의 50/100을 줄인 속도로 운행해야 하는 경우가 아닌 것은?

① 노면이 얼어붙은 경우
② 오르막길을 올라가는 경우
③ 눈이 20mm 이상 쌓인 경우
④ 폭설, 안개 등으로 가시거리가 100m 이내인 경우

10 편도 1차로 고속도로에서의 운행 속도로 옳은 것은?

① 최고속도: 매시 80km, 최저속도: 매시 50km
② 최고속도: 매시 80km, 최저속도: 매시 30km
③ 최고속도: 매시 100km, 최저속도: 매시 50km
④ 최고속도: 매시 100km, 최저속도: 매시 30km

11 자동차전용도로에서의 최고속도와 최저속도를 바르게 연결한 것은?

① 최고속도: 매시 90km, 최저속도: 매시 30km
② 최고속도: 매시 90km, 최저속도: 매시 50km
③ 최고속도: 매시 100km, 최저속도: 매시 30km
④ 최고속도: 매시 100km, 최저속도: 매시 50km

12 서행해야 하는 장소가 아닌 것은?

① 도로가 구부러진 부근
② 가파른 비탈길의 오르막
③ 비탈길의 고갯마루 부근
④ 교통정리를 하고 있지 아니하는 교차로

13 제1종 보통면허로 운전할 수 없는 차량에 해당하는 것은?

① 원동기장치자전거
② 승차정원 20인 이하의 승합자동차
③ 적재중량 12톤 미만의 화물자동차
④ 구난차 등을 제외한 총중량 10톤 미만의 특수자동차

14 벌점 30점이 부과되는 경우가 아닌 것은?

① 속도 위반(60km/h 초과)
② 철길 건널목 통과방법 위반
③ 중앙선침범
④ 고속도로·자동차전용도로 갓길통행

우선순위 02
PART 03 - CHAPTER 04
안전운전방법

01 안전운전과 방어운전에 대한 설명으로 옳지 않은 것은?

① 안전운전은 타인의 사고를 유발하지 않는 운전이다.
② 방어운전은 자기 자신이 사고의 원인을 만들지 않는 운전을 말한다.
③ 방어운전은 자기 자신이 사고에 말려들어 가지 않게 하는 운전이다.
④ 안전운전은 교통사고를 유발하지 않도록 주의하여 운전하는 것이다.

02 방어운전방법으로 옳지 않은 것은?

① 밤에 차가 마주 오면 전조등 불빛을 아래로 비춘다.
② 진로를 바꿀 때 상대방이 잘 알 수 있도록 미리 신호를 보낸다.
③ 신호가 바뀔 때쯤 앞차에 미리 경적으로 신호를 줘, 빠르게 출발한다.
④ 밤에 산모퉁이 길을 통과할 때는 전조등을 상향과 하향을 번갈아 켜거나 껐다 켰다 하여 자신의 존재를 알린다.

03 주행 시 속도 조절과 관련하여 옳지 않은 것은?

① 주택가에서는 과속하지 않는다.
② 노면의 상태가 좋지 않은 도로에서는 속도를 줄여서 주행한다.
③ 해질 무렵, 터널 등 조명 조건이 나쁠 때에는 속도를 높여서 빠르게 주행한다.
④ 곡선반경이 작은 도로나 신호의 설치 간격이 좁은 도로에서는 속도를 낮추어 안전하게 통과한다.

04 오르막길 주행에 대한 설명으로 옳지 않은 것은?

① 오르막길은 시야가 넓으므로 최대로 속도를 낸다.
② 출발 시에는 핸드 브레이크를 사용하는 것이 안전하다.
③ 정차 시에는 풋 브레이크와 핸드 브레이크를 같이 사용한다.
④ 오르막길에서 앞지르기 할 때는 힘과 가속력이 좋은 저단 기어를 사용한다.

05 언덕길에서의 안전운전방법이 아닌 것은?

① 오르막길에서 정차 시에는 풋 브레이크와 핸드 브레이크를 같이 사용한다.
② 오르막길에서 앞지르기 할 때는 힘과 가속력이 좋은 저단 기어를 사용하는 것이 안전하다.
③ 언덕길에서 올라가는 차량과 내려오는 차량의 교행 시에는 올라가는 차에 통행 우선권이 있다.
④ 내리막길을 내려가기 전에는 미리 감속하여 천천히 내려가며 엔진 브레이크로 속도를 조절하는 것이 바람직하다.

06 안갯길에서의 운전방법에 대한 설명으로 옳지 않은 것은?

① 안개로 인해 시야의 장애가 발생되면 우선 차간거리를 충분히 확보한다.
② 앞차의 제동이나 방향지시등의 신호를 예의주시하며 천천히 주행해야 안전하다.
③ 차를 세우는 경우 지나가는 차에 방해가 되지 않도록 미등과 비상경고등을 끈다.
④ 운행 중 앞을 분간하지 못할 정도로 짙은 안개가 끼었을 때는 차를 안전한 곳에 세우고 잠시 기다리는 것이 좋다.

07 앞지르기 상황에 대한 설명으로 옳지 않은 것은?

① 앞차의 오른쪽으로 앞지르기한다.
② 앞지르기에 필요한 충분한 거리와 시야가 확보되었을 때 앞지르기를 시도한다.
③ 앞지르기 금지 장소나 앞지르기를 금지하는 때에도 앞지르기하는 차가 있다는 사실을 항상 염두에 두고 주의 운전한다.
④ 앞지르기는 앞차보다 빠른 속도로 가속하여 상당한 거리를 진행해야 하므로 앞지르기할 때의 가속도에 따른 위험이 수반된다.

08 와이퍼 점검 시 확인사항으로 옳지 않은 것은?

① 모터의 작동은 정상적인지 확인한다.
② 적정 공기압을 유지하고 있는지 점검한다.
③ 노즐의 분출구가 막히지 않았는지 확인한다.
④ 유리면과 접촉하는 부위인 블레이드가 닳지 않았는지 확인한다.

09 여름철 자동차 운전 시 주의사항으로 적절하지 않은 것은?

① 내부의 더운 공기를 환기한 후에 주행한다.
② 물에 잠긴 차량은 합선 여부를 확인한 후 주행한다.
③ 비가 많이 오는 날에는 타이어 홈 깊이가 1mm 이상인지 확인한다.
④ 여름철에는 무더운 날씨 속에 엔진이 과열되기 쉬우므로 냉각수의 양은 충분한지 확인한다.

10 가을철 안전운행 및 교통사고 예방에 대한 설명으로 옳지 않은 것은?

① 추수시기를 맞아 경운기 등 농기계의 빈번한 사용은 교통사고의 원인이 된다.
② 심한 일교차로 안개 발생가능성이 커 차들과 추돌하기 쉬우므로 감속 운행을 한다.
③ 기온이 떨어지면 보행자는 교통 상황에 대처하는 능력이 저하되므로 보행자가 있는 곳에서는 보행자의 움직임에 주의하여 운행한다.
④ 눈이 내린 후 차바퀴 자국이 나 있을 때에는 선(앞) 차량의 타이어 자국 위에 자기 차량의 타이어 바퀴를 넣고 달리면 미끄러짐을 예방할 수 있다.

11 위험물 운송차량에 고정된 탱크에 이입작업 시 주의사항으로 옳지 않은 것은?

① 커플링을 분리하지 않은 상태에서 엔진을 사용하도록 적절한 조치를 강구한다.
② 메인스위치 그 밖의 전기장치를 완전히 차단하여 스파크가 발생하지 않도록 한다.
③ 차를 소정의 위치에 정차시키고 사이드 브레이크를 확실히 건 다음 엔진을 끈다.
④ 차량이 앞뒤로 움직이지 않도록 차바퀴의 전·후를 차바퀴 고정목 등으로 확실하게 고정한다.

12 차량에 고정된 탱크를 주차할 경우의 설명으로 옳지 않은 것은?

① 주택 및 상가 밀집지역이나 복잡한 곳일 경우 지나쳐서 주차한다.
② 교통량이 적고 부근에 화기가 없는 안전하고 지반이 평탄한 장소를 선택하여 주차한다.
③ 차량운전자가 차량으로부터 이탈하여 휴식을 취할 경우 최대한 멀리 떨어져서 휴식을 취한다.
④ 부득이하게 비탈길에 주차하는 경우에는 사이드 브레이크를 확실히 걸고 차바퀴를 고임목으로 고정한다.

우선순위 03

PART 04 - CHAPTER 02
물류의 이해

01 과거와 같이 단순히 장소적 이동을 의미하는 운송이 아닌 생산과 마케팅기능 중에 물류 관련 영역까지도 포함하는 개념을 일컫는 말은?

① 운송 ② 하역
③ 정보서비스 ④ 로지스틱스

02 우리나라의 물류 기본법으로 옳은 것은?

① 물류정책기본법 ② 물류활성기본법
③ 물류기반기본법 ④ 물류투자기본법

03 물류단계의 발전 순서로 옳은 것은?

① 경영정보시스템(MIS)단계 → 전사적자원관리(ERP)단계 → 공급망관리(SCM)단계
② 경영정보시스템(MIS)단계 → 공급망관리(SCM)단계 → 전사적자원관리(ERP)단계
③ 전사적자원관리(ERP)단계 → 경영정보시스템(MIS)단계 → 공급망관리(SCM)단계
④ 전사적자원관리(ERP)단계 → 공급망관리(SCM)단계 → 경영정보시스템(MIS)단계

04 고객 및 투자자에게 부가가치를 창출할 수 있도록 최초의 공급업체로부터 최종 소비자에게 이르기까지의 상품·서비스 및 정보의 흐름이 관련된 프로세스를 통합적으로 운영하는 경영전략을 일컫는 말은?

① 전사적자원관리(ERP) ② 공급망관리(SCM)
③ 경영정보시스템(MIS) ④ 물류자회사

05 물류의 역할이 최소의 비용으로 소비자를 만족시켜서 서비스 질의 향상을 촉진시켜 매출 신장을 도모한다는 관점으로 옳은 것은?

① 국민경제적 관점
② 개별기업적 관점
③ 사회경제적 관점
④ 통합매출적 관점

06 물류의 기능에 대한 설명으로 옳지 않은 것은?

① 운송기능은 물품을 공간적으로 이동시키는 것이다.
② 보관기능은 산과 소비와의 시간적 차이를 조정하여 시간적 효용을 창출한다.
③ 정보기능은 물품의 유통과정에서 물류효율을 향상시키기 위하여 가공하는 활동이다.
④ 하역기능은 수송과 보관의 양단에 걸친 물품의 취급으로 물품을 상하좌우로 이동시키는 활동이다.

07 다음 물류관리의 기본원칙인 7R의 원칙에 해당하지 않는 것은?

① Right Speed(적절한 속도)
② Right Price(적절한 가격)
③ Right Quantity(적절한 양)
④ Right Quality(적절한 품질)

08 화주기업이 고객서비스 향상, 물류비 절감 등 물류활동을 효율화할 수 있도록 공급망(Supply Chain)상의 기능 전체 혹은 일부를 대행하는 업종으로 옳은 것은?

① 제1자 물류업
② 제2자 물류업
③ 제3자 물류업
④ 제4자 물류업

09 제4자 물류(4PL)에 대한 설명으로 옳은 것은?

① 화주기업이 사내에 물류조직을 두고 물류업무를 직접 수행하는 것
② 기업이 사내의 물류조직을 별도로 분리하여 자회사로 독립시키는 것
③ 제3자 물류의 기능에 컨설팅 업무를 추가 수행하는 것
④ 고객에게 제공되는 서비스를 최소화하는 것

10 운송 합리화 방안으로 옳지 <u>않은</u> 것은?

① 적기 운송과 운송비 부담의 완화
② 실차율 향상을 위한 공차율의 최대화
③ 물류기기의 개선과 정보시스템의 정비
④ 최단 운송경로의 개발 및 최적 운송수단의 선택

11 공동수송의 장점으로 옳지 <u>않은</u> 것은?

① 운임요금의 적정화
② 물류시설 및 인원의 축소
③ 수화주와의 원활한 의사소통
④ 여러 운송업체와의 복잡한 거래교섭의 감소

12 화물이 터미널을 경유하여 수송될 때 수반되는 자료 및 정보를 신속하게 수집하여 이를 효율적으로 관리하는 동시에 화주에게 적기에 정보를 제공해주는 시스템을 일컫는 말은?

① 화물정보시스템 ② 창고관리시스템
③ 수배송관리시스템 ④ 터미널화물정보시스템

우선순위 **04**

PART 01 - CHAPTER 03
화물자동차운수사업법령

01 화물자동차의 유형에 해당하지 <u>않은</u> 것은?

① 밴형 ② 일반형
③ 덤프형 ④ 특수작업형

02 특수자동차에 속하지 <u>않는</u> 것은?

① 밴형 ② 견인형
③ 구난형 ④ 특수작업형

03 화물운송자동차운수사업법령에서 규정하고 있는 사업이 <u>아닌</u> 것은?

① 화물자동차운송사업
② 화물자동차운송관리사업
③ 화물자동차운송주선사업
④ 화물자동차운송가맹사업

04 화물자동차운수사업법상 운송사업자의 허가사항 변경신고 대상이 <u>아닌</u> 것은?

① 영업소 이전 ② 상호의 변경
③ 운송자의 변경 ④ 화물자동차의 대폐차

05 화물자동차운송사업의 허가를 받을 수 없는 자에 해당하지 <u>않는</u> 것은?

① 피성년후견인 또는 피한정후견인
② 파산선고를 받고 복권되지 아니한 자
③ 화물자동차운수사업법을 위반하여 징역 이상의 형의 집행유예를 선고 받고 그 유예기간 중에 있는 자
④ 화물자동차운수사업법을 위반하여 징역 이상의 실형을 선고받고 그 집행이 끝나거나 집행이 면제된 날부터 3년이 지나지 아니한 자

06 화물의 멸실·훼손 또는 인도의 지연으로 화물이 인도 기한을 경과한 후 몇 개월 이내에 인도되지 아니한 경우 당해 화물은 멸실된 것으로 보는가?

① 1개월 이내
② 2개월 이내
③ 3개월 이내
④ 4개월 이내

07 화물운송종사자격증 재발급 시 필요한 서류에 해당하는 것은?

① 재발급 신청서, 화물운송자격증, 사진 1장
② 재발급 신청서, 화물운송자격증명, 사진 1장
③ 재발급 신청서, 화물운송자격증, 운전면허증 사본 1부
④ 재발급 신청서, 화물운송자격증명, 운전면허증 사본 1부

08 화물자동차 운전자가 화물운송종사자격증명을 화물자동차 밖에서 쉽게 볼 수 있도록 항상 게시하여야 하는 위치로 옳은 것은?

① 운전석 앞창의 왼쪽 위
② 운전석 앞창의 중간 위
③ 운전석 앞창의 오른쪽 위
④ 운전석 앞창의 오른쪽 아래

09 화물자동차운송가맹사업자의 허가사항 변경신고의 대상이 <u>아닌</u> 것은?

① 상호의 변경
② 법인인 경우 대표자의 변경
③ 주사무소·영업소 및 화물취급소의 이전
④ 화물자동차운송가맹계약의 체결 또는 해제·해지

10 화물운송종사자격증을 받지 않고 화물자동차운수사업의 운전 업무에 종사한 자에게 부과하는 과태료의 범위로 옳은 것은?

① 100만 원 이하의 과태료
② 300만 원 이하의 과태료
③ 500만 원 이하의 과태료
④ 1천만 원 이하의 과태료

우선순위 05 운전자 요인과 안전운행

PART 03 - CHAPTER 01

01 운전자의 정보처리과정을 순서대로 연결한 것은?

① 구심성 신경 → 뇌 → 의사결정과정 → 원심성 신경 → 효과기
② 구심성 신경 → 뇌 → 효과기 → 원심성 신경 → 의사결정과정
③ 원심성 신경 → 뇌 → 의사결정과정 → 구심성 신경 → 효과기
④ 원심성 신경 → 뇌 → 효과기 → 구심성 신경 → 의사결정과정

02 운전과 관련되는 시각의 특성이 아닌 것은?

① 속도가 빨라질수록 시력은 떨어진다.
② 등속주행을 하면 시야의 범위가 좁아진다.
③ 속도가 빨라질수록 전방주시점은 멀어진다.
④ 운전자는 운전에 필요한 정보의 대부분을 시각을 통하여 획득한다.

03 동체시력의 특성으로 옳지 않은 것은?

① 운전시간과 관계가 없다.
② 동체시력은 연령이 높을수록 더욱 저하된다.
③ 장시간 운전에 의한 피로 상태에서 저하된다.
④ 동체시력은 물체의 이동속도가 빠를수록 상대적으로 저하된다.

04 명순응과 암순응에 대한 설명으로 옳지 <u>않은</u> 것은?

① 암순응의 시력 회복이 명순응에 비해 매우 느리다.
② 암순응은 일광 또는 조명이 어두운 조건에서 밝은 조건으로 변할 때 사람의 눈이 그 상황에 적응하여 시력을 회복하는 것이다.
③ 명순응은 어두운 터널을 벗어나 밝은 도로로 주행할 때 운전자가 일시적으로 주변의 눈부심으로 인해 물체가 보이지 않는 시각장애를 말한다.
④ 암순응은 맑은 날 낮 시간에 터널 밖을 운행하던 운전자가 갑자기 어두운 터널 안으로 주행하는 순간 일시적으로 일어나는 운전자의 심한 시각장애를 말한다.

05 시야에 대한 설명으로 옳지 <u>않은</u> 것은?

① 등속 주행을 하면 시야가 좁아진다.
② 정상적인 시력을 가진 사람의 시야 범위는 180°~200°이다.
③ 시야 범위 안에 있는 대상물이라고 하더라도 시축에서 시각이 약 3° 벗어나면 시력은 약 80% 저하된다.
④ 운전 중 불필요한 대상에 주의가 집중되어 있다면 주의를 집중한 것에 비례하여 시야 범위가 좁아진다.

06 시야와 착각에 대한 설명으로 옳지 <u>않은</u> 것은?

① 큰 경사는 실제보다 크게 보인다.
② 오름경사는 실제보다 작게 보인다.
③ 멀리 있는 것은 실제보다 느리게 느껴진다.
④ 주시점이 가까운 좁은 시야에서는 빠르게 느껴진다.

07 보행자사고에 대한 설명으로 옳지 않은 것은?

① 피곤한 상태여서 주의력이 상승하였다.
② 횡단 중 한쪽 방향에만 주의를 기울였다.
③ 어린이와 노약자가 높은 비중을 차지한다.
④ 차 대 사람의 사고에서 가장 많은 보행 유형은 횡단 중의 사고이다.

08 고령운전자는 여러 개의 사물 간 또는 사물과 배경을 식별하는 능력이 저하되는데, 이 능력을 일컫는 말은?

① 암순응
② 대비능력
③ 동체시력
④ 원근 구별능력

09 운행기록장치의 분석결과를 활용할 수 있는 업무가 아닌 것은?

① 운전자의 운전습관 교정
② 운전자에 대한 교육·훈련
③ 운송사업자의 교통안전관리 개선
④ 어린이 보행자의 안전의식 교육의 강화

우선순위 06

PART 03 - CHAPTER 02

자동차 요인과 안전운행

01 앞바퀴를 위에서 보았을 때 앞쪽이 뒤쪽보다 좁은 상태를 일컫는 말은?

① 캠버
② 토우인
③ 캐스터
④ 로커암

02 원심력에 대한 설명으로 옳지 않은 것은?

① 원심력은 속도와 관계가 없다.
② 원심력은 속도의 제곱에 비례한다.
③ 중량이 무거울수록 원심력이 크다.
④ 원의 크기가 클수록 원심력이 작다.

03 자동차가 물이 고인 노면을 고속으로 주행할 때 타이어 그루브(타이어 홈) 사이에 있는 물을 배수하는 기능이 감소되어 물의 저항에 의해 노면으로부터 떠올라 물 위를 미끄러지듯이 되는 현상을 일컫는 말은?

① 수막 현상
② 페이드 현상
③ 베이퍼 록 현상
④ 스탠딩 웨이브 현상

04 유압식 브레이크의 휠 실린더나 브레이크 파이프 속에서 브레이크액이 기화하여 페달을 밟아도 스펀지를 밟는 것 같고 유압이 전달되지 않아 브레이크가 작용하지 않는 현상을 일컫는 말은?

① 페이드 현상
② 모닝 록 현상
③ 베이퍼 록 현상
④ 스탠딩 웨이브 현상

05 운전자가 자동차를 정지시켜야 할 상황임을 지각하고 브레이크 페달로 발을 옮겨 브레이크가 작동을 시작하는 순간까지 자동차가 진행한 거리를 일컫는 말은?

① 공주거리　　　　　　　　② 제동거리
③ 정지거리　　　　　　　　④ 지각거리

06 운전자가 위험을 인지하고 자동차를 정지시키려고 시작하는 순간부터 자동차가 완전히 정지할 때까지의 시간을 일컫는 말은?

① 공주시간　　　　　　　　② 제동시간
③ 정지시간　　　　　　　　④ 위험시간

07 자동차의 일상점검 중 원동기의 점검사항이 아닌 것은?

① 시동이 쉽고 잡음이 없는가?
② 클러치 페달의 유동이 없고 클러치의 유격은 적당한가?
③ 배기가스의 색이 깨끗하고 유독가스 및 매연이 없는가?
④ 엔진오일의 양이 충분하고 오염되지 않으며 누출이 없는가?

08 클러치를 밟고 있을 때 "달달달" 떨리는 소리와 함께 차체가 떨리는 경우 해당되는 고장 부분으로 옳은 것은?

① 팬벨트　　　　　　　　　② 엔진의 이음
③ 클러치 부분　　　　　　　④ 엔진의 점화장치 부분

09 엔진 안에서 다량의 엔진오일이 실린더 위로 올라와 연소되는 경우의 배출가스 색으로 옳은 것은?

① 흰색　　　　　　　　　　② 황색
③ 무색　　　　　　　　　　④ 검은색

우선순위 07 도로 요인과 안전운행

PART 03 - CHAPTER 03

01 곡선부 방호울타리의 기능으로 옳지 않은 것은?

① 심미적 기능
② 자동차의 차도 이탈 방지
③ 탑승자의 상해 및 자동차의 파손 감소
④ 자동차를 정상적인 진행방향으로 복귀시킴

02 도로를 보호하고 비상시에 사용하기 위해 차도에 접속하여 설치하는 도로의 부분을 일컫는 말은?

① 측대
② 길어깨
③ 안전지대
④ 중앙분리대

03 길어깨(갓길)에 대한 설명으로 옳지 않은 것은?

① 포장된 노면보다는 토사나 자갈 또는 잔디가 더 안전하다.
② 측방 여유폭을 가지므로 교통의 안전성과 쾌적성에 기여한다.
③ 절토부 등에서는 곡선부의 시거가 증대되기 때문에 교통의 안전성이 높다.
④ 길어깨가 넓으면 고장차량을 주행차로 밖으로 이동시킬 수 있기 때문에 안전성이 크다.

04 중앙분리대의 종류로 옳지 않은 것은?

① 연석형
② 갓길형
③ 방호울타리형
④ 광폭 중앙분리대

05 중앙분리대의 기능으로 옳지 않은 것은?

① 추돌사고 방지
② 유턴(U Turn) 방지
③ 대향차의 현광 방지
④ 상하 차도의 교통 분리

06 도로구조규칙상 용어에 대한 설명으로 옳지 않은 것은?

① 변속차로: 자동차를 가속시키거나 감속시키기 위하여 설치하는 차로
② 차로 수: 오르막차로, 회전차로, 변속차로 및 양보차로를 포함하여 양방향 차로의 수를 합한 것
③ 회전차로: 자동차가 우회전, 좌회전 또는 유턴을 할 수 있도록 직진하는 차로와 분리하여 설치하는 차로
④ 오르막차로: 오르막 구간에서 저속 자동차를 다른 자동차와 분리하여 통행시키기 위하여 설치하는 차로

07 2차로 도로에서 저속 자동차를 안전하게 앞지를 수 있는 거리로서 차로의 중심선상 1미터의 높이에서 반대쪽 차로의 중심선에 있는 높이 1.2미터의 반대쪽 자동차를 인지하고 앞차를 안전하게 앞지를 수 있는 거리를 도로 중심선에 따라 측정한 길이를 일컫는 말은?

① 저속시거
② 정지시거
③ 앞지르기시거
④ 반대시거

08 도로구조규칙상 용어에 대한 설명으로 옳지 않은 것은?

① 횡단시거: 2차로 도로에서 저속 자동차를 안전하게 앞지를 수 있는 거리
② 길어깨: 도로를 보호하고 비상시에 이용하기 위하여 차도에 접속하여 설치하는 도로의 부분
③ 정지시거: 운전자가 같은 차로상에 고장차 등의 장애물을 인지하고 안전하게 정지하기 위하여 필요한 거리
④ 중앙분리대: 차도를 통행의 방향에 따라 분리하고 옆 부분의 여유를 확보하기 위하여 도로의 중앙에 설치하는 분리대와 측대

우선순위 08 — PART 01 · CHAPTER 02 교통사고처리특례법

01 교통사고처리특례법상 특례가 배제되는 사고가 아닌 경우는?

① 지시 위반사고
② 중앙선침범사고
③ 앞지르기 방법 위반사고
④ 속도 위반(10km/h 초과) 과속사고

02 교통사고처리특례법상 신호 위반의 사례로 옳지 않은 것은?

① 사전출발
② 신호를 무시하고 진행한 경우
③ 황색신호에 무리하게 진입하여 빠르게 달린 경우
④ 황색신호 전에 교차로에 진입하여 황색신호에 교차로를 통과한 경우

03 교통사고처리특례법상 특례가 배제되는 중앙선침범사고가 아닌 것은?

① 졸다가 뒤늦게 급제동하여 중앙선을 침범한 경우
② 뒤차의 추돌로 앞차가 밀리면서 중앙선을 침범한 경우
③ 오던 길로 되돌아가기 위해 유턴하면서 중앙선을 침범한 경우
④ 좌측도로나 건물 등으로 가기 위해 회전하면서 중앙선을 침범한 경우

04 앞지르기가 금지되는 장소에 해당하지 않는 것은?

① 교차로　　　　　② 터널 안
③ 다리 위　　　　　**④ 고속도로**

05 교통사고처리특례법상 도주사고가 적용되는 경우가 아닌 것은?

① 부상피해자에 대한 적극적인 구호조치 없이 가버린 경우
② 사고현장에 있었어도 사고사실을 은폐하기 위해 거짓진술·신고한 경우
③ 피해자를 병원까지만 후송하고 계속 치료 받을 수 있는 조치 없이 도주한 경우
④ 가해자 및 피해자 일행 또는 경찰관이 환자를 후송 조치하는 것을 보고 연락처를 주고 가버린 경우

06 교통사고의 사고운전자가 피해자를 사고 장소로부터 옮겨 유기하여 피해자를 사망에 이르게 하고 도주하거나, 도주 후에 피해자가 사망한 경우의 가중처벌로 옳은 것은?

① 3년 이상의 유기징역
② 무기 또는 5년 이상의 징역
③ 사형, 무기 또는 5년 이상의 징역
④ 1년 이상의 유기징역 또는 500만 원 이상 3천만 원 이하의 벌금

우선순위 09 PART 02 - CHAPTER 01 운송장 작성과 화물포장

01 포장이 불완전하거나 파손 가능성이 높아 수탁이 곤란한 화물의 경우 송하인이 모든 책임을 진다는 조건으로 수탁하도록 하는 면책사항을 일컫는 말은?

① 부패면책
② 파손면책
③ 배달지연면책
④ 배달불능면책

02 운송장을 기재할 경우 송하인이 기재할 사항으로 옳지 않은 것은?

① 집하자 성명 및 전화번호
② 송하인의 주소, 성명, 전화번호
③ 수하인의 주소, 성명, 전화번호
④ 특약사항 약관설명 확인필 자필 서명

03 운송장 부착 시 주의사항으로 옳지 않은 것은?

① 박스 모서리나 후면 또는 측면에 부착하여 혼동을 주어서는 안 된다.
② 운송장 부착은 원칙적으로 접수 장소에서 매 건마다 작성하여 부착한다.
③ 박스 물품이 아닌 쌀, 매트, 카펫 등은 물품의 모서리에 운송장을 부착한다.
④ 운송장이 떨어질 우려가 큰 물품의 경우 송하인의 동의를 얻어 포장재에 수하인 주소 및 전화번호 등 필요한 사항을 기재하도록 한다.

04 포장의 기능에 대한 설명으로 옳지 않은 것은?

① 편리성: 이물질의 혼입과 오염으로부터 보호한다.
② 표시성: 인쇄, 라벨 붙이기 등이 포장에 의해 표시가 쉬워진다.
③ 판매촉진성: 판매의욕을 환기시킴과 동시에 광고 효과가 많이 나타난다.
④ 상품성: 생산 공정을 거쳐 만들어진 물품은 자체 상품뿐만 아니라 포장을 통해 상품화가 완성된다.

05 컨베이어 벨트에서 작업 시 주의사항이 아닌 것은?

① 진행 상황을 더 잘 보기 위해 컨베이어 벨트 위에 올라가서 확인한다.
② 상차 작업자와 컨베이어를 운전하는 작업자는 상호 간에 신호를 긴밀히 해야 한다.
③ 차량에 상하차할 때 컨베이어 벨트 등에서 떨어져 파손되는 경우가 발생할 수 있으므로 주의한다.
④ 상차용 컨베이어를 이용하여 타이어 등을 상차할 때는 타이어 등이 떨어지거나 떨어질 위험이 있는 곳에서 작업을 해선 안 된다.

06 일반화물 취급표지의 기본색으로 옳은 것은?

① 흰색   ② 붉은색
③ 검은색   ④ 노란색

PART 04 - CHAPTER 01
직업운전자의 기본자세

01 고객의 욕구와 관련하여 옳지 않은 것은?

① 기억되기를 바란다.
② 칭찬받고 싶어 한다.
③ 관심을 가져주기를 바란다.
④ 보통의 사람으로 인식되길 바란다.

02 서비스는 사람에 의하여 생산되어 고객에게 제공되기 때문에 똑같은 서비스라 하더라도 그것을 행하는 사람에 따라 품질의 차이가 발생하기 쉽다. 이와 관련된 고객서비스의 특성으로 옳은 것은?

① 무형성
② 소멸성
③ 동시성
④ 이질성

03 공급자에 의하여 제공됨과 동시에 고객에 의하여 소비되는 성격을 가진다는 고객서비스의 특성을 일컫는 말은?

① 무형성
② 동시성
③ 이질성
④ 소멸성

04 고객만족을 위한 품질의 3요소에 대한 설명으로 옳지 <u>않은</u> 것은?

① 상품 품질은 성능 및 사용방법을 구현한 하드웨어(Hardware) 품질이다.
② 서비스 품질은 고객으로부터 신뢰를 획득하기 위한 휴먼웨어(Human-ware) 품질이다.
③ 영업 품질은 고객이 현장사원 등과 접하는 환경과 분위기를 고객만족으로 실현하기 위한 소프트웨어(Software) 품질이다.
④ 서비스 품질은 고객에게 상품과 서비스를 제공하기까지의 모든 영업활동을 고객지향적으로 전개하여 고객만족도 향상에 기여하도록 한다.

05 서비스 품질을 평가하는 고객의 기준으로 옳지 <u>않은</u> 것은?

① 정확하고 틀림없다.
② 기다리게 하지 않는다.
③ 약속기일을 확실히 지킨다.
④ 여유를 가지고 천천히 처리한다.

06 직업의 사명감과 소명의식을 갖고 정성과 정열을 쏟을 수 있는 곳을 의미하는 직업의 의미를 일컫는 말은?

① 정신적 의미 ② 경제적 의미
③ 사회적 의미 ④ 철학적 의미

우선순위 11

PART 04 - CHAPTER 04

화물운송서비스와 문제점

01 물류클레임에 해당하지 않는 것은?

① 오손
② 파손
③ 수량 오류
④ 리드타임 단축

02 철도나 선박수송과 비교한 트럭수송의 장점이 아닌 것은?

① 중간 하역이 불필요하며 포장의 간소화·간략화가 가능하다.
② 광화학 스모그 등의 공해 문제가 발생하지 않는다.
③ 싣고 부리는 횟수가 적다.
④ 문전에서 문전으로 배송서비스를 탄력적으로 행할 수 있다.

03 자가용 트럭운송 시 단점으로 옳지 않은 것은?

① 기동성이 부족하다.
② 설비투자가 필요하다.
③ 수송량의 변동에 대응하기가 어렵다.
④ 사용하는 차종과 차량에 한계가 있다.

04 사업용 트럭운송의 장점으로 옳지 않은 것은?

① 저렴한 운송료
② 높은 수송능력
③ 비효율적인 시스템
④ 물동량의 변동에 대응한 안정수송

05 배달 시 행동방법으로 옳지 않은 것은?

① 배달과 관계없는 말은 하지 않는다.
② 고객이 반품 등을 문의할 때는 성실히 답변한다.
③ 고객이 부재 시에는 부재안내표를 이용하여 문밖에 부착한다.
④ 배달 완료 후 파손 등으로 배상 요청 시 반드시 현장 확인을 해야 한다.

06 트럭의 보디를 바꿔 실음으로써 합리화를 추진하는 수송방법으로 옳은 것은?

① 중간 수송
② 교체하기 수송
③ 이어타기 수송
④ 바꿔 태우기 수송

PART 01 - CHAPTER 04
자동차관리법령

01 자동차등록번호판을 가리고 운행한 경우 1차 과태료로 옳은 것은?

① 50만 원
② 70만 원
③ 100만 원
④ 200만 원

02 자동차검사에 대한 설명으로 옳지 않은 것은?

① 수리검사: 자동차를 튜닝한 경우 실시하는 검사
② 신규검사: 신규등록을 하려는 경우 실시하는 검사
③ 정기검사: 신규등록 후 일정 기간마다 정기적으로 실시하는 검사
④ 임시검사: 자동차관리법령이나 자동차 소유자의 신청을 받아 비정기적으로 실시하는 검사

03 차령이 2년 초과인 사업용 대형화물자동차의 종합검사 유효기간으로 옳은 것은?

① 6개월
② 1년
③ 2년
④ 3년

PART 01 - CHAPTER 05
도로법령

01 도로법에서 다루는 내용이 아닌 것은?

① 도로의 관리·보전
② 도로망의 계획 수립
③ 자동차 정밀검사
④ 도로 노선의 지정

02 도로 등급의 순위로 옳은 것은?

① 고속국도 → 일반국도 → 특별시도·광역시도 → 지방도
② 고속국도 → 특별시도·광역시도 → 일반국도 → 지방도
③ 일반국도 → 고속국도 → 특별시도·광역시도 → 지방도
④ 일반국도 → 고속국도 → 지방도 → 특별시도·광역시도

03 차량을 사용하지 아니하고 자동차전용도로를 통행하거나 출입한 자에 대한 벌칙으로 옳은 것은?

① 100만 원 이하의 과태료
② 500만 원 이하의 과태료
③ 1년 이하의 징역이나 1천만 원 이하의 벌금
④ 2년 이하의 징역이나 3천만 원 이하의 벌금

우선순위 14

PART 01 - CHAPTER 06
대기환경보전법령

출제예상 2문항

01 대기오염의 원인이 되는 가스·입자상의 물질로서 환경부령으로 정하는 것은?

① 먼지
② 매연
③ 온실가스
④ 대기오염물질

02 시·도지사가 공회전제한장치를 부착하도록 명령할 수 있는 자동차가 아닌 것은?

① 최대적재량이 5톤 이하인 화물자동차
② 시내버스운송사업에 사용되는 자동차
③ 일반택시운송사업에 사용되는 자동차
④ 최대적재량이 1톤 이하인 밴형 화물자동차로서 택배용으로 사용되는 자동차

03 시·도지사 또는 시장·군수·구청장의 수시 점검에 불응하거나 기피·방해한 자에게 부과되는 과태료 금액은?

① 100만 원 이하의 과태료
② 200만 원 이하의 과태료
③ 300만 원 이하의 과태료
④ 400만 원 이하의 과태료

우선순위 15

PART 02 - CHAPTER 02
화물의 상하차

01 화물을 옮길 때 안전수칙으로 적절하지 <u>않은</u> 것은?

① 동일 규격끼리 적재하지 않는다.
② 높은 곳의 화물을 옮길 때는 안전모를 착용한다.
③ 화물을 적재할 때에는 소화기, 소화전, 배전함 등의 설비 사용에 장애를 주지 않도록 해야 한다.
④ 화물이 무너질 위험이 있을 경우에는 로프를 사용하여 묶거나, 망을 치는 등 위험 방지를 위한 조치를 하여야 한다.

02 주유취급소의 위험물 취급기준으로 옳지 <u>않은</u> 것은?

① 유분리 장치에 고인 유류는 충분히 넘치도록 한다.
② 자동차 등을 주유할 때는 자동차 등의 원동기를 정지시킨다.
③ 자동차 등에 주유할 때에는 고정주유설비를 사용하여 직접 주유한다.
④ 자동차 등의 일부 또는 전부가 주유취급소 밖에 나온 채로 주유하지 않는다.

03 컨테이너 취급방법으로 옳지 <u>않은</u> 것은?

① 수납이 완료되면 즉시 문을 폐쇄한다.
② 컨테이너를 적재 후 반드시 콘(잠금장치)을 잠근다.
③ 부식작용이 일어나거나 기타 물리적 화학작용이 일어날 염려가 있는 화물은 동일한 컨테이너에 수납해야 한다.
④ 컨테이너에 위험물을 수납하기 전에 철저히 점검하여 그 구조와 상태 등이 불안한 컨테이너를 사용해서는 안 되며, 특히 개폐문의 방수상태를 점검한다.

우선순위 16 적재물 결박 덮개 설치

PART 02 - CHAPTER 03

01 풀 붙이기와 밴드걸기 방식을 병용한 것으로 화물의 붕괴를 방지하는 효과를 높이는 방법을 일컫는 말은?

① 슈링크 방식
② 밴드걸기 방식
③ 박스 테두리 방식
④ 수평 밴드걸기 풀 붙이기 방식

02 파렛트의 가장자리를 높게 하여 포장화물을 안쪽으로 기울여, 화물이 갈라지는 것을 방지하는 적재방식으로 옳은 것은?

① 밴드걸기 방식
② 주연어프 방식
③ 박스 테두리 방식
④ 풀 붙이기 접착 방식

03 슈링크 방식에 대한 설명으로 옳지 않은 것은?

① 통기성이 없다.
② 비용이 적게 든다.
③ 물이나 먼지가 통하지 않는다.
④ 열수축성 플라스틱 필름을 사용한다.

우선순위 **17**

PART 02 - CHAPTER 04
운행요령

01 트랙터(Tractor) 운행에 따른 주의사항으로 옳지 않은 것은?

① 후진할 때에는 반드시 뒤를 확인 후 서행한다.
② 고속주행 중의 급제동은 잭나이프 현상 등의 위험을 초래하므로 조심한다.
③ 트랙터는 일반적으로 트레일러와 연결하여 운행하므로 일반 차량에 비해 회전반경 및 점유면적이 작다.
④ 중량물 및 활대품을 수송하는 경우에는 바인더 잭으로 화물결박을 철저히 하고, 운행할 때에는 수시로 결박 상태를 확인한다.

02 고속도로의 운행이 제한되는 차량 총중량으로 옳은 것은?

① 20톤
② 30톤
③ 40톤
④ **50톤**

03 고속도로 운행 시 제한되는 차량으로 옳지 않은 것은?

① 차량의 축하중이 10톤을 초과한 차량
② 차량의 총중량이 40톤을 초과한 차량
③ 적재물을 포함한 차량의 폭이 2.5m 초과한 차량
④ **적재물을 포함한 차량의 높이가 3.5m 초과한 차량**

우선순위 18
PART 02 - CHAPTER 05
화물의 인수인계요령

01 화물의 인수요령에 대한 설명으로 옳지 않은 것은?

① 도서지역인 경우 모든 화물은 반드시 착불로 처리한다.
② 운송인의 책임은 물품을 인수하고 운송장을 교부한 시점부터 발생한다.
③ 항공료가 착불인 경우 기타 란에 항공료 착불이라고 기재하고 합계 란은 공란으로 비워둔다.
④ 제주도 및 도서지역인 경우 그 지역에 적용되는 부대비용(항공료, 도선료)을 수하인에게 징수할 수 있음을 반드시 알려주고, 이해를 구한 후 인수한다.

02 화물이 파손되는 이유로 적절하지 않은 것은?

① 화물을 함부로 던지거나 발로 차거나 끄는 경우
② 화물을 적재할 때 무분별한 적재로 압착되는 경우
③ 화물을 인계할 때 인수자 확인(서명 등)이 부실한 경우
④ 차량에 상하차할 때 컨베이어 벨트 등에서 떨어져 파손되는 경우

03 화물의 사고 유형 중 더럽혀지고 손상되는 사고를 일컫는 말은?

① 파손사고　　　　　　　　② 오손사고
③ 분실사고　　　　　　　　④ 오배달사고

우선순위 19
PART 02 - CHAPTER 06
화물자동차의 종류

01 산업현장의 일반적인 화물자동차의 호칭에 대한 설명으로 옳지 <u>않은</u> 것은?

① 밴: 상자형 화물실을 갖추고 있는 트럭
② 보닛 트럭: 원동기부의 덮개가 운전실의 앞쪽에 나와 있는 트럭
③ 캡 오버 엔진 트럭: 원동기의 전부 또는 대부분이 운전실의 아래쪽에 있는 트럭
④ 픽업: 수송물품을 냉각제를 사용하여 냉장하는 설비를 갖추고 있는 특수용도 자동차

02 총하중의 일부분이 견인하는 자동차에 의해서 지탱되도록 설계된 트레일러 종류에 해당되는 것은?

① 돌리(Dolly)
② 풀 트레일러(Full trailer)
③ 폴 트레일러(Pole trailer)
④ 세미 트레일러(Semi-trailer)

03 파이프나 H형강 등 장척물의 수송을 목적으로 한 트레일러를 일컫는 말은?

① 돌리(Dolly)
② 풀 트레일러(Full trailer)
③ 폴 트레일러(Pole trailer)
④ 세미 트레일러(Semi-trailer)

우선순위 20
PART 02 - CHAPTER 07
화물운송의 책임한계

01 이사화물에서 인수거절할 수 있는 물품으로 옳지 않은 것은?

① 동식물, 미술품, 골동품 등 운송에 특수한 관리를 요하는 물건
② 야채, 생선, 과일 등 냉장보관하지 않으면 상할 염려가 있는 식품류
③ 현금, 유가증권, 귀금속, 예금통장, 신용카드, 인감 등 고객이 휴대할 수 있는 귀중품
④ 일반이사화물의 종류, 무게, 부피, 운송거리 등에 따라 운송에 적합하도록 포장할 것을 사업자가 요청하였으나 고객이 이를 거절한 물건

02 이사화물의 멸실, 훼손 또는 연착에 대한 사업자의 손해배상 책임은 고객이 이사화물을 인도받은 날부터 얼마의 기간이 경과하면 소멸하는가?

① 30일
② 3개월
③ 1년
④ 5년

03 사업자의 책임 있는 사유로 계약을 해제할 경우에 사업자가 약정한 이사화물의 인수일 당일에도 해제를 통지하지 않은 경우 계약금의 몇 배를 배상해야 하는가?

① 배액
② 4배액
③ 10배액
④ 15배액

우선순위 21 : 화물운송서비스의 이해

PART 04 - CHAPTER 03

01 기업존속의 결정 조건으로 옳지 않은 것은?

① 기업존속의 주요 조건 중 하나는 비용 절감이다.
② 매출 확대와 비용 절감 둘 중 하나라도 이루어야 한다.
③ 매출 확대를 실현시킬 수 있다면 기업의 존속이 가능하다.
④ 매출 확대와 비용 절감 둘 다 이루지 못하더라도 기업은 살아남기 쉽다.

02 중계국에 할당된 여러 개의 채널을 공동으로 사용하는 무전기시스템으로, 꿈의 로지스틱스의 실현이라고 부를 정도로 혁신적인 화물추적통신망시스템을 일컫는 말은?

① 주파수 공용통신(TRS; Trunked Radio System)
② 전사적 품질관리(TQC; Total Quality Control)
③ 효율적 고객대응(ECR; Efficient Consumer Response)
④ 범지구측위시스템(GPS; Global Positioning System)

03 급변하는 상황에 민첩히 대응하기 위한 전략적 기업제휴이며, 정보시스템으로 동시공학체제를 갖춘 생산·판매·물류시스템과 경영시스템을 확립한 기업을 일컫는 말은?

① 가상기업　　　　　　　　② 벤처기업
③ 중소기업　　　　　　　　④ 사회적기업

15문항 출제

PART

04

운송서비스

※ CHAPTER 앞의 숫자는 출제예상 문항 수입니다.

| 3문항 | CHAPTER 01 직업운전자의 기본자세
| 7문항 | CHAPTER 02 물류의 이해
| 2문항 | CHAPTER 03 화물운송서비스의 이해
| 3문항 | CHAPTER 04 화물운송서비스와 문제점

CHAPTER 1 직업운전자의 기본자세

👍 **합격TIP** 고객서비스 및 행동예절에 대한 기본적인 내용을 다루고 있으므로 문제에서 묻는 바를 파악하고 선지를 꼼꼼히 읽어보는 것이 중요합니다.

1 고객서비스

(1) 고객만족

고객이 무엇을 원하고 있으며 무엇이 불만인지 알아내어 고객의 기대에 부응하는 좋은 제품과 양질의 서비스를 제공함으로써 고객으로 하여금 만족감을 느끼게 하는 것

(2) 고객의 욕구

① 기억되기를 바람
② 환영받고 싶어 함
③ 관심을 가져주기를 바람
④ **중요한 사람으로** 인식되기를 바람
⑤ 편안해지고 싶어 함
⑥ 칭찬받고 싶어 함
⑦ 기대와 욕구를 수용하여 주기를 바람

(3) 고객서비스

① 의미: 제품과 마찬가지로 하나의 상품으로서 서비스 품질의 만족을 위하여 고객에게 계속적으로 제공하는 모든 활동

빈출 ⚠️ ② 특징

무형성 (보이지 않음)	서비스는 형태가 없는 무형의 상품으로서 제품과 같이 객관적으로 누구나 볼 수 있는 형태로 제시되지 않으며 측정하기도 어렵지만 누구나 느낄 수는 있음
동시성 (생산과 소비가 동시에 발생)	① 서비스는 공급자에 의하여 제공됨과 동시에 고객에 의하여 소비되는 성격을 가짐 ② 서비스는 재고가 없고, 불량 서비스가 나와도 다른 제품처럼 반품할 수도 없고, 고치거나 수리할 수도 없음
이질성 (사람에 의존)	서비스는 사람에 의하여 생산되어 고객에게 제공되기 때문에 똑같은 서비스라 하더라도 그것을 **행하는 사람에 따라 품질의 차이가 발생하기 쉬움**
소멸성 (즉시 사라짐)	서비스는 오래도록 남아있는 것이 아니고 제공한 즉시 사라져서 남아있지 않음
무소유권 (가질 수 없음)	서비스는 누릴 수 있으나 소유할 수는 없음

빈출 ⚠️ **(4) 고객만족을 위한 요소**

① 고객만족을 위한 품질의 3요소

상품 품질	① 성능 및 사용방법을 구현한 하드웨어(Hardware) 품질 ② 고객의 필요와 욕구 등을 각종 시장조사나 정보를 통해 정확하게 파악하여 상품에 반영시킴으로써 고객만족도를 향상시킴
영업 품질	① 고객이 현장사원 등과 접하는 환경과 분위기를 고객만족으로 실현하기 위한 소프트웨어(Software) 품질 ② 고객에게 상품과 서비스를 제공하기까지의 모든 영업활동을 고객 지향적으로 전개하여 고객만족도 향상에 기여하도록 함
서비스 품질	고객으로부터 신뢰를 획득하기 위한 휴먼웨어(Human-ware) 품질

② 서비스 품질을 평가하는 고객의 기준
  ㉠ 서비스 품질에 대한 평가: 오로지 고객에 의해서만 이루어짐
  ㉡ 서비스 품질: 고객의 서비스에 대한 기대와 실제로 느끼는 것의 차이에 의해서 결정되는 것

신뢰성	① 정확하고 틀림없음	② 약속기일을 확실히 지킴
신속한 대응	① 기다리게 하지 않음	② 재빠른 처리, 적절한 시간 맞추기
정확성	서비스를 행하기 위한 상품 및 서비스에 대한 지식이 충분하고 정확함	
편의성	① 의뢰하기가 쉬움	② 언제라도 곧 연락이 되며, 곧 전화를 받음
태도	① 예의 바름, 단정한 복장	② 배려, 느낌이 좋음
커뮤니케이션	① 고객의 이야기를 잘 들음	② 알기 쉽게 설명함
신용도	① 회사를 신뢰할 수 있음	② 담당자가 신용이 있음
안전성	신체적 안전, 재산적 안전, 비밀 유지	
고객의 이해도	① 고객이 진정으로 요구하는 것을 알고 있음	② 사정을 잘 이해하여 만족시킴
환경	쾌적한 환경, 좋은 분위기, 깨끗한 시설 등의 완비	

2 행동예절

(1) 악수

① 상대와 적당한 거리에서 손을 잡음
② 손은 반드시 오른손을 내밈
③ 손이 더러울 땐 양해를 구함
④ 상대의 눈을 바라보며 웃는 얼굴로 악수함
⑤ 허리는 무례하지 않도록 자연스레 폄(상대방에 따라 10°~15° 정도 굽히는 게 좋음)
⑥ 계속 손을 잡은 채로 말하지 않음
⑦ 손을 너무 세게 쥐거나 또는 힘 없이 잡지 않음

(2) 언어예절(대화 시 유의사항)
① 불평불만을 함부로 떠들지 않음
② 독선적, 독단적, 경솔한 언행을 삼가함
③ 욕설, 독설, 험담을 삼가함
④ 매사 침묵으로 일관하지 않음
⑤ 남을 중상모략하는 언동을 하지 않음
⑥ 불가피한 경우를 제외하고 논쟁을 피함
⑦ 쉽게 흥분하거나 감정에 치우치지 않음
⑧ 농담은 조심스럽게 함(부하직원이라 할지라도)
⑨ 매사 함부로 단정하지 않고 말함
⑩ 일부분을 보고 전체를 속단하여 말하지 않음
⑪ 도전적 언사는 가급적 자제
⑫ 상대방의 약점을 지적하는 것을 피함
⑬ 남이 이야기하는 도중에 분별없이 차단하지 않음
⑭ 엉뚱한 곳을 보며 말을 듣고 말하는 버릇은 고침

(3) 고객불만 발생 시 행동예절
① 고객의 감정을 상하게 하지 않도록 불만 내용을 끝까지 참고 들음
② 불만사항에 대하여 정중히 사과함
③ 고객의 불만, 불편사항이 더 이상 확대되지 않도록 함
④ 고객불만을 해결하기 어려운 경우 적당히 답변하지 않고 관련부서와 협의 후에 답변함
⑤ 책임감을 갖고 전화를 받는 사람의 이름을 밝혀 고객을 안심시킨 후 확인 연락을 할 것을 전함
⑥ 불만전화 접수 후 우선적으로 빠른 시간 내에 확인하여 고객에게 알림

3 직업관

직업의 4가지 의미 빈출⚠	경제적 의미	일터, 일자리, 경제적 가치를 창출하는 곳
	정신적 의미	직업의 사명감과 소명의식을 갖고 정성과 정열을 쏟을 수 있는 곳
	사회적 의미	자기가 맡은 역할을 수행하는 능력을 인정받는 곳
	철학적 의미	일한다는 인간의 기본적인 리듬을 갖는 곳
직업윤리		① 직업에는 귀천이 없음(평등) ② 천직의식(긍정적인 사고방식으로 어려운 환경을 극복) ③ 본인, 부모, 가정, 직장, 국가에 대하여 본인의 역할이 있음에 감사하는 마음
직업의 3가지 태도		애정, 긍지, 열정

CHAPTER 1 출제 예상문제

직업운전자의 기본자세

출제예상 3문항

01
고객의 욕구와 관련하여 옳지 <u>않은</u> 것은?

① 기억되기를 바란다.
② 칭찬받고 싶어 한다.
③ 관심을 가져주기를 바란다.
④ 보통의 사람으로 인식되길 바란다.

해설 고객은 중요한 사람으로 인식되기를 바란다.

02
고객서비스의 특징에 대한 설명으로 옳지 <u>않은</u> 것은?

① 서비스는 누릴 수는 있으나 소유할 수는 없다.
② 서비스는 행하는 사람에 따라 품질의 차이가 발생하기 쉽다.
③ 서비스는 공급자에 의해 제공됨과 동시에 고객에 의해 소비되는 성격을 가진다.
④ 서비스는 형태가 있는 유형의 상품으로서 제품과 같이 객관적으로 누구나 볼 수 있는 형태로 제시된다.

해설 서비스는 형태가 없는 무형의 상품으로서 제품과 같이 객관적으로 누구나 볼 수 있는 형태로 제시되지 않는다(무형성).

03 ⚠️ 빈출
서비스는 사람에 의해 생산되어 고객에게 제공되기 때문에 똑같은 서비스라 하더라도 그것을 행하는 사람에 따라 품질의 차이가 발생하기 쉽다. 이와 관련된 고객서비스의 특성으로 옳은 것은?

① 무형성 ② 소멸성
③ 동시성 ④ 이질성

해설
• 무형성: 서비스는 형태가 없는 무형의 상품이다.
• 소멸성: 서비스는 제공한 즉시 사라진다.
• 동시성: 서비스는 공급자에 의해 제공됨과 동시에 고객에 의해 소비되는 성격을 가진다.

04 ⚠️ 빈출
고객만족을 위한 품질의 3요소로 옳지 <u>않은</u> 것은?

① 상품 품질 ② 기대 품질
③ 영업 품질 ④ 서비스 품질

해설 고객만족을 위한 품질의 3요소는 상품 품질, 영업 품질, 서비스 품질이다.

05
고객만족을 위한 품질의 3요소에 대한 설명으로 옳지 않은 것은?

① 영업 품질은 고객이 현장사원 등과 접하는 환경과 분위기를 고객만족으로 실현하기 위한 소프트웨어(Software) 품질이다.
② 상품 품질은 성능 및 사용방법을 구현한 하드웨어(Hardware) 품질이다.
③ 서비스 품질은 고객으로부터 신뢰를 획득하기 위한 휴먼웨어(Human-ware) 품질이다.
④ 서비스 품질은 고객에게 상품과 서비스를 제공하기까지의 모든 영업활동을 고객 지향적으로 전개하여 고객만족도 향상에 기여하도록 한다.

해설 영업 품질은 고객에게 상품과 서비스를 제공하기까지의 모든 영업활동을 고객 지향적으로 전개하여 고객만족도 향상에 기여하도록 한다.

06
서비스 품질을 평가하는 고객의 기준으로 옳지 않은 것은?

① 정확하고 틀림없다.
② 기다리게 하지 않는다.
③ 약속기일을 확실히 지킨다.
④ 여유를 가지고 천천히 처리한다.

해설 서비스 품질을 평가하는 고객의 기준에는 재빠른 처리, 적절한 시간 맞추기 등이 있다.

07
악수와 관련한 행동예절로 옳지 않은 것은?

① 허리를 똑바로 펴고 악수한다.
② 손이 더러울 땐 양해를 구한다.
③ 계속 손을 잡은 채로 말하지 않는다.
④ 상대와 적당한 거리에서 손을 잡는다.

해설 악수할 경우에 허리는 무례하지 않도록 자연스레 편다(상대방에 따라 10°~15° 정도 굽히는 게 좋음).

08
고객을 응대하는 마음가짐이 아닌 것은?

① 사명감을 가진다.
② 사업자의 입장에서 생각한다.
③ 예의를 지켜 겸손하게 대한다.
④ 공사를 구분하고 공평하게 대한다.

해설 고객을 응대하는 경우 고객의 입장에서 생각한다.

09 ⚠ 빈출
직업의 사명감과 소명의식을 갖고 정성과 정열을 쏟을 수 있는 곳을 의미하는 직업의 의미를 일컫는 말은?

① 정신적 의미
② 경제적 의미
③ 사회적 의미
④ 철학적 의미

해설
• 경제적 의미: 일터, 일자리, 경제적 가치를 창출하는 곳
• 사회적 의미: 자기가 맡은 역할을 수행하는 능력을 인정받는 곳
• 철학적 의미: 일한다는 인간의 기본적인 리듬을 갖는 곳

10
직업의 3가지 태도에 해당하지 않는 것은?

① 애정
② 긍지
③ 열정
④ 보복

해설 직업의 3가지 태도는 애정, 긍지, 열정이다.

CHAPTER 2 물류의 이해

출제예상 **7문항**

합격TIP 물류에 대한 생소한 개념이 등장하는 챕터로, 각 개념을 구분할 수 있는지 묻는 문제가 자주 출제되므로 반드시 이해하고 암기하여야 합니다.

1 물류

(1) 개념

① **물류(로지스틱스)의 의미**: 공급자로부터 생산자, 유통업자를 거쳐 최종소비자에게 이르는 재화의 흐름
② **물류의 기능**: 운송(수송)기능, 포장기능, 보관기능, 하역기능, 정보기능
③ **운송과 물류의 비교**

운송	물류(로지스틱스)
① 단순히 장소적 이동을 의미 ② 수요충족기능에 치우침	① 생산과 마케팅기능 중에 물류 관련 영역까지도 포함 ② 수요창조기능에 중점 　㉠ 물류의 최일선에 있는 운전자는 고객만족을 통한 수요창출에 누구보다 중요한 위치임 　㉡ 대고객서비스의 수준을 높이는 일선 근무자가 바로 운전자임

> **참고 물류(로지스틱스)에 대한 정의**
>
> ① 미국로지스틱스관리협회: 소비자의 요구에 부응할 목적으로 생산지에서 소비지까지 원자재, 중간재, 완성품 그리고 관련 정보의 이동(운송) 및 보관에 소요되는 비용을 최소화하고 효율적으로 수행하기 위하여 이들을 계획, 수행, 통제하는 과정
> ② 물류정책기본법: 재화가 공급자로부터 조달·생산되어 수요자에게 전달되거나 소비자로부터 회수되어 폐기될 때까지 이루어지는 운송·보관·하역 등과 이에 부가되어 가치를 창출하는 가공·조립·분류·수리·포장·상표 부착·판매·정보통신 등

④ **우리나라의 물류 기본법**: 물류정책기본법

(2) 물류의 발전 단계

단계	시기	내용
경영정보시스템 (MIS)	1970년대	기업경영에서 의사결정의 유효성을 높이기 위해 경영 내외의 관련 정보를 필요에 따라 즉각적으로 그리고 대량으로 수집, 전달, 처리, 저장, 이용할 수 있도록 편성한 인간과 컴퓨터와의 결합시스템
전사적자원관리 (ERP)	1980~ 1990년대	기업활동을 위해 사용되는 기업 내의 모든 인적·물적 자원을 효율적으로 관리하여 궁극적으로 기업의 경쟁력을 강화시켜 주는 역할을 하는 통합정보시스템

공급망관리 (SCM)	1990년대 중반 이후	① 고객 및 투자자에게 부가가치를 창출할 수 있도록 최초의 공급업체로부터 최종 소비자에게 이르기까지의 상품·서비스 및 정보의 흐름이 관련된 프로세스를 **통합적으로 운영**하는 경영전략 ② 제조, 물류, 유통업체 등 유통공급망에 참여하는 모든 업체들이 협력을 바탕으로 정보기술을 활용하여 재고를 최적화하고 리드타임을 대폭 감축하여 결과적으로 양질의 상품 및 서비스를 소비자에게 제공함으로써 소비자 가치를 극대화시키기 위한 전략

(3) 물류의 역할

빈출 ① 물류에 대한 개념적 관점에서의 물류의 역할

국민경제적 관점	① 기업의 유통효율 향상으로 물류비를 절감하여 소비자물가와 도매물가의 상승을 억제 ② 정시배송의 실현을 통한 수요자 서비스 향상에 이바지 ③ 자재와 자원의 낭비를 방지하여 자원의 효율적인 이용에 기여 ④ 사회간접자본의 증강과 각종 설비투자의 필요성을 증대시켜 국민경제개발을 위한 투자기회 부여
사회경제적 관점	① 생산, 소비, 금융, 정보 등 우리 인간이 주체가 되어 수행하는 경제활동의 일부분 ② 운송, 통신, 상업활동을 주체로 하며 이들을 지원하는 제반활동을 포함
개별기업적 관점	① **최소의 비용으로 소비자를 만족**시켜서 서비스 질의 향상을 촉진시켜 매출 신장을 도모 ② 고객욕구 만족을 위한 물류서비스가 판매경쟁에 있어 중요하며, 제품의 제조, 판매를 위한 원재료의 구입과 판매와 관련된 업무를 총괄관리하는 시스템 운영

② 기업경영에 있어서 물류의 역할
  ㉠ 마케팅의 절반을 차지
  ㉡ 판매기능 촉진
  ㉢ 적정재고의 유지로 재고비용 절감에 기여
  ㉣ 물류(物流)와 상류(商流) 분리를 통한 유통합리화에 기여

(4) 물류의 기능

운송기능	① 물품을 공간적으로 이동시키는 것 ② 수송에 의해서 생산지와 수요지와의 공간적 거리가 극복되어 상품의 **장소적(공간적) 효용**을 창출
포장기능	① 물품의 수·배송, 보관, 하역 등에 있어서 가치 및 상태를 유지하기 위해 적절한 재료, 용기 등을 이용해서 포장하여 보호하고자 하는 활동 ② 포장활동에서 중요한 모듈화는 일관시스템 실시에 중요한 요소임
보관기능	① 물품을 창고 등의 보관시설에 보관하는 활동 ② 생산과 소비와의 시간적 차이를 조정하여 **시간적 효용**을 창출

하역기능	① 수송과 보관의 양단에 걸친 물품의 취급으로 물품을 상하좌우로 이동시키는 활동 ② 싣고 내림, 시설 내에서의 이동, 피킹, 분류 등의 작업 ③ 하역작업의 대표적인 방식: 컨테이너(Container)화와 파렛트(Pallet)화
정보기능	① 물류활동과 관련된 물류정보를 수집, 가공, 제공하여 운송, 보관, 하역, 포장, 유통가공 등의 기능을 컴퓨터 등의 전자적 수단으로 연결하여 줌으로써 종합적인 물류관리의 효율화를 도모할 수 있도록 하는 기능 ② 물류의 각 기능이 서로 연계를 유지함에 따라 효율을 발휘하도록 하는 것
유통가공기능	① 물품의 유통과정에서 물류효율을 향상시키기 위하여 가공하는 활동 ② 단순가공, 재포장, 조립 등 제품이나 상품의 부가가치를 높이기 위한 물류활동

2 물류관리

(1) 의미

① 경제재의 효용을 극대화시키기 위한 재화의 흐름에 있어서 운송, 보관, 하역, 포장, 정보, 가공 등의 모든 활동을 유기적으로 조정하여 하나의 독립된 시스템으로 관리하는 것
② 물류관리는 그 기능의 일부가 생산 및 마케팅 영역과 밀접하게 연관되어 있음

⚠️빈출 (2) 물류관리의 기본원칙(7R과 3S1L원칙)

7R 원칙	① Right Quality(적절한 품질) ③ Right Time(적절한 시간) ⑤ Right Impression(좋은 인상) ⑦ Right Commodity(적절한 상품)	② Right Quantity(적절한 양) ④ Right Place(적절한 장소) ⑥ Right Price(적절한 가격)
3S1L 원칙	① 신속하게(Speedy) ③ 확실하게(Surely)	② 안전하게(Safely) ④ 저렴하게(Low)

(3) 물류관리의 목표

① 비용 절감과 재화의 시간적·장소적 효용가치의 창조를 통한 시장능력의 강화
② 고객서비스 수준 향상과 물류비의 감소(트레이드오프관계)
③ 고객서비스 수준의 결정은 고객지향적이어야 하며, 경쟁사의 서비스 수준을 비교한 후 그 기업이 달성하고자 하는 특정한 수준의 서비스를 최소의 비용으로 고객에게 제공

> **참고** 트레이드오프(Trade-off) 상충관계
>
> 두 개의 정책목표 가운데 하나를 달성하려고 하면 다른 목표의 달성이 늦어지거나 희생되는 경우의 양자 간의 관계

3 기업물류

(1) 기업의 물류관리
① 의미: 소비자의 요구와 필요에 따라 효율적인 방법으로 재화와 서비스를 공급하는 것
② 중요성: 개별기업의 물류활동이 효율적으로 이루어지면 투입이 절감되거나 더 많은 산출을 가져와 비용 또는 가격경쟁력을 제고하고 나아가 총이윤이 증가함

(2) 기업물류의 범위와 활동

범위	물적공급과정	원재료, 부품, 반제품, 중간재를 조달·생산하는 물류과정
	물적유통과정	생산된 재화가 최종 고객이나 소비자에게까지 전달되는 물류과정
활동	주활동	대고객서비스 수준, 수송, 재고관리, 주문처리
	지원활동	보관, 자재관리, 구매, 포장, 생산량과 생산일정 조정, 정보 관리

(3) 기업전략
① 기업의 목적을 명확히 결정함으로써 설정됨
② 기업전략 설정을 위해서는 기업이 추구하는 것이 이윤 획득, 존속, 투자에 대한 수익, 시장점유율, 성장목표 가운데 무엇인지를 이해하는 것이 필요하며, 그 다음으로 비전 수립이 필요함
③ 훌륭한 전략 수립을 위해서는 소비자, 공급자, 경쟁사, 기업 자체의 4가지 요소를 고려해야 함

(4) 물류전략
① 목표

비용 절감	운반 및 보관과 관련된 가변비용을 최소화하는 전략
자본 절감	물류시스템에 대한 투자를 최소화하는 전략
서비스 개선	제공되는 서비스 수준에 비례하여 수익이 증가한다는 데 근거를 둠

② 종류

프로액티브(Proactive) 물류전략	사업목표와 소비자 서비스 요구사항에서부터 시작되며, 경쟁업체에 대항하는 공격적인 전략
크래프팅(Crafting) 중심의 물류전략	① 특정한 프로그램이나 기법을 필요로 하지 않으며, 뛰어난 통찰력이나 영감에 바탕을 둠 ② 그러나 일단 물류서비스 전략이 수립되면 서비스 수준은 수립된 전략을 통해 달성됨

③ 물류관리 전략의 필요성과 중요성
  ㉠ 가치창출을 중심으로 물류를 전쟁의 대상이 아닌 수단으로 인식하는 것이며, 물류관리가 전략적 도구가 됨
  ㉡ 기업이 살아남기 위한 중요한 경쟁우위의 원천으로서 물류를 인식하는 것이 전략적 물류관리의 방향임

④ 물류전략의 실행구조

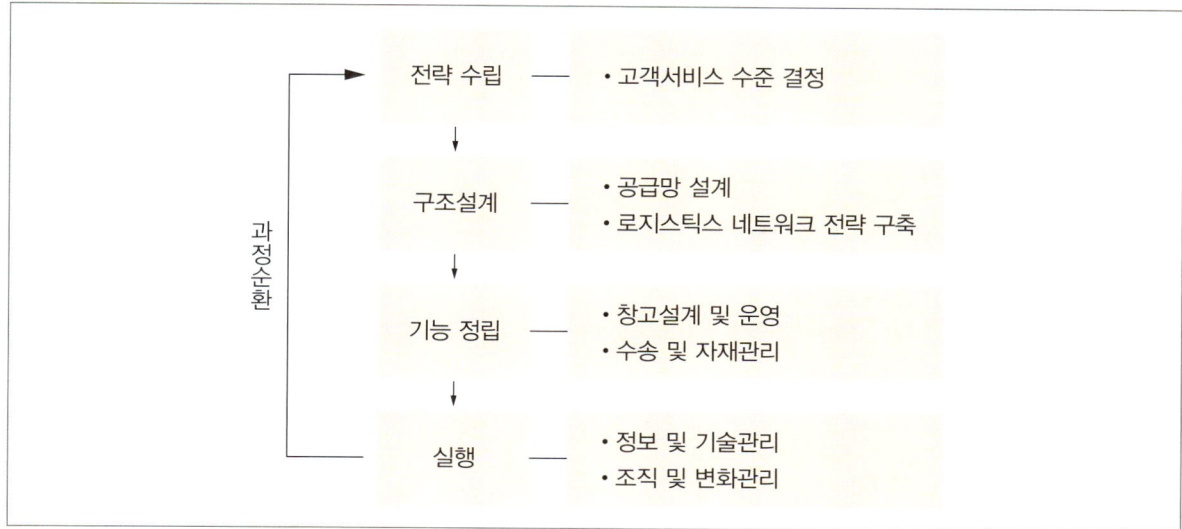

(5) 물류계획

① 계획 수립의 주요 영역

고객서비스 수준	전략적 물류계획을 수립할 시에 우선적으로 고려해야 할 사항
설비의 입지 결정	① 보관지점과 제품을 공급하는 공급지의 지리적인 위치를 선정하는 것 ② 비용이 최소가 되는 경로를 발견함으로써 이윤을 최대화하는 것
재고 의사결정	① 재고를 관리하는 방법에 관한 것을 결정하는 것 ② 전략 　㉠ 재고보충규칙에 따라 보관지점에 재고를 할당하는 전략 　㉡ 보관지점에서 재고를 인출하는 전략
수송 의사결정	수송수단 선택, 적재규모, 자동차운행경로 결정, 일정계획

② 물류관리 전략의 필요성과 중요성

전략적 물류	로지스틱스
① 코스트 중심	① 가치창출 중심
② 제품효과 중심	② 시장진출 중심(고객 중심)
③ 기능별 독립 수행	③ 기능의 통합화 수행
④ 부분 최적화 지향	④ 전체 최적화 지향
⑤ 효율 중심의 개념	⑤ 효과(성과) 중심의 개념

③ 전략적 물류관리

필요성	대부분의 기업들이 경영전략과 로지스틱스 활동을 적절하게 연계시키지 못하고 있는 것이 문제점으로 지적되고 있으며, 이를 해결하기 위한 방안으로 전략적 물류관리가 필요하게 됨
목표	비용, 품질, 서비스, 속도와 같은 핵심적 성과에서 극적인 향상을 이루기 위해 물류의 각 기능별 업무 프로세스를 기본적으로 다시 생각하고 근본적으로 재설계하는 것

④ 로지스틱스 전략관리의 기본요건

전문가 집단 구성	① 물류전략계획 전문가　② 현업 실무관리자 ③ 물류서비스 제공자(프로바이더, Provider)　④ 물류혁신 전문가 ⑤ 물류인프라 디자이너	
전문가의 자질	분석력	최적의 물류업무 흐름 구현을 위한 분석 능력
	기획력	경험과 관리기술을 바탕으로 물류전략을 입안하는 능력
	창조력	지식이나 노하우를 바탕으로 시스템모델을 표현하는 능력
	판단력	물류 관련 기술동향을 파악하여 선택하는 능력
	기술력	정보기술을 물류시스템 구축에 활용하는 능력
	행동력	이상적인 물류인프라 구축을 위하여 실행하는 능력
	관리력	신규 및 개발프로젝트를 원만히 수행하는 능력
	이해력	시스템 사용자의 요구(needs)를 명확히 파악하는 능력

4 제3자 물류(3PL)

(1) 제3자 물류의 개념

① **제3자 물류업**: 화주기업이 고객서비스 향상, 물류비 절감 등 물류활동을 효율화할 수 있도록 공급망(Supply Chain)상의 기능 전체 혹은 일부를 대행하는 업종

② **제3자 물류의 발전**: '자사물류(제1자) → 물류자회사(제2자) → 제3자 물류'라는 단순한 절차로 발전하는 경우가 많으나 실제 이행과정은 이보다 복잡한 구조를 보임

제1자 물류 (1PL, 자사물류)	화주기업이 사내에 물류조직을 두고 **물류업무를 직접 수행**하는 경우
제2자 물류 (2PL, 자회사)	기업이 사내의 물류조직을 별도로 분리하여 **자회사**로 독립시키는 경우
제3자 물류 (3PL, 아웃소싱)	외부의 전문물류업체에게 물류업무를 **아웃소싱**하는 경우

③ 물류아웃소싱과 제3자 물류 비교

구분	물류아웃소싱	제3자 물류
화주와의 관계	거래 기반, 수발주관계	계약 기반, 전략적 제휴
관계 내용	일시 또는 수시	장기(1년 이상), 협력
서비스 범위	기능별 개별서비스	통합물류서비스
정보 공유 여부	불필요	반드시 필요
도입 결정권한	중간관리자	최고경영층
도입 방법	수의계약	경쟁계약

④ 제3자 물류의 도입 이유
　㉠ 자가물류활동에 의한 물류효율화의 한계
　㉡ 물류자회사에 의한 물류효율화의 한계
　㉢ 제3자 물류는 물류산업 고도화를 위한 돌파구
　㉣ 세계적인 조류로서 제3자 물류의 비중 확대

(2) 제3자 물류의 기대효과

화주기업 측면	① 제3자 물류업체의 고도화된 물류체계를 활용함으로써 자사의 핵심사업에 주력 가능 ② 각 부문별로 최고의 경쟁력을 보유하고 있는 기업 등과 통합·연계하는 공급망을 형성하여 공급망 대 공급망 간 경쟁에서 유리한 위치를 차지할 수 있음 ③ 조직 내 물류기능 통합화와 공급망상의 기업 간 통합·연계화로 자본, 운영시설, 재고, 인력 등의 경영자원을 효율적으로 활용할 수 있음 ④ 리드타임 단축과 고객서비스의 향상 가능 ⑤ 물류시설 설비에 대한 투자부담을 제3자 물류업체에게 분산시킴으로써 유연성 확보와 자가물류에 의한 물류효율화의 한계를 보다 용이하게 해소할 수 있음 ⑥ 경기변동, 수요계절성 등 물동량 변동, 물류경로 변화에 효과적으로 대응할 수 있음
물류업체 측면	① 제3자 물류의 활성화는 물류산업의 수요기반 확대로 이어져 규모의 경제효과에 의해 효율성, 생산성 향상을 달성함 ② 고품질의 물류서비스를 개발·제공함에 따라 현재보다 높은 수익률을 확보할 수 있음 ③ 서비스 혁신을 위한 신규투자를 더욱 활발하게 추진할 수 있음
물류혁신 기대효과	① 물류산업의 합리화에 의한 고물류비 구조를 혁신 ② 고품질 물류서비스의 제공으로 제조업체의 경쟁력 강화 지원 ③ 종합물류서비스의 활성화 ④ 공급망관리(SCM) 도입·확산의 촉진

5 제4자 물류(4PL)

빈출 (1) 개념

① 다양한 조직들의 효과적인 연결을 목적으로 하는 통합체로서 공급망의 모든 활동과 계획관리를 전담하는 것
② 제3자 물류의 기능에 컨설팅 업무를 추가 수행하는 것(제3자 물류보다 한층 업그레이드된 물류방법)
③ 제4자 물류의 핵심은 고객에게 제공되는 서비스를 극대화하는 것

(2) 공급망관리에 있어서 제4자 물류의 4단계

제1단계 (재창조)	① 공급망에 참여하고 있는 복수의 기업과 독립된 공급망 참여자들 사이에 협력을 넘어서 공급망의 계획과 동기화에 의해 가능한 것 ② 참여자의 공급망을 통합하기 위해서 비즈니스 전략을 공급망 전략과 제휴하면서 전통적인 공급망 컨설팅 기술을 강화
제2단계 (전환)	① 판매, 운영계획, 유통관리, 구매전략, 고객서비스, 공급망 기술을 포함한 특정한 공급망에 초점을 맞춤 ② 전략적 사고, 조직변화관리, 고객의 공급망 활동과 프로세스를 통합하기 위한 기술을 강화
제3단계 (이행)	① 제4자 물류는 비즈니스 프로세스 제휴, 조직과 서비스의 경계를 넘은 기술의 통합과 배송운영까지를 포함하여 실행 ② 제4자 물류에 있어서 인적자원관리가 성공의 중요한 요소로 인식됨
제4단계 (실행)	① 제4자 물류 제공자는 다양한 공급망 기능과 프로세스를 위한 운영상의 책임을 지고, 그 범위는 전통적인 운송관리와 물류아웃소싱보다 범위가 큼 ② 조직은 공급망 활동에 대한 전체적인 범위를 제4자 물류 공급자에게 아웃소싱할 수 있음 ③ 제4자 물류 공급자가 수행할 수 있는 범위는 제3자 물류 공급자, IT회사, 컨설팅회사, 물류솔루션 업체임

6 물류시스템의 구성

(1) 운송

① 의미: 물품을 장소적·공간적으로 이동시키는 것

② 운송 관련 용어

교통	현상적인 시각에서의 재화의 이동
운송	서비스 공급 측면에서의 재화의 이동
운수	행정상 또는 법률상의 운송
운반	한정된 공간과 범위 내에서의 재화의 이동
배송	상거래가 성립된 후 상품을 고객이 지정하는 수하인에게 발송 및 배달하는 것으로 물류센터에서 각 점포나 소매점에 상품을 납입하기 위한 수송
통운	소화물 운송
간선수송	제조공장과 물류거점(물류센터 등) 간의 장거리 수송으로 컨테이너 또는 파렛트(Pallet)를 이용하며 유닛화(Unitization)되어 일정 단위로 취합되어 수송

> 🚚 **참고** 수송과 배송

수송	배송
장거리 대량화물의 이동	단거리 소량화물의 이동
거점 ↔ 거점 간 이동	기업 ↔ 고객 간 이동
지역 간 화물의 이동	지역 내 화물의 이동
1개소의 목적지에 1회에 직송	다수의 목적지를 순회하면서 소량 운송

③ 선박 및 철도와 비교한 화물자동차운송의 특징

    ㉠ 원활한 기동성과 신속한 수배송

    ㉡ 신속하고 정확한 문전운송

    ㉢ 다양한 고객요구 수용

    ㉣ 운송단위가 소량

    ㉤ 에너지 다소비형의 운송기관 등

(2) 보관

① 의미: 물품을 저장·관리하는 것
② 기능
  ㉠ 시간·가격조정에 관한 기능 수행
  ㉡ 수요와 공급의 시간적 간격을 조정함으로써 경제활동의 안정과 촉진을 도모
③ 최근에는 상품가치의 유지와 저장을 목적으로 하는 장기보관보다는 판매정책상의 유통목적을 위한 단기보관의 중요성이 강조되고 있음
④ 보관을 위한 시설인 창고에서는 물품의 입고, 정보에 기초한 재고관리가 행해짐

(3) 유통가공

① 의미: 보관을 위한 가공 및 동일 기능의 형태 전환을 위한 가공 등 유통단계에서 상품에 가공이 더해지는 것
② 최근에는 상품의 부가가치를 높여 상품차별화를 목적으로 하는 유통가공의 중요성이 강조되고 있음

(4) 포장

① 의미: 물품의 운송, 보관 등에 있어서 물품의 가치와 상태를 보호하는 것
② 분류

공업포장	기능 면에서 품질 유지를 위한 포장
상업포장	소비자의 손에 넘기기 위하여 행해지는 포장으로서 상품가치를 높이고 정보 전달을 포함한 판매촉진의 기능을 목적으로 한 포장

(5) 하역

① 의미: 운송, 보관, 포장의 전후에 부수하는 물품의 취급으로 교통기관과 물류시설에 걸쳐 행해짐
  예 적입, 적출, 분류, 피킹(Picking) 등의 작업
② 하역합리화의 대표적인 수단: 컨테이너화(Containerization), 파렛트화(Palletization)

(6) 정보

① 기능
  ㉠ 물류활동에 대응하여 수집됨
  ㉡ 효율적 처리로 조직이나 개인의 물류활동을 원활하게 함
② 최근에는 컴퓨터와 정보통신기술에 의해 물류시스템의 고도화가 이루어져 수주, 재고관리, 주문품 출하, 상품조달(생산), 운송, 피킹 등을 포함한 5가지 요소기능과 관련한 업무흐름의 일괄관리가 실현되고 있음

③ 종류
  ㉠ 물류정보: 상품의 수량과 품질, 작업관리에 관한 정보
  ㉡ 상류정보: 수·발주, 지불 등에 관한 정보
④ 물류정보시스템의 보급: 대형소매점과 편의점에서는 유통비용의 절감과 판로 확대를 위해 POS(Point of Sales, 판매시점관리)가 사용되고 EDI(Electronic Data Interchange, 전자문서교환)가 결부된 물류정보시스템이 급속하게 보급되고 있음

7 물류시스템의 이해

(1) 물류시스템화

① **물류시스템의 의미**: 운송·하역·보관·유통가공·포장 등의 개별 물류활동을 통합하고 필요한 자원을 이용하여 물류서비스를 산출하는 체계
② **물류시스템의 목적**: 최소의 비용으로 최대의 물류서비스를 산출하기 위하여 물류서비스를 3S1L의 원칙(Speedy, Safely, Surely, Low)으로 행하는 것
  ㉠ 고객에게 상품을 적절한 납기에 맞추어 정확하게 배달하는 것
  ㉡ 고객의 주문에 대해 상품의 품절을 가능한 한 적게 하는 것
  ㉢ 물류거점을 적절하게 배치하여 배송효율을 향상시키고 상품의 적정재고량을 유지하는 것
  ㉣ 운송, 보관, 하역, 포장, 유통·가공의 작업을 합리화하는 것
  ㉤ 물류비용의 적절화·최소화 등
③ **토털 코스트(Total cost) 접근방법의 물류시스템화**
  ㉠ 개별 물류활동 간에는 트레이드오프(Trade-off, 상반)관계가 성립
    예 재고거점을 줄이고 재고량을 적게 하면 물류거점에 대한 재고보충이 빈번해지고 수송횟수는 증가함
  ㉡ 따라서 전체 비용의 관점에서 비용이 최소가 되도록 시스템화하여 전체최적을 도모해야 함
④ **비용과 물류서비스 간의 관계**

특징	물류서비스의 수준을 향상시키면 물류비용도 상승함
4가지 방안	① 물류서비스 일정, 비용 절감: 가능한 한 낮은 비용으로 일정한 서비스를 달성하고자 하는 효율 추구 ② 물류서비스 상승, 비용 상승: 서비스를 향상시키기 위해 비용이 상승해도 해결책이 없음 ③ 물류서비스 상승, 비용 일정: 물류비용을 유효하게 활용하여 최적의 성과를 달성하는 목표 추구 ④ 물류서비스 상승, 비용 절감: 판매 증가와 이익 증가를 동시에 도모

(2) 운송 합리화 방안

① 적기 운송과 운송비 부담의 완화
   ㉠ 적기에 운송하기 위한 운송계획 필요
   ㉡ 판매계획에 따라 일정량을 정기적으로 고정된 경로를 따라 운송
   ㉢ 공장과 물류거점 간의 간선운송이나 선적지까지 공장에서 직송하는 것이 효율적
   ㉣ 출하물량 단위의 대형화와 표준화가 필요
   ㉤ 적재율 향상을 위해 제품의 규격화나 적재품목의 혼재를 고려

② **실차율 향상을 위한 공차율의 최소화**: 화물을 싣지 않은 공차상태로 운행함으로써 발생하는 비효율을 줄이기 위하여 주도면밀한 운송계획을 수립

③ 물류기기의 개선과 정보시스템의 정비
   ㉠ 유닛로드시스템의 구축과 물류기기의 개선
   ㉡ 자동차의 대형화, 경량화 등 추진
   ㉢ 물류거점 간의 온라인화를 통한 화물정보시스템과 화물추적시스템 등의 이용을 통한 총물류비의 절감 노력
   ㉣ 최단 운송경로의 개발 및 최적 운송수단의 선택: 최적의 운송수단을 선택하기 위한 종합적인 검토와 계획이 필요

④ 공동수·배송의 장단점

구분	공동수송	공동배송
장점	① 물류시설 및 인원의 축소 ② 발송작업의 간소화 ③ 영업용 트럭의 이용 증대 ④ 입출하 활동의 계획화 ⑤ 운임요금의 적정화 ⑥ 여러 운송업체와의 복잡한 거래교섭 감소 ⑦ 소량 부정기화물도 공동수송 가능	① 수송효율 향상(적재효율, 회전율 향상) ② 소량화물 혼적으로 규모의 경제효과 ③ 자동차, 기사의 효율적 활용 ④ 안정된 수송시장 확보 ⑤ 네트워크의 경제효과 ⑥ 교통혼잡 완화 ⑦ 환경오염 방지
단점	① 기업비밀 누출에 대한 우려 ② 영업부문의 반대 ③ 서비스 차별화에 한계 ④ 서비스 수준의 저하 우려 ⑤ 수화주와의 의사소통 부족 ⑥ 상품특성을 살린 판매전략 제약	① 외부 운송업체의 운임덤핑에 대처 곤란 ② 배송순서의 조절이 어려움 ③ 출하시간 집중 ④ 물량 파악이 어려움 ⑤ 제조업체의 산재에 따른 문제 ⑥ 종업원 교육, 훈련에 시간 및 경비 소요

8 화물운송정보시스템의 이해

(1) 화물운송정보시스템

수배송관리시스템	① 주문 상황에 대해 적기 수배송체제의 확립과 최적의 수배송계획을 수립함으로써 수송비용을 절감하려는 체제 ② 출하계획의 작성, 출하서류의 전달, 화물 및 운임 계산의 명확성 등 컴퓨터와 통신기기를 이용하여 기계적으로 처리 ③ 대표적인 수배송관리시스템: 터미널화물정보시스템
터미널화물 정보시스템	수출계약이 체결된 후 수출품이 트럭터미널을 경유하여 항만까지 수송되는 경우, 국내거래 시 한 터미널에서 다른 터미널까지 수송되어 수하인에게 이송될 때까지의 전 과정에서 발생하는 각종 정보를 전산시스템으로 수집, 관리, 공급, 처리하는 종합정보 관리체제
화물정보시스템	화물이 터미널을 경유하여 수송될 때 수반되는 자료 및 정보를 신속하게 수집하여 이를 효율적으로 관리하는 동시에 화주에게 적기에 정보를 제공해주는 시스템

(2) 수배송활동의 각 단계에서의 물류정보처리 기능

계획	수송수단 선정, 수송경로 선정, 수송로트(lot) 결정, 다이어그램시스템 설계, 배송센터의 수 및 위치 선정, 배송지역 결정 등
실시	배차 수배, 화물적재 지시, 배송 지시, 발송정보 착하지에의 연락, 반송화물 정보 관리, 화물의 추적 파악 등
통제	운임 계산, 자동차적재효율 분석, 자동차가동률 분석, 반품운임 분석, 빈용기운임 분석, 오송 분석, 교착수송 분석, 사고 분석 등

CHAPTER 2 물류의 이해 — 출제 예상문제

01 ⚠️빈출
과거와 같이 단순히 장소적 이동을 의미하는 운송이 아닌 생산과 마케팅기능 중에 물류 관련 영역까지도 포함하는 개념을 일컫는 말은?

① 운송 ② 하역
③ 정보서비스 ④ **로지스틱스**

해설 로지스틱스(Logistics)는 과거와 같이 단순히 장소적 이동을 의미하는 운송이 아니라 생산과 마케팅기능 중에 물류 관련 영역까지도 포함한다.

02
물류(로지스틱스)에 대한 설명으로 옳지 <u>않은</u> 것은?

① **수요충족의 기능에 중점을 두고 있다.**
② 생산과 마케팅기능 중에 물류 관련 영역까지도 포함한다.
③ 운송(수송)기능, 포장기능, 보관기능, 하역기능, 정보기능이 있다.
④ 공급자로부터 생산자, 유통업자를 거쳐 최종소비자에게 이르는 재화의 흐름을 의미한다.

해설 종전의 운송이 수요충족기능에 치우쳤다면, 로지스틱스는 수요창조기능에 중점을 두고 있다.

03
우리나라의 물류 기본법으로 옳은 것은?

① **물류정책기본법** ② 물류활성기본법
③ 물류기반기본법 ④ 물류투자기본법

해설 우리나라의 물류 기본법은 물류정책기본법이다.

04 ⚠️빈출
고객 및 투자자에게 부가가치를 창출할 수 있도록 최초의 공급업체로부터 최종 소비자에게 이르기까지의 상품·서비스 및 정보의 흐름이 관련된 프로세스를 통합적으로 운영하는 경영전략으로 일컫는 말은?

① 물류 ② 토털물류
③ **공급망관리** ④ 로지스틱스

해설 공급망관리는 고객 및 투자자에게 부가가치를 창출할 수 있도록 최초의 공급업체로부터 최종 소비자에게 이르기까지의 상품·서비스 및 정보의 흐름이 관련된 프로세스를 통합적으로 운영하는 경영전략이다.

05 ⚠️빈출
물류의 역할이 최소의 비용으로 소비자를 만족시켜서 서비스 질의 향상을 촉진시켜 매출 신장을 도모한다는 관점으로 옳은 것은?

① 국민경제적 관점 ② **개별기업적 관점**
③ 사회경제적 관점 ④ 통합매출적 관점

해설 개별기업적 관점은 최소의 비용으로 소비자를 만족시켜서 서비스 질의 향상을 촉진시켜 매출 신장을 도모한다는 관점이다.

06
국민경제적 관점에서의 물류의 역할로 옳지 <u>않은</u> 것은?

① 정시배송의 실현을 통한 수요자 서비스 향상에 이바지한다.
② 자재와 자원의 낭비를 방지하여 자원의 효율적인 이용에 기여한다.
③ **기업의 유통효율 향상으로 물류비를 증가시켜 소비자물가와 도매물가의 상승을 유도한다.**
④ 사회간접자본의 증강과 각종 설비투자의 필요성을 증대시켜 국민경제개발을 위한 투자기회를 부여한다.

해설 국민경제적 관점에서 물류는 기업의 유통효율 향상으로 물류비를 절감하여 소비자물가와 도매물가의 상승을 억제하는 역할을 한다.

07
기업경영에 있어서 물류의 역할로 옳지 않은 것은?

① 판매기능 촉진
② 마케팅의 절반을 차지
③ 적정재고의 유지로 재고비용 절감에 기여
④ 물류(物流)와 상류(商流)의 통합을 통한 유통합리화에 기여

해설 물류와 상류의 분리를 통한 유통합리화에 기여한다.

08
물류의 기능에 대한 설명으로 옳지 않은 것은?

① 포장기능은 생산과 소비와의 시간적 차이를 조정하여 시간적 효용을 창출한다.
② 정보기능은 물류의 각 기능이 서로 연계를 유지함에 따라 효율을 발휘하도록 하는 것이다.
③ 하역기능은 수송과 보관의 양단에 걸친 물품의 취급으로 물품을 상하좌우로 이동시키는 활동이다.
④ 운송기능은 수송에 의해서 생산지와 수요지와의 공간적 거리가 극복되어 상품의 장소적(공간적) 효용을 창출한다.

해설 ①은 보관기능에 대한 설명이다.

09
싣고 내림, 시설 내에서의 이동, 피킹, 분류 등의 작업 등에 해당하는 물류의 기능을 일컫는 말은?

① 운송기능
② 포장기능
③ 보관기능
④ 하역기능

해설 싣고 내림, 시설 내에서의 이동, 피킹, 분류 등의 작업 등은 하역기능에 해당한다.

10 ⚠️ 빈출
물류관리의 기본원칙인 7R의 원칙에 해당하지 않는 것은?

① Right Speed(적절한 속도)
② Right Price(적절한 가격)
③ Right Quantity(적절한 양)
④ Right Quality(적절한 품질)

해설 7R
- Right Quality(적절한 품질)
- Right Quantity(적절한 양)
- Right Time(적절한 시간)
- Right Place(적절한 장소)
- Right Impression(좋은 인상)
- Right Price(적절한 가격)
- Right Commodity(적절한 상품)

11
물류관리의 목표에 해당하지 않는 것은?

① 품질 향상을 통한 매출의 극대화
② 고객서비스 수준 향상과 물류비의 감소
③ 비용 절감과 재화의 시간적·장소적 효용가치의 창조를 통한 시장능력의 강화
④ 경쟁사의 서비스 수준을 비교한 후 그 기업이 달성하고자 하는 특정한 수준의 서비스를 최소의 비용으로 고객에게 제공

해설 품질 향상은 물류관리의 목표가 아니다.

12
물류전략의 실행구조의 순서로 옳은 것은?

① 전략 수립 → 구조설계 → 기능 정립 → 실행
② 전략 수립 → 구조설계 → 실행 → 기능 정립
③ 전략 수립 → 기능 정립 → 구조설계 → 실행
④ 전략 수립 → 실행 → 구조설계 → 기능 정립

해설 물류전략의 실행구조의 순서는 '전략 수립 → 구조설계 → 기능 정립 → 실행'이다.

13
기업이 사내에 물류조직을 두고 물류업무를 직접 수행하는 경우에 해당하는 것은?

① 위임
② 자사물류
③ 아웃소싱
④ 물류자회사

해설 기업이 사내에 물류조직을 두고 물류업무를 직접 수행하는 경우는 제1자 물류(자사물류)이다.

14 ⚠️빈출
화주기업이 고객서비스 향상, 물류비 절감 등 물류활동을 효율화할 수 있도록 공급망(Supply Chain)상의 기능 전체 혹은 일부를 대행하는 업종으로 옳은 것은?

① 제1자 물류업
② 제2자 물류업
③ 제3자 물류업
④ 제4자 물류업

해설 제3자 물류업은 화주기업이 고객서비스 향상, 물류비 절감 등 물류활동을 효율화할 수 있도록 공급망(Supply Chain)상의 기능 전체 혹은 일부를 대행하는 업종이다.

15
외부의 전문물류업체에게 물류업무를 아웃소싱하는 경우에 해당하는 것은?

① 제1자 물류
② 제2자 물류
③ 제3자 물류
④ 제4자 물류

해설 외부의 전문물류업체에게 물류업무를 아웃소싱하는 경우는 제3자 물류이다.

16
제3자 물류의 도입 이유로 거리가 먼 것은?

① 물류자회사에 의한 물류효율화의 한계
② 자가물류활동에 의한 물류효율화의 한계
③ 세계적인 조류로서 제3자 물류의 비중 감소
④ 제3자 물류는 물류산업 고도화를 위한 돌파구

해설 세계적인 조류로서 제3자 물류의 비중이 확대됨에 따라 제3자 물류가 활성화되고 있다.

17
제3자 물류에 의한 물류혁신 기대효과로 옳지 않은 것은?

① 종합물류서비스의 활성화
② 공급망관리(SCM) 도입·확산의 촉진
③ 물류산업의 합리화에 의한 고물류비 구조 혁신
④ 고품질 물류서비스의 제공으로 제조업체의 경쟁력 약화

해설 고품질 물류서비스의 제공으로 제조업체의 경쟁력 강화 지원의 효과가 있다.

18 ⚠️빈출
제4자 물류(4PL)에 대한 설명으로 옳은 것은?

① 고객에게 제공되는 서비스를 최소화하는 것
② 제3자 물류의 기능에 컨설팅 업무를 추가 수행하는 것
③ 화주기업이 사내에 물류조직을 두고 물류업무를 직접 수행하는 것
④ 기업이 사내의 물류조직을 별도로 분리하여 자회사로 독립시키는 것

해설 ①은 제1자 물류, ④는 제2자 물류에 대한 설명이며, 고객에게 제공되는 서비스를 극대화하는 것이 제4자 물류의 핵심이다.

19
공급망관리에 있어서 제4자 물류의 4단계 중 비즈니스 프로세스 제휴, 조직과 서비스의 경계를 넘은 기술의 통합과 배송운영까지를 포함하여 실행하며, 인적자원관리가 성공의 중요한 요소로 인식되는 단계에 해당하는 것은?

① 제1단계 – 재창조
② 제2단계 – 전환
③ 제3단계 – 이행
④ 제4단계 – 실행

해설 공급망관리에 있어서 제4자 물류의 4단계 중 '제3단계 – 이행'에 대한 설명이다.

20
물류시스템의 목적은 최소의 비용으로 최대의 물류서비스를 산출하기 위하여 물류서비스를 3S1L의 원칙(Speedy, Safely, Surely, Low)으로 행하는 것이다. 이에 대한 설명으로 옳지 않은 것은?

① 고객의 주문에 대해 상품의 품절을 가능한 한 많게 하는 것
② 운송, 보관, 하역, 포장, 유통·가공의 작업을 합리화하는 것
③ 고객에게 상품을 적절한 납기에 맞추어 정확하게 배달하는 것
④ 물류거점을 적절하게 배치하여 배송효율을 향상시키고 상품의 적정재고량을 유지하는 것

해설 고객의 주문에 대해 상품의 품절을 가능한 한 적게 하는 것

21
물류비용과 물류서비스는 트레이드오프관계가 성립한다. 이에 대하여 조직이나 개인의 의사결정에 따라 여러 가지 방안을 선택할 수 있는데, 이 중 판매 증가와 이익 증가를 동시에 도모하는 전략적인 발상에 해당하는 것은?

① 물류서비스를 일정하게 하고 비용 절감을 지향하는 관계이다.
② 적극적으로 물류비용을 고려하는 방법으로 물류비용 일정, 서비스 수준 향상의 관계이다.
③ 보다 낮은 물류비용으로 보다 높은 물류서비스를 실현하려는 물류비용 절감, 물류서비스 향상의 관계이다.
④ 물류서비스를 향상시키기 위해 물류비용이 상승하여도 달리 방도가 없다는 서비스 상승, 비용 상승의 관계이다.

해설 보다 낮은 물류비용으로 보다 높은 물류서비스를 실현하려는 물류비용 절감, 물류서비스 향상의 관계가 판매 증가와 이익 증가를 동시에 도모하는 전략적 발상이다.

22
운송 합리화 방안으로 옳지 않은 것은?

① 적기 운송과 운송비 부담의 완화
② 실차율 향상을 위한 공차율의 최대화
③ 물류기기의 개선과 정보시스템의 정비
④ 최단 운송경로의 개발 및 최적 운송수단의 선택

해설 운송 합리화 방안은 실차율 향상을 위한 공차율의 최소화이다.

23 빈출
공동수송의 장점으로 옳지 않은 것은?

① 운임요금의 적정화
② 물류시설 및 인원의 축소
③ 수화주와의 원활한 의사소통
④ 여러 운송업체와의 복잡한 거래교섭의 감소

해설 공동수송은 수화주와의 의사소통이 부족하다는 단점이 있다.

24
화물이 터미널을 경유하여 수송될 때 수반되는 자료 및 정보를 신속하게 수집하여 이를 효율적으로 관리하는 동시에 화주에게 적기에 정보를 제공해주는 시스템을 일컫는 말은?

① 화물정보시스템
② 창고관리시스템
③ 수배송관리시스템
④ 터미널화물정보시스템

해설 화물정보시스템은 화물이 터미널을 경유하여 수송될 때 수반되는 자료 및 정보를 신속하게 수집하여 이를 효율적으로 관리하는 동시에 화주에게 적기에 정보를 제공해주는 시스템이다.

CHAPTER 3. 화물운송서비스의 이해

합격TIP 물류서비스에 관한 다양한 용어가 나타내는 뜻을 정확히 알고 서로의 차이점을 구분할 수 있어야 합니다.

1 물류의 신시대와 트럭수송의 역할

(1) 혁신과 트럭운송

기업존속 결정 조건	'매상을 올릴 수 있는가?' 또는 '코스트를 내릴 수 있는가?' 이 중에 어느 한 가지라도 실현시킬 수 있다면 기업의 존속이 가능하지만, 어느 쪽도 달성할 수 없다면 살아남기 힘듦
기술혁신	① 끊임없는 새로운 서비스의 개발·도입, 즉 운송서비스의 혁신만이 생명력을 보장해 줌 ② 경영혁신 분야: 새로운 시장의 개척, 새로운 상품이나 서비스의 개발에 의한 수요의 창조, 경영의 다각화, 기업의 합병·계열화, 경영효과·생산성의 향상, 기업체질의 개선 등
트럭운송업계가 당면하고 있는 영역	① 고객인 화주기업의 시장 개척 일부를 담당할 수 있는가? ② 소비자가 참가하는 물류의 신경쟁시대에 무엇을 무기로 하여 싸울 것인가? ③ 고도정보화시대, 그리고 살아남기 위한 진정한 협업화에 참가할 수 있는가? ④ 트럭이 새로운 운송기술을 개발할 수 있는가? ⑤ 의사결정에 필요한 정보를 적시에 수집할 수 있는가?
수입 확대와 원가 절감	① 수입 확대나 원가 절감의 활동에 끊임없는 노력을 기울여야 함 ② 수입의 확대: 사업을 번성하게 하는 방법을 찾는 것으로 마케팅과 같은 의미 ③ 원가 절감방법: 지출의 억제, 운행효율의 향상, 생산성의 향상

(2) 운송사업의 존속과 번영을 위한 변혁에 필요한 4가지 요소

① 조직이나 개인의 전통, 실적의 연장선상에 존재하는 타성을 버리고 새로운 질서를 이룩
② 유행에 휩쓸리지 않고 독자적이고 창조적인 발상을 가지고 새로운 체질을 만듦
③ 형식적인 변혁이 아니라 실제로 생산성 향상에 공헌할 수 있도록 일의 본질에서부터 변혁이 이루어져야 함
④ 새로운 체질로 바꾸는 것이 목적이라면 변혁에 대한 노력은 계속적인 것이어야 성과가 확실해짐

2 신 물류서비스 기법의 이해

(1) 공급망관리(SCM; Supply Chain Management)

① 공급망관리의 개념
  ㉠ 최종고객의 욕구를 충족시키기 위하여 원료공급자로부터 최종소비자에 이르기까지 공급망 내의 각 기업 간에 긴밀한 협력을 통해 공급망인 전체의 물자의 흐름을 원활하게 하는 공동전략

ⓒ 공급망 내의 각 기업은 상호 협력하여 공급망 프로세스를 재구축하고 업무협약을 맺으며 공동전략을 구사하게 됨
ⓓ 공급망관리에 있어서 각 조직은 긴밀한 협조관계를 형성하게 됨
ⓔ 보통 상류의 공급자와 하류의 고객을 소유하는 '수직계열화'와는 다름
ⓕ 핵심사업에 집중화하여 정말로 잘하는 분야 또는 차별적 우위를 가지고 있는 분야에 집중하고 그 밖의 것은 외부에서 획득(Outsourcing)하려고 함

② 물류 → 로지스틱스(Logistics) → 공급망관리(SCM)로의 발전

구분	물류	로지스틱스(Logistics)	공급망관리(SCM)
시기	1970~1985년	1986~1997년	1998년
목적	물류부문 내 효율화	기업 내 물류 효율화	공급망 전체 효율화
대상	수송, 보관, 하역, 포장	생산, 물류, 판매	공급자, 메이커, 도소매, 고객
수단	① 물류부문 내 시스템 ② 기계화, 자동화	① 기업 내 정보시스템 ② POS, VAN, EDI	① 기업 간 정보시스템 ② 파트너 관계, ERP, SCM
주제	효율화(전문화, 분업화)	① 물류코스트 + 서비스대행 ② 다품종소량, JIT, MRP	① ECR, ERP, 3PL, APS ② 재고 소멸
표방	무인 도전	토털물류	종합물류

(2) 전사적 품질관리(TQC; Total Quality Control)
① 물류활동에 관련되는 모든 사람들이 물류서비스 품질에 대하여 책임을 나누어 가지고 문제점을 개선하는 것
② 물류서비스의 품질관리를 보다 효율적으로 하기 위해 물류서비스의 문제점을 파악하여 그 데이터를 정량화하는 것이 중요

(3) 제3자 물류(TPL 또는 3PL)
① 기업이 사내에서 직접 수행하던 물류업무를 외부의 전문물류업체에게 아웃소싱
② 전문물류업체와의 전략적 제휴를 통해 물류시스템 전체의 효율성을 제고하려는 전략
③ 제3자 물류로의 방향 전환은 화주와 물류서비스 제공업체의 관계가 기존의 단기적인 거래 기반 관계에서 중장기적인 파트너십 관계로 발전된다는 것을 의미함
④ 기업이 물류아웃소싱을 도입하는 이유
  ㉠ 물류 관련 자산비용의 부담을 줄임으로써 비용 절감을 기대할 수 있음
  ㉡ 전문물류서비스의 활용을 통해 고객서비스를 향상시킬 수 있음
  ㉢ 자사의 핵심사업 분야에 더욱 집중할 수 있어서, 전체적인 경쟁력을 높일 수 있음

(4) 신속대응(QR; Quick Response)

① 의미: 생산·유통관련업자가 전략적으로 제휴하여 소비자의 선호 등을 즉시 파악하여 시장 변화에 **신속하게 대응**함으로써 시장에 적합한 상품을 적시에, 적소로, 적당한 가격으로 제공하는 것

② 혜택

소매업자	유지비용의 절감, 고객서비스의 제고, 높은 상품회전율, 매출과 이익 증대 등
제조업자	정확한 수요 예측, 주문량에 따른 생산의 유연성 확보, 높은 자산회전율 등
소비자	상품의 다양화, 낮은 소비자 가격, 품질 개선, 소비패턴 변화에 대응한 상품구매 등

(5) 효율적 고객대응(ECR; Efficient Consumer Response)

① 의미: 소비자 만족에 초점을 둔 공급망관리의 효율성을 극대화하기 위한 모델

② 특징: 제품의 생산단계에서부터 도매·소매에 이르기까지 전 과정을 하나의 프로세스로 보아 관련 기업들의 긴밀한 협력을 통해 전체로서의 효율 극대화를 추구하는 효율적 고객대응기법

③ 단순한 공급망 통합전략과 차이점: 산업체와 산업체 간에도 통합을 통하여 표준화와 최적화 도모

⚠빈출 (6) 주파수 공용통신(TRS; Trunked Radio System)

① 의미: 중계국에 할당된 여러 개의 채널을 공동으로 사용하는 **무전기시스템**

② 특징: 이동자동차나 선박 등 운송수단에 탑재하여 이동 간의 정보를 리얼타임으로 송수신할 수 있는 통신서비스로서, 꿈의 로지스틱스의 실현이라고 부를 정도로 혁신적인 화물추적통신망시스템

③ 도입효과

업무분야별 효과	자동차운행 측면	① 사전배차계획 수립과 배차계획 수정 가능 ② 자동차 위치추적기능의 활용으로 도착시간의 정확한 추정 가능
	집배송 측면	수·배송 지연사유의 분석이 가능해져 표준운행시간 작성에 도움을 줄 수 있음
	자동차 및 운전자관리 측면	① 고장자동차에 대응한 자동차 재배치나 지연사유 분석 가능 ② 데이터통신에 의한 실시간 처리가 가능해져 관리업무 축소 ③ 대고객에 대한 정확한 도착시간 통보로 적기공급(JIT)이 가능해지고 분실화물의 추적과 책임자 파악이 용이
기능별 효과		① 자동차의 운행정보 입수와 정보전달이 용이해지고 정보의 실시간 처리가 가능해짐 ② 화주의 수요에 신속히 대응할 수 있음 ③ 화주의 화물추적이 용이해짐

(7) 범지구측위시스템(GPS; Global Positioning System)

개념	인공위성을 이용하며, 주로 자동차위치추적을 통한 물류관리에 이용되는 통신망
도입 효과	① 각종 자연재해로부터 사전대비를 통해 재해를 회피할 수 있음 ② 토지조성공사에도 작업자가 건설용지를 돌면서 지반침하와 침하량을 측정하여 리얼타임으로 신속하게 대응할 수 있음 ③ 대도시의 교통혼잡 시에 자동차에서 행선지 지도와 도로 사정을 파악할 수 있으며, 공중에서 온천탐사도 할 수 있음 ④ 밤낮으로 운행하는 운송차량 추적시스템을 GPS로 완벽하게 관리 및 통제할 수 있음

(8) 통합판매·물류·생산시스템(CALS; Computer Aided Logistics Support)

개념	① 무기체제의 설계·제작·군수 유통체계 지원을 위해 디지털기술의 통합과 정보 공유를 통한 신속한 자료처리 환경을 구축 ② 제품설계에서 폐기에 이르는 모든 활동을 디지털 정보기술의 통합을 통해 구현하는 산업화전략 ③ 컴퓨터에 의한 통합생산이나 경영과 유통의 재설계 등을 총칭 ④ 정보유통의 혁명을 통해 제조업체의 생산·유통(상류와 물류)·거래 등 모든 과정을 컴퓨터망으로 연결하여 자동화·정보화 환경을 구축하고자 하는 첨단컴퓨터시스템
중요성	① 정보화 시대의 기업경영에 필수적인 산업정보화 ② 방위산업뿐 아니라 중공업, 조선, 항공, 섬유, 전자, 물류 등 제조업과 정보통신 산업에서 중요한 정보전략화 ③ 과다서류와 기술자료의 중복 축소, 업무처리절차 축소, 소요시간 단축, 비용 절감 ④ 기존의 전자데이터정보(EDI)에서 영상, 이미지 등 전자상거래(e-Commerce)로 그 범위를 확대하고 궁극적으로 멀티미디어 환경을 지원하는 시스템으로 발전 ⑤ 동시공정, 에러 검출, 순환관리 자동활용을 포함한 품질관리와 경영혁신 구현 등
도입 효과	① 새로운 생산·유통·물류의 패러다임으로 등장 ② 정보화시대를 맞이하여 기업경영에 필수적인 산업정보화전략임 ③ 기술정보를 통합 및 공유한 세계화된 실시간 경영 실현을 통해 기업 통합이 가능할 것 ④ 정보시스템의 연계는 조직의 벽을 허물어 가상기업을 출현하게 하고, 이는 기업 내 또는 기업 간 장벽을 허물 것임

> **참고 가상기업**
>
> ① 급변하는 상황에 민첩히 대응하기 위한 전략적 기업제휴
> ② 정보시스템으로 동시공학체제를 갖춘 생산·판매·물류시스템과 경영시스템을 확립한 기업
> ③ 시장의 급속한 변화에 대응하기 위해 수익성 낮은 사업은 과감히 버리고 리엔지니어링을 통해 경쟁력 있는 사업에 경영자원을 집중 투입, 필요한 정보를 공유하면서 상품의 공동개발을 실현, 제품단위 또는 프로젝트 단위별로 기동적인 기업 간 제휴를 할 수 있는 수평적 네트워크형 기업관계 형성

CHAPTER 3 화물운송서비스의 이해 — 출제 예상문제

01 ⚠️빈출
기업존속의 결정 조건으로 옳지 않은 것은?

① 기업존속의 주요 조건 중 하나는 비용 절감이다.
② 매출 확대와 비용 절감 둘 중 하나라도 이뤄야 한다.
③ 매출 확대를 실현시킬 수 있다면 기업의 존속이 가능하다.
④ **매출 확대와 비용 절감 둘 다 이루지 못하더라도 기업은 살아남기 쉽다.**

> 해설 매출의 확대나 비용 절감 어느 한 가지라도 실현시킬 수 있다면 기업의 존속이 가능하지만, 어느 쪽도 달성할 수 없다면 살아남기 힘들 것이다.

02
물류의 전사적 품질관리(TQC; Total Quality Control)에 대한 설명으로 옳은 것은?

① 소비자 만족에 초점을 둔 공급망관리의 효율성을 극대화하기 위한 모델
② 전문물류업체와의 전략적 제휴를 통해 물류시스템 전체의 효율성을 제고하려는 전략
③ **물류활동에 관련되는 모든 사람들이 물류서비스 품질에 대하여 책임을 나누어 가지고 문제점을 개선하는 것**
④ 공급망 내의 각 기업은 상호 협력하여 공급망 프로세스를 재구축하고, 업무협약을 맺으며, 공동전략을 구사함

> 해설 ①은 효율적 고객대응(ECR), ②는 제3자 물류, ④는 공급망관리(SCM)에 대한 설명이다.

03 ⚠️빈출
중계국에 할당된 여러 개의 채널을 공동으로 사용하는 무전기시스템으로, 꿈의 로지스틱스의 실현이라고 부를 정도로 혁신적인 화물추적통신망시스템을 일컫는 말은?

① **주파수 공용통신(TRS; Trunked Radio System)**
② 전사적 품질관리(TQC; Total Quality Control)
③ 범지구측위시스템(GPS; Global Positioning System)
④ 효율적 고객대응(ECR; Efficient Consumer Response)

> 해설 주파수 공용통신(TRS; Trunked Radio System)은 중계국에 할당된 여러 개의 채널을 공동으로 사용하는 무전기시스템이다.

04
급변하는 상황에 민첩히 대응하기 위한 전략적 기업제휴이며, 정보시스템으로 동시공학체제를 갖춘 생산·판매·물류시스템과 경영시스템을 확립한 기업을 일컫는 말은?

① **가상기업**　　② 벤처기업
③ 중소기업　　④ 사회적기업

> 해설 가상기업은 급변하는 상황에 민첩히 대응하기 위한 전략적 기업제휴이며, 정보시스템으로 동시공학체제를 갖춘 생산·판매·물류시스템과 경영시스템을 확립한 기업이다.

CHAPTER 4 화물운송서비스와 문제점

👍 **합격TIP** 빈출 표시된 부분은 반드시 내용을 기억하고 있어야 문제를 풀 수 있으므로 확실히 암기해야 합니다. 택배운송서비스는 일반상식 내용에 가까우므로 가볍게 읽어보세요.

1 물류고객서비스

(1) 물류고객서비스의 개념
① 기존 고객의 유지 확보를 도모하고 잠재적 고객이나 신규 고객의 획득을 도모하기 위한 수단
② 장기적으로 고객수요를 만족시킬 것을 목적으로 주문이 제시된 시점과 재화를 수취한 시점과의 사이에 계속적인 연계성을 제공하려고 조직된 시스템
③ 고객에 대한 서비스 향상을 도모하여 고객만족도를 높이는 것

(2) 물류고객서비스의 요소

거래 전 요소	문서화된 고객서비스 정책 및 고객에 대한 제공, 접근 가능성, 조직구조, 시스템의 유연성, 매니지먼트 서비스
거래 시 요소	재고품절 수준, 발주 정보, 주문사이클, 배송 촉진, 환적, 시스템의 정확성, 발주의 편리성, 대체 제품, 주문 상황 정보
거래 후 요소	설치, 보증, 변경, 수리, 부품, 제품의 추적, 고객의 클레임, 고충·반품 처리, 제품의 일시적 교체, 예비품의 이용 가능성

(3) 물류고객서비스의 전략 구축

빈출 ① 제공하고 있는 서비스에 대한 고객의 반응: 단순히 제품의 품절만이 아니라 보다 많은 요인의 영향을 받고 있다는 점을 고려할 필요가 있음

물류클레임	품절, 오손, 파손, 오품, 수량 오류, 오량, 오출하, 전표 오류, 지연 등
물류서비스 향상	① 리드타임의 단축 ② 체류시간의 단축 ③ 납품시간 및 시간대 지정 ④ 24시간 수주 ⑤ 상품신선도 ⑥ 유통가공 ⑦ 부대서비스 ⑧ 다양한 정보서비스 등

② '고객이 만족하여야만 하는 서비스정책은 무엇인가'에 초점을 맞추는 자세가 중요
③ 전략을 구축할 때 제일 먼저 그려되어야 할 사항: 물류코스트와 서비스 중 무엇을 최우선으로 생각할 것인가?

2 택배운송서비스

(1) 택배종사자의 서비스 자세

① 애로사항이 있더라도 극복하고 고객만족을 위하여 최선을 다함

> **참고** 택배종사자가 겪을 수 있는 애로사항
>
> ① 송하인, 수하인, 화물의 종류, 집하시간, 배달시간 등이 모두 달라 서비스의 표준화가 어려움
> ② 개인고객의 경우 고객 부재, 주소 불명, 오지배송 등으로 어려움이 있을 수 있음

② 진정한 택배종사자로서 대접받을 수 있도록 행동: 단정한 용모, 반듯한 언행, 대고객 약속 준수 등
③ 상품을 판매하고 있다고 생각
  ㉠ 배달이 불량하면 판매에 영향을 줌
  ㉡ 내가 판매한 상품을 배달하고 있다고 생각하면서 배달
④ 택배종사자의 용모와 복장
  ㉠ 복장과 용모, 언행을 통제함
  ㉡ 신분 확인을 위해 명찰을 패용
  ㉢ 선글라스는 강도, 깡패로 오인할 수 있음
  ㉣ 슬리퍼는 혐오감을 줌
  ㉤ 항상 웃는 얼굴로 서비스함

(2) 택배화물의 배달방법

① 개인 고객에 대한 전화
  ㉠ 항상 전화를 하고 배달할 의무는 없으나 전화를 해도, 하지 않아도 불만을 초래할 수 있으나 전화를 하는 것이 더 좋음(약속은 변경 가능)
  ㉡ 위치 파악, 방문예정 시간 통보, 착불요금 준비를 위해 방문예정시간은 2시간 정도의 여유를 갖고 약속함
  ㉢ 약속시간을 지키지 못할 경우에는 재차 전화하여 예정시간을 정정함
  ㉣ 방문예정시간에 수하인 부재중일 경우 반드시 대리 인수자를 지명 받아 그 사람에게 인계해야 함

> **참고** 전화통화 시 주의점
>
> ① 본인이 아닌 경우 말하지 말아야 할 화물명: 보약, 다이어트용 상품, 보석, 성인용품 등
> ② 전화하면 수취거부로 반품률이 높은 품목: 족보, 명감(동문록) 등

② 수하인 문전 행동방법

인사방법	① 초인종을 누른 후 인사함 ② 사람이 안 나온다고 문을 쾅쾅 두드리거나 발로 차지 않음
화물인계방법	① "○○에게서 또는 ○○에서 소포가 왔습니다.", "○○회사의 상품을 배달하러 왔습니다." ② 겉포장의 이상 유무를 확인한 후 인계
배달표 수령인 날인 확보	① 반드시 정자 이름과 사인(또는 날인)을 동시에 받음 ② 가족 또는 대리인이 인수할 때는 관계를 반드시 확인
고객의 문의사항이 있을 시	① 집하 이용, 반품 등을 문의할 때는 성실히 답변함 ② 조립방법, 사용방법, 입어 보이기 등은 정중히 거절
불필요한 말과 행동을 하지 말 것 (오해 소지)	배달과 관계없는 말은 하지 않음 예 여자만 있는 가정 방문 시 눈길 주의(잠옷 차림, 샤워복 차림), 많은 선물에 대한 잡담, 외제품 사용에 다한 말, 배달되는 상품의 품질에 대한 말

③ 화물에 이상이 있을 시 인계방법
  ㉠ 약간의 문제가 있을 시에는 잘 설명하여 이용하도록 함
  ㉡ 완전히 파손, 변질 시에는 진심으로 사과하고 회수 후 변상하며, 내품에 이상이 있을 시는 전화할 곳과 절차를 알려줌
  ㉢ 배달 완료 후 파손, 기타 이상이 있다는 배상 요청 시 반드시 현장 확인을 해야 함(책임을 전가 받는 경우 발생)

④ 다양한 상황에서 배달 시 주의사항

대리 인계 시	① 전화로 사전에 대리 인수자를 지정
	  ㉠ 반드시 이름과 서명을 받고 관계를 기록
	  ㉡ 서명을 거부할 때는 시간, 상호, 기타 특징을 기록
	② 임의 대리 인계
	  ㉠ 수하인이 부재중인 경우 외에는 절대 대리 인계를 해서는 안 됨
	  ㉡ 불가피하게 대리 인계를 할 때는 확실한 곳에 인계해야 함

고객 부재 시	① 부재안내표의 작성 및 투입
	  ㉠ 방문시간, 송하인, 화물명, 연락처 등을 기록하여 문 안에 투입(문 밖에 부착은 금지)
	  ㉡ 대리인 인수 시는 인수처를 명기하여 찾도록 해야 함
	② 대리인 인계가 되었을 때는 귀점 중 다시 전화로 확인 및 귀점 후 재확인
	③ 밖으로 불러냈을 때의 방법
	  ㉠ 반드시 죄송하다는 인사를 함
	  ㉡ 소형화물 외에는 집까지 배달(길거리 인계는 안 됨)

미배달 화물	① 미배달 사유를 기록하여 관리자에게 제출 ② 화물은 재입고함(주소불명, 전화불통, 장기부재, 인수거부, 수하인 불명)
기타	① 화물에 부착된 운송장의 기록을 잘 보아야 함(특기사항) ② 중량초과화물 배달 시 정중한 조력 요청 ③ 손전등 준비(초기 야간 배달)

3 운송서비스의 사업용·자가용 특징 비교

빈출 (1) 철도, 선박과 비교한 트럭수송의 장단점

장점	① 문전에서 문전으로 배송서비스를 탄력적으로 행할 수 있음 ② 중간 하역이 불필요하며 포장의 간소화·간략화 가능 ③ 다른 수송기관과 연동하지 않고서도 일관된 서비스를 할 수 있어 싣고 부리는 횟수가 적어도 됨
단점	① 수송 단위가 작고 연료비나 인건비(장거리의 경우) 등 수송단가가 높음 ② 진동, 소음, 광화학 스모그 등의 공해 문제, 유류의 다량소비에서 오는 자원 및 에너지절약 문제 등
기타	① 택배운송의 전국 네트워크화의 확립 등에 의해 트럭 의존도가 높아지고 있음 ② 도로망의 정비·유지, 트럭 터미널, 정보를 비롯한 트럭수송 관계의 공공투자를 계속적으로 수행하고, 전국 트레일러 네트워크의 확립을 축으로, 수송기관 상호 인터페이스의 원활화를 급속히 실현하여야 할 것임

빈출 (2) 사업용(영업용) 트럭운송과 자가용 트럭운송의 장단점

구분	사업용(영업용) 트럭운송	자가용 트럭운송
장점	① 저렴한 수송비 ② 물동량의 변동에 대응한 안정수송 가능 ③ 수송능력이 높음 ④ 융통성이 높음 ⑤ 설비투자와 인적투자가 필요 없음 ⑥ 변동비 처리 가능	① 높은 신뢰성 확보 ② 상거래에 기여 ③ 작업의 기동성이 높음 ④ 안정적 공급 가능 ⑤ 시스템의 일관성 유지 ⑥ 리스크가 낮음 ⑦ 인적 교육이 가능
단점	① 운임의 안정화 곤란 ② 관리기능이 저해됨 ③ 기동성 부족 ④ 시스템의 일관성이 없음 ⑤ 인터페이스가 약함 ⑥ 마케팅 사고가 희박함	참 사업용(영업용)의 장점이 모두 자가용의 단점임 ① 수송량의 변동에 대응하기가 어려움 ② 비용의 고정비화 ③ 설비투자와 인적투자가 필요 ④ 수송능력에 한계가 있음 ⑤ 사용하는 차종, 차량에 한계가 있음

(3) 트럭운송의 전망

① **고효율화**: 차종, 자동차, 하역, 주행의 최적화를 도모하고 낭비를 배제함
② 왕복실차율을 높임
③ 트레일러 수송과 도킹시스템
　㉠ 트레일러의 활용과 시스팀화를 도모함으로써 대규모 수송을 실현
　㉡ 중간지점에서 트랙터와 운전자가 양방향으로 되돌아오는 도킹시스템에 의해 자동차 진행 관리나 노무관리를 철저히 하고, 전체로서의 합리화를 추진
④ 바꿔 태우기 수송과 이어타기 수송
　㉠ 바꿔 태우기 수송: 트럭의 보디를 바꿔 실음으로써 합리화를 추진하는 것
　㉡ 이어타기 수송: 도킹 수송과 유사, 중간지점에서 운전자만 교체하는 수송방법
⑤ 컨테이너 및 파렛트 수송의 강화
⑥ 집배 수송용자동차의 개발과 이용
⑦ 트럭터미널의 복합화, 시스팀화

4 국내 화주기업 물류의 문제점

① 각 업체의 독자적 물류기능 보유(합리화 장애)
② 제3자 물류기능의 약화(제한적·변형적 형태)
③ 시설 간·업체 간 표준화 미약
④ 제조·물류업체 간 협조성 미비
⑤ 물류 전문업체의 물류인프라 활용도 미약

CHAPTER 4 출제 예상문제

화물운송서비스와 문제점

01
물류고객서비스의 거래 후 요소에 해당하는 것은?

① 고객의 클레임
② 발주의 편리성
③ 주문 상황 정보
④ 문서화된 고객서비스 정책 및 고객에 대한 제공

해설 ②, ③은 거래 시 요소, ④는 거래 전 요소에 해당한다.

02 빈출
물류클레임에 해당하지 않는 것은?

① 오손
② 파손
③ 수량 오류
④ 리드타임 단축

해설 리드타임 단축은 물류서비스 수준을 향상시키는 효과가 있다.

03
택배종사자의 용모와 복장에 대하여 옳지 않은 것은?

① 항상 웃는 얼굴로 응대한다.
② 복장과 용모, 언행을 통제한다.
③ 선글라스는 강도나 깡패로 오인할 수 있다.
④ 개인정보 보호가 중요하므로 명찰은 패용하지 않는다.

해설 신분 확인을 위해 명찰을 패용한다.

04
택배화물의 배달 시 개인 고객에 대한 전화방법에 대한 설명으로 옳지 않은 것은?

① 반드시 전화를 하고 배달할 의무가 있다.
② 전화를 안 받는다고 화물을 안 가지고 가면 안 된다.
③ 방문예정시간에 수하인 부재중일 경우 반드시 대리 인수자를 지명 받아 그 사람에게 인계해야 한다.
④ 위치 파악, 방문예정 시간 통보, 착불요금 준비를 위해 방문예정시간은 2시간 정도의 여유를 가지고 약속한다.

해설 항상 전화를 하고 배달할 의무는 없다.

05
배달 시 행동방법으로 옳지 않은 것은?

① 겉포장의 이상 유무를 확인한 후 인계한다.
② 친분을 쌓기 위하여 배달과 관계없는 잡담을 한다.
③ 가족 또는 대리인이 인수할 때는 관계를 반드시 확인한다.
④ 초인종을 누른 후 사람이 안 나온다고 문을 쾅쾅 두드리거나 발로 차지 않는다.

해설 배달과 관계없는 불필요한 말과 행동은 하지 않는다.

06
화물에 이상이 있을 시 인계방법으로 옳지 않은 것은?

① 약간의 문제가 있을 시에는 잘 설명하도록 한다.
② 배달 완료 후 파손, 기타 이상이 있다는 배상 요청 시 반드시 전화 확인을 해야 한다.
③ 완전히 파손, 변질 시에는 진심으로 사과하고 회수 후 변상하고, 내품에 이상이 있을 시는 전화할 곳과 절차를 알려준다.
④ 배달 완료 후 파손, 기타 이상이 있다는 배상 요청 시 책임을 전가 받는 경우가 발생할 수 있으므로 반드시 현장 확인을 해야 한다.

해설 배달 완료 후 파손, 기타 이상이 있다는 배상 요청 시 반드시 현장 확인을 해야 한다.

07 빈출
철도나 선박수송과 비교한 트럭수송의 장점이 아닌 것은?

① 싣고 부리는 횟수가 적다.
② 광화학 스모그 등의 공해 문제가 발생하지 않는다.
③ 중간 하역이 불필요하며 포장의 간소화·간략화가 가능하다.
④ 문전에서 문전으로 배송서비스를 탄력적으로 행할 수 있다.

해설 트럭수송은 광화학 스모그 등의 공해 문제가 발생하는 단점이 있다.

08
사업용(영업용) 트럭운송의 단점으로 옳지 않은 것은?

① 기동성이 부족하다.
② 관리기능이 저해된다.
③ 수송능력에 한계가 있다.
④ 운임의 안정화가 곤란하다.

해설 수송능력에 한계가 있는 것은 자가용 트럭운송의 단점에 해당한다.

09 빈출
자가용 트럭운송 시 단점으로 옳지 않은 것은?

① 기동성이 부족하다.
② 설비투자가 필요하다.
③ 수송량의 변동에 대응하기가 어렵다.
④ 사용하는 차종과 차량에 한계가 있다.

해설 기동성의 부족은 사업용(영업용) 트럭운송의 단점에 해당한다.

10
중간지점에서 운전자만 교체하는 수송방법을 일컫는 말은?

① 중간 수송
② 교체하기 수송
③ 이어타기 수송
④ 바꿔 태우기 수송

해설 중간지점에서 운전자만 교체하는 수송방법은 이어타기 수송이다.

11
국내 화주기업 물류의 문제점이 아닌 것은?

① 제3자 물류기능의 강화
② 시설 간·업체 간 표준화 미약
③ 제조·물류업체 간 협조성 미비
④ 각 업체의 독자적 물류기능 보유(합리화 장애)

해설 국내 화주기업 물류는 제3자 물류기능이 약화되어 있는 문제점이 있다.

**에듀윌이
너를
지지할게**

ENERGY

끝을 맺기를 처음과 같이하면 실패가 없다.
마지막에 이르기까지
처음과 마찬가지로 주의를 기울이면
어떤 일도 해낼 수 있을 것이다.

– 노자

기출복원 모의고사

⏱ **제한시간** 80분
☑ **합격개수** 48문제

제1회 기출복원 모의고사
제2회 기출복원 모의고사
제3회 기출복원 모의고사
제4회 기출복원 모의고사
제5회 기출복원 모의고사
제6회 기출복원 모의고사
제7회 기출복원 모의고사

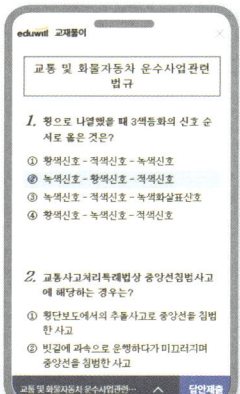

CBT로 풀어보기

QR코드만 스캔하면 이동 중에도 휴대폰으로 문제를 풀 수 있어요!

⏱ 제한시간 80분 ☑ 합격개수 48문제

기출복원 모의고사

 CBT로 풀어보기

01 도로교통법상 자동차에 해당하지 <u>않는</u> 것은?

① 화물자동차
② 아스팔트살포기
③ 견인되는 자동차
④ 원동기장치자전거

01 ④
교통 및 화물 관련법규 〉 도로교통법령
도로교통법상 원동기장치자전거는 차에 해당하나, 자동차에는 해당하지 않는다.

02 자동차만 다닐 수 있도록 설치된 도로를 일컫는 말은?

① 연석선
② 고속도로
③ 자동차전용도로
④ 길가장자리구역

02 ③
교통 및 화물 관련법규 〉 도로교통법령
- 연석선: 차도와 보도를 구분하는 돌 등으로 이어진 선
- 고속도로: 자동차의 고속 운행에만 사용하기 위하여 지정된 도로
- 길가장자리구역: 보도와 차도가 구분되지 않은 도로에서 보행자의 안전을 확보하기 위하여 안전표지 등으로 경계를 표시한 도로의 가장자리 부분

03 안전기준을 넘는 화물의 적재허가를 받은 사람이 그 길이 또는 폭의 양 끝에 달아야 하는 헝겊의 색으로 옳은 것은?

① 녹색
② 검은색
③ 빨간색
④ 초록색

03 ③
교통 및 화물 관련법규 〉 도로교통법령
안전기준을 넘는 화물의 적재허가를 받은 사람은 그 길이 또는 폭의 양끝에 너비 30센티미터, 길이 50센티미터 이상의 빨간 헝겊으로 된 표지를 달아야 한다. 다만, 밤에 운행하는 경우에는 반사체로 된 표지를 달아야 한다.

04 안전표지 중 규제표지에 해당하는 것은?

① 통행금지
② T자형교차로
③ 도로폭이 좁아짐
④ 중앙분리대 시작

04 ①
교통 및 화물 관련법규 〉 도로교통법령
T자형교차로, 도로폭이 좁아짐, 중앙분리대 시작은 주의표지에 해당한다.

05 편도 3차로 이상 고속도로의 오른쪽 차로로 통행할 수 있는 차종이 아닌 것은?

① 건설기계
② 화물자동차
③ 대형 승합자동차
④ 앞지르기를 하려는 모든 자동차

05 ④
교통 및 화물 관련법규 〉 도로교통법령
앞지르기를 하려는 모든 자동차는 오른쪽 차로가 아닌 1차로로 통행할 수 있다.

06 차로에 대한 설명으로 옳지 않은 것은?

① 모든 차는 지정된 차로보다 왼쪽에 있는 차로로 통행할 수 있다.
② 고속도로 외의 도로의 경우 오른쪽 차로란 왼쪽 차로를 제외한 나머지 차로를 말한다.
③ 고속도로 외의 도로의 경우 왼쪽 차로란 차로를 반으로 나누어 1차로에 가까운 부분의 차로를 말한다.
④ 고속도로의 경우 왼쪽 차로란 1차로를 제외한 차로를 반으로 나누어 그중 1차로에 가까운 부분의 차로를 말한다.

06 ①
교통 및 화물 관련법규 〉 도로교통법령
모든 차는 지정된 차로보다 오른쪽에 있는 차로로 통행할 수 있다.

07 편도 2차로 이상 고속도로에서 '적재중량 1.5톤 초과 화물자동차, 특수자동차, 위험물운반자동차, 건설기계'의 최고속도와 최저속도로 옳은 것은?

① 최고속도: 매시 90km, 최저속도: 매시 50km
② 최고속도: 매시 80km, 최저속도: 매시 50km
③ 최고속도: 매시 90km, 최저속도: 매시 40km
④ 최고속도: 매시 100km, 최저속도: 매시 40km

07 ②
교통 및 화물 관련법규 〉 도로교통법령
편도 2차로 이상 고속도로에서 자동차 등의 속도

최고속도	• 매시 100km • 매시 80km(적재중량 1.5톤 초과 화물자동차, 특수자동차, 위험물운반자동차, 건설기계)
최저속도	매시 50km

08 자동차의 앞면 창유리의 가시광선 투과율이 기준보다 낮으면 교통안전 등에 지장을 줄 수 있다. 이러한 앞면 창유리의 투과율 기준으로 옳은 것은?

① 40%
② 50%
③ 60%
④ 70%

08 ④
교통 및 화물 관련법규 〉 도로교통법령
자동차의 앞면 창유리의 가시광선 투과율이 70%인 경우 교통안전 등에 지장을 줄 수 있으므로 운전하면 안 된다.

09 일시정지에 대한 설명으로 옳은 것은?

① 어린이가 보호자 없이 도로를 횡단할 때 일시정지한다.
② 차량신호등이 적색의 등화인 경우 횡단보도 직전에서 일시정지한다.
③ 당시의 속도가 0km/h인 상태로서 완전한 정지 상태를 이행하는 것이다.
④ 차 또는 노면전차가 즉시 정지할 수 있는 느린 속도로 진행하는 상태이다.

09 ①
교통 및 화물 관련법규 > 도로교통법령
② 차량신호등이 적색의 등화인 경우 횡단보도 직전에서 정지한다.
③ 정지에 대한 설명이다.
④ 서행에 대한 설명이다.

10 제1종 운전면허의 종류에 해당하지 않는 것은?

① 대형면허
② 보통면허
③ 소형면허
④ 원동기장치자전거면허

10 ④
교통 및 화물 관련법규 > 도로교통법령
원동기장치자전거면허는 제2종 운전면허이다.

11 교통사고처리특례법상 특례가 배제되는 경우가 아닌 것은?

① 무면허 운전사고
② 정비불량차 운행 중 사고
③ 보행자보호의무 위반사고
④ 승객추락방지의무 위반사고

11 ②
교통 및 화물 관련법규 > 교통사고처리특례법
정비불량차 운행 중 사고는 특례의 적용을 받으며, 피해자의 명시적인 의사에 반하여 공소를 제기할 수 없다.

12 교통사고처리특례법상 특례가 배제되는 신호·지시 위반사고가 아닌 것은?

① 지시표지를 위반하여 일어난 사고
② 운전자의 고의적 과실로 일어난 사고
③ 경찰관 등의 수신호를 위반하여 일어난 사고
④ 신호기가 고장났거나 황색 점멸 신호등이 있는 도로에서 일어난 사고

12 ④
교통 및 화물 관련법규 > 교통사고처리특례법
진행방향에 신호기가 설치되지 않았거나 신호기가 고장났거나 황색 점멸 신호등이 있는 도로에서 일어난 사고는 교통사고처리특례법상 반의사불벌 특례가 적용된다. ①, ②, ③은 반의사불벌 특례가 적용되지 않는 경우에 해당한다.

13 앞지르기가 금지되는 장소에 해당하지 <u>않는</u> 것은?

① 고속도로
② 교차로
③ 터널 안
④ 다리 위

13 ①

교통 및 화물 관련법규 〉 교통사고처리특례법

앞지르기가 금지되는 장소는 교차로, 터널 안, 다리 위, 도로의 구부러진 곳, 비탈길의 고갯마루 부근 등이 있다.

14 일반화물자동차운송사업은 (　　)대 이상의 범위에서 (　　)대 이상의 화물자동차를 사용하여 화물을 운송하는 사업이다. (　　) 안에 공통으로 들어갈 숫자로 옳은 것은?

① 10
② 20
③ 30
④ 40

14 ②

교통 및 화물 관련법규 〉 화물자동차운수사업법령

일반화물자동차운송사업은 20대 이상의 범위에서 20대 이상의 화물자동차를 사용하여 화물을 운송하는 사업이다.

15 다음 중 유가보조금에 대한 설명으로 옳지 <u>않은</u> 것은?

① 화물자동차 중 경유, LPG, 수소를 연료로 사용하는 차량이 유가보조금 지급대상이다.
② 유가보조금은 화물차주의 청구에 따라 해당 차량의 화물차주에게 지급한다.
③ 운송사업의 경우 직영차량은 위·수탁차주가 지급 청구·수령권을 보유한다.
④ 화물자동차 유가 연동 보조금은 경유를 연료로 사용하는 사업용 화물자동차만 적용한다.

15 ③

교통 및 화물 관련법규 〉 화물자동차운수사업법령

운송사업의 경우 직영차량은 운송사업자가, 위·수탁차량은 위·수탁차주가 지급 청구·수령권을 보유한다.

16 화물자동차운송사업의 허가를 받을 수 <u>없는</u> 자는?

① 파산선고를 받고 복권된 자
② 부정한 방법으로 허가를 받은 경우에 해당하여 허가가 취소된 후 3년이 지난 자
③ 화물자동차운수사업법을 위반하여 징역 이상의 형의 집행유예를 선고받고 그 유예기간이 지난 자
④ 화물자동차운수사업법을 위반하여 징역 이상의 실형을 선고받고 그 집행이 면제된 날부터 2년이 지난 자

16 ②

교통 및 화물 관련법규 〉 화물자동차운수사업법령

부정한 방법으로 허가를 받은 경우 또는 부정한 방법으로 변경허가를 받거나, 변경허가를 받지 않고 허가사항을 변경한 경우에 해당하여 허가가 취소된 후 5년이 지나지 않은 자는 화물자동차운송사업의 허가를 받을 수 없다.

17 화물자동차운수사업법상 화물자동차운송가맹사업을 경영하려는 자가 허가를 받아야 하는 대상으로 옳은 것은?

① 경찰서장
② 시·도지사
③ 국토교통부장관
④ 행정안전부장관

17 ③

교통 및 화물 관련법규 〉 화물자동차운수사업법령

화물자동차운송가맹사업을 경영하려는 자는 국토교통부령으로 정하는 바에 따라 국토교통부장관에게 허가를 받아야 한다.

18 화물자동차운수사업의 운전업무에 종사할 수 없는 자는?

① 18세 이상일 것
② 운전경력이 2년 이상일 것
③ 국토교통부령으로 정하는 운전적성에 대한 정밀검사기준에 맞을 것
④ 여객자동차운수사업용 자동차 또는 화물자동차운수사업용 자동차를 운전한 경력이 있는 경우에는 그 운전경력이 6개월 이상일 것

18 ③
교통 및 화물 관련법규 〉 화물자동차운수사업법령
화물자동차운수사업의 운전업무 종사자격
- 화물자동차를 운전하기에 적합한 도로교통법 제80조에 따른 운전면허를 가지고 있을 것
- 18세 이상일 것
- 운전경력이 2년 이상일 것. 다만, 여객자동차운수사업용 자동차 또는 화물자동차운수사업용 자동차를 운전한 경력이 있는 경우에는 그 운전경력이 1년 이상이어야 한다.

19 한국교통안전공단에서 처리하는 일이 아닌 것은?

① 화물운송종사자격증 발급
② 운전적성에 대한 정밀검사 시행
③ 화물자동차운송사업의 허가사항 변경허가
④ 화물운송종사자격시험의 실시·관리 및 교육

19 ③
교통 및 화물 관련법규 〉 화물자동차운수사업법령
화물자동차운송사업의 허가사항 변경허가는 시·도에서 처리하는 업무에 해당한다.

20 2020년 제작된 차를 2020년 11월 15일에 구매해서 2021년 2월 20일 신규등록하였을 경우 차령기산일로 옳은 것은?

① 2020년 11월 15일
② 2020년 12월 31일
③ 2021년 2월 20일
④ 2021년 12월 31일

20 ②
교통 및 화물 관련법규 〉 자동차관리법령
제작연도에 등록되지 않은 자동차는 제작연도의 말일이 차령기산일이다.

21 자동차관리법상 신규등록을 하려는 경우 실시하는 검사로 옳은 것은?

① 신규검사
② 정기검사
③ 임시검사
④ 특별검사

21 ①
교통 및 화물 관련법규 〉 자동차관리법령
- 정기검사: 신규등록 후 일정 기간마다 정기적으로 실시하는 검사
- 임시검사: 자동차관리법령에 따라, 또는 자동차 소유자의 신청을 받아 비정기적으로 실시하는 검사

22 자동차전용도로를 지정할 때 도로관리청이 국토교통부장관인 경우 의견을 들어야 하는 자로 옳은 것은?

① 경찰청장
② 시·도지사
③ 시·도경찰서장
④ 시·도경찰청장

22 ①
교통 및 화물 관련법규 〉 도로법령
자동차전용도로를 지정할 때 도로관리청이 국토교통부장관인 경우 경찰청장의 의견을 들어야 한다.

23 도로에 대한 설명으로 옳지 <u>않은</u> 것은?

① 도로의 부속물은 포함하지 않는다.
② 터널·교량·지하도 및 육교 등의 시설에 설치된 엘리베이터를 포함한다.
③ 옹벽·배수로·길도랑·지하통로 및 무넘기시설은 대통령령으로 정하는 시설인 도로이다.
④ 도로란 차도·보도·자전거도로 및 측도, 터널·교량·지하도 및 육교 등 대통령령으로 정하는 시설로 구성된 것이다.

23 ①
교통 및 화물 관련법규 > 도로법령
도로는 도로의 부속물을 포함한다.

24 자동차에서 배출되는 대기오염물질을 줄이고 연료를 절약하기 위해 자동차에 부착하는 장치로서 기후에너지환경부령으로 정하는 기준에 적합한 장치를 일컫는 말은?

① 저공해엔진
② 저공해자동차
③ 배출가스저감장치
④ 공회전제한장치

24 ④
교통 및 화물 관련법규 > 대기환경보전법령
- 저공해엔진: 자동차에서 배출되는 대기오염물질을 줄이기 위한 엔진(엔진 개조에 사용하는 부품 포함)으로서 기후에너지환경부령으로 정하는 배출허용기준에 맞는 엔진
- 저공해자동차: 대기오염물질의 배출이 없는 자동차 또는 제작차의 배출허용기준보다 오염물질을 적게 배출하는 자동차
- 배출가스저감장치: 자동차에서 배출되는 대기오염물질을 줄이기 위하여 자동차에 부착 또는 교체하는 장치로서 기후에너지환경부령으로 정하는 저감효율에 적합한 장치

25 운행차에 대하여 배출가스를 점검하는 경우 측정방법 등에 관하여 필요한 사항을 정하여 고시하는 자로 옳은 것은?

① 경찰청장
② 시·도지사
③ 기후에너지환경부장관
④ 국토교통부장관

25 ③
교통 및 화물 관련법규 > 대기환경보전법령
운행차의 배출가스 측정방법 등에 관하여 필요한 사항은 기후에너지환경부장관이 정하여 고시한다.

26 동일 수하인에게 다수의 화물이 배달될 때 운송장 비용을 절약하기 위해 사용하는 운송장을 일컫는 말은?

① 동일운송장
② 포켓운송장
③ 보조운송장
④ 기본형운송장

26 ③
화물취급요령 > 운송장 작성과 화물포장
보조운송장은 동일 수하인에게 다수의 화물이 배달될 때 운송장 비용을 절약하기 위해 사용하는 운송장으로서 간단한 기본적인 내용과 원 운송장을 연결시키는 내용만 기록한다.

27 운송장을 기재할 경우 송하인이 기재할 사항으로 옳지 <u>않은</u> 것은?

① 집하자 성명 및 전화번호
② 송하인의 주소, 성명, 전화번호
③ 수하인의 주소, 성명, 전화번호
④ 특약사항 약관설명 확인필 자필 서명

27 ①
화물취급요령 > 운송장 작성과 화물포장
집하자 성명 및 전화번호는 집하담당자가 기재할 사항이다.

28 강성포장의 재료에 해당하지 <u>않는</u> 것은?

① 목제의 통
② 알루미늄포일
③ 금속제의 상자
④ 플라스틱제의 병

28 ②
화물취급요령 〉 운송장 작성과 화물포장
강성포장은 포장 재료나 용기의 경직성으로 형태가 변화되지 않고 고정되는 포장으로 강성을 가진 재료를 사용한다. 알루미늄포일은 유연포장에 사용한다.

29 화물의 하역방법으로 옳지 <u>않은</u> 것은?

① 가벼운 것은 밑에, 무거운 것은 위에 쌓는다.
② 길이가 고르지 못하면 한쪽 끝이 맞도록 한다.
③ 상자로 된 화물은 취급표지에 따라 다루어야 한다.
④ 물품을 야외에 적치할 때는 밑받침을 하여 부식을 방지하고, 덮개로 덮어야 한다.

29 ①
화물취급요령 〉 화물의 상하차
부피가 큰 것을 쌓을 때는 무거운 것은 밑에, 가벼운 것은 위에 쌓는다.

30 물품을 들어 올릴 때의 자세 및 방법으로 옳지 <u>않은</u> 것은?

① 물품을 들 때는 허리를 똑바로 펴야 한다.
② 몸의 균형을 유지하기 위해서 발은 최대한 넓게 벌리고 물품으로 향한다.
③ 허리의 힘으로 드는 것이 아니고 무릎을 굽혀 펴는 힘으로 물품을 든다.
④ 다리와 어깨의 근육에 힘을 넣고 팔꿈치를 바로 펴서 서서히 물품을 들어 올린다.

30 ②
화물취급요령 〉 화물의 상하차
몸의 균형을 유지하기 위해서 발은 어깨 너비 만큼 벌리고 물품으로 향한다.

31 열수축성 플라스틱 필름을 파렛트 화물에 씌우고 가열하여 필름을 수축시켜 파렛트와 밀착시키는 방법을 일컫는 말은?

① 슈링크 방식
② 밴드걸기 방식
③ 스트레치 방식
④ 박스 테두리 방식

31 ①
화물취급요령 〉 적재물 결박 덮개 설치
열수축성 플라스틱 필름을 파렛트 화물에 씌우고 슈링크 터널을 통과시킬 때 가열하여 필름을 수축시켜 파렛트와 밀착시키는 방식은 슈링크 방식이다.

32 박스 테두리 방식에 대한 설명으로 옳은 것은?

① 고열의 터널을 통과한다.
② 평 파렛트에 비해 제조원가가 많이 든다.
③ 풀 붙이기와 밴드걸기 방식을 병용한 것이다.
④ 나무상자를 파렛트에 쌓는 경우의 붕괴 방지에 많이 사용된다.

32 ②
화물취급요령 〉 적재물 결박 덮개 설치
①은 슈링크 방식, ③은 수평 밴드걸기 풀 붙이기 방식, ④는 밴드걸기 방식에 대한 설명이다.

33 다른 라인(Line)의 컨테이너를 상차할 때 배차부서로부터 통보받아야 할 사항이 <u>아닌</u> 것은?

① 라인 종류
② 상차 장소
③ 면장출력장소
④ 담당자 이름과 직책, 전화번호

33 ③
화물취급요령 〉 운행요령
다른 라인(Line)의 컨테이너를 상차할 때 배차부서로부터 통보받아야 할 사항은 라인 종류, 상차 장소, 담당자 이름과 직책, 전화번호, 터미널일 경우 반출 전송을 하는 사람이다.

34 과적은 안전운행에 취약한 특성이 있다. 이에 대한 설명으로 옳지 <u>않은</u> 것은?

① 충돌 시의 충격력은 차량의 중량과 속도에 비례하여 증가한다.
② 차량의 무게중심 상승으로 인해 차량이 균형을 잃어 전도될 가능성이 높아진다.
③ 과적에 의해 차량이 무거워지면 제동거리가 짧아져 사고의 위험성이 증가한다.
④ 윤하중 증가에 따른 타이어 파손 및 타이어 내구 수명 감소로 사고 위험성이 증가한다.

34 ③
화물취급요령 〉 운행요령
과적에 의해 차량이 무거워지면 제동거리가 길어져 사고의 위험성이 증가한다.

35 내용물 부족사고의 대책으로 옳은 것은?

① 사전에 배송연락 후 배송 계획 수립으로 효율적 배송 시행
② 화물을 인계하였을 때 수령인 본인 여부 확인 작업 필히 실시
③ 부실포장 화물을 집하할 때 내용물 상세 확인 및 포장 보강 시행
④ 집하할 때 화물 수량 및 운송장 부착 여부 확인 등 분실 원인 제거

35 ③
화물취급요령 〉 화물의 인수인계요령
①은 지연배달사고, ②는 오배달사고, ④는 분실사고의 대책이다.

36 화물의 인수요령으로 옳은 것은?

① 수하인의 주소 및 수하인이 맞는지 확인 후 인계한다.
② 긴급배송해야 하는 물품은 쉽게 꺼낼 수 있게 적재한다.
③ 다수화물이 도착하였을 때에는 미도착 수량이 있는지 확인한다.
④ 인수 예약은 반드시 접수대장에 기재하여 누락되는 일이 없도록 한다.

36 ④
화물취급요령 〉 화물의 인수인계요령
①은 인계요령, ②, ③은 적재요령과 관련된 내용이다.

37 픽업(Pickup)에 대한 설명으로 옳은 것은?

① 원동기부의 덮개가 운전실의 앞쪽에 나와 있는 트럭
② 원동기의 전부 또는 대부분이 운전실의 아래쪽에 있는 트럭
③ 상자형 화물실을 갖추고 있는 트럭(지붕이 없는 오픈 톱형도 포함)
④ 화물실의 지붕이 없고, 옆판이 운전대와 일체로 되어 있는 화물자동차

37 ④
화물취급요령 〉 화물자동차의 종류
①은 보닛 트럭, ②는 캡 오버 엔진 트럭, ③은 밴에 대한 설명이다.

38 특수용도 자동차(특용차)에 대한 설명으로 옳지 않은 것은?

① 지붕 구조의 덮개가 있는 화물운송용이다.
② 특수한 기구를 갖추고 있는 특수 자동차이다.
③ 선전자동차, 구급차, 우편차, 냉장차 등이 있다.
④ 특별한 목적을 위한 것으로 보디(차체)가 특수하다.

38 ①
화물취급요령 〉 화물자동차의 종류
지붕 구조의 덮개가 있는 화물운송용인 것은 밴형 화물자동차이다.

39 사업자의 책임 있는 사유로 계약을 해제할 경우에 사업자가 약정한 이사화물의 인수일 당일에도 해제를 통지하지 않은 경우 계약금의 몇 배를 배상해야 하는가?

① 배액
② 4배액
③ 10배액
④ 15배액

39 ③
화물취급요령 〉 화물운송의 책임한계
사업자가 약정된 이사화물의 인수일 당일에도 해제를 통지하지 않은 경우 계약금의 10배액을 고객에게 지급한다.

40 고객이 택배의 운송장에 운송물의 가액을 기재한 경우 사업자의 손해배상에 대한 설명으로 옳지 않은 것은?

① 전부 또는 일부 멸실된 때: 운송장에 기재된 운송물의 가액을 기준으로 산정한 손해액의 지급
② 훼손되어 수선이 가능한 경우: 운송장에 기재된 운송물의 가액을 기준으로 산정한 손해액의 지급
③ 훼손되어 수선이 불가능한 경우: 운송장에 기재된 운송물의 가액을 기준으로 산정한 손해액의 지급
④ 연착되고 일부 멸실 및 훼손되지 않은 때 일반적인 경우: 인도예정일을 초과한 일수에 사업자가 운송장에 기재한 운임액의 50%를 곱한 금액 지급(운송장 기재 운임액의 200% 한도)

40 ②
화물취급요령 〉 화물운송의 책임한계
훼손되어 수선이 가능한 경우 수선해준다.

41 교통사고의 요인 중 인적 요인에 해당하지 않는 것은?

① 노면
② 신체
③ 질병
④ 운전습관

41 ①
안전운행요령 〉 운전자 요인과 안전운행
노면은 교통사고의 요인 중 도로 요인에 해당한다.

42 시야 범위 안에 있는 대상물이 시축에서 약 3° 정도 벗어날 때의 시력 저하 비율로 옳은 것은?

① 70%
② 80%
③ 90%
④ 99%

42 ②
안전운행요령 〉 운전자 요인과 안전운행
시야 범위 안에 있는 대상물이더라도 시축에서 시각이 약 3° 벗어나면 시력은 약 80% 저하된다.

43 한쪽 눈을 보지 못하는 사람이 제2종 운전면허를 취득할 경우에 필요한 시력에 해당하는 것은?

① 다른 쪽 눈의 시력이 0.5 이상
② 다른 쪽 눈의 시력이 0.5 이하
③ 다른 쪽 눈의 시력이 0.6 이상
④ 다른 쪽 눈의 시력이 0.6 이하

43 ③
안전운행요령 〉 운전자 요인과 안전운행
제2종 운전면허에 필요한 시력은 두 눈을 동시에 뜨고 잰 시력이 0.5 이상이다. 다만, 한쪽 눈을 보지 못하는 사람은 다른 쪽 눈의 시력이 0.6 이상이어야 한다.

44 야간운전의 어려움에 해당하지 않는 것은?

① 야간에는 어둠으로 인해 대상물을 명확하게 보기 어렵다.
② 운전자가 눈으로 확인할 수 있는 시야의 범위가 좁아진다.
③ 중앙선에 있는 통행인을 갓길에 있는 사람보다 쉽게 확인할 수 있다.
④ 마주 오는 차의 전조등 불빛에 현혹되는 경우 물체 식별이 어려워진다.

44 ③
안전운행요령 〉 운전자 요인과 안전운행
야간에는 대향차량 간의 전조등에 의한 현혹현상(눈부심 현상)으로 중앙선상의 통행인을 우측 갓길에 있는 통행인보다 확인하기 어렵다.

45 고령자의 교통안전 장애요인 중 시각능력의 장애요인이 아닌 것은?

① 대비능력 저하
② 동체시력의 약화 현상
③ 암순응에 필요한 시간 감소
④ 눈부심에 대한 감수성 증가

45 ③
안전운행요령 〉 운전자 요인과 안전운행
고령자는 밝은 곳에서 어두운 곳으로 이동할 때 낮은 조도에 순응하는 능력인 암순응에 필요한 시간이 증가한다.

46 고령보행자의 보행행동 특성으로 옳지 않은 것은?

① 보행 궤적이 흔들거림
② 소리 나는 방향을 주시
③ 상점이나 포스터를 보면서 걷는 경향
④ 정면에서 오는 차량 등을 회피할 수 있는 여력을 갖지 못함

46 ②
안전운행요령 〉 운전자 요인과 안전운행
고령보행자는 소리 나는 방향을 주시하지 않는 경향이 있다.

47 휠 실린더의 피스톤에 의해 브레이크 라이닝을 밀어 주어 타이어와 함께 회전하는 드럼을 잡아 멈추게 하는 제동장치를 일컫는 말은?

① 풋 브레이크
② 주차 브레이크
③ 엔진 브레이크
④ ABS(Anti-lock Brake System)

47 ①
안전운행요령 〉 자동차 요인과 안전운행
제동장치 중 풋 브레이크는 주행 중에 발로 조작하는 주 제동장치로, 휠 실린더의 피스톤에 의해 브레이크 라이닝을 밀어 주어 타이어와 함께 회전하는 드럼을 잡아 멈추는 역할을 한다.

48 원의 중심으로부터 벗어나려는 힘을 말하며, 자동차가 커브길에 고속으로 진입하면 노면을 잡고 있으려는 타이어의 접지력을 끊어 버릴 만큼 강해지는 현상을 일컫는 말은?

① 구심력 ② 원심력
③ 저항력 ④ 접지력

48 ②
안전운행요령 〉 자동차 요인과 안전운행
자동차가 커브에 고속으로 진입하면 노면을 잡고 있으려는 타이어의 접지력을 끊어 버릴 만큼 원심력은 강해진다. 또한, 원심력이 더욱 커지면 마침내 차는 도로 밖으로 기울면서 튀어나간다.

49 비탈길을 내려갈 때 브레이크를 반복하여 사용하면 마찰열이 라이닝에 축적되어 브레이크의 제동력이 저하되는 현상을 일컫는 말은?

① 수막 현상 ② 페이드 현상
③ 모닝 록 현상 ④ 스탠딩 웨이브 현상

49 ②
안전운행요령 〉 자동차 요인과 안전운행
페이드(Fade) 현상은 브레이크 라이닝의 온도 상승으로 라이닝 면의 마찰계수가 저하되기 때문에 발생한다.

50 동력전달장치 점검과 관련하여 옳지 않은 것은?

① 변속기 오일의 누출은 없는지 확인
② 추진축 연결부의 헐거움이나 이음이 없는지 확인
③ 스티어링 휠의 유동·느슨함·흔들림이 없는지 확인
④ 클러치 페달의 유동이 없고 클러치 유격이 적당한지 확인

50 ③
안전운행요령 〉 자동차 요인과 안전운행
스티어링 휠의 유동·느슨함·흔들림이 없는지 확인하는 것은 조향장치의 점검과 관련한 사항이다.

51 엔진의 과회전 현상을 예방할 수 있는 방법으로 옳지 않은 것은?

① 에어 클리너 오염 확인 후 청소
② 최대 회전속도를 초과한 운전 금지
③ 내리막길 주행 시 과도한 엔진 브레이크 사용 지양
④ 내리막길 주행 시 고단에서 저단으로 급격한 기어 변속 금지

51 ①
안전운행요령 〉 자동차 요인과 안전운행
에어 클리너 오염 확인 후 청소는 엔진 매연이 과다 발생할 경우의 조치방법이다.

52 차량 제동 시 차체가 진동할 때의 조치방법으로 옳지 않은 것은?

① 조향핸들 유격 점검
② 타이어의 공기압 좌우 동일하게 주입
③ 앞 브레이크 드럼 연마 작업 또는 교환
④ 허브베어링 교환 또는 허브너트 재조임

52 ②
안전운행요령 〉 자동차 요인과 안전운행
타이어의 공기압을 좌우에 동일하게 주입하는 것은 주행 제동 시 차량 쏠림 현상이 발생할 경우의 조치방법이다.

53 광폭 중앙분리대에 대한 설명으로 옳은 것은?

① 연석의 중앙에 잔디나 수목을 심어 녹지공간을 제공한다.
② 중앙분리대 내에 충분한 설치 폭의 확보가 어려운 곳에 설치한다.
③ 차량과 충돌 시 차량을 본래의 주행방향으로 복원해주는 기능이 미약하다.
④ 도로선형의 양방향 차로가 완전히 분리될 수 있는 충분한 공간을 확보한다.

53 ④
안전운행요령 〉 도로 요인과 안전운행
①, ③는 연석형, ②는 방호울타리형에 대한 설명이다.

54 도로에서 교통사고의 위험성이 높아지는 경우에 해당하지 않는 것은?

① 곡선반경이 커지는 경우
② 종단선형이 자주 바뀌는 경우
③ 오르막 내리막 경사가 커지는 경우
④ 곡선부가 오르막 내리막의 종단경사와 중복되는 곳의 경우

54 ①
안전운행요령 〉 도로 요인과 안전운행
곡선반경이 적어짐(곡선이 급해짐)에 따라 사고율은 높아진다.

55 도로를 보호하고 비상시에 이용하기 위해 차로에 접속하여 설치하는 도로의 부분을 일컫는 말은?

① 차선
② 교차로
③ 길어깨
④ 길가장자리구역

55 ③
안전운행요령 〉 도로 요인과 안전운행
길어깨(갓길)는 도로를 보호하고 비상시에 이용하기 위해 차로에 접속하여 설치하는 도로의 부분이다.

56 자동차를 가속시키거나 감속시키기 위하여 추가로 설치하는 차로를 일컫는 말은?

① 측대
② 길어깨
③ 변속차로
④ 회전차로

56 ③
안전운행요령 〉 도로 요인과 안전운행
- 측대: 운전자의 시선을 유도하고 옆 부분의 여유를 확보하기 위해 중앙분리대 또는 길어깨에 차로와 동일한 구조로 차로와 접속하여 설치하는 부분
- 길어깨: 도로를 보호하고, 비상시나 유지관리 시에 이용하기 위해 차로에 접속하여 설치하는 도로의 부분
- 회전차로: 자동차가 우회전, 좌회전 또는 유턴을 할 수 있도록 직진하는 차로와 분리하여 추가로 설치하는 차로

57 용어에 대한 설명으로 옳지 않은 것은?

① 변속차로: 자동차를 가속시키거나 감속시키기 위하여 추가로 설치하는 차로
② 차로 수: 오르막차로, 회전차로, 변속차로 및 양보차로를 포함하여 양방향 차로의 수를 합한 것
③ 오르막차로: 오르막 구간에서 저속 자동차를 다른 자동차와 분리하여 통행시키기 위하여 설치하는 차로
④ 회전차로: 자동차가 우회전, 좌회전 또는 유턴을 할 수 있도록 직진하는 차로와 분리하여 추가로 설치하는 차로

57 ②
안전운행요령 〉 도로 요인과 안전운행
차로 수는 양방향 차로의 수를 합한 것으로 오르막차로, 회전차로, 변속차로 및 양보차로를 제외한다.

58 앞으로 일어날 위험 및 운전 상황을 미리 파악하는, 안전을 위협하는 운전 상황의 변화요소를 재빠르게 파악하는 능력을 일컫는 말은?

① 예측력
② 판단력
③ 관찰력
④ 주의력

58 ①
안전운행요령 〉 안전운전방법
앞으로 일어날 위험 및 운전 상황을 미리 파악하며, 안전을 위협하는 운전 상황의 변화 요소를 재빠르게 파악하는 능력인 예측력은 방어운전의 기본 능력이다.

59 주행 시 차간거리에 대한 설명으로 옳지 않은 것은?

① 앞차에 최대한 밀착하여 주행한다.
② 좌우측 차량과의 안전거리를 확인한다.
③ 후진 시 후방의 물체와의 거리를 확인한다.
④ 다른 차가 끼어들기 하는 경우에는 양보하여 안전하게 진입하도록 한다.

59 ①
안전운행요령 〉 안전운전방법
앞차에 너무 밀착하여 주행하지 않도록 한다.

60 야간 운전 시의 안전운전방법으로 옳지 않은 것은?

① 실내를 밝게 할 것
② 주간보다 속도를 낮추어 주행할 것
③ 대향차의 전조등을 바로 보지 말 것
④ 해가 저물면 곧바로 전조등을 점등할 것

60 ①
안전운행요령 〉 안전운전방법
야간에 운전 시 실내를 불필요하게 밝게 하지 않는다.

61 교차로의 황색신호의 통상 기본 시간으로 옳은 것은?

① 1초
② 3초
③ 5초
④ 7초

61 ②
안전운행요령 〉 안전운전방법
교차로의 황색신호시간은 통상 3초를 기본으로 운영한다.

62 고속도로의 운행 시 안전운전방법으로 옳지 않은 것은?

① 전방 주시점은 속도가 빠를수록 가까이 둔다.
② 주행 중 속도계를 수시로 확인하여 법정속도를 준수한다.
③ 앞차의 움직임뿐 아니라 가능한 한 앞차 앞의 3~4대 차량의 움직임도 살핀다.
④ 고속도로 진입 시 충분한 가속으로 속도를 높인 후 주행차로로 진입하여 주행차에 방해를 주지 않도록 한다.

62 ①
안전운행요령 〉 안전운전방법
전방 주시점은 속도가 빠를수록 멀리 둔다.

63 충전용기 등을 차량에 적재할 때의 기준으로 옳지 않은 것은?

① 차량의 적재함을 초과하여 적재하지 않을 것
② 차량의 최대 적재량을 초과하여 적재하지 않을 것
③ 운반 중의 충전용기는 항상 40℃ 이상으로 유지할 것
④ 자전거 또는 오토바이에 적재하여 운반하지 않을 것(차량이 통행하기 곤란한 지역 그 밖에 시·도지사가 지정하는 경우는 제외)

63 ③
안전운행요령 〉 안전운전방법
운반 중의 충전용기는 항상 40℃ 이하를 유지한다.

64 추수 시기를 맞아 경운기 등 농기계의 빈번한 사용이 교통사고의 원인이 되는 계절로 옳은 것은?

① 봄
② 여름
③ 가을
④ 겨울

64 ③
안전운행요령 〉 안전운전방법
가을철에는 추수 시기를 맞아 경운기 등 농기계의 빈번한 사용이 교통사고의 원인이 된다.

65 터널 내 화재 시 행동요령으로 옳지 않은 것은?

① 운전자는 차량과 함께 터널 밖으로 신속히 이동한다.
② 비상벨을 누르거나 비상전화로 화재 발생을 알려야 한다.
③ 터널 밖으로 이동이 불가능한 경우 최대한 갓길 쪽으로 정차한다.
④ 엔진을 끈 후 도난 방지를 위하여 키를 뽑고 차문을 잠근 후 신속하게 하차한다.

65 ④
안전운행요령 〉 안전운전방법
터널 내 화재 시 엔진을 끈 후 키를 꽂아둔 채 신속하게 하차한다.

66 흡연예절에 대한 설명으로 옳지 않은 것은?

① 담배꽁초는 반드시 재떨이에 버린다.
② 꽁초를 길에 버린 후 발로 비비지 않는다.
③ 담배꽁초는 화장실 변기에 버리지 않는다.
④ 차내 청결을 위하여 담배꽁초는 자동차 밖으로 버린다.

66 ④
운송서비스 〉 직업운전자의 기본자세
담배꽁초는 자동차 밖으로 버리지 않는다.

67 운전자가 가져야 할 기본적인 자세에 해당하지 않는 것은?

① 추측 운전의 실행
② 운전기술의 과신은 금물
③ 교통법규의 이해와 준수
④ 여유 있고 양보하는 마음으로 운전

67 ①
운송서비스 〉 직업운전자의 기본자세
운전자는 추측 운전은 삼가야 하며, 조그마한 의심이라도 반드시 안전을 확인한 후 행동으로 옮겨야 한다.

68 고객을 응대하는 마음가짐으로 옳지 않은 것은?

① 사명감을 가진다.
② 원만하게 대한다.
③ 고객의 입장에서 생각한다.
④ 항상 부정적으로 생각한다.

68 ④
운송서비스 〉 직업운전자의 기본자세
고객을 응대하는 경우 항상 긍정적으로 생각하는 마음가짐을 갖는다.

69 과거와 달리 현재의 물류에서 가장 중요하게 생각하는 것으로 옳은 것은?

① 물류거점의 수
② 보관을 위한 물류센터
③ 고객만족을 통한 수요창출
④ 단순히 장소적 이동을 의미하는 운송

69 ③
운송서비스 〉 물류의 이해
현재의 물류는 고객만족을 통한 수요창출에 중점을 두고 있으며, 물류의 최일선에 있는 운전자는 고객만족을 통한 수요창출에 누구보다 중요한 위치에 있다.

70 로지스틱스 전략관리를 위한 전문가의 자질 중 경험과 관리기술을 바탕으로 물류전략을 입안하는 능력을 일컫는 말은?

① 분석력
② 창조력
③ 기획력
④ 판단력

70 ③
운송서비스 〉 물류의 이해
- 분석력: 최적의 물류업무 흐름 구현을 위한 분석 능력
- 창조력: 지식이나 노하우를 바탕으로 시스템모델을 표현하는 능력
- 판단력: 물류 관련 기술동향을 파악하여 선택하는 능력

71 제3자 물류의 발전동향으로 옳지 않은 것은?

① 공급자 측면에서는 최근 신규 물류업체와 외국 물류기업의 시장 참여가 줄어들고 있다.
② 물류산업의 경쟁 촉진을 제한하던 각종 행정규제가 크게 완화되어 경쟁이 치열해지고 있다.
③ 국내 물류시장은 최근 공급자와 수요자 양 측면 모두에서 제3자 물류가 활성화될 수 있는 기본적인 여건을 형성하고 있는 중이다.
④ 수요자 측면에서는 최근 물류 전문업체와의 전략적 제휴·협력을 통해 물류효율화를 추진하고자 하는 화주기업이 점증적으로 증가하고 있다.

71 ①
운송서비스 〉 물류의 이해
공급자 측면에서는 최근 신규 물류업체와 외국 물류기업의 시장 참여가 늘어남에 따라 물류시장의 경쟁구조가 한층 더 심화되고 있다.

72 물품을 공간적으로 이동시키는 것으로, 수송에 의해서 생산지와 수요지와의 공간적 거리가 극복되어 상품의 장소적(공간적) 효용을 창출하는 물류의 기능으로 옳은 것은?

① 운송기능
② 포장기능
③ 보관기능
④ 하역기능

72 ①
운송서비스 〉 물류의 이해
물류의 기능 중 운송기능은 물품을 공간적으로 이동시키는 것으로, 수송에 의해서 생산지와 수요지와의 공간적 거리가 극복되어 상품의 장소적(공간적) 효용을 창출한다.

73 물류전략의 실행구조 중 전략 수립에 해당하는 영역인 것은?

① 창고설계·운영
② 정보·기술관리
③ 고객서비스 수준 결정
④ 로지스틱스 네트워크 전략 구축

73 ③
운송서비스 〉 물류의 이해
① 창고설계·운영은 기능 정립, ② 정보·기술관리는 실행, ④ 로지스틱스 네트워크 전략 구축은 구조설계에 해당하는 영역이다.

74 선박 및 철도와 비교한 화물자동차운송의 특징으로 옳지 않은 것은?

① 대량 운송단위
② 다양한 고객요구 수용
③ 신속하고 정확한 문전운송
④ 원활한 기동성과 신속한 수배송

74 ①
운송서비스 〉 물류의 이해
선박 및 철도와 비교하여 화물자동차운송은 운송단위가 소량이다.

75 제조공장과 물류거점(물류센터 등) 간의 장거리 수송으로 컨테이너 또는 파렛트(pallet)를 이용하며, 유닛화(unitization)되어 일정단위로 취합되어 수송하는 것은?

① 교통
② 운반
③ 배송
④ 간선수송

75 ④
운송서비스 〉 물류의 이해
- 교통: 현상적인 시각에서의 재화의 이동
- 운반: 한정된 공간과 범위 내에서의 재화의 이동
- 배송: 상거래가 성립된 후 상품을 고객이 지정하는 수하인에게 발송 및 배달하는 것으로 물류센터에서 각 점포나 소매점에 상품을 납입하기 위한 수송

76 마케팅에 대한 설명으로 옳지 않은 것은?

① 손님이 찾고 있는 것을 제공하는 것
② 소비자지향에서 생산자지향으로의 추구
③ 찾고는 있지만 느끼지 못하고 있는 것을 손님에게 제공하는 것
④ 자신이 가지고 있는 상품을 손님에게 팔려고 노력하기보다는 팔리는 것을 손님에게 제공하는 것

76 ②
운송서비스 〉 화물운송서비스의 이해
마케팅은 소위 '생산자지향에서 소비자지향으로의 추구'를 의미한다.

77 통합판매 · 물류 · 생산시스템(CALS; Computer Aided Logistics Support)에 대한 설명으로 옳지 않은 것은?

① 컴퓨터에 의한 통합생산이나 경영과 유통의 재설계 등을 총칭한다.
② 중계국에 할당된 여러 개의 채널을 공동으로 사용하는 무전기시스템이다.
③ 제품설계에서 폐기에 이르는 모든 활동을 디지털 정보기술의 통합을 통해 구현하는 산업화전략이다.
④ 과다서류와 기술자료의 중복 축소, 업무처리절차 축소, 소요시간 단축, 비용 절감의 효과를 가져올 수 있다.

77 ②
운송서비스 > 화물운송서비스의 이해
중계국에 할당된 여러 개의 채널을 공동으로 사용하는 무전기시스템은 주파수 공용통신(TRS; Trunked Radio System)이다.

78 물류고객서비스의 거래 전 요소에 해당하는 것은?

① 발주 정보
② 주문사이클
③ 설치, 보증, 변경, 수리
④ 문서화된 고객서비스 정책 및 고객에 대한 제공

78 ④
운송서비스 > 화물운송서비스와 문제점
①, ②는 거래 시 요소, ③은 거래 후 요소에 해당한다.

79 트럭의 보디를 바꿔 실음으로써 합리화를 추진하는 수송을 일컫는 말은?

① 중간 수송
② 교체하기 수송
③ 이어타기 수송
④ 바꿔 태우기 수송

79 ④
운송서비스 > 화물운송서비스와 문제점
• 바꿔 태우기 수송: 트럭의 보디를 바꿔 실음으로써 합리화를 추진하는 것
• 이어타기 수송: 도킹 수송과 유사, 중간지점에서 운전자만 교체하는 수송방법

80 트럭운송이 국내 운송의 대부분을 차지하고 있는 이유로 옳지 않은 것은?

① 트럭수송의 기동성이 산업계의 요청에 적합하기 때문이다.
② 오늘날 소비의 다양화, 소량화가 현저해져 한층 더 트럭수송이 중요한 위치를 차지하게 되었기 때문이다.
③ 철도시설에 대한 공공투자가 고속도로의 건설 등과 같은 도로시설에 비해 적극적으로 이루어져 왔기 때문이다.
④ 트럭수송의 경쟁자인 철도수송에서는 국철의 화물수송이 독립적으로 시장을 지배해 왔던 관계로 경쟁원리가 작용하지 않게 되고 그 지위가 낮기 때문이다.

80 ③
운송서비스 > 화물운송서비스와 문제점
고속도로의 건설 등과 같은 도로시설에 대한 공공투자가 철도시설에 비해 적극적으로 이루어져 왔기 때문에 트럭운송이 중요한 위치를 차지하게 되었다.

2회 기출복원 모의고사

⏱ 제한시간 80분　☑ 합격개수 48문제

CBT로 풀어보기

01 신호에 대한 설명으로 옳지 않은 것은?

① 녹색화살표의 등화 시 차마는 화살표시 방향으로 진행할 수 있다.
② 보행신호등 적색의 등화 시 보행자는 횡단보도를 횡단하여서는 아니 된다.
③ 자전거횡단도에 자전거횡단신호등이 설치되지 않은 경우 자전거는 차량신호등의 지시에 따른다.
④ 자전거를 주행하는 경우 자전거주행신호등이 설치되지 않은 장소에서는 차량신호등의 지시에 따른다.

01 ③
교통 및 화물 관련법규 > 도로교통법령
자전거횡단도에 자전거횡단신호등이 설치되지 않은 경우 자전거는 보행신호등의 지시에 따른다. 이 경우 보행신호등란의 "보행자"는 "자전거"로 본다.

02 노면표시의 기본색상 중 동일 방향의 교통류 분리 및 경계 표시의 색은?

① 황색　② 백색
③ 청색　④ 적색

02 ②
교통 및 화물 관련법규 > 도로교통법령
노면표시의 기본색상 중 백색은 동일 방향의 교통류 분리 및 경계 표시를 나타낸다.

03 다음 안전표지에 대한 설명으로 옳은 것은?

① 양측방 통행 표지이다.
② 좌우합류도로 표지이다.
③ 도로폭이 좁아짐 표지이다.
④ 중앙분리대 시작 표지이다.

03 ③
교통 및 화물 관련법규 > 도로교통법령
도로폭이 좁아짐을 나타내는 주의표지이다.

04 통행하는 차의 통행방법에 대한 설명으로 옳지 않은 것은?

① 앞지르기를 할 때에는 통행기준에 지정된 차로의 왼쪽 바로 옆 차로로 통행할 수 있다.
② 차마의 운전자는 안전지대 등 안전표지에 의해 진입이 금지된 장소에 들어가서는 안 된다.
③ 비탈진 좁은 도로에서 자동차가 서로 마주보고 진행하는 경우 내려가는 자동차가 양보해야 한다.
④ 긴급자동차를 제외한 모든 차의 운전자는 뒤에서 따라오는 차보다 느린 속도로 가려는 경우 도로의 우측 가장자리로 피해 진로를 양보해야 한다.

04 ③
교통 및 화물 관련법규 > 도로교통법령
비탈진 좁은 도로에서 자동차가 서로 마주보고 진행하는 경우 올라가는 자동차가 양보해야 한다.

05 도로교통법령상 '정차'의 정의로 옳은 것은?

① 운전자가 3분을 초과하지 아니하고 차를 정지시키는 것으로서 주차 외의 정지 상태
② 운전자가 5분을 초과하지 아니하고 차를 정지시키는 것으로서 주차 외의 정지 상태
③ 운전자가 10분을 초과하지 아니하고 차를 정지시키는 것으로서 주차 외의 정지 상태
④ 운전자가 20분을 초과하지 아니하고 차를 정지시키는 것으로서 주차 외의 정지 상태

05 ②
교통 및 화물 관련법규 > 도로교통법
정차는 운전자가 5분을 초과하지 아니하고 차를 정지시키는 것으로서 주차 외의 정지 상태이다.

06 화물자동차의 적재기준과 관련하여 옳지 않은 것은?

① 높이: 지상으로부터 4미터 이내
② 너비: 자동차의 후사경으로 뒤쪽을 확인할 수 있는 범위
③ 적재중량: 구조 및 성능에 따르는 적재중량의 120% 이내
④ 길이: 자동차 길이에 그 길이의 10분의 1을 더한 길이 이내

06 ③
교통 및 화물 관련법규 > 도로교통법령
화물자동차의 적재중량은 구조 및 성능에 따르는 적재중량의 110% 이내이다.

07 적재중량 및 적재용량 등에 관하여 안전기준을 넘는 화물에 대하여 적재허가를 할 수 있는 자로 옳은 것은?

① 시·도지사
② 기후에너지환경부장관
③ 도로교통공단 이사장
④ 출발지를 관할하는 경찰서장

07 ④
교통 및 화물 관련법규 > 도로교통법령
출발지를 관할하는 경찰서장의 허가를 받은 경우에는 운행상의 안전기준을 넘어서 승차시키거나 적재한 상태로 운전할 수 있다.

08 다음 설명 중 옳지 않은 것은?

① 교차로에서 좌·우회전할 때 각각 서행한다.
② 차량신호등이 황색의 등화인 경우 정지선이 있거나 횡단보도가 있을 때에는 서행하며 지나간다.
③ 보도와 차도가 구분된 도로에서 도로 외의 곳을 출입할 때에는 보도를 횡단하기 직전에 일시정지한다.
④ 신호기 등이 표시하는 신호가 없는 철길 건널목을 통과하려는 경우에는 철길 건널목 앞에서 일시정지한다.

08 ②
교통 및 화물 관련법규 > 도로교통법령
차량신호등이 황색의 등화인 경우 정지선이 있거나 횡단보도가 있을 때에는 그 직전이나 교차로의 직전에 정지한다.

09 편도 1차로의 고속도로에서 특수자동차의 최고속도와 최저속도로 옳은 것은?

① 최고속도 80km/h, 최저속도 40km/h
② 최고속도 80km/h, 최저속도 50km/h
③ 최고속도 90km/h, 최저속도 40km/h
④ 최고속도 90km/h, 최저속도 50km/h

09 ②
교통 및 화물 관련법규 〉 도로교통법령
편도 1차로의 고속도로에서 특수자동차의 최고속도는 80km/h, 최저속도는 50km이다.

10 운전면허취득 응시기간이 2년이 제한되는 경우에 해당하지 <u>않는</u> 것은?

① 음주운전 또는 경찰공무원의 음주측정을 2회 이상 위반한 경우
② 다른 사람이 부정하게 운전면허를 받도록 하기 위해 운전면허시험에 대신 응시한 경우
③ 음주운전 또는 경찰공무원의 음주측정을 위반하여 운전을 하다가 교통사고를 일으킨 경우
④ 음주운전의 금지를 위반하여 운전을 하다가 사람을 사상한 후 조치 및 신고를 하지 아니한 경우

10 ④
교통 및 화물 관련법규 〉 도로교통법령
음주운전의 금지를 위반하여 운전을 하다가 사람을 사상한 후 조치 및 신고를 하지 않은 경우는 운전면허취득 응시기간이 5년간 제한된다.

11 중앙선을 침범했더라도 공소권 없는 사고로 처리될 수 있는 경우로 옳은 것은?

① 고의적 유턴, 회전 중 중앙선침범사고
② 의도적 유턴, 회전 중 중앙선침범사고
③ 현저한 부주의로 인한 중앙선침범사고
④ 사고피양 급제동으로 인한 중앙선침범

11 ④
교통 및 화물 관련법규 〉 교통사고처리특례법
①, ②, ③은 교통사고처리특례법상 특례가 적용되지 않은 중앙선침범사고에 해당한다.

12 사고운전자가 피해자를 구호하는 등 조치를 하지 아니하고 피해자를 사망에 이르게 하고 도주하거나, 도주 후에 피해자가 사망한 경우의 가중처벌은 무엇인가?

① 3년 이상의 유기징역
② 무기 또는 5년 이상의 징역
③ 사형, 무기 또는 5년 이상의 징역
④ 1년 이상의 유기징역 또는 500만 원 이상 3천만 원 이하의 벌금

12 ②
교통 및 화물 관련법규 〉 교통사고처리특례법
사고운전자가 피해자를 구호하는 등 조치를 하지 않고 피해자를 사망에 이르게 하고 도주하거나, 도주 후에 피해자가 사망한 경우에는 무기 또는 5년 이상의 징역에 처한다.

13 교통사고처리특례법상 특례가 배제되는 철길 건널목 통과방법 위반 사고가 아닌 것은?

① 안전미확인 통행 중 사고
② 철길 건널목 직전 일시정지 불이행으로 일어난 사고
③ 철길 건널목 신호기, 경보기 등의 고장으로 일어난 사고
④ 고장 시 승객 대피, 차량 이동 조치를 불이행하여 일어난 사고

13 ③
교통 및 화물 관련법규 〉교통사고처리특례법
교통사고처리특례법상 특례가 배제되는 철길 건널목 통과방법 위반사고의 운전자 과실 요건
- 철길 건널목 직전 일시정지 불이행
- 안전미확인 통행 중 사고
- 고장 시 승객 대피, 차량 이동 조치 불이행

14 자동차관리법상 화물자동차에 해당하지 않는 것은?

① 밴형
② 견인형
③ 덤프형
④ 일반형

14 ②
교통 및 화물 관련법규 〉화물자동차운수사업법령
화물자동차의 유형은 밴형, 덤프형, 일반형, 특수용도형이다. 견인형은 특수자동차의 유형이다.

15 유가보조금과 관련하여 화물차주의 행위금지 사항으로 옳지 않은 것은?

① 지급 대상이 아닌 유종을 구매하거나 운송실적 또는 유류사용량을 부풀려 유가보조금을 지급받거나 이에 공모·가담하는 행위
② 화물자동차 운수사업에 사용한 유류분에 대하여 유가보조금을 지급받거나 이에 공모·가담하는 행위
③ 유류구매카드에 표기된 자동차등록번호 이외의 차량에 유류구매카드를 사용하거나 이에 공모·가담하는 행위
④ 유류구매카드를 주유업자 등 제3자에게 양도·대여하거나 위탁·보관하여 유가보조금을 지급받거나 이에 공모·가담하는 행위

15 ②
교통 및 화물 관련법규 〉화물자동차운수사업법령
화물자동차 운수사업이 아닌 다른 목적에 사용한 유류분에 대하여 유가보조금을 지급받거나 이에 공모·가담하는 행위가 화물차주의 행위금지 사항이다.

16 화물자동차운송주선사업의 허가권자로 옳은 것은?

① 시·도지사
② 국토교통부장관
③ 행정안전부장관
④ 한국교통안전공단이사장

16 ②
교통 및 화물 관련법규 〉화물자동차운수사업법령
화물자동차운송사업을 경영하려는 자는 국토교통부장관의 허가를 받아야 한다.

17 운송사업자의 사업정지처분이 해당 화물자동차운송사업의 이용자에게 심한 불편을 주거나 그 밖에 공익을 해칠 우려가 있으면 과징금을 부과징수할 수 있다. 이러한 과징금의 용도에 해당하지 않는 것은?

① 신고포상금의 지급
② 지자체의 설비 확충
③ 공동차고지의 건설과 확충
④ 화물 터미널의 건설과 확충

17 ②
교통 및 화물 관련법규 〉화물자동차운수사업법령
화물자동차운수사업법상 과징금의 용도
- 신고포상금의 지급
- 공동차고지의 건설과 확충
- 화물 터미널의 건설 및 확충
- 경영 개선이나 그 밖에 화물에 대한 정보제공사업 등 화물자동차운수사업의 발전을 위하여 필요한 사항

18 화물자동차 운전자를 채용한 운송사업자가 협회에 제출할 내용으로 옳지 않은 것은?

① 운전자 성명
② 운전면허 종류
③ 운전면허 취득일
④ 운전자 주민등록번호

18 ④
교통 및 화물 관련법규 〉 화물자동차운수사업법령
운송사업자는 화물자동차 운전자를 채용하거나 채용된 화물자동차 운전자가 퇴직한 경우 그 운전자의 성명, 생년월일, 운전면허의 종류·취득일, 화물운송종사자격의 취득일 등의 명단을 채용 또는 퇴직한 날이 속하는 달의 다음 달 10일까지 협회에 제출해야 한다.

19 화물운송업과 관련해서 시·도에서 처리하는 업무로 옳지 않은 것은?

① 화물자동차운송사업의 허가
② 화물자동차운송사업의 허가취소
③ 화물자동차운송사업의 허가사항 변경허가
④ 화물운송종사자격시험의 실시·관리 및 교육

19 ④
교통 및 화물 관련법규 〉 화물자동차운수사업법령
화물운송종사자격시험의 실시·관리 및 교육은 한국교통안전공단에서 처리하는 업무이다.

20 자동차관리법의 적용이 제외되는 자동차로 대통령령으로 정하는 것이 아닌 것은?

① 건설기계관리법에 따른 건설기계
② 농업기계화 촉진법에 따른 농업기계
③ 궤도 또는 공중선에 의해 운행되는 차량
④ 내부의 특수한 설비로 인해 승차인원이 10인 이하로 된 자동차

20 ④
교통 및 화물 관련법규 〉 자동차관리법령
내부의 특수한 설비로 인해 승차인원이 10인 이하로 된 자동차는 자동차관리법상 승합자동차에 해당한다.

21 종합검사기간 내에 종합검사를 신청하여 적합 판정을 받은 자동차의 종합검사 유효기간을 계산하는 방법으로 옳은 것은?

① 신규등록일부터 계산
② 종합검사를 받은 날의 다음 날부터 계산
③ 직전 검사 유효기간 마지막 날의 다음 날부터 계산
④ 자동차종합검사 결과표 또는 자동차기능종합진단서를 받은 날의 다음 날부터 계산

21 ③
교통 및 화물 관련법규 〉 자동차관리법령
종합검사기간 내에 종합검사를 신청하여 적합 판정을 받은 자동차의 종합검사 유효기간은 직전 검사 유효기간 마지막 날의 다음 날부터 계산한다.

22 주차장, 중앙분리대, 통행료 징수시설 등과 같이 도로의 관리를 위해 설치하는 시설 및 공작물을 일컫는 말은?

① 보도
② 일반국도
③ 고속국도
④ 도로의 부속물

22 ④
교통 및 화물 관련법규 〉 도로법령
도로관리청이 도로의 편리한 이용과 안전 및 원활한 도로교통의 확보, 그 밖에 도로의 관리를 위해 설치하는 시설 또는 공작물을 도로의 부속물이라 한다.

23 자동차전용도로에 대한 설명으로 옳지 않은 것은?

① 자동차전용도로에서는 차량만을 사용해서 통행하거나 출입하여야 한다.
② 자동차전용도로를 지정할 때에는 해당 구간을 연결하는 일반 교통용의 다른 도로가 없어도 상관없다.
③ 차량을 사용하지 아니하고 자동차전용도로를 통행하거나 출입한 자는 1년 이하의 징역이나 1천만 원 이하의 벌금에 처한다.
④ 도로관리청은 자동차전용도로의 입구나 그 밖에 필요한 장소에 자동차전용도로의 통행을 금지하거나 제한하는 대상 등을 구체적으로 밝힌 도로표지를 설치하여야 한다.

23 ②
교통 및 화물 관련법규 〉 도로법령
자동차전용도로를 지정할 때에는 해당 구간을 연결하는 일반 교통용의 다른 도로가 있어야 한다.

24 대기환경보전법상 물질이 연소·합성·분해될 때에 발생하는 기체상물질을 일컫는 말은?

① 가스
② 검댕
③ 매연
④ 온실가스

24 ①
교통 및 화물 관련법규 〉 대기환경보전법령
• 검댕: 연소할 때 생기는 유리탄소가 응결하여 입자의 지름이 1마이크론 이상이 되는 입자상물질
• 매연: 연소할 때 생기는 유리탄소가 주가 되는 미세한 입자상물질
• 온실가스: 적외선 복사열을 흡수하거나 다시 방출하여 온실효과를 유발하는 대기 중의 가스 상태 물질

25 대기환경보전법상 관련 용어와 정의의 연결이 옳지 않은 것은?

① 매연: 대기 중에 떠다니거나 흩날려 내려오는 입자상물질
② 대기오염물질: 대기오염의 원인이 되는 가스·입자상물질로서 기후에너지환경부령으로 정하는 것
③ 가스: 물질이 연소·합성·분해될 때에 발생하거나 물리적 성질로 인하여 발생하는 기체상물질
④ 온실가스: 적외선 복사열을 흡수하거나 다시 방출하여 온실효과를 유발하는 대기 중의 가스 상태 물질

25 ①
교통 및 화물 관련법규 〉 대기환경보전법령
• 매연: 연소할 때에 생기는 유리탄소가 주가 되는 미세한 입자상물질
• 먼지: 대기 중에 떠다니거나 흩날려 내려오는 입자상물질

26 운송장에서 확인할 수 있는 사항이 아닌 것은?

① 화물명
② 운송요금
③ 고객의 이름
④ 포장지의 가격

26 ④
화물취급요령 〉 운송장 작성과 화물포장
운송장에는 화물명, 운송요금, 고객의 이름, 화물의 가격 등이 기재되어 확인할 수 있으나 포장지의 가격은 확인할 수 없다.

27 금속제품 및 부품을 수송 또는 보관할 때 녹 발생을 막기 위해 하는 포장방법으로 옳은 것은?

① 방청포장
② 완충포장
③ 진공포장
④ 방습포장

27 ①
화물취급요령 〉 운송장 작성과 화물포장
방청포장은 금속제품 및 부품을 수송 또는 보관할 때 녹 발생을 막기 위하여 하는 포장방법으로 방청포장 작업은 되도록 낮은 습도의 환경에서 하는 것이 바람직하다.

28 고가품 배송 시의 사항으로 옳지 않은 것은?

① 고가품에 대하여는 할증료를 청구해야 한다.
② 택배 배달 전 상자를 미리 열어 품목과 물품가격을 확인한다.
③ 고가품에 대하여는 그 품목과 물품가격을 정확히 확인하여 기재한다.
④ 할증료를 거절하는 경우에는 특약사항을 설명하고 보상한도에 대해 서명을 받는다.

28 ②
화물취급요령 〉 운송장 작성과 화물포장
- 고가품에 대하여는 그 품목과 물품가격을 정확히 확인하여 기재하고, 할증료를 청구해야 한다.
- 물품가액은 내용품에 대한 사항을 고객이 직접 기재·신고하도록 하므로, 상자를 미리 열어 확인할 필요는 없다.

29 화물을 적재하는 방법으로 옳지 않은 것은?

① 원목과 같은 원기둥형 화물은 세워서 적재한다.
② 같은 종류 또는 동일 규격끼리 적재해야 한다.
③ 한쪽으로 기울지 않게 쌓고, 적재하중을 초과하지 않도록 해야 한다.
④ 높은 곳에 적재할 때나 무거운 물건을 적재할 때에는 절대 무리해서는 안 되며, 안전모를 착용해야 한다.

29 ①
화물취급요령 〉 화물의 상하차
원목과 같은 원기둥형의 화물은 열을 지어 정방형을 만들고 그 위에 직각으로 열을 지어 쌓거나 또는 열 사이에 끼워 쌓는 방법으로 하되 구르기 쉬우므로 외측에 제동장치를 해야 한다.

30 독극물 취급 시의 주의사항으로 옳지 않은 것은?

① 만약 독극물이 새거나 엎질러졌을 때는 마를 때까지 기다린다.
② 취급불명의 독극물은 함부로 다루지 말고, 독극물 취급방법을 확인한 후 취급한다.
③ 독극물이 들어있는 용기가 쓰러지거나 미끄러지거나 튀지 않도록 철저하게 고정한다.
④ 독극물을 취급하거나 운반할 때는 소정의 안전한 용기, 도구, 운반구 및 운반차를 이용한다.

30 ①
화물취급요령 〉 화물의 상하차
만약 독극물이 새거나 엎질러졌을 때는 신속히 제거할 수 있는 안전한 조치를 한다.

31 화물의 붕괴를 방지하기 위하여 파렛트 화물 사이에 생기는 틈바구니를 적당한 재료로 메우는 방법에 대한 설명으로 옳지 않은 것은?

① '에어백'이라는 공기가 든 부대를 사용한다.
② 화물에 열처리를 가하여 움직이지 않게 한다.
③ 여러 가지 두께의 발포 스티로폼으로 틈새를 없앤다.
④ 파렛트 화물이 서로 얽히지 않도록 사이사이에 합판을 넣는다.

31 ②
화물취급요령 〉 적재물 결박 덮개 설치
파렛트 화물 사이에 생기는 틈바구니를 적당한 재료로 메우는 방법은 화물 사이의 틈새가 적을수록 짐이 허물어지는 일도 적다는 사실에 고안된 것으로 열처리를 가하는 것과는 관련이 없다.

32 하역 시의 충격 중 가장 큰 충격에 해당하는 것은?

① 수평충격 ② 낙하충격
③ 진동충격 ④ 포장충격

32 ②
화물취급요령 〉 적재물 결박 덮개 설치
하역 시의 충격 중 가장 큰 충격은 낙하충격이다.

33 트랙터(Tractor) 운행에 따른 주의사항으로 옳지 <u>않은</u> 것은?

① 후진할 때에는 반드시 뒤를 확인 후 서행한다.
② 고속주행 중의 급제동은 잭나이프 현상 등의 위험을 초래하므로 조심한다.
③ 트랙터는 일반적으로 트레일러와 연결하여 운행하므로 일반 차량에 비해 회전반경 및 점유면적이 작다.
④ 중량물 및 활대품을 수송하는 경우에는 바인더 잭으로 화물결박을 철저히 하고, 운행할 때에는 수시로 결박 상태를 확인한다.

33 ③
화물취급요령 〉 운행요령
트랙터는 일반적으로 트레일러와 연결하여 운행하므로 일반 차량에 비해 회전반경 및 점유면적이 크다. 따라서 미리 운행경로의 도로정보와 화물의 제원, 장비의 제원을 정확히 파악한다.

34 차량 운행 시 주의사항과 관련 <u>없는</u> 것은?

① 주차할 때에는 기어를 중립에 둔다.
② 내리막길을 운전할 때에는 기어를 중립에 두지 않는다.
③ 크레인의 인양중량을 초과하는 작업을 허용하지 않는다.
④ 운전에 지장이 없도록 충분한 수면을 취하고, 음주운전이나 운전 중에는 흡연 또는 잡담을 하지 않는다.

34 ①
화물취급요령 〉 운행요령
주차할 때에는 엔진을 끄고 주차 브레이크 장치로 완전 제동한다.

35 택배 배달 시 주의사항으로 옳지 <u>않은</u> 것은?

① 반드시 수하인과 전화통화 후 택배 배달을 한다.
② 배송 중 수하인이 직접 찾으러 오는 경우 물품을 전달할 때 반드시 본인 확인을 한 후 물품을 전달한다.
③ 물품 배송 중 발생할 수 있는 도난에 대비하여 근거리 배송이라도 차에서 떠날 때는 반드시 잠금장치를 한다.
④ 수하인과 연락이 되지 않아 물품을 다른 곳에 맡길 경우, 반드시 수하인과 연락하여 맡겨놓은 위치 및 연락처를 남겨 물품 인수를 확인하도록 한다.

35 ①
화물취급요령 〉 화물의 인수인계요령
반드시 전화를 하고 배달할 의무는 없으나, 전화를 하지 않으면 불만을 초래할 수는 있다.

36 화물사고 중 파손사고의 대책에 해당하지 <u>않는</u> 것은?

① 충격에 약한 화물은 보강포장 및 특기사항을 표기
② 사고위험이 있는 물품은 안전박스에 적재하거나 별도 적재 관리
③ 집하할 때 화물 수량 및 운송장 부착 여부 확인 등 분실 원인 제거
④ 집하할 때 고객에게 내용물에 관한 정보를 충분히 듣고 포장 상태 확인

36 ③
화물취급요령 〉 화물의 인수인계요령
집하할 때 화물 수량 및 운송장 부착 여부 확인 등의 분실 원인을 제거하는 것은 분실사고의 대책이다.

37 트레일러의 장점에 해당하지 않는 것은?

① 장기보관 실현
② 효과적인 적재량
③ 중계지점에서의 탄력적인 이용
④ 트랙터와 운전자의 효율적 운영

37 ①
화물취급요령 > 화물자동차의 종류
트레일러는 화물의 임시보관기능을 실현한다.

38 트레일러의 구조 형상에 따른 종류 중 전고가 낮은 하대를 가진 트레일러를 일컫는 말은?

① 평상식
② 저상식
③ 밴 트레일러
④ 스케레탈 트레일러

38 ②
화물취급요령 > 화물자동차의 종류
저상식(Low bed trailer)은 적재할 때 전고가 낮은 하대를 가진 트레일러로서 불도저나 기중기 등 건설장비의 운반에 적합하다.

39 이사화물에서 인수거절할 수 있는 물품에 해당하지 않는 것은?

① 동식물, 미술품, 골동품 등 운송에 특수한 관리를 요하는 물건
② 위험물, 불결한 물품 등 다른 화물에 손해를 끼칠 염려가 있는 물건
③ 야채, 생선, 과일 등 냉장보관하지 않으면 상할 염려가 있는 식품류
④ 현금, 유가증권, 귀금속, 예금통장, 신용카드, 인감 등 고객이 휴대할 수 있는 귀중품

39 ③
화물취급요령 > 화물운송의 책임한계
이사화물에서 인수거절할 수 있는 물품은 ①, ②, ④ 이외에 일반이사화물의 종류, 무게, 부피, 운송거리 등에 따라 운송에 적합하도록 포장할 것을 사업자가 요청하였으나 고객이 이를 거절한 물건이 있다.

40 수탁을 거절할 수 있는 운송물 1포장 가액 초과금 기준으로 옳은 것은?

① 100만 원
② 200만 원
③ 300만 원
④ 400만 원

40 ③
화물취급요령 > 화물운송의 책임한계
운송물 1포장의 가액이 300만 원을 초과하는 경우 운송물의 수탁을 거절할 수 있다.

41 차 대 사람의 사고가 가장 많은 보행유형에 해당하는 것은?

① 횡단보도 횡단
② 육교 위 횡단
③ 지하보도 횡단
④ 공원 내 보행로 횡단

41 ①
안전운행요령 > 운전자 요인과 안전운행
차 대 사람의 사고가 가장 많은 보행유형은 횡단 중(횡단보도 횡단, 횡단보도 부근 횡단, 육교 부근 횡단, 기타 횡단)의 사고이다(54.7%).

42 우리나라 도로교통법령에서 정한 시력에 대한 설명으로 옳지 않은 것은?

① 교정시력은 포함하지 않는다.
② 붉은색, 녹색 및 노란색을 구별할 수 있어야 한다.
③ 제2종 운전면허에 필요한 시력은 두 눈을 동시에 뜨고 잰 시력이 0.5 이상이어야 하며, 한쪽 눈을 보지 못하는 사람은 다른 쪽 눈의 시력이 0.6 이상이어야 한다.
④ 한쪽 눈을 보지 못하는 사람이 제1종 보통면허를 취득하려는 경우에는 다른 쪽 눈의 시력이 0.8 이상이고, 수평시야가 120° 이상이며, 수직시야가 20° 이상이고, 중심시야 20° 내 암점 또는 반맹이 없어야 한다.

42 ①
안전운행요령 〉 운전자 요인과 안전운행
우리나라 도로교통법령에 정한 시력은 교정시력을 포함한다.

43 시각의 착각에 대한 설명으로 옳지 않은 것은?

① 속도가 빨라질수록 시력은 떨어진다.
② 속도가 빨라질수록 전방주시점은 멀어진다.
③ 속도가 빨라질수록 시야의 범위가 좁아진다.
④ 속도가 빨라질수록 작고 복잡한 대상의 확인이 잘 된다.

43 ④
안전운행요령 〉 운전자 요인과 안전운행
속도가 빨라질수록 가까운 곳의 풍경(근경)은 더욱 흐려지고, 작고 복잡한 대상은 잘 확인되지 않는다.

44 피로와 운전착오에 대한 설명으로 옳지 않은 것은?

① 운전착오는 심야에서 새벽 사이에 많이 발생한다.
② 운전 작업의 착오는 운전업무 개시 후·종료 시에 많아진다.
③ 운전시간 경과와 더불어 운전피로가 증가하여 작업타이밍의 불균형을 초래한다.
④ 운전피로에 정서적 부조나 신체적 부조가 가중되면 안전하게 조심성 있는 운전을 하게 된다.

44 ④
안전운행요령 〉 운전자 요인과 안전운행
운전피로에 정서적 부조나 신체적 부조가 가중되면 조잡하고 난폭하며 방만한 운전을 하게 된다.

45 고령자가 횡단할 시에 해야 할 행동으로 옳지 않은 것은?

① 운전자를 향해 손을 들면서 건넌다.
② 자동차가 오고 있다면 보낸 후 똑바로 횡단한다.
③ 횡단보도 신호가 점멸 중일 때는 늦게 진입하지 말고 다음 신호를 기다린다.
④ 횡단보도 신호에 녹색불이 들어와도 바로 건너지 않고 오고 있는 자동차가 정지했는지 확인한다.

45 ①
안전운행요령 〉 운전자 요인과 안전운행
고령자가 횡단할 시 운전자를 향해 손을 들면서 건널 필요는 없다.

46 과속운전의 사고유형 및 안전운전 요령에 대한 설명으로 옳지 않은 것은?

① 과속은 돌발 상황에 대처가 어렵다.
② 과속을 하게 될 경우 시야가 더욱 넓어지는 경향이 있다.
③ 야간 주행 시 전조등 불빛이 비치는 곳만 보지 말고 항상 좌우를 잘 살피고 과속을 하지 않도록 해야 한다.
④ 화물자동차는 차체 중량이 무겁기 때문에 과속 시 사망사고와 같은 대형사고로 이어질 수 있어 항상 규정속도를 준수하여 주행해야 한다.

46 ②
안전운행요령 〉 운전자 요인과 안전운행
과속을 하게 될 경우 시야가 더욱 좁아지는 경향이 있다.

47 현가장치 중 뒤틀림에 의한 충격을 흡수하며, 뒤틀린 후에도 원형을 되찾는 특수금속으로 제조되는 장치를 일컫는 말은?

① 판 스프링
② 코일 스프링
③ 공기 스프링
④ 비틀림 막대 스프링

47 ④
안전운행요령 〉 자동차 요인과 안전운행
비틀림 막대 스프링은 도로의 융기나 함몰 지점에 대응하여 신축하거나 비틀려 차륜이 도로 표면에 따라 아래위로 움직이도록 하는 한편, 차체는 수평을 유지하도록 해준다.

48 혹한기 주행 중 시동 꺼짐현상이 발생 시 점검사항이 아닌 것은?

① 엔진오일 및 필터 상태 점검
② 워터 세퍼레이터 내 결빙 확인
③ 연료 차단 솔레노이드 밸브 작동 상태 확인
④ 연료 파이프 및 호스 연결부분 에어 유입 확인

48 ①
안전운행요령 〉 자동차 요인과 안전운행
엔진오일 및 필터 상태 점검은 엔진 매연 과다 발생 시 점검사항이다.

49 자동차를 제동할 때 바퀴는 정지하려 하고 차체는 관성에 의해 이동하려는 성질 때문에 앞 범퍼 부분이 내려가는 현상을 일컫는 말은?

① 롤링
② 요잉
③ 노즈 업
④ 노즈 다운

49 ④
안전운행요령 〉 자동차 요인과 안전운행
노즈 다운은 자동차를 제동할 때 바퀴는 정지하려 하고 차체는 관성에 의해 이동하려는 성질 때문에 앞 범퍼 부분이 내려가는 현상을 말하며, 다이브(Dive) 현상이라고도 한다.

50 차량 점검 및 주의사항으로 옳지 않은 것은?

① 운행 전 점검을 실시한다.
② 운행 중에 조향핸들의 높이와 각도를 조정한다.
③ 적색 경고등이 들어온 상태에서는 절대로 운행하지 않는다.
④ 트랙터 차량의 경우 트레일러 브레이크만을 사용하여 주차하지 않는다.

50 ②
안전운행요령 〉 자동차 요인과 안전운행
운행 전에 조향핸들의 높이와 각도가 맞게 조정되어 있는지 점검하며, 운행 중에는 조향핸들의 높이와 각도를 조정하지 않는다.

51 앞바퀴를 위에서 보았을 때 앞쪽이 뒤쪽보다 좁은 상태를 일컫는 말은?

① 캠버
② 토우인
③ 캐스터
④ 로커암

51 ②
안전운행요령 〉 자동차 요인과 안전운행
토우인은 앞바퀴를 위에서 보았을 때 앞쪽이 뒤쪽보다 좁은 상태를 말한다. 이는 타이어의 마모를 방지하기 위한 것으로, 바퀴를 원활하게 회전시켜서 핸들의 조작을 용이하게 한다.

52 엔진 온도가 과열되어 고장났을 때 점검해야 할 사항이 아닌 것은?

① 오일팬이나 개스킷 교환
② 라디에이터의 손상 상태 확인
③ 냉각수 및 엔진오일의 양 확인
④ 냉각팬 및 워터펌프의 작동 확인

52 ①
안전운행요령 〉 자동차 요인과 안전운행
오일팬이나 개스킷 교환은 엔진오일 과다 소모에 대한 조치방법이다.

53 일반적으로 도로가 되기 위한 4가지 조건 중 차로의 설치, 비포장의 경우에는 노면의 균일성 유지 등으로 자동차 기타 운송수단의 통행에 용이한 형태를 갖출 것을 요구하는 조건을 일컫는 말은?

① 형태성
② 이용성
③ 공개성
④ 교통경찰권

53 ①
안전운행요령 〉 도로 요인과 안전운행
- 이용성: 사람의 왕래, 화물의 수송, 자동차 운행 등 공중의 교통영역으로 이용되고 있는 곳
- 공개성: 공공교통에 이용되고 있는 불특정 다수인 및 예상할 수 없을 정도로 바뀌는 숫자의 사람을 위해 이용이 허용되고 실제 이용되고 있는 곳
- 교통경찰권: 공공의 안전과 질서유지를 위하여 교통경찰권이 발동될 수 있는 곳

54 곡선부에서 사고를 감소시키는 방법에 해당하지 않는 것은?

① 과속
② 시거 확보
③ 편경사 개선
④ 속도표지와 시선유도표지를 포함한 주의표지와 노면표시의 설치

54 ①
안전운행요령 〉 도로 요인과 안전운행
곡선부는 미끄럼 사고가 발생하기 쉬운 곳으로 과속을 하지 않아야 한다.

55 중앙분리대 내에 충분한 설치 폭을 확보하기 어려운 곳에서 차량의 대향차로로의 이탈을 방지하는 곳에 비중을 두고 설치하는 중앙분리대 종류로 옳은 것은?

① 연석형
② 방호울타리형
③ 광폭 중앙분리대
④ 소폭 중앙분리대

55 ②
안전운행요령 〉 도로 요인과 안전운행
중앙분리대의 종류인 방호울타리형, 연석형, 광폭 중앙분리대 중 중앙분리대 내에 충분한 설치 폭의 확보가 어려운 곳에 설치하는 것은 방호울타리형이다.

56 보도·자전거도로·중앙분리대·길어깨 또는 환경시설대 등에 설치하는 표지판 및 방호울타리 등 도로의 부속물(공동구 제외)을 일컫는 말은?

① 측대
② 길어깨
③ 분리대
④ 노상시설

56 ④
안전운행요령 〉 도로 요인과 안전운행
- 측대: 운전자의 시선을 유도하고 옆 부분의 여유를 확보하기 위해 중앙분리대 또는 길어깨에 차로와 동일한 구조로 차로와 접속하여 설치하는 부분
- 길어깨: 도로를 보호하고 비상시에 이용하기 위해 차로에 접속하여 설치하는 도로의 부분
- 분리대: 차도를 통행의 방향에 따라 분리하거나 성질이 다른 같은 방향의 교통을 분리하기 위해 설치하는 도로의 부분이나 시설물

57 교통사고의 예방효과가 높아지는 경우에 해당하지 않는 것은?

① 중앙분리대의 폭이 넓을수록
② 횡단면의 차로 폭이 넓을수록
③ 교량 접근로의 폭에 비하여 교량의 폭이 좁을수록
④ 안전표지, 시선유도표지 등 교통통제시설이 효과적으로 설치될수록

57 ③
안전운행요령 〉 도로 요인과 안전운행
교량 접근로의 폭에 비하여 교량의 폭이 좁을수록 사고가 더 많이 발생하며, 교량의 접근로 폭과 교량의 폭이 같을 때 사고율이 가장 낮다.

58 방어운전의 기본에 대한 설명으로 옳지 않은 것은?

① 적절하고 안전하게 운전하는 기술을 몸에 익혀야 한다.
② 교통표지판, 교통관련 법규 등 운전에 필요한 지식을 익힌다.
③ 교통 상황에 적절하게 대응하고 이에 맞게 자신의 행동을 통제하고 조절하면서 운행하는 예측력이 필요하다.
④ 운전할 때는 자기중심적인 생각을 버리고 상대방의 입장을 생각하며 서로 양보하는 마음의 자세가 필요하다.

58 ③
안전운행요령 〉 안전운전방법
교통 상황에 적절하게 대응하고 이에 맞게 자신의 행동을 통제하고 조절하면서 운행하는 능력은 예측력이 아닌 판단력이다.

59 밤에 산모퉁이 길을 통과할 때의 방어운전방법으로 옳은 것은?

① 산모퉁이는 위험하므로 최대한 빠른 속도로 빠져나온다.
② 주위에 방해가 되지 않도록 전조등을 끄고 서행하며 지나간다.
③ 차가 마주 오는 경우 전조등을 상향으로 하고 최대한 밝게 비춰준다.
④ 전조등을 상향과 하향을 번갈아 켜거나 껐다 켰다 하면서 자신의 존재를 알린다.

59 ④
안전운행요령 > 안전운전방법
밤에 산모퉁이 길을 통과할 때는 전조등을 상향과 하향을 번갈아 켜거나 껐다 켰다 해 자신의 존재를 알리며, 주위를 살피면서 서행한다.

60 상황별 방어운전방법으로 옳지 않은 것은?

① 몸이 불편한 경우에는 운전하지 않는다.
② 술이나 약물의 영향이 있는 경우에는 운전을 삼간다.
③ 타인의 운전 태도에 감정적으로 반응하여 운전하지 않도록 한다.
④ 졸음이 오는 경우에 최대한 빨리 운행하여 도착 후 휴식을 취한다.

60 ④
안전운행요령 > 안전운전방법
졸음이 오는 경우에는 무리하여 운행하지 않도록 한다.

61 교차로에서의 안전운전 및 방어운전방법으로 옳지 않은 것은?

① 언제든 정지할 수 있는 준비태세를 갖춘다.
② 신호등이 있는 경우 신호등이 지시하는 신호에 따라 통행한다.
③ 교통경찰관 수신호의 경우 교통경찰관의 지시에 따라 통행한다.
④ 통행하는 차량이나 사람이 없거나, 혹은 잘 아는 곳은 일시정지나 서행을 무시하여 통과한다.

61 ④
안전운행요령 > 안전운전방법
'통행하는 차량이나 사람이 없으니까' 혹은 '잘 아는 곳이니까'라는 생각으로 일시정지나 서행을 무시하거나 형식적으로 통과하면 위험하므로 반드시 자신의 눈으로 안전을 확인하고 주행한다.

62 고속도로의 안전운전방법에 해당하지 않는 것은?

① 교통사고로 인한 인명피해를 예방하기 위해 운전자만 안전띠를 착용한다.
② 고속도로에서는 주변 차량들과 함께 교통흐름에 따라 운전하는 것이 중요하다.
③ 운전자는 앞차의 뒷부분만 봐서는 안 되며 앞차의 전방까지 시야를 두면서 운전한다.
④ 느린 속도의 앞차를 추월할 경우 앞지르기 차로를 이용하며 추월이 끝나면 주행차로로 복귀한다.

62 ①
안전운행요령 > 안전운전방법
고속도로 및 자동차전용도로에서는 교통사고로 인한 인명피해를 예방하기 위해 전 좌석 안전띠를 착용해야 한다.

63 가짜 석유제품임을 알면서 사용한 자에게는 사용량에 따라 과태료를 부과한다. 1백 리터 미만으로 사용한 경우, 과태료 금액으로 옳은 것은?

① 2백만원
② 5백만원
③ 1천만원
④ 1천5백만원

63 ②
안전운행요령 〉 가짜석유관련 안내
[사용량에 따른 과태료 금액]
- 1백 리터 미만: 2백만 원
- 1백 리터 이상 4백 리터 미만: 5백만 원
- 4백 리터 이상 1킬로리터 미만: 1천만 원
- 1킬로리터 이상 20킬로리터 미만: 1천5백만 원
- 20킬로리터 이상: 2천만 원

64 편도 2차로 이상 지정·고시한 노선 또는 구간의 고속도로 운행 시 최고속도로 옳은 것은? (단, 적재중량 1.5톤 초과 화물자동차)

① 매시 80km
② 매시 90km
③ 매시 100km
④ 매시 110km

64 ②
교통 및 화물 관련법규 〉 도로교통법령
적재중량 1.5톤 초과 화물자동차, 특수자동차, 위험물운반자동차, 건설기계의 편도 2차로 이상 지정·고시한 노선 또는 구간의 고속도로 운행 시 최고속도는 매시 90km이다.

65 총중량 40톤, 축하중 10톤, 폭 2.5m, 높이 4m, 길이 16.7m를 초과하여 운행제한을 위반한 운전자의 운행제한 벌칙으로 옳은 것은?

① 500만 원 이하 과태료
② 1천만 원 이하 과태료
③ 1년 이하 징역 또는 1천만 원 이하 벌금
④ 2년 이하 징역 또는 2천만 원 이하 벌금

65 ①
화물취급요령 〉 운행요령
총중량 40톤, 축하중 10톤, 폭 2.5m, 높이 4m, 길이 16.7m를 초과하여 운행제한을 위반한 운전자에 대한 벌칙은 500만 원 이하 과태료이다.

66 인사의 중요성 및 마음가짐으로 옳지 않은 것은?

① 인사는 경쾌하게 한다.
② 인사는 뒷짐을 지고 한다.
③ 인사는 서비스의 주요 기법이다.
④ 인사는 고객에 대한 서비스정신의 표시이다.

66 ②
운송서비스 〉 직업운전자의 기본자세
인사는 고객에 대한 마음가짐의 표현으로 뒷짐을 지는 등 자세가 흐트러진 인사는 올바른 인사예절이 아니다.

67 음주예절이 아닌 것은?

① 상사에 대한 험담을 하지 않는다.
② 담배꽁초는 반드시 재떨이에 버린다.
③ 경영방법이나 특정한 인물에 대해 비판하지 않는다.
④ 술자리를 자기자랑이나 평상시 언동을 변명하는 자리로 만들지 않는다.

67 ②
운송서비스 〉 직업운전자의 기본자세
②는 흡연예절에 해당하는 내용이다.

68 운전자의 올바른 마음가짐에 해당하는 것은?

① "내가 최고야"라는 생각
② "나 하나쯤이야"라는 생각
③ "남의 생명도 내 생명처럼 존중하자"라는 생각
④ "질서는 꼭 지키지 않아도 된다"라는 생각

69 물류단계의 발전 순서로 옳은 것은?

① 경영정보시스템(MIS)단계 → 전사적자원관리(ERP)단계 → 공급망관리(SCM)단계
② 경영정보시스템(MIS)단계 → 공급망관리(SCM)단계 → 전사적자원관리(ERP)단계
③ 전사적자원관리(ERP)단계 → 경영정보시스템(MIS)단계 → 공급망관리(SCM)단계
④ 전사적자원관리(ERP)단계 → 공급망관리(SCM)단계 → 경영정보시스템(MIS)단계

70 공급망관리(SCM)에 대한 설명으로 옳지 않은 것은?

① 제품생산을 위한 프로세스를 부품조달에서 생산계획, 납품, 재고관리 등을 효율적으로 처리할 수 있는 관리 솔루션이다.
② 최초의 공급업체로부터 최종 소비자에게 이르기까지의 상품·서비스 및 정보의 흐름이 관련된 프로세스를 통합적으로 운영하는 경영전략이다.
③ 병참을 의미하는 프랑스어로서 전략물자(사람, 물자, 자금, 정보, 서비스 등)를 효과적으로 활용하기 위해서 고안해 낸 관리조직에서 유래하였다.
④ 재고를 최적화하고 리드타임을 대폭 감축하여 결과적으로 양질의 상품 및 서비스를 소비자에게 제공함으로써 소비자 가치를 극대화시키기 위한 전략이다.

71 기업경영에 있어서 물류의 역할이 아닌 것은?

① 판매기능 촉진
② 마케팅의 절반을 차지
③ 적정재고의 유지로 재고비용 상승에 기여
④ 물류와 상류의 분리를 통한 유통합리화에 기여

---

68 ③
운송서비스 〉 직업운전자의 기본자세
운전자는 남의 생명도 내 생명처럼 존중하며, 안전운행을 생활화하여 교통사고를 예방하여야 한다.

69 ①
운송서비스 〉 물류의 이해
1970년대는 경영정보시스템(MIS)단계, 1980~1990년대는 전사적자원관리(ERP)단계, 1990년대 중반 이후는 공급망관리(SCM) 단계이다.

70 ③
운송서비스 〉 물류의 이해
로지스틱스(Logistics)는 병참을 의미하는 프랑스어로서 전략물자(사람, 물자, 자금, 정보, 서비스 등)를 효과적으로 활용하기 위해서 고안해 낸 관리조직에서 유래하였다.

71 ③
운송서비스 〉 물류의 이해
물류합리화를 통해 적정재고의 유지에 따른 재고비용의 절감에 기여할 수 있다.

72 기업물류의 범위 중 원재료, 부품, 반제품, 중간재를 조달·생산하는 물류과정을 일컫는 말은?

① 물적공급과정
② 물적유통과정
③ 물적활동과정
④ 물적생산과정

73 물류업체 측면에서 본 제3자 물류의 기대효과로 옳은 것은?

① 자가물류에 의한 물류효율화의 한계를 보다 용이하게 해소할 수 있다.
② 제3자 물류업체의 고도화된 물류체계를 활용함으로써 자사의 핵심사업에 주력할 수 있다.
③ 물류업체는 고품질의 물류서비스를 개발·제공함에 따라 현재보다 높은 수익률을 확보할 수 있다.
④ 물류시설 설비에 대한 투자부담을 제3자 물류업체에게 분산시킴으로써 유연성을 확보할 수 있다.

74 상거래가 성립된 후 상품을 고객이 지정하는 수하인에게 발송 및 배달하는 것으로 물류센터에서 각 점포나 소매점에 상품을 납입하기 위한 수송을 일컫는 말은?

① 교통
② 배송
③ 운수
④ 운반

75 공동수송의 단점에 해당하지 않는 것은?

① 영업부문의 반대
② 서비스 차별화에 한계
③ 기업비밀 누출에 대한 우려
④ 여러 운송업체와의 복잡한 거래교섭의 감소

76 운송사업의 존속과 번영을 위해서 명심해야 할 사항으로 옳지 않은 것은?

① 경쟁에 이겨 살아남지 않으면 안 된다.
② 문제를 알았으면 그 해결방법을 발견해야만 한다.
③ 문제를 해결하는 것은 현상을 타파하고 변화를 불러일으키는 것이다.
④ 살아남기 위해서는 자신이 아닌 조직의 문제점을 정확히 파악해야 한다.

---

72 ①
운송서비스 〉 물류의 이해
기업물류의 범위
- 물적공급과정: 원재료, 부품, 반제품, 중간재를 조달·생산하는 물류과정
- 물적유통과정: 생산된 재화가 최종 고객이나 소비자에게까지 전달되는 물류과정

73 ③
운송서비스 〉 물류의 이해
물류업체는 고품질의 물류서비스를 개발·제공함에 따라 현재보다 높은 수익률을 확보할 수 있고, 서비스 혁신을 위한 신규 투자를 더욱 활발하게 추진할 수 있다.
①, ②, ④는 화주기업 측면에서 본 제3자 물류의 기대효과이다.

74 ②
운송서비스 〉 물류의 이해
- 교통: 현상적인 시각에서의 재화의 이동
- 운수: 행정상 또는 법률상의 운송
- 운반: 한정된 공간과 범위 내에서의 재화의 이동

75 ④
운송서비스 〉 물류의 이해
여러 운송업체와의 복잡한 거래교섭의 감소는 공동수송의 장점에 해당한다.

76 ④
운송서비스 〉 화물운송서비스의 이해
살아남기 위해서는 조직은 물론 자신의 문제점을 정확히 파악할 필요가 있다.

77 주파수 공용통신(TRS; Trunked Radio System)에 대한 설명으로 옳지 않은 것은?

① 각종 자연재해로부터 사전대비를 통해 재해를 회피할 수 있다.
② 중계국에 할당된 여러 개의 채널을 공동으로 사용하는 무전기시스템이다.
③ 자동차의 위치추적기능의 활용으로 도착시간의 정확한 추정이 가능해진다.
④ 현재 꿈의 로지스틱스의 실현이라고 부를 정도로 혁신적인 화물추적 통신망시스템으로서 주로 물류관리에 많이 이용된다.

77 ①
운송서비스 〉 화물운송서비스의 이해
범지구측위시스템(GPS)을 도입하면 각종 자연재해로부터 사전대비를 통해 재해를 회피할 수 있다.

78 택배화물의 배달 시 개인고객에 대한 전화의 내용으로 옳지 않은 것은?

① 전화를 100% 하고 배달할 의무는 없다.
② 고객이 전화를 받지 않으면 화물을 가지고 가지 않는다.
③ 약속시간을 지키지 못할 경우에는 재차 전화하여 예정시간을 정정한다.
④ 위치 파악, 방문예정시간 통보, 착불요금 준비를 위해 방문예정시간은 2시간 정도의 여유를 갖고 약속한다.

78 ②
운송서비스 〉 화물운송서비스와 문제점
전화를 안 받는다고 화물을 안 가지고 가면 안 된다.

79 자가용 트럭운송의 단점으로 옳지 않은 것은?

① 인적 투자가 필요하다.
② 수송능력에 한계가 있다.
③ 운임의 안정화가 곤란하다.
④ 수송량의 변동에 대응하기 어렵다.

79 ③
운송서비스 〉 화물운송서비스와 문제점
운임의 안정화가 곤란한 것은 사업용(영업용) 트럭운송의 단점에 해당한다.

80 택배운송서비스에 대한 고객의 불만사항에 해당하지 않는 것은?

① 인사를 자주 한다.
② 전화도 없이 불쑥 나타난다.
③ 임의로 다른 사람에게 맡기고 간다.
④ 너무 바빠서 질문을 해도 도망치듯 가버린다.

80 ①
운송서비스 〉 화물운송서비스와 문제점
택배운송서비스에 대한 고객의 불만사항 중에는 인사를 잘 하지 않는 불친절함이 있다.

3회 기출복원 모의고사

⏱ 제한시간 80분 ☑ 합격개수 48문제

 CBT로 풀어보기

---

01 노면표시에 사용되는 기본색상 중 황색을 사용하는 경우가 <u>아닌</u> 것은?

① 중앙선 표시
② 주차금지 표시
③ 안전지대 표시
④ 버스전용차로 표시

01 ④
교통 및 화물 관련법규 〉 도로교통법령
버스전용차로 표시는 청색을 사용한다.

---

02 다음 중 주의표지에 해당하지 <u>않는</u> 것은?

① 앞지르기금지

② 터널

③ 우합류도로

④ 중앙분리대 끝남

02 ①
교통 및 화물 관련법규 〉 도로교통법령
앞지르기금지는 규제표지에 해당한다.

---

03 신호 또는 지시 위반을 한 경우의 벌점으로 옳은 것은?

① 5점
② 15점
③ 30점
④ 60점

03 ②
교통 및 화물 관련법규 〉 도로교통법
신호 또는 지시 위반을 한 경우의 벌점은 15점이다.

---

04 운행상의 안전기준에 따르는 화물자동차의 적재중량은 구조 및 성능에 따르는 적재중량의 몇 퍼센트 이내인가?

① 80퍼센트 이내
② 110퍼센트 이내
③ 130퍼센트 이내
④ 180퍼센트 이내

04 ②
교통 및 화물 관련법규 〉 도로교통법령
화물자동차의 적재중량은 구조 및 성능에 따르는 적재중량의 110퍼센트 이내여야 한다.

05 운전자가 준수해야 할 사항에 해당하지 않는 것은?

① 정당한 사유 없이 다른 사람에게 피해를 주는 소음을 발생시키지 않는다.
② 자동차 등과 노면전차가 정지하고 있는 경우 영상표시장치를 조작하지 않는다.
③ 물이 고인 곳을 운행하는 때에는 고인 물을 튀게 하여 다른 사람에게 피해를 주는 일이 없도록 한다.
④ 도로에서 자동차 등을 세워둔 채로 시비·다툼 등의 행위를 하여 다른 차마의 통행을 방해하지 않는다.

05 ②
교통 및 화물 관련법규 〉도로교통법령
자동차 등 또는 노면전차의 운전 중에는 영상표시장치를 조작하지 않는다. 다만, 다음에 해당하는 경우는 제외한다.
• 자동차 등과 노면전차가 정지하고 있는 경우
• 노면전차 운전자가 운전에 필요한 영상표시장치를 조작하는 경우

06 폭우·폭설·안개 등으로 가시거리가 100m 이내인 경우의 운행속도로 옳은 것은?

① 최고속도의 20/100을 줄인 속도
② 최고속도의 30/100을 줄인 속도
③ 최고속도의 40/100을 줄인 속도
④ 최고속도의 50/100을 줄인 속도

06 ④
교통 및 화물 관련법규 〉도로교통법령
폭우·폭설·안개 등으로 가시거리가 100m 이내인 경우, 노면이 얼어붙은 경우, 눈이 20mm 이상 쌓인 경우는 최고속도의 50/100을 줄인 속도로 운행한다.

07 자전거에서 내려서 자전거를 끌고 통행하는 자전거 운전자가 횡단보도를 통행하고 있거나 통행하려고 하는 때, 차의 운전자가 해야 하는 행동으로 옳은 것은?

① 주차
② 정지
③ 서행
④ 일시정지

07 ④
교통 및 화물 관련법규 〉도로교통법령
모든 차의 운전자는 보행자(자전거에서 내려서 자전거를 끌거나 들고 통행하는 자전거 운전자를 포함)가 횡단보도를 통행하고 있거나 통행하려고 하는 때에는 보행자의 횡단을 방해하거나 위험을 주지 않도록 그 횡단보도 앞(정지선이 설치되어 있는 곳에서는 그 정지선)에서 일시정지해야 한다.

08 벌점 30점이 부과되는 경우가 아닌 것은?

① 속도 위반(60km/h 초과)
② 철길 건널목 통과방법위반
③ 통행구분 위반(중앙선침범에 한함)
④ 고속도로·자동차전용도로 갓길통행

08 ①
교통 및 화물 관련법규 〉도로교통법령
속도 위반(60km/h 초과 80km/h 이하)는 벌점 60점이 부과되며, 속도 위반(40km/h 초과 60km/h 이하)는 벌점 30점이 부과된다.

09 운전자가 진로를 양보하는 경우에 대한 설명으로 옳지 <u>않은</u> 것은?

① 교통정리를 하고 있지 않는 교차로에 동시에 들어가려고 하는 차의 운전자는 우측도로의 차에 진로를 양보해야 한다.
② 비탈진 좁은 도로에서 긴급자동차 외의 자동차가 서로 마주보고 진행하는 경우에는 올라가는 자동차가 우측 가장자리로 피하여 진로를 양보해야 한다.
③ 긴급자동차를 제외한 모든 차의 운전자는 뒤에서 따라오는 차보다 느린 속도로 가려는 경우에는 도로의 왼쪽 가장자리로 피하여 진로를 양보해야 한다.
④ 비탈진 좁은 도로 외의 좁은 도로에서 사람을 태웠거나 물건을 실은 자동차와 동승자가 없고 물건을 싣지 아니한 자동차가 서로 마주보고 진행하는 경우에는 동승자가 없고 물건을 싣지 아니한 자동차가 진로를 양보해야 한다.

09 ③
교통 및 화물 관련법규 > 도로교통법령
긴급자동차를 제외한 모든 차의 운전자는 뒤에서 따라오는 차보다 느린 속도로 가려는 경우에는 도로의 우측(오른쪽) 가장자리로 피하여 진로를 양보해야 한다.

10 운전면허취득 응시기간의 제한에 대한 설명으로 옳지 <u>않은</u> 것은?

① 음주운전으로 사람을 사망에 이르게 한 경우 5년간 제한한다.
② 음주운전 또는 경찰공무원의 음주측정을 2회 이상 위반한 경우 3년간 제한한다.
③ 운전면허를 받을 자격이 없는 사람이 운전면허를 받거나, 거짓이나 그 밖의 부정한 수단으로 운전면허를 받은 경우 2년간 제한한다.
④ 음주운전, 과로·약물운전, 공동위험행위의 금지 규정을 위반하여 운전을 하다가 사람을 사상한 후 조치 및 사고 발생에 따른 신고를 하지 아니한 경우 5년간 제한한다.

10 ②
교통 및 화물 관련법규 > 도로교통법령
음주운전 또는 경찰공무원의 음주측정을 2회 이상 위반한 경우 2년간 제한한다.

11 교통사고처리특례법의 특례 배제 사항에 해당하지 <u>않는</u> 것은?

① 도주 후에 피해자가 사망한 경우
② 피해자를 사고 장소로부터 옮겨 유기하고 도주한 경우
③ 자동차의 화물이 떨어지지 아니하도록 필요한 조치를 하지 않고 운전한 경우
④ 규정 속도보다 10km/h 과속하여 발생한 속도 위반사고로 피해자에 대한 구호조치를 한 경우

11 ④
교통 및 화물 관련법규 > 교통사고처리특례법
규정 속도보다 20km/h 초과한 과속사고로 사람을 사상에 이르게 하거나 다른 사람의 건조물이나 그 밖의 재물을 손괴한 죄를 범한 운전자가 교통사고처리특례법의 반의사불벌죄 특례의 배제에 해당한다.

12 교통사고처리특례법상 특례가 배제되는 중앙선침범사고가 <u>아닌</u> 것은?

① 졸다가 뒤늦게 급제동하여 중앙선을 침범한 경우
② 뒤차의 추돌로 앞차가 밀리면서 중앙선을 침범한 경우
③ 오던 길로 되돌아가기 위해 유턴하며 중앙선을 침범한 경우
④ 좌측도로나 건물 등으로 가기 위해 회전하며 중앙선을 침범한 경우

12 ②
교통 및 화물 관련법규 > 교통사고처리특례법
뒤차의 추돌로 앞차가 밀리면서 중앙선을 침범한 경우는 불가항력적 중앙선침범사고이므로 교통사고처리특례법상 반의사불벌 특례가 적용된다.

13 교통사고처리특례법상 특례 적용이 배제되는 승객추락방지의무 위반사고의 사례가 아닌 것은?

① 개문발차로 인한 승객의 낙상사고의 경우
② 개문 당시 승객의 손이나 발이 끼어 사고 난 경우
③ 운전자가 출발하기 전 그 차의 문을 제대로 닫지 않고 출발함으로써 탑승객이 추락, 부상을 당하였을 경우
④ 택시의 경우 승하차 시 출입문 개폐는 승객 자신이 하게 되어 있으므로, 승객 탑승 후 출입문을 닫기 전에 출발하여 승객이 지면으로 추락한 경우

13 ②
교통 및 화물 관련법규 〉 교통사고처리특례법
개문 당시 승객의 손이나 발이 끼어 사고 난 경우는 교통사고처리특례법상 반의사불벌 특례가 적용된다.

14 관할 관청이 화물운송종사자격의 취소 또는 효력정지 처분을 했을 때 그 사실을 통지받아야 하는 자가 아닌 것은?

① 협회
② 기후에너지환경부
③ 처분 대상자
④ 한국교통안전공단

14 ②
교통 및 화물 관련법규 〉 화물자동차운수사업법령
관할 관청이 화물운송종사자격의 취소 또는 효력정지 처분을 했을 때에는 그 사실을 처분 대상자, 한국교통안전공단 및 협회에 각각 통지하고 처분 대상자에게 화물운송종사자격증을 반납하게 해야 한다.

15 화물자동차운수사업법령에서 규정하고 있는 사업이 아닌 것은?

① 화물자동차운송사업
② 화물자동차운송관리사업
③ 화물자동차운송주선사업
④ 화물자동차운송가맹사업

15 ②
교통 및 화물 관련법규 〉 화물자동차운수사업법령
화물자동차운수사업법령에서 규정하고 있는 사업은 화물자동차운송사업, 화물자동차운송주선사업, 화물자동차운송가맹사업이다.

16 화물자동차운송가맹사업자의 허가사항 변경신고의 대상이 아닌 것은?

① 상호의 변경
② 법인인 경우 대표자의 변경
③ 주사무소·영업소 및 화물취급소의 이전
④ 화물자동차운송가맹계약의 체결 또는 해제·해지

16 ①
교통 및 화물 관련법규 〉 화물자동차운수사업법령
상호의 변경은 화물자동차운송사업의 허가사항 변경신고 대상에는 해당하나, 화물자동차운송가맹사업의 허가사항 변경신고 대상에는 해당하지 않는다.

17 화물자동차운송사업의 양도·양수가 제한받는 경우가 <u>아닌</u> 것은?

① 화물자동차운송사업을 양수한 경우에는 양도·양수신고일부터 2년의 기간이 지나지 않은 경우
② 화물자동차운송사업 허가를 받은 경우에는 그 허가를 받은 날부터 2년의 기간이 지나지 않은 경우
③ 위·수탁차주에 대한 허가로 인해 차량을 충당한 경우에는 그 차량 충당의 변경신고일부터 3년의 기간이 지나지 않은 경우
④ 소유 대수가 1대인 개별화물자동차운송사업 및 용달화물자동차운송사업의 경우에는 허가를 받은 날 또는 양도·양수신고일부터 6개월의 기간이 지나지 않은 경우

17 ③
교통 및 화물 관련법규 〉 화물자동차운수사업법령
화물자동차운수사업의 양도·양수 시 위·수탁차주에 대한 허가로 인해 차량을 충당한 경우에는 그 자동차 충당의 변경신고일부터 2년의 기간이 지나지 않은 경우 제한을 받는다.

18 화물자동차운송사업자가 가입하려는 적재물배상보험 등은 화물자동차별로 사고 건당 얼마 이상의 금액을 지급할 책임을 져야 하는가?

① 2천만 원 이상 ② 3천만 원 이상
③ 4천만 원 이상 ④ 5천만 원 이상

18 ①
교통 및 화물 관련법규 〉 화물자동차운수사업법령
적재물배상보험 등에 가입하려는 화물자동차운송사업자는 각 화물자동차별로 사고 건당 2천만 원 이상의 금액을 지급할 책임을 지는 적재물배상보험 등에 가입해야 한다.

19 거짓이나 그 밖의 부정한 방법으로 화물운송종사자격을 취득한 경우 처분사항으로 옳은 것은?

① 자격의 취소
② 자격 60일 정지
③ 과징금 50만 원
④ 1년 이하의 징역 또는 1천만 원 이하 벌금

19 ①
교통 및 화물 관련법규 〉 화물자동차운수사업법령
거짓이나 그 밖의 부정한 방법으로 화물운송종사자격을 취득한 경우 자격이 취소된다.

20 자동차검사에 대한 설명으로 옳지 <u>않은</u> 것은?

① 수리검사: 자동차를 튜닝한 경우 실시하는 검사
② 신규검사: 신규등록을 하려는 경우 실시하는 검사
③ 정기검사: 신규등록 후 일정 기간마다 정기적으로 실시하는 검사
④ 임시검사: 자동차관리법령이나 자동차 소유자의 신청을 받아 비정기적으로 실시하는 검사

20 ①
교통 및 화물 관련법규 〉 자동차관리법령
자동차를 튜닝한 경우에 실시하는 검사는 튜닝검사이다.

21 자동차 정기검사나 종합검사를 받지 않아 검사가 지연된 기간이 30일 이내인 경우 과태료로 옳은 것은?

① 4만 원 ② 5만 원
③ 7만 원 ④ 10만 원

21 ①
교통 및 화물 관련법규 〉 자동차관리법령
정기검사나 종합검사를 받지 않아 검사가 지연된 기간이 30일 이내인 경우 과태료는 4만 원이다.

22 도로관리청이 시·도지사인 경우 자동차전용도로를 지정할 때 의견을 들어야 하는 자로 옳은 것은?

① 국토교통부장관
② 관할경찰청장
③ 행정안전부장관
④ 관할경찰서장

22 ②
교통 및 화물 관련법규 〉 도로법령
자동차전용도로를 지정할 때 도로관리청이 국토교통부장관이면 경찰청장의 의견을, 특별시장·광역시장·도지사 또는 특별자치도지사이면 관할 시·도경찰청장의 의견을, 특별자치시장·시장·군수 또는 구청장이면 관할 경찰서장의 의견을 각각 들어야 한다.

23 차량의 총중량이 얼마인 경우 도로관리청이 운행을 제한할 수 있는가?

① 총중량 10톤 초과
② 총중량 20톤 초과
③ 총중량 30톤 초과
④ 총중량 40톤 초과

23 ④
교통 및 화물 관련법규 〉 도로법령
축하중이 10톤을 초과하거나 총중량이 40톤을 초과하는 차량은 도로관리청이 운행을 제한할 수 있다.

24 대기환경보전법에서 대기 중에 떠다니거나 흩날려 내려오는 입자상 물질을 일컫는 말은?

① 가스
② 검댕
③ 먼지
④ 온실가스

24 ③
교통 및 화물 관련법규 〉 대기환경보전법령
- 가스: 물질이 연소·합성·분해될 때에 발생하거나 물리적 성질로 인해 발생하는 기체상물질
- 검댕: 연소할 때에 생기는 유리탄소가 응결하여 입자의 지름이 1미크론 이상이 되는 입자상물질
- 온실가스: 적외선 복사열을 흡수하거나 다시 방출하여 온실효과를 유발하는 대기 중의 가스 상태 물질

25 자동차의 배출가스로 인한 대기오염 및 연료 손실을 줄이기 위하여 대중교통용 자동차 등 기후에너지환경부령으로 정하는 자동차에 대하여 공회전제한장치 부착을 명령할 수 있는 자로 옳은 것은?

① 연합회장
② 시·도지사
③ 기후에너지환경부장관
④ 한국교통안전공단 이사장

25 ②
교통 및 화물 관련법규 〉 대기환경보전법령
시·도지사는 대중교통용 자동차 등 기후에너지환경부령으로 정하는 자동차에 대하여 시·도 조례에 따라 공회전제한장치 부착을 명령할 수 있다.

26 포장의 기능에 대한 설명으로 옳지 않은 것은?

① 편리성: 이물질의 혼입과 오염으로부터 보호한다.
② 표시성: 포장에 의해 인쇄, 라벨 붙이기 등의 표시가 쉬워진다.
③ 판매촉진성: 판매의욕을 환기시킴과 동시에 광고 효과가 많이 나타난다.
④ 상품성: 생산 공정을 거쳐 만들어진 물품은 자체 상품뿐만 아니라 포장을 통해 상품화가 완성된다.

27 운송장 기재 시 유의사항 및 부착요령이 아닌 것은?

① 운송장이 떨어지지 않도록 손으로 잘 눌러서 부착한다.
② 물품 정중앙 상단에 부착이 어려운 경우 최대한 잘 보이는 곳에 부착한다.
③ 같은 장소로 2개 이상 보내는 물품에 대해서는 하나의 운송장에 기재한다.
④ 운송장을 부착할 때에는 운송장과 물품이 정확히 일치하는지 확인하고 부착한다.

28 특정 품목에 대한 포장의 유의사항이 아닌 것은?

① 휴대폰 및 노트북 등 고가품의 경우 내용물이 파악되도록 포장한다.
② 서류 등 부피가 작고 가벼운 물품을 집하할 경우 작은 박스에 넣어 포장한다.
③ 손잡이가 있는 박스 물품의 경우 손잡이를 안으로 접어 사각이 되게 한 다음 테이프로 포장한다.
④ 가구류의 경우 박스 포장하고 모서리부분을 에어 캡으로 포장처리 후 면책확인서를 받아 집하한다.

29 화물을 취급하기 전에 준비·확인 또는 확인할 사항이 아닌 것은?

① 화물더미의 상층과 하층에서 동시에 작업을 하지 않는다.
② 보호구의 자체결함은 없는지 또는 사용방법은 알고 있는지 확인한다.
③ 유해, 유독화물 확인을 철저히 하고, 위험에 대비한 약품, 세척용구 등을 준비한다.
④ 위험물, 유해물을 취급할 때에는 반드시 보호구를 착용하고, 안전모는 턱끈을 매어 착용한다.

26 ①
화물취급요령 〉 운송장 작성과 화물포장
- 편리성: 공업포장, 상업포장에 공통된 것으로서 설명서, 증서, 서비스품, 팸플릿 등을 넣거나 진열이 쉽고 수송, 하역, 보관에 편리하다.
- 보호성: 제품의 품질 유지에 불가결한 요소로서 내용물의 변질, 변형, 파손으로부터 보호한다.

27 ③
화물취급요령 〉 운송장 작성과 화물포장
같은 장소로 2개 이상 보내는 물품에 대해서는 보조송장을 기재할 수 있으며, 보조송장도 주송장과 같이 정확한 주소와 전화번호를 기재한다.

28 ①
화물취급요령 〉 운송장 작성과 화물포장
휴대폰 및 노트북 등 고가품의 경우 내용물이 파악되지 않도록 별도의 박스로 이중 포장한다.

29 ①
화물취급요령 〉 화물의 상하차
화물더미의 상층과 하층에서 동시에 작업을 하지 않는 것은 화물 취급 전이 아닌 화물더미에서 작업할 때의 주의사항이다.

30 컨테이너 취급방법으로 옳지 않은 것은?

① 수납이 완료되면 즉시 문을 폐쇄한다.
② 컨테이너를 적재 후 반드시 콘(잠금장치)을 잠근다.
③ 부식작용이 일어나거나 기타 물리적 화학작용이 일어날 염려가 있는 화물은 동일한 컨테이너에 수납해야 한다.
④ 컨테이너에 위험물을 수납하기 전에 철저히 점검하여 그 구조와 상태 등이 불안한 컨테이너를 사용해서는 안 되며, 특히 개폐문의 방수상태를 점검한다.

30 ③
화물취급요령 〉 화물의 상하차
품명이 다른 위험물 또는 위험물과 위험물 이외의 화물이 상호작용하여 부식작용이 일어나거나 기타 물리적 화학작용이 일어날 염려가 있을 때에는 동일 컨테이너에 수납해서는 안 된다.

31 파렛트의 가장자리를 높게 하여 포장화물을 안쪽으로 기울여, 화물이 갈라지는 것을 방지하는 적재방식으로 옳은 것은?

① 밴드걸기 방식
② 주연어프 방식
③ 박스 테두리 방식
④ 풀 붙이기 접착 방식

31 ②
화물취급요령 〉 적재물 결박 덮개 설치
- 밴드걸기 방식: 나무상자를 파렛트에 쌓는 경우의 붕괴 방지에 사용하는 방식
- 박스 테두리 방식: 파렛트에 테두리를 붙이는 박스 파렛트와 같은 방식
- 풀 붙이기 접착 방식: 자동화·기계화가 가능하고, 비용이 저렴한 방식

32 파렛트 화물의 붕괴를 방지하기 위한 방식 중 풀 붙이기 접착 방식에 대한 설명으로 옳지 않은 것은?

① 비용이 많이 든다.
② 자동화·기계화가 가능하다.
③ 사용하는 풀은 미끄럼에 대한 저항이 강한 것을 택한다.
④ 포장화물의 중량이나 형태에 따라 풀의 양이나 풀칠하는 방식을 결정해야 한다.

32 ①
화물취급요령 〉 적재물 결박 덮개 설치
풀 붙이기 접착 방식은 비용이 저렴하다.

33 화물자동차의 운행에 따른 일반적인 주의사항으로 옳지 않은 것은?

① 규정속도로 운행한다.
② 가능한 한 경사진 곳에 주차하도록 한다.
③ 비포장도로나 위험한 도로에서는 반드시 서행한다.
④ 후진할 때에는 반드시 뒤를 확인한 후에 후진경고하면서 서서히 후진한다.

33 ②
화물취급요령 〉 운행요령
가능한 한 경사진 곳에 주차하지 않는다.

34 컨테이너 상차 후 화주 공장에 도착하였을 때의 주의사항으로 옳지 않은 것은?

① 공장 내 운행속도를 준수한다.
② 복장 불량(슬리퍼, 런닝 차림 등), 폭언 등은 절대 하지 않는다.
③ 상·하차할 때 위험상황에 빠르게 대처할 수 있도록 시동을 켜놓는다.
④ 사소한 문제라도 발생하면 직접 담당자와 문제를 해결하려고 하지 말고, 반드시 배차부서에 연락한다.

34 ③
화물취급요령 〉 운행요령
상·하차할 때 시동은 반드시 끈다.

35 고객 유의사항 확인 요구 물품이 아닌 것은?

① 중고 가전제품 및 A/S용 물품
② 기계류, 장비 등 중량 고가물로 40kg 미만 물품
③ 포장 부실 물품 및 무포장 물품(비닐포장 또는 쇼핑백 등)
④ 파손 우려 물품 및 내용검사가 부적당하다고 판단되는 부적합 물품

35 ②
화물취급요령 〉 화물의 인수인계요령
고객 유의사항 확인 요구 물품은 기계류, 장비 등 중량 고가물로 40kg 초과 물품이다.

36 화물의 인계와 관련된 고객만족 서비스와 거리가 먼 것은?

① 부드러운 말씨와 친절한 서비스 정신으로 고객과의 마찰을 예방한다.
② 배송지연이 예상될 경우 고객의 불만사항으로 발전될 수 있으므로 다음 날 일찍 배송하도록 한다.
③ 배송 중 사소한 문제로 수하인과 마찰이 발생할 경우 일단 소비자의 입장에서 생각하고 조심스러운 언어로 마찰을 최소화할 수 있도록 한다.
④ 물품포장에 경미한 이상이 있는 경우에는 고객에게 사과하고 대화로 해결할 수 있도록 하며, 절대로 남의 탓으로 돌려 고객들의 불만을 가중시키지 않도록 한다.

36 ②
화물취급요령 〉 화물의 인수인계요령
배송지연은 고객과의 약속 불이행 고객불만사항으로 발전되는 경향이 있으므로 배송지연이 예상될 경우 고객에게 사전에 양해를 구하고 약속한 것에 대해서는 반드시 이행하도록 한다.

37 적재함을 원동기의 힘으로 기울여 적재물을 중력에 의해 쉽게 미끄러뜨리는 구조의 화물운송용인 자동차를 일컫는 말은?

① 밴형 화물자동차
② 일반형 화물자동차
③ 덤프형 화물자동차
④ 견인형 화물자동차

37 ③
화물취급요령 〉 화물자동차의 종류
- 밴형: 지붕 구조의 덮개가 있는 화물운송용인 것
- 일반형: 보통의 화물운송용인 것
- 견인형: 피견인차의 견인을 전용으로 하는 구조인 것

38 카고 트럭에 대한 설명으로 옳지 <u>않은</u> 것은?

① 하대에 간단히 접는 형식의 문짝을 단 차량이다.
② 우리나라에서 보유대수가 가장 많고 일반화된 것이다.
③ 차종은 적재량 1톤 미만의 소형차로부터 12톤 이상의 대형차에 이르기까지 다양하다.
④ 저온, 냉장, 냉동을 포함하는 콜드체인의 신장이 기대되고 있는 오늘날 그 중요성이 더욱 높아질 것으로 전망된다.

38 ④
화물취급요령 〉 화물자동차의 종류
저온, 냉장, 냉동을 포함하는 콜드체인의 신장이 기대되고 있는 오늘날 그 중요성이 더욱 높아질 것으로 전망되는 것은 전용특장차 중 냉동차에 대한 설명이다.

39 이사화물의 일부 멸실 또는 훼손에 대한 사업자의 손해배상 책임은, 고객이 이사화물을 인도받은 날로부터 며칠 이내에 그 일부 멸실 또는 훼손의 사실을 사업자에게 통지하지 아니하면 소멸하는가?

① 10일 이내
② 20일 이내
③ 30일 이내
④ 40일 이내

39 ③
화물취급요령 〉 화물운송의 책임한계
이사화물의 일부 멸실 또는 훼손에 대한 사업자의 손해배상 책임은, 고객이 이사화물을 인도받은 날로부터 30일 이내에 그 일부 멸실 또는 훼손의 사실을 사업자에게 통지하지 아니하면 소멸한다.

40 운송물의 수탁거절 사유로 적절하지 <u>않은</u> 것은?

① 운송물이 현금화가 불가능한 물건인 경우
② 운송물이 살아있는 동물, 동물사체인 경우
③ 운송물이 화약류, 인화물질 등 위험한 물건인 경우
④ 운송물 1포장의 가액이 300만 원을 초과하는 경우

40 ①
화물취급요령 〉 화물운송의 책임한계
운송물이 현금, 카드, 어음, 수표, 유가증권 등 현금화가 가능한 물건인 경우 수탁거절 사유에 속한다.

41 교통사고의 요인으로 적절하지 <u>않은</u> 것은?

① 노면의 상태
② 정부의 교통정책
③ 차량 탑승인원 수
④ 운전자의 신체적 조건

41 ③
안전운행요령 〉 운전자 요인과 안전운행
노면의 상태는 도로 요인, 운전자의 신체적 조건은 인적 요인, 정부의 교통정책은 환경 요인에 해당한다. 차량 탑승인원 수는 교통사고의 요인이 아니다.

42 운전특성에 대한 설명으로 옳지 않은 것은?

① 환경조건과의 상호작용이 매우 가변적이다.
② 운전특성은 일정하지 않고 사람 간에 차이가 있다.
③ 운전행위를 공산품의 공정처럼 일정하게 유지할 수 있다.
④ 인간의 특성은 운전뿐 아니라 인간행위, 삶 자체에도 큰 영향을 미친다.

42 ③
안전운행요령 〉 운전자 요인과 안전운행
개인의 신체적·생리적 및 심리적 상태가 항상 일정한 것은 아니어서 인간의 운전행위를 공산품의 공정처럼 일정하게 유지할 수 없다.

43 교통사고 요인에 해당하지 않는 것은?

① 도로 요인　　② 차량 요인
③ 운전자 요인　　④ 운전하기 전 요인

43 ④
안전운행요령 〉 운전자 요인과 안전운행
교통사고의 요인은 인적 요인(운전자, 보행자 등), 차량 요인, 도로·환경 요인이다.

44 색의 인지와 운전과의 관련이 없는 색은?

① 황색　　② 녹색
③ 적색　　④ 흰색

44 ④
안전운행요령 〉 운전자 요인과 안전운행
도로교통법령에서는 신호등의 색인 적색, 녹색 및 황색을 구별할 수 있어야 한다고 정해져 있다.

45 보행자사고에 대한 설명으로 옳지 않은 것은?

① 횡단 중 다방면으로 주의를 기울일 때 발생한다.
② 노인과 어린이의 보행자사고가 높은 비중을 차지한다.
③ 교통 상황 정보를 제대로 인지하지 못했을 때 발생한다.
④ 동행자와 이야기에 열중했거나 놀이에 열중했을 때 발생할 수 있다.

45 ①
안전운행요령 〉 운전자 요인과 안전운행
보행자사고는 횡단 중 한쪽 방향에만 주의를 기울이는 등 다방면으로 주의를 기울이지 못할 때 발생한다.

46 착각과 관련된 설명으로 옳지 않은 것은?

① 큰 경사는 실제보다 크게 보인다.
② 오름경사는 실제보다 작게 보인다.
③ 주시점이 가까운 좁은 시야에서는 빠르게 느껴진다.
④ 비교 대상이 먼 곳에 있을 때는 실제보다 느리게 느껴진다.

46 ②
안전운행요령 〉 운전자 요인과 안전운행
오름경사는 실제보다 크게, 내림경사는 실제보다 작게 보인다.

47 풋 브레이크에 대한 설명으로 옳지 않은 것은?

① 풋 브레이크는 주행장치에 해당한다.
② 주행 중에 발로써 조작하는 주 제동장치이다.
③ 휠 실린더의 피스톤에 의해 브레이크 라이닝을 밀어 주어 타이어와 함께 회전하는 드럼을 잡아 멈추게 한다.
④ 브레이크 페달을 밟으면 페달의 바로 앞에 있는 마스터 실린더 내의 피스톤이 작동하여 브레이크액이 압축된다.

47 ①
안전운행요령 > 자동차 요인과 안전운행
풋 브레이크는 제동장치에 해당한다.

48 타이어 마모에 영향을 주는 요소가 아닌 것은?

① 속도
② 하중
③ 공기압
④ 차량의 도색

48 ④
안전운행요령 > 자동차 요인과 안전운행
타이어 마모에 영향을 주는 요소에는 속도, 하중, 공기압, 커브, 브레이크, 노면 등이 있다.

49 운전자가 브레이크에 발을 올려 브레이크가 막 작동을 시작하는 순간부터 자동차가 완전히 정지할 때까지 자동차가 진행한 거리를 일컫는 말은?

① 공주거리
② 정지거리
③ 제동거리
④ 제동시간

49 ③
안전운행요령 > 자동차 요인과 안전운행
운전자가 브레이크에 발을 올려 브레이크가 막 작동을 시작하는 순간부터 자동차가 완전히 정지할 때까지의 시간을 제동시간이라 하며, 이때까지 자동차가 진행한 거리를 제동거리라고 한다.

50 고속도로에서 고속으로 주행하게 되면, 노면과 좌우에 있는 나무나 중앙분리대의 풍경 등이 마치 물이 흐르듯이 흘러서 눈에 들어오는 느낌의 자극을 받는 현상을 일컫는 말은?

① 수막 현상
② 베이퍼 록 현상
③ 유체자극 현상
④ 스탠딩 웨이브 현상

50 ③
안전운행요령 > 자동차 요인과 안전운행
• 수막 현상: 타이어의 물 배수 기능이 감소되어 물 위를 미끄러지듯이 주행되는 현상
• 베이퍼 록 현상: 브레이크액이 기화하여 브레이크가 작용하지 않는 현상
• 스탠딩 웨이브 현상: 타이어의 회전속도가 빨라지면 타이어에 진동의 물결이 일어나는 현상

51 단내가 심하게 나는 경우는 자동차의 어느 부분의 고장으로 볼 수 있는가?

① 바퀴 부분
② 클러치 부분
③ 전기장치 부분
④ 브레이크 부분

51 ④
안전운행요령 > 자동차 요인과 안전운행
단내가 심하게 나는 경우는 주브레이크의 간격이 좁거나, 주차 브레이크를 당겼다 풀었으나 완전히 풀리지 않았을 경우이다. 또한 긴 언덕길을 내려갈 때 계속 브레이크를 밟는다면 이러한 현상이 일어나기 쉽다.

52 엔진 안에서 다량의 엔진오일이 실린더 위로 올라와 연소되는 경우 배출가스의 색으로 옳은 것은?

① 흰색
② 검은색
③ 무색
④ 황색

52 ①
안전운행요령 > 자동차 요인과 안전운행
• 검은색: 농후한 혼합가스가 들어가 불완전 연소되는 경우
• 무색: 완전연소 때 배출되는 가스 색

53 일반적으로 도로가 되기 위한 조건으로 옳지 않은 것은?

① 형태성
② 이용성
③ 비공개성
④ 교통경찰권

53 ③
안전운행요령 > 도로 요인과 안전운행
일반적으로 도로가 되기 위한 4가지 조건은 형태성, 이용성, 공개성, 교통경찰권이다.

54 길어깨(갓길)에 대한 설명으로 옳지 않은 것은?

① 포장된 노면보다는 토사나 자갈 또는 잔디가 더 안전하다.
② 측방 여유폭을 가지므로 교통의 안전성과 쾌적성에 기여한다.
③ 절토부 등에서는 곡선부의 시거가 증대되기 때문에 교통의 안전성이 높다.
④ 길어깨가 넓으면 고장차량을 주행차로 밖으로 이동시킬 수 있기 때문에 안전성이 크다.

54 ①
안전운행요령 > 도로 요인과 안전운행
토사나 자갈 또는 잔디보다는 포장된 노면이 더 안전하다.

55 중앙분리대에 대한 설명으로 옳지 않은 것은?

① 보행자에 대한 안전섬이 됨으로써 횡단 시 안전하다.
② 분리대의 폭이 넓을수록 분리대를 넘어가는 횡단사고가 적다.
③ 중앙분리대의 종류에는 방호울타리형, 연석형, 광폭 중앙분리대가 있다.
④ 분리대의 폭이 넓을수록 전체사고에 대한 정면충돌사고의 비율이 높다.

55 ④
안전운행요령 > 도로 요인과 안전운행
분리대의 폭이 넓을수록 전체사고에 대한 정면충돌사고의 비율이 낮다.

56 봄철 신진대사 기능이 활발해지지만 야채나 과일류 섭취 부족으로 비타민의 결핍을 가져와 무기력해지는 현상을 일컫는 말은?

① 춘곤증
② 불면증
③ 우울증
④ 기면증

56 ①
안전운행요령 > 도로 요인과 안전운행
춘곤증은 피로, 나른함 및 의욕 저하를 수반하여 주행 중 집중력이 떨어져 졸음운전으로 이어지며, 대형 사고를 일으키는 원인이 될 수 있다.

57 도로와 교통사고의 관계에 대한 설명으로 옳지 않은 것은?

① 횡단면의 차로 폭이 좁을수록 교통사고 예방의 효과가 있다.
② 차도와 길어깨를 구획하는 노면표시를 하면 교통사고는 감소한다.
③ 교량 접근로의 폭에 비해 교량의 폭이 좁을수록 사고가 더 많이 발생한다.
④ 종단선형이 자주 바뀌면 종단곡선의 정점에서 시거가 단축되어 사고가 일어나기 쉽다.

57 ①
안전운행요령 > 도로 요인과 안전운행
일반적으로 횡단면의 차로 폭이 넓을수록 교통사고 예방의 효과가 있다.

58 방어운전의 기본이 되는 것으로 교통 상황에 적절하게 대응하고 이에 맞게 자신의 행동을 통제하고 조절하면서 운행하는 능력을 일컫는 말은?

① 예측력
② 판단력
③ 관찰력
④ 주의력

58 ②
안전운행요령 〉 안전운전방법
- 예측력: 앞으로 일어날 위험 및 운전 상황을 미리 파악하는 능력
- 관찰력: 다른 운전자의 행태를 잘 관찰하고 타산지석으로 삼는 능력

59 교차로 통과 시 안전운전방법으로 옳지 않은 것은?

① 직진할 경우는 좌·우회전하는 차를 주의한다.
② 성급한 좌회전은 보행자를 간과하기 쉬우므로 주의한다.
③ 교차로의 대부분이 앞이 잘 보이지 않는 곳임을 알아야 한다.
④ 앞차를 따라 차간거리를 유지해야 하며, 맹목적으로 앞차를 따라간다.

59 ④
안전운행요령 〉 안전운전방법
앞차를 따라 차간거리를 유지해야 하며, 맹목적으로 앞차를 따라가지 않는다.

60 안전운전과 방어운전에 대한 설명으로 옳지 않은 것은?

① 안전운전은 타인의 사고를 유발하지 않는 운전이다.
② 방어운전은 자기 자신이 사고에 말려들어 가지 않게 하는 운전이다.
③ 방어운전은 자기 자신이 사고의 원인을 만들지 않는 운전을 말한다.
④ 안전운전은 교통사고를 유발하지 않도록 주의하여 운전하는 것이다.

60 ①
안전운행요령 〉 안전운전방법
타인의 사고를 유발하지 않는 운전은 방어운전이다.

61 앞지르기 시 안전운전 및 방어운전방법으로 옳지 않은 것은?

① 앞차의 오른쪽으로 앞지르기하지 않는다.
② 앞차가 앞지르기를 하고 있는 때는 그에 맞춰 같이 앞지르기를 시도한다.
③ 앞지르기에 필요한 충분한 거리와 시야가 확보되었을 때 앞지르기를 시도한다.
④ 앞지르기에 필요한 속도가 그 도로의 최고속도 범위 이내일 때 앞지르기를 시도한다.

61 ②
안전운행요령 〉 안전운전방법
앞차가 앞지르기를 하고 있는 때는 앞지르기를 시도하지 않는다.

62 계절별 교통사고의 특징에 대한 설명으로 옳지 <u>않은</u> 것은?

① 봄철: 기온 상승에 따른 춘곤증에 의한 졸음운전으로 전방주시태만과 관련된 사고의 위험이 높다.
② 여름철: 돌발적인 악천후 및 무더위 속에서 운전하다 보면 시각적 변화와 긴장·흥분·피로감 등이 복합적 요인으로 작용하여 교통사고를 일으킬 수 있다.
③ 가을철: 기온과 습도 상승으로 불쾌지수가 높아져 난폭운전 등의 행동이 나타난다.
④ 겨울철: 추운 날씨로 인해 두꺼운 옷을 착용함에 따라 움직임은 둔해져 위기 상황에 대한 민첩한 대처능력이 떨어지기 쉽다.

63 안갯길에서의 운전방법에 대한 설명으로 옳지 <u>않은</u> 것은?

① 안개로 인해 시야의 장애가 발생되면 우선 차간거리를 충분히 확보한다.
② 앞차의 제동이나 방향지시등의 신호를 예의주시하며 천천히 주행해야 안전하다.
③ 차를 세우는 경우 지나가는 차에 방해가 되지 않도록 미등과 비상경고등을 끈다.
④ 운행 중 앞을 분간하지 못할 정도로 짙은 안개가 끼었을 때는 차를 안전한 곳에 세우고 잠시 기다리는 것이 좋다.

64 차량에 고정된 탱크를 주차할 경우 옳지 <u>않은</u> 것은?

① 주택 및 상가 등 밀집된 지역을 피하여 주차한다.
② 교통량이 적고 부근에 화기가 없는 안전하고 지반이 평탄한 장소를 선택하여 주차한다.
③ 차량운전자가 차량으로부터 이탈하여 휴식을 취할 경우 최대한 멀리 떨어져서 휴식을 취한다.
④ 부득이하게 비탈길에 주차하는 경우에는 사이드 브레이크를 확실히 걸고 차바퀴를 고임목으로 고정한다.

65 가을철 주행 시 유의사항으로 옳지 <u>않은</u> 것은?

① 농촌 마을 인접 도로에서는 농지로부터 도로로 나오는 농기계에 주의하여 서행한다.
② 경운기를 앞지를 때 경적을 울리면 놀라서 사고가 날 수 있으므로 최대한 조용히 조심스럽게 접근 후 빠르게 앞지른다.
③ 단풍놀이 등 단체 여행의 증가로 운전자의 주의력을 산만하게 만들어 대형 사고를 유발할 위험성이 높으므로 과속을 피한다.
④ 기온이 떨어져 보행자가 교통 상황에 대처하는 능력이 저하되므로 보행자가 있는 곳에서는 보행자의 움직임에 주의하여 운행한다.

---

62 ③
안전운행요령 〉 안전운전방법
기온과 습도 상승으로 불쾌지수가 높아져 난폭운전 등의 행동이 나타나는 계절은 여름철이다.

63 ③
안전운행요령 〉 안전운전방법
차를 세우는 경우 지나가는 차에 내 자동차의 존재를 알리기 위해 미등과 비상경고등을 점등시켜 충돌사고 등에 미리 예방하는 조치를 취한다.

64 ③
안전운행요령 〉 안전운전방법
차량운전자가 차량으로부터 이탈하는 경우에는 항상 눈에 띄는 곳에 있어야 한다.

65 ②
안전운행요령 〉 안전운전방법
경운기에는 후사경이 달려있지 않고, 운전자가 비교적 고령이며, 자체 소음이 매우 커서 자동차가 뒤에서 접근한다는 사실을 모르고 급작스럽게 진행방향을 변경하는 경우가 있으므로, 안전거리를 유지하고 경적을 울려, 자동차가 가까이 있다는 사실을 알려 주어야 한다.

66 고객서비스에 대한 설명으로 옳지 않은 것은?

① 불량 서비스는 반품이 가능하다.
② 똑같은 서비스라 하더라도 행하는 사람에 따라 품질의 차이가 발생하기 쉽다.
③ 제품과 같이 객관적으로 누구나 볼 수 있는 형태로 제시되지도 않으며 측정하기도 어렵지만 누구나 느낄 수는 있다.
④ 서비스도 제품과 마찬가지로 하나의 상품으로서 서비스 품질의 만족을 위해 고객에게 계속적으로 제공하는 모든 활동을 뜻한다.

66 ①
운송서비스 〉 직업운전자의 기본자세
서비스는 제공됨과 동시에 소비되는 동시성을 가지기 때문에 불량 서비스는 다른 제품처럼 반품할 수도 없고, 고치거나 수리할 수도 없다.

67 고객만족을 위한 언어예절로 적절하지 않은 것은?

① 되도록 욕설한다.
② 도전적 언사는 가급적 자제한다.
③ 상대방의 약점을 지적하는 것을 피한다.
④ 쉽게 흥분하거나 감정에 치우치지 않는다.

67 ①
운송서비스 〉 직업운전자의 기본자세
대화 시 욕설, 독설, 험담을 삼간다.

68 고객에게 불쾌감을 주는 몸가짐이 아닌 것은?

① 단정한 옷
② 충혈된 눈
③ 길게 자란 코털
④ 수면한 흔적이 남은 머릿결

68 ①
운송서비스 〉 직업운전자의 기본자세
단정한 옷은 고객에게 단정하고 깔끔한 인상을 준다.

69 물류관리의 목표로 옳은 것은?

① 물류비용과 이익의 최대화
② 물류비용 절감과 이익의 최대화
③ 고객서비스 향상과 이익의 최소화
④ 품질은 고려하지 않고 이윤만 추구

69 ②
운송서비스 〉 물류의 이해
물류는 고객서비스를 향상시키고 물류비용을 절감하여 기업이익을 최대화하는 것이 목표이다.

70 물류에 대한 개별기업적 관점에서의 물류의 역할로 옳은 것은?

① 정시배송의 실현을 통한 수요자 서비스 향상에 이바지한다.
② 자재와 자원의 낭비를 방지하여 자원의 효율적인 이용에 기여한다.
③ 최소의 비용으로 소비자를 만족시킴으로써 서비스 질의 향상을 촉진시켜 매출 신장을 도모한다.
④ 우리 인간이 주체가 되어 수행하는 경제활동의 일부분으로 운송, 통신, 상업활동을 주체로 하며 이들을 지원한다.

70 ③
운송서비스 〉 물류의 이해
①, ②는 국민경제적 관점, ④는 사회경제적 관점에서의 물류의 역할이다.

71 물류의 포장기능에 대한 설명이 아닌 것은?

① 생산과 소비와의 시간적 차이를 조정하여 시간적 효용을 창출한다.
② 포장활동에서 중요한 모듈화는 일관시스템 실시에 중요한 요소이다.
③ 포장은 단위포장(개별포장), 내부포장(속포장), 외부포장(겉포장)으로 구분된다.
④ 물품의 가치 및 상태를 유지하기 위해 적절한 재료, 용기 등을 이용해서 포장하여 보호하고자 하는 활동이다.

71 ①
운송서비스 〉 물류의 이해
생산과 소비와의 시간적 차이를 조정하여 시간적 효용을 창출하는 것은 보관기능이다.

72 기업이 사내의 물류조직을 별도로 분리하여 자회사로 독립시키는 경우에 해당하는 것은?

① 제1자 물류　② 제2자 물류
③ 제3자 물류　④ 제4자 물류

72 ②
운송서비스 〉 물류의 이해
- 제1자 물류: 사내의 물류업무를 직접 수행하는 경우
- 제3자 물류: 사내의 물류업무를 아웃소싱하는 경우
- 제4자 물류: 제3자 물류의 기능에 컨설팅 업무를 추가 수행하는 것

73 매출 증대, 원가 절감에 이은 물류비절감은 이익을 높일 수 있는 세 번째 방법이라는 의미를 뜻하는 것은?

① 마케팅　② 7R 원칙
③ 3S1L 원칙　④ 제3의 이익원천

73 ④
운송서비스 〉 물류의 이해
- 7R 원칙: 적절한 품질(Right Quality), 적절한 양(Right Quantity), 적절한 시간(Right Time), 적절한 장소(Right Place), 좋은 인상(Right Impression), 적절한 가격(Right Price), 적절한 상품(Right Commodity)
- 3S1L 원칙: 신속하게(Speedy), 안전하게(Safely), 확실하게(Surely), 저렴하게(Low)

74 제4자 물류는 제3자 물류의 기능에 어느 업무를 추가 수행하는 것인가?

① 운송　② 보관
③ 컨설팅　④ 물류정보

74 ③
운송서비스 〉 물류의 이해
제4자 물류란 제3자 물류의 기능에 컨설팅 업무를 추가 수행하는 것이다.

75 물류관리에 대한 설명으로 옳지 않은 것은?

① 물류관리는 경영관리의 다른 기능과 밀접한 상호관계를 갖고 있다.
② 물류관리는 그 기능이 생산 및 마케팅 영역과 완전히 분리되어 있다.
③ 기업경영에 있어서 최저비용으로 최대의 효과를 추구하는 종합적인 로지스틱스 개념하의 물류관리가 중요하다.
④ 물류관리의 고유한 기능 및 연결기능을 원활하게 수행하기 위해서는 기업 전체의 전략 수립 차원에서 통합된 총괄시스템적 접근이 이루어져야 한다.

75 ②
운송서비스 〉 물류의 이해
물류관리는 그 기능의 일부가 생산 및 마케팅 영역과 밀접하게 연관되어 있다.

76 기업이 물류아웃소싱을 도입하는 이유가 아닌 것은?

① 자사의 핵심사업 분야에 더욱 집중할 수 있다.
② 기업이 사내에서 물류업무를 수행하기 위함이 목적이다.
③ 전문물류서비스의 활용을 통해 고객서비스를 향상시킬 수 있다.
④ 물류 관련 자산비용의 부담을 줄임으로써 비용 절감을 기대할 수 있다.

77 효율적 고객대응(ECR; Efficient Consumer Response)에 대한 설명으로 옳지 않은 것은?

① 소비자 만족에 초점을 둔 공급망관리의 효율성을 극대화하기 위한 모델이다.
② 이동자동차나 선박 등 운송수단에 탑재하여 이동 간의 정보를 리얼타임으로 송수신할 수 있는 통신서비스이다.
③ 효율적 고객대응(ECR)이 단순한 공급망 통합전략과 다른 점은 산업체와 산업체 간에도 통합을 통해 표준화와 최적화를 도모할 수 있다는 점이다.
④ 제품의 생산단계에서부터 도매·소매에 이르기까지 전 과정을 하나의 프로세스로 보아 관련 기업들의 긴밀한 협력을 통해 전체로서의 효율 극대화를 추구하는 효율적 고객대응기법이다.

78 배달 시 행동방법으로 옳지 않은 것은?

① 배달과 관계없는 말은 하지 않는다.
② 고객이 반품 등을 문의할 때는 성실히 답변한다.
③ 고객이 부재 시에는 부재안내표를 이용하여 문 밖에 부착한다.
④ 배달 완료 후 파손 등으로 배상 요청 시 반드시 현장 확인을 해야 한다.

79 택배종사자의 서비스 자세로 옳지 않은 것은?

① 단정한 용모, 반듯한 언행 등을 실천한다.
② 배달과 판매는 상관 없으므로 신경 쓰지 않는다.
③ 진정한 택배종사자로서 대접받을 수 있도록 행동한다.
④ 애로사항이 있더라도 극복하고 고객만족을 위하여 최선을 다한다.

80 고객주문을 수취하여 상품구색의 준비를 마칠 때까지의 경과시간, 즉 주문을 받아서 출하까지 소요되는 시간을 일컫는 말은?

① 납기
② 재고신뢰성
③ 상품구색시간
④ 주문처리시간

---

76 ②
운송서비스 > 화물운송서비스의 이해
물류아웃소싱이란 기업이 사내에서 수행하던 물류업무를 전문업체에 위탁하는 것을 의미한다.

77 ②
운송서비스 > 화물운송서비스의 이해
이동자동차나 선박 등 운송수단에 탑재하여 이동 간의 정보를 리얼타임으로 송수신할 수 있는 통신서비스는 주파수 공용통신(TRS; Trunked Radio System)이다.

78 ③
운송서비스 > 화물운송서비스와 문제점
고객이 부재 시에는 부재안내표에 반드시 방문시간, 송하인, 화물명, 연락처 등을 기록하여 문 안에 투입하며, 문 밖에 부착은 절대 금지한다.

79 ②
운송서비스 > 화물운송서비스와 문제점
배달이 불량하면 판매에 영향을 주므로 상품을 판매하고 있다고 생각한다.

80 ④
운송서비스 > 화물운송서비스와 문제점
- 납기: 고객에게로의 배송시간
- 재고신뢰성: 재고품으로 주문품을 공급할 수 있는 정도
- 상품구색시간: 출하에 대비해서 주문품 준비에 걸리는 시간

기출복원 모의고사

⏱ 제한시간 80분 ☑ 합격개수 48문제

CBT로 풀어보기

01 차량신호등 중 원형 등화에 사용되는 색이 아닌 것은?

① 흰색 ② 녹색
③ 황색 ④ 적색

01 ①
교통 및 화물 관련법규 〉 도로교통법령
원형 등화에는 녹색, 황색, 적색이 사용된다.

02 보도와 차도가 구분되지 아니한 도로에서 보행자의 안전을 확보하기 위해 안전표지 등으로 경계를 표시한 도로의 가장자리 부분을 무엇이라 하는가?

① 연석선 ② 고속도로
③ 자동차전용도로 ④ 길가장자리구역

02 ④
교통 및 화물 관련법규 〉 도로교통법령
• 연석선: 차도와 보도를 구분하는 돌 등으로 이어진 선
• 고속도로: 자동차의 고속 운행에만 사용하기 위해 지정된 도로
• 자동차전용도로: 자동차만 다닐 수 있도록 설치된 도로

03 운전자가 어린이나 영유아를 태우고 있다는 표시를 한 상태로 도로를 통행하는 어린이통학버스를 앞지르기한 경우 부과되는 벌점으로 옳은 것은?

① 10점 ② 15점
③ 30점 ④ 40점

03 ③
교통 및 화물 관련법규 〉 도로교통법령
모든 차의 운전자는 어린이나 영유아를 태우고 있다는 표시를 한 상태로 도로를 통행하는 어린이통학버스를 앞지르기한 경우는 어린이통학버스 특별보호 위반으로, 30점의 벌점이 부과된다.

04 다음 중 규제표지에 해당하는 것은?

① 오르막 경사 ② 회전형교차로

③ 양측방통행 ④ 자동차통행금지

04 ④
교통 및 화물 관련법규 〉 도로교통법령
①, ②는 주의표지, ③은 지시표지에 해당한다.

05 서행 운전해야 하는 경우가 아닌 것은?

① 안전표지가 있는 경우
② 교차로에서 좌·우회전할 때
③ 교차로 부근에 긴급자동차 접근 시
④ 교통정리를 하고 있지 아니하고 도로 폭이 넓은 교차로에 들어갈 경우

05 ③
교통 및 화물 관련법규 〉 도로교통법령
차마와 노면전차의 운전자는 교차로나 그 부근에서 긴급자동차가 접근하는 경우에는 교차로를 피하여 일시정지한다.

06 자동차전용도로의 최저속도로 옳은 것은?

① 매시 30km ② 매시 50km
③ 매시 70km ④ 매시 90km

06 ①
교통 및 화물 관련법규 〉 도로교통법령
자동차전용도로의 최고속도는 매시 90km, 최저속도는 매시 30km이다.

07 교차로 통행방법으로 옳지 않은 것은?

① 미리 도로의 가운데를 서행하면서 우회전하여야 한다.
② 미리 도로의 중앙선을 따라 서행하면서 교차로의 중심 안쪽을 이용하여 좌회전하여야 한다.
③ 우회전이나 좌회전을 하기 위하여 손이나 방향지시기 또는 등화로써 신호를 하는 차가 있는 경우에 그 뒤차의 운전자는 신호를 한 앞차의 진행을 방해하여서는 안 된다.
④ 교통정리를 하고 있지 아니하고 일시정지나 양보를 표시하는 안전표지가 설치되어 있는 교차로에 들어가려고 할 때에는 다른 차의 진행을 방해하지 아니하도록 일시정지하거나 양보하여야 한다.

07 ①
교통 및 화물 관련법규 〉 도로교통법령
미리 도로의 우측 가장자리를 서행하면서 우회전해야 한다.

08 위험물 등을 운반하는 적재중량 3톤 초과 또는 적재용량 3천 리터 초과의 화물자동차를 운전할 수 있는 면허로 옳은 것은?

① 제1종 대형면허 ② 제1종 보통면허
③ 제1종 소형면허 ④ 제2종 보통면허

08 ①
교통 및 화물 관련법규 〉 도로교통법령
위험물 등을 운반하는 적재중량 3톤 초과 또는 적재용량 3천 리터 초과의 화물자동차는 제1종 대형면허가 있어야 운전할 수 있다.

09 눈이 20mm 이상 쌓인 경우의 운행속도는?

① 매시 100km 이내
② 매시 120km 이내
③ 최고속도의 20/100을 줄인 속도
④ 최고속도의 50/100을 줄인 속도

09 ④
교통 및 화물 관련법규 > 도로교통법령
눈이 20mm 이상 쌓인 경우, 폭우·폭설·안개 등으로 가시거리가 100m 이내인 경우, 노면이 얼어붙은 경우에는 최고속도의 50/100을 줄인 속도로 운행한다.

10 음주운전으로 운전면허 취소처분 또는 정지처분을 받은 경우의 감경 사유로 옳은 것은?

① 음주운전 중 인적피해 교통사고를 일으킨 경우
② 혈중알코올농도가 0.1퍼센트를 초과하여 운전한 경우
③ 운전이 가족의 생계를 유지할 중요한 수단이 되는 경우
④ 경찰관의 음주측정요구에 불응하거나 도주한 때 또는 단속경찰관을 폭행한 경우

10 ③
교통 및 화물 관련법규 > 도로교통법령
①, ②, ④ 등에 해당되는 경우가 없으면 운전이 가족의 생계를 유지할 중요한 수단이 되는 경우는 운전면허 취소처분 또는 정지처분의 감경 사유에 해당한다.

11 교통사고처리특례법상 특례 적용이 배제되는 음주운전사고의 성립요건이 아닌 것은?

① 주차장 또는 주차선 안에서의 음주운전
② 음주운전 자동차에 충돌되어 대물 피해만 입은 경우
③ 음주한 상태로 자동차를 운전하여 일정 거리를 운행한 때
④ 혈중알코올농도가 0.03% 이상일 때 음주 측정에 불응한 경우

11 ②
교통 및 화물 관련법규 > 교통사고처리특례법
음주운전 자동차에 충돌되어 인적 피해를 입은 경우는 교통사고처리특례법상 특례 적용이 배제되는 음주운전사고의 성립요건이나, 대물 피해만 입은 경우는 이에 해당하지 않는다.

12 교통사고처리특례법상 특례 적용이 배제되는 중앙선침범사고가 아닌 것은?

① 차내 잡담 등 부주의로 인한 중앙선침범사고
② 빗길에 과속으로 운행하다가 미끄러지며 중앙선을 침범한 사고
③ 내리막길 주행 중 브레이크 파열 등 정비불량으로 중앙선을 침범한 사고
④ 후진으로 중앙선을 넘었다가 다시 진행 차로로 들어와 보행자와 충돌한 사고

12 ③
교통 및 화물 관련법규 > 교통사고처리특례법
내리막길 주행 중 브레이크 파열 등 정비불량으로 중앙선을 침범한 사고는 불가항력적 중앙선침범사고이므로 교통사고처리특례법상 특례가 적용된다.

13 경찰에서 사용 중인 속도추정방법이 아닌 것은?

① 제동흔적　　② 스피드 건
③ 타코그래프　④ 목격자의 진술

13 ④
교통 및 화물 관련법규 > 교통사고처리특례법
경찰에서 사용 중인 속도측정방법에는 제동흔적, 스피드 건, 타코그래프(운행기록계), 목격자의 진술 등이 있다.

14 2001년 에너지 세제 개편에 따라 유류세 인상분의 일부 또는 전부를 보조해 주는 유가보조금은 무엇인가?

① 화물자동차 유류세 연동보조금
② 화물자동차 유가 연동보조금
③ 화물자동차 수소연료 보조금
④ 화물자동차 경유 인상보조금

14 ①
교통 및 화물 관련법규 > 화물자동차운수사업법령
② 물가경제차관회의(2024. 6. 21.) 결과에 따라 경유 가격의 일부를 보조
③ 2021년 수소연료 가격보조 제도 도입에 따라 수소를 구매하는 경우 그 비용의 일부 또는 전부를 보조

15 개인화물자동차운송사업에 해당하는 경우는 무엇인가?

① 20대 이상의 범위에서 20대 이상의 화물자동차를 사용하여 화물을 운송하는 사업
② 10대 이상의 범위에서 10대 이상의 화물자동차를 사용하여 화물을 운송하는 사업
③ 화물자동차 5대를 사용하여 화물을 운송하는 사업으로서 대통령령으로 정하는 사업
④ 화물자동차 1대를 사용하여 화물을 운송하는 사업으로서 대통령령으로 정하는 사업

15 ④
교통 및 화물 관련법규 > 화물자동차운수사업법령
- 개인화물자동차운송사업: 화물자동차 1대를 사용하여 화물을 운송하는 사업으로서 대통령령으로 정하는 사업
- 일반화물자동차운송사업: 20대 이상의 범위에서 20대 이상의 화물자동차를 사용하여 화물을 운송하는 사업

16 운송사업자가 미리 운임 및 요금을 신고하여야 하는 대상으로 옳은 것은?

① 시·도지사　　② 국토교통부장관
③ 행정안전부장관　④ 한국교통안전공단이사장

16 ②
교통 및 화물 관련법규 > 화물자동차운수사업법령
운송사업자는 운임 및 요금을 정하여 미리 국토교통부장관에게 신고하여야 한다.

17 화물자동차운수사업법상 화물자동차운송가맹사업을 경영하려는 자가 허가를 받아야 하는 대상으로 옳은 것은?

① 경찰서장　　② 시·도지사
③ 국토교통부장관　④ 한국교통공단이사장

17 ③
교통 및 화물 관련법규 > 화물자동차운수사업법령
화물자동차운송가맹사업을 경영하려는 자는 국토교통부령으로 정하는 바에 따라 국토교통부장관에게 허가를 받아야 한다.

18 운전적성정밀검사 중 특별검사의 대상은 과거 1년간 「도로교통법 시행규칙」에 따른 운전면허행정처분기준에 따라 산출된 누산점수가 몇 점 이상에 해당하는 사람인가?

① 51점
② 61점
③ 71점
④ 81점

18 ④
교통 및 화물 관련법규 〉 화물자동차운수사업법령
운전적성정밀검사 중 특별검사의 대상은 과거 1년간 「도로교통법 시행규칙」에 따른 운전면허행정처분기준에 따라 산출된 누산점수가 81점 이상에 해당하는 사람이다.

19 화물운송종사자격증 발급기관으로 옳은 것은?

① 도로교통공단
② 한국교통안전공단
③ 화물운수사업자 연합회
④ 운송가맹사업자 공제회

19 ②
교통 및 화물 관련법규 〉 화물자동차운수사업법령
화물운송종사자격증은 한국교통안전공단에서 발급한다.

20 승용자동차에 해당하는 것은?

① 10인 이하를 운송하기에 적합하게 제작된 자동차
② 11인 이상을 운송하기에 적합하게 제작된 자동차
③ 화물을 운송하기에 적합한 화물적재공간을 갖춘 자동차
④ 화물적재공간의 총적재화물 무게가 운전자를 제외한 승객이 승차공간에 모두 탑승했을 때의 승객의 무게보다 많은 자동차

20 ①
교통 및 화물 관련법규 〉 자동차관리법령
②는 승합자동차, ③, ④는 화물자동차에 해당한다.

21 자동차 소유자가 자동차의 구조·장치 중 국토교통부령으로 정하는 것을 튜닝하려는 경우 승인을 받아야 하는 대상으로 옳은 것은?

① 기후에너지환경부장관
② 국토교통부장관
③ 시장·군수·구청장
④ 승인을 받을 필요 없음

21 ③
교통 및 화물 관련법규 〉 자동차관리법령
자동차 소유자가 자동차의 구조·장치 중 국토교통부령으로 정하는 것을 변경하려는 경우에는 시장·군수·구청장의 승인을 받아야 한다.

22 도로의 부속물에 해당하지 않는 것은?

① 도로표지
② 자전거도로
③ 중앙분리대
④ 시선유도표지

22 ②
교통 및 화물 관련법규 〉 도로법령
자전거도로는 대통령령으로 정하는 시설인 '도로'에 해당한다.

23 도로관리청은 필요하다고 인정하는 경우 차량의 운행을 제한할 수 있다. 이 경우 차량의 구조나 적재화물의 특수성으로 인해 운행허가를 받으려는 자는 운행허가 신청서를 제출해야 하는데, 이 신청서에 첨부하여야 하는 서류가 아닌 것은?

① 차량 중량표
② 운임·요금표
③ 구조물 통과 하중 계산서
④ 차량검사증 또는 차량등록증

23 ②
교통 및 화물 관련법규 〉 도로법령
도로관리청의 운행허가를 받으려는 자는 운행허가 신청서에 차량 중량표, 구조물 통과 하중 계산서, 차량검사증 또는 차량등록증을 첨부해야 한다.

24 대기환경보전법상 온실가스에 해당하지 않는 것은?

① 검댕
② 메탄
③ 이산화탄소
④ 아산화질소

24 ①
교통 및 화물 관련법규 〉 대기환경보전법령
온실가스는 메탄, 이산화탄소, 아산화질소, 수소불화탄소, 과불화탄소, 육불화황이다.

25 저공해자동차로의 전환 또는 개조 명령, 배출가스저감장치의 부착·교체 명령 또는 배출가스 관련 부품의 교체 명령 등을 이행하지 아니한 자의 과태료로 옳은 것은?

① 100만 원 이하
② 200만 원 이하
③ 300만 원 이하
④ 400만 원 이하

25 ③
교통 및 화물 관련법규 〉 대기환경보전법령
저공해자동차로의 전환 또는 개조 명령, 배출가스저감장치의 부착·교체 명령 또는 배출가스 관련 부품의 교체 명령, 저공해엔진으로의 개조 또는 교체 명령을 이행하지 않은 자는 300만 원 이하의 과태료에 처한다.

26 운송장 기재사항으로 적절하지 않은 것은?

① 포장 상태
② 운송장 번호
③ 화물의 가격
④ 수하인의 주소

26 ①
화물취급요령 〉 운송장 작성과 화물포장
운송장 기재사항은 운송장 번호와 바코드, 화물의 가격, 송하인 주소·성명 및 전화번호, 수하인 주소·성명 및 전화번호, 화물명, 주문번호 또는 고객번호 등이 있다.

27 운송장 부착요령으로 옳지 않은 것은?

① 운송장이 떨어지지 않도록 손으로 잘 눌러서 부착한다.
② 운송장은 물품의 상단 모서리에 뚜렷하게 보이도록 부착한다.
③ 취급주의 스티커의 경우 운송장 바로 우측 옆에 붙여서 눈에 띄게 한다.
④ 박스 물품이 아닌 쌀, 매트, 카펫 등은 물품의 정중앙에 운송장을 부착한다.

27 ②
화물취급요령 〉 운송장 작성과 화물포장
운송장은 물품의 정중앙 상단에 뚜렷하게 보이도록 부착한다.

28 일반화물 취급표지의 기본색으로 옳은 것은?

① 흰색
② 붉은색
③ 검은색
④ 노란색

28 ③
화물취급요령 〉 운송장 작성과 화물포장
일반화물 취급표지는 기본적으로 검은색을 사용한다.

29 창고 내 작업 및 입·출고 작업 요령이 아닌 것은?

① 화물적하장소에 무단으로 출입한다.
② 창고의 통로 등에는 장애물이 없도록 조치한다.
③ 작업 안전통로를 충분히 확보한 후 화물을 적재한다.
④ 창고 내에서 작업할 때에는 어떠한 경우라도 흡연을 금한다.

29 ①
화물취급요령 〉 화물의 상하차
화물적하장소에는 무단으로 출입하지 않는다.

30 물품을 어깨에 메고 운반할 때의 방법이 아닌 것은?

① 진행방향의 안전을 확인하면서 운반한다.
② 호흡을 맞추어 어깨로 받아 화물 중심과 몸 중심을 맞춘다.
③ 물품을 받아 어깨에 멜 때는 어깨를 높이고 몸을 꼿꼿이 세운다.
④ 물품을 어깨에 메거나 받아들 때 한쪽으로 쏠리거나 꼬이더라도 충돌하지 않도록 공간을 확보하고 작업을 한다.

30 ③
화물취급요령 〉 화물의 상하차
물품을 받아 어깨에 멜 때는 어깨를 낮추고 몸을 약간 기울인다.

31 파렛트 화물의 붕괴를 방지하는 방법 중 비용이 저렴한 방식으로 옳은 것은?

① 풀 붙이기 접착 방식
② 슈링크 방식
③ 스트레치 방식
④ 박스 테두리 방식

31 ①
화물취급요령 〉 적재물 결박 덮개 설치
슈링크 방식, 스트레치 방식, 박스 테두리 방식은 비용이 많이 든다.

32 포장화물의 운송과정의 외압과 보호요령에 대한 설명으로 옳지 않은 것은?

① 하역 시의 충격 중 가장 큰 충격은 낙하충격이다.
② 화물은 수평충격과 함께 수송 중에는 항상 진동을 받고 있다.
③ 수송 시의 충격 중 트랙터와 트레일러를 연결할 때 발생하는 수평충격은 낙하충격보다 훨씬 충격이 크다.
④ 비포장 도로 등 포장 상태가 나쁜 길을 달리는 경우에는 상하진동이 발생하므로 화물을 고정시켜 진동으로부터 화물을 보호한다.

32 ③
화물취급요령 〉 적재물 결박 덮개 설치
수송 시의 충격 중 트랙터와 트레일러를 연결할 때 발생하는 수평충격은 낙하충격에 비하면 적은 충격이다.

33 화물의 취급 시 운행요령으로 옳지 않은 것은?

① 내리막길을 운전할 때에는 기어를 중립에 둔다.
② 주차할 때에는 엔진을 끄고 주차 브레이크장치로 완전 제동한다.
③ 트레일러를 운행할 때에는 트랙터와의 연결 부분을 점검하고 확인한다.
④ 사고 예방을 위하여 관계법규를 준수함은 물론 운전 전, 운전 중, 운전 후 점검 및 정비를 철저히 이행한다.

33 ①
화물취급요령 〉 운행요령
내리막길을 운전할 때에는 기어를 중립에 두지 않는다.

34 고속도로 운행이 제한되는 적재불량 차량에 해당하지 않는 것은?

① 스페어 타이어가 고정되어 있는 차량
② 화물적재가 편중되어 전도 우려가 있는 차량
③ 덮개를 씌우지 않았거나 묶지 않아 결속 상태가 불량한 차량
④ 모래, 흙, 골재류, 쓰레기 등을 운반하면서 덮개를 미설치하거나 없는 차량

34 ①
화물취급요령 〉 운행요령
스페어 타이어 고정상태가 불량한 차량은 고속도로 운행이 제한되는 적재불량 차량에 해당한다.

35 화물의 인수요령에 해당하지 않는 것은?

① 운송인의 책임은 물품을 배송 완료한 시점부터 발생한다.
② 포장 및 운송장 기재요령을 반드시 숙지하고 인수에 임한다.
③ 집하 자제품목 및 집하 금지품목(화약류 및 인화물질 등 위험물)의 경우는 그 취지를 알리고 양해를 구한 후 정중히 거절한다.
④ 두 개 이상의 화물을 하나의 화물로 밴딩처리한 경우에는 반드시 고객에게 파손 가능성을 설명하고 별도로 포장하여 각각 운송장 및 보조송장을 부착하여 집하한다.

35 ①
화물취급요령 〉 화물의 인수인계요령
운송인의 책임은 물품을 인수하고 운송장을 교부한 시점부터 발생한다.

36 화물의 인수증 관리요령이 아닌 것은?

① 인수증 상에 인수자 서명을 운전자가 임의로 기재해도 된다.
② 수령인이 물품의 수하인과 다른 경우 반드시 수하인과의 관계를 기재하여야 한다.
③ 인수증은 반드시 인수자 확인란에 수령인이 누구인지 인수자가 자필로 바르게 적도록 한다.
④ 같은 장소에 여러 박스를 배송할 때에는 인수증에 반드시 실제 배달한 수량을 기재 받아 차후에 수량 차이로 인한 시비가 발생하지 않도록 하여야 한다.

36 ①
화물취급요령 〉 화물의 인수인계요령
인수증 상에 인수자 서명을 운전자가 임의 기재한 경우는 무효로 간주되며, 문제가 발생하면 배송완료로 인정받을 수 없다.

37 원동기의 전부 또는 대부분이 운전실의 아래쪽에 있는 트럭을 일컫는 말은?

① 밴
② 픽업
③ 보닛 트럭
④ 캡 오버 엔진 트럭

37 ④
화물취급요령 〉 화물자동차의 종류
- 밴: 상자형 화물실을 갖추고 있는 트럭 (지붕이 없는 오픈 톱형도 포함)
- 픽업: 화물실의 지붕이 없고, 옆판이 운전대와 일체로 되어 있는 화물자동차
- 보닛 트럭: 원동기부의 덮개가 운전실의 앞쪽에 나와 있는 트럭

38 세미 트레일러에 대한 설명으로 옳지 않은 것은?

① 가동 중인 트레일러 중에서는 가장 많고 일반적인 트레일러이다.
② 발착지에서의 트레일러 탈착이 용이하고 공간을 적게 차지해서 후진하는 운전이 쉽다.
③ 기둥, 통나무 등 장척의 적하물 자체가 트랙터와 트레일러의 연결 부분을 구성하는 구조의 트레일러이다.
④ 잡화수송에는 밴형 세미 트레일러, 중량물에는 중량용 세미 트레일러, 또는 중저상식 트레일러 등이 사용되고 있다.

38 ③
화물취급요령 〉 화물자동차의 종류
기둥, 통나무 등 장척의 적하물 자체가 트랙터와 트레일러의 연결 부분을 구성하는 구조의 트레일러는 폴 트레일러(Pole trailer)이다.

39 고객의 책임 있는 사유로 고객이 약정된 이사화물의 인수일 당일에 해제를 통지한 경우, 고객은 계약금의 몇 배에 해당하는 손해배상액을 사업자에게 지급하여야 하는가?

① 배액
② 4배액
③ 6배액
④ 10배액

39 ①
화물취급요령 〉 화물운송의 책임한계
고객의 책임 있는 사유로 고객이 약정된 이사화물의 인수일 당일에 해제를 통지한 경우 계약금의 배액을 지급하여야 한다.

40 운송물의 수탁을 거절할 수 있는 경우에 해당하는 것은?

① 고객이 운송장에 필요한 사항을 기재한 경우
② 운송물 1포장의 가액이 300만 원을 초과하는 경우
③ 운송물의 인도예정일(시)에 따른 운송이 가능한 경우
④ 운송물이 화약류·인화물질 등 위험한 물건이 아닌 경우

40 ②
화물취급요령 〉 화물운송의 책임한계
운송물의 인도예정일(시)에 따른 운송이 불가능한 경우, 운송물이 화약류·인화물질 등 위험한 물건인 경우, 고객이 운송장에 필요한 사항을 기재하지 않은 경우는 수탁을 거절할 수 있다.

41 운전과 관련되는 시각의 특성이 아닌 것은?

① 속도가 빨라질수록 시력은 떨어진다.
② 등속주행을 하면 시야의 범위가 좁아진다.
③ 속도가 빨라질수록 전방주시점은 멀어진다.
④ 운전자는 운전에 필요한 정보의 대부분을 시각을 통해 획득한다.

41 ②
안전운행요령 〉 운전자 요인과 안전운행
속도가 빨라질수록 시야의 범위가 좁아진다.

42 우리나라 도로교통법에서 정한 제1종 운전면허에 필요한 시력으로 옳은 것은?

① 두 눈을 동시에 뜨고 잰 시력이 0.8 이상, 양쪽 눈의 시력이 각각 0.5 이상
② 두 눈을 동시에 뜨고 잰 시력이 0.8 이상, 양쪽 눈의 시력이 각각 0.3 이상
③ 두 눈을 동시에 뜨고 잰 시력이 0.5 이상, 양쪽 눈의 시력이 각각 0.8 이상
④ 두 눈을 동시에 뜨고 잰 시력이 0.5 이상, 양쪽 눈의 시력이 각각 0.3 이상

42 ①
안전운행요령 〉 운전자 요인과 안전운행
제1종 운전면허에 필요한 시력은 두 눈을 동시에 뜨고 잰 시력이 0.8 이상, 양쪽 눈의 시력이 각각 0.5 이상이어야 한다.

43 일광 또는 조명이 밝은 조건에서 어두운 조건으로 변할 때 사람의 눈이 그 상황에 적응하여 시력을 회복하는 것을 일컫는 말은?

① 암순응
② 명순응
③ 심시력
④ 동체시력

43 ①
안전운행요령 〉 운전자 요인과 안전운행
• 명순응: 어두운 조명에서 밝은 조명으로 변할 때 사람의 눈이 적응·회복하는 것
• 심시력: 전방에 있는 대상물까지의 거리를 목측하는 기능
• 동체시력: 움직이는 물체 또는 움직이면서 다른 물체를 보는 시력

44 야간에 운전자가 무엇인가 있다는 것을 인지하기 가장 쉬운 옷 색깔로 옳은 것은?

① 흰색
② 흑색
③ 파란색
④ 붉은색

44 ①
안전운행요령 〉 운전자 요인과 안전운행
야간에 운전자가 무엇인가 있다는 것을 인지하기 가장 쉬운 옷 색깔은 흰색이다.

45 시야의 범위와 자동차 속도의 관계로 옳은 것은?

① 시야의 범위는 자동차 속도에 비례한다.
② 시야의 범위와 자동차 속도는 관련 없다.
③ 시야의 범위는 자동차 속도에 반비례한다.
④ 시야의 범위는 자동차가 처음 속도를 높일 때는 좁아지나, 이후 다시 넓어진다.

45 ③
안전운행요령 〉 운전자 요인과 안전운행
시야의 범위는 자동차 속도에 반비례하며, 어느 특정한 곳에 주의가 집중되었을 경우 집중의 정도에 비례한다.

46 보행 중 교통사고 사망자 구성비가 가장 높은 나라로 옳은 것은?

① 한국
② 미국
③ 일본
④ 프랑스

46 ①
안전운행요령 〉 운전자 요인과 안전운행
우리나라 보행 중 교통사고 사망자 구성비는 OECD 평균(18.8%)보다 높은 38.9%이며, 미국(14.5%), 프랑스(14.2%), 일본(36.2%) 등에 비해 높은 것으로 나타나고 있다.

47 ABS의 사용목적이 아닌 것은?

① 불쾌한 스키드음 방지
② 전륜 잠김 현상을 방지하여 조종성 확보
③ 후륜 잠김 현상을 방지하여 방향 안정성 확보
④ 바퀴 잠김에 따른 편마모를 증가시켜 타이어의 수명 연장

47 ④
안전운행요령 〉 자동차 요인과 안전운행
ABS 사용으로 바퀴 잠김에 따른 편마모를 방지하여 타이어의 수명을 연장할 수 있다.

48 앞바퀴 정렬의 종류에 해당하지 않는 것은?

① 캠버
② 토우인
③ 캐스터
④ 판 스프링

48 ④
안전운행요령 〉 자동차 요인과 안전운행
판 스프링은 현가장치에 해당한다.

49 원심력이 커지는 경우에 해당하는 것은?

① 커브가 클수록
② 속도가 빠를수록
③ 중량이 가벼울수록
④ 운전자의 시력이 좋을수록

49 ②
안전운행요령 〉 자동차 요인과 안전운행
원심력은 속도가 빠를수록, 커브가 작을수록, 중량이 무거울수록 커진다.

50 수막 현상의 예방법이 아닌 것은?

① 고속으로 주행하지 않는다.
② 타이어의 공기압을 낮게 한다.
③ 마모된 타이어를 사용하지 않는다.
④ 배수효과가 좋은 타이어를 사용한다.

50 ②
안전운행요령 〉 자동차 요인과 안전운행
수막 현상을 예방하기 위해 타이어의 공기압을 조금 높게 한다.

51 가속 페달을 힘껏 밟는 순간 "끼익!"하는 소리가 나는 경우 해당되는 자동차의 고장 부분으로 옳은 것은?

① 팬벨트
② 클러치 부분
③ 브레이크의 라이닝
④ 엔진의 점화장치 부분

51 ①
안전운행요령 〉 자동차 요인과 안전운행
가속 페달을 힘껏 밟는 순간 "끼익!"하는 소리가 나는 경우는 팬벨트 또는 기타의 V 벨트가 이완되어 걸려 있는 풀리와의 미끄러짐에 의해 일어난다.

52 엔진 온도가 과열된 경우 점검사항이 아닌 것은?

① 배기 배출가스 육안 확인
② 팬 및 워터펌프의 벨트 확인
③ 냉각팬 및 워터펌프의 작동 확인
④ 냉각수 및 엔진오일의 양 확인과 누출 여부 확인

52 ①
안전운행요령 〉 자동차 요인과 안전운행
배기 배출가스 육안 확인은 엔진오일이 과다 소모될 경우의 점검사항이다.

53 도로 요인 중 도로구조에 해당하는 사항이 아닌 것은?

① 노면
② 신호기
③ 차로 수
④ 도로의 선형

53 ②
안전운행요령 〉 도로 요인과 안전운행
- 도로구조: 노면, 차로 수, 도로의 선형, 노폭, 구배 등
- 안전시설: 신호기, 노면표시, 방호울타리 등

54 일반적으로 도로가 되기 위한 조건 중 교통경찰권을 뜻하는 것은?

① 공공의 안전과 질서유지를 위하여 교통경찰권이 발동될 수 있는 장소
② 사람의 왕래, 화물의 수송, 자동차 운행 등 공중의 교통영역으로 이용되고 있는 곳
③ 차로의 설치, 비포장의 경우에는 노면의 균일성 유지 등으로 자동차 기타 운송수단의 통행에 용이한 형태를 갖출 것
④ 공중교통에 이용되고 있는 불특정 다수인 및 예상할 수 없을 정도로 바뀌는 숫자의 사람을 위해 이용이 허용되고 실제 이용되고 있는 곳

54 ①
안전운행요령 〉 도로 요인과 안전운행
②는 이용성, ③은 형태성, ④는 공개성이다.

55 일반적인 중앙분리대의 주된 기능이 아닌 것은?

① 대향차의 현광 방지
② 상하 차도의 교통 합산
③ 필요에 따라 유턴 방지
④ 보행자에 대한 안전섬이 됨으로써 횡단 시 안전

55 ②
안전운행요령 〉 도로 요인과 안전운행
중앙분리대는 상하 차도의 교통을 분리하여 정면충돌사고를 방지하는 기능이 있다.

56 차도를 통행의 방향에 따라 분리하고 옆부분의 여유를 확보하기 위해 도로의 중앙에 설치하는 분리대와 측대를 일컫는 말은?

① 차선
② 교차로
③ 길어깨
④ 중앙분리대

56 ④
안전운행요령 > 도로 요인과 안전운행
- 차선: 차로와 차로를 구분하기 위해 그 경계지점을 안전표지로 표시한 선
- 교차로: '十'자로, 'T'자로나 그 밖에 둘 이상의 도로 또는 차도가 교차하는 부분
- 길어깨: 도로를 보호하고 비상시에 이용하기 위해 차로에 접속하여 설치하는 도로의 부분

57 도로의 진행방향 중심선의 길이에 대한 높이의 변화 비율을 일컫는 말은?

① 편경사
② 횡단경사
③ 종단경사
④ 정지시거

57 ③
안전운행요령 > 도로 요인과 안전운행
- 편경사: 평면곡선부에서 자동차가 원심력에 저항할 수 있도록 하기 위해 설치하는 횡단경사
- 횡단경사: 도로의 진행방향에 직각으로 설치하는 경사
- 정지시거: 운전자가 같은 차로 위에 있는 고장차 등의 장애물을 인지하고 안전하게 정지하기 위해 필요한 거리

58 방어운전방법으로 옳지 않은 것은?

① 뒤에 다른 차가 접근해 올 때는 속도를 높인다.
② 교통량이 너무 많은 길이나 시간을 피해 운전하도록 한다.
③ 교통신호가 바뀐다고 해서 무작정 출발하지 말고 주위 자동차의 움직임을 관찰한 후 진행한다.
④ 앞차를 뒤따라 갈 때는 앞차가 급제동을 하더라도 추돌하지 않도록 차간거리를 충분히 유지한다.

58 ①
안전운행요령 > 안전운전방법
뒤에 다른 차가 접근해 올 때는 속도를 낮춘다.

59 주행 시 속도를 조절하여 방어운전하는 방법으로 옳지 않은 것은?

① 교통량이 많은 곳에서는 속도를 줄여서 주행한다.
② 주행하는 차들과 물 흐르듯 속도를 맞추어 주행한다.
③ 노면의 상태가 나쁜 도로에서는 속도를 올려서 주행한다.
④ 기상상태나 도로조건 등으로 시계조건이 나쁜 곳에서는 속도를 줄여 주행한다.

59 ③
안전운행요령 > 안전운전방법
노면의 상태가 나쁜 도로어서는 속도를 줄여서 주행한다.

60 정지할 때의 방어운전방법이 아닌 것은?

① 원활하게 서서히 정지한다.
② 미끄러운 노면에서는 급제동을 한다.
③ 운행 전에 제동등이 점등되는지 확인한다.
④ 교통 상황을 판단하여 미리 속도를 줄여 급정지하지 않도록 한다.

60 ②
안전운행요령 > 안전운전방법
미끄러운 노면에서는 급제동으로 차가 회전하는 경우가 발생하지 않도록 한다.

61 교차로의 황색신호 시의 사고유형이 아닌 것은?

① 횡단보도 전 앞차 정지 시 앞차 추돌
② 원심력을 가볍게 생각하여 커브길에서의 충돌
③ 교차로 상에서 전신호 차량과 후신호 차량의 충돌
④ 횡단보도 통과 시 보행자, 자전거 또는 이륜차 충돌

61 ②
안전운행요령 〉 안전운전방법
교차로의 황색신호 시 사고유형에는 ①, ③, ④ 외에 유턴 차량과의 충돌이 있다.

62 교차로에 대한 설명으로 옳지 않은 것은?

① 교차로는 사각이 많다.
② 입체교차로는 교통 흐름을 시간적으로 분리하는 기능을 한다.
③ 무리하게 교차로를 통과하려는 심리가 작용하여 추돌사고가 일어나기 쉽다.
④ 교차로 및 교차로 부근은 횡단보도 및 횡단보도 부근과 더불어 교통사고가 가장 많이 발생하는 지점이다.

62 ②
안전운행요령 〉 안전운전방법
신호기는 교통 흐름을 시간적으로 분리하는 기능을 하며, 입체교차로는 교통 흐름을 공간적으로 분리하는 기능을 한다.

63 고속도로에서의 2차사고를 예방하는 안전행동요령이 아닌 것은?

① 트렁크를 열어 위험을 알린다.
② 운전자와 탑승자는 차량 내 또는 주변에 남아 사고나 고장을 알린다.
③ 신속히 비상등을 켜고 다른 차의 소통에 방해가 되지 않도록 갓길로 차량을 이동시킨다.
④ 후방에서 접근하는 차량의 운전자가 쉽게 확인할 수 있도록 고장자동차의 표지(안전삼각대)를 한다.

63 ②
안전운행요령 〉 안전운전방법
운전자와 탑승자가 차량 내 또는 주변에 있는 것은 매우 위험하므로 가드레일 밖 등 안전한 장소로 대피하여 2차사고를 예방한다.

64 위험물 적재 시 운반용기와 포장 외부에 표시해야 할 사항이 아닌 것은?

① 수량
② 화학명
③ 위험물의 품목
④ 운반용기의 재질

64 ④
안전운행요령 〉 안전운전방법
위험물의 적재 시 운반용기와 포장 외부에 표시해야 할 사항은 위험물의 품목, 화학명 및 수량이다.

65 위험물의 충전용기 등을 적재한 차량을 주·정차할 경우 따라야 하는 기준으로 옳지 않은 것은?

① 언덕길에 주차 시 풋 브레이크만을 걸어 놓을 것
② 주위의 화기 등이 없는 안전한 장소에 주·정차할 것
③ 시장 등 차량의 통행이 현저히 곤란한 장소 등에는 주·정차하지 말 것
④ 지형을 충분히 고려하여 가능한 한 평탄하고 교통량이 적은 안전한 장소를 택할 것

65 ①
안전운행요령 〉 안전운전방법
위험물의 충전용기 등을 적재한 차량을 주·정차 시 가능한 한 언덕길 등 경사진 곳을 피해야 하며, 엔진을 정지시킨 다음, 사이드 브레이크를 걸어 놓고 반드시 차바퀴를 고정목으로 고정시킨다.

66 최일선에서 고객과 접촉하는 현장직원인 직업운전자가 가져야 할 자세로서 고객을 직접 응대하는 직원이 곧 회사를 대표하는 중요한 사람이라는 것을 일컫는 말은?

① 접점제일주의
② 직원제일주의
③ 고객제일주의
④ 고객만족주의

66 ①
운송서비스 〉 직업운전자의 기본자세
접점제일주의는 '나는 회사를 대표하는 사람'이라는 마음가짐으로 고객을 직접 대하는 직원이 바로 회사를 대표하는 중요한 사람이라는 것이다.

67 악수할 경우의 예절에 해당하지 않는 것은?

① 손을 놓지 않고 대화한다.
② 손은 반드시 오른손을 내민다.
③ 손이 더러울 땐 양해를 구한다.
④ 상대의 눈을 바라보며 웃는 얼굴로 악수한다.

67 ①
운송서비스 〉 직업운전자의 기본자세
악수할 경우에는 계속 손을 잡은 채로 말하지 않는다.

68 고객에게 호감을 받는 시선이 아닌 것은?

① 위아래로 훑어본다.
② 가급적 고객의 눈높이와 맞춘다.
③ 눈동자는 항상 중앙에 위치하도록 한다.
④ 자연스럽고 부드러운 시선으로 상대를 본다.

68 ①
운송서비스 〉 직업운전자의 기본자세
위로 치켜뜨는 눈, 곁눈질, 한 곳만 응시하는 눈, 위아래로 훑어보는 눈은 고객이 싫어하는 시선이다.

69 인터넷 비즈니스에서 물류가 중시됨에 따른 인터넷 유통에서의 물류원칙이 아닌 것은?

① 생산성 향상
② 적정수요 예측
③ 배송기간의 최소화
④ 반송과 환불시스템

69 ①
운송서비스 〉 물류의 이해
인터넷 비즈니스에서 물류가 중시됨에 따른 인터넷 유통에서의 물류원칙은 적정수요 예측, 배송기간의 최소화, 반송과 환불시스템이다.

70 로지스틱스에 대한 설명으로 옳지 않은 것은?

① 로지스틱스는 병참을 의미하는 프랑스어이다.
② 로지스틱스는 단순히 장소적 이동을 의미하는 운송의 개념으로 발전하였다.
③ 로지스틱스와 기업경영에서 본 물류관리 내용이 유사하여 로지스틱스라는 군사용어가 경영이론에 도입되었다.
④ 로지스틱스는 생산지에서 소비지까지의 원재료와 제품, 정보의 흐름을 관리하는 기술이라고 광범위하게 해석되었다.

70 ②
운송서비스 〉 물류의 이해
최근 물류(로지스틱스)는 단순히 장소적 이동을 의미하는 운송의 개념에서 자재조달이나 폐기, 회수 등까지 총괄하는 경향으로 발전하였다.

71 물류의 기능 중 단순가공, 재포장 또는 조립 등 제품이나 상품의 부가가치를 높이기 위한 물류활동으로 옳은 것은?

① 정보기능
② 포장기능
③ 하역기능
④ 유통가공기능

71 ④
운송서비스 > 물류의 이해
- 정보기능: 전자적 수단으로 물류관리의 효율화를 도모함
- 포장기능: 물품의 가치 및 상태를 유지하기 위해 용기 등을 이용하여 보호함
- 하역기능: 물품을 상하좌우로 이동시킴

72 물류전략의 실행구조의 순서로 옳은 것은?

① 전략 수립 → 구조설계 → 기능 정립 → 실행
② 전략 수립 → 기능 정립 → 실행 → 구조설계
③ 구조설계 → 전략 수립 → 기능 정립 → 실행
④ 구조설계 → 전략 수립 → 실행 → 기능 정립

72 ①
운송서비스 > 물류의 이해
물류전략의 실행구조의 순서는 '전략 수립 → 구조설계 → 기능 정립 → 실행'이다.

73 화주기업이 직접 물류활동을 처리하는 물류를 일컫는 말은?

① 제1자 물류
② 제2자 물류
③ 제3자 물류
④ 제4자 물류

73 ①
운송서비스 > 물류의 이해
기업이 사내에 물류조직을 두고 물류업무를 직접 수행하는 경우를 제1자 물류(자사 물류)라고 한다.

74 하역작업에 해당하지 않는 것은?

① 적출
② 분류
③ 포장
④ 피킹

74 ③
운송서비스 > 물류의 이해
하역에는 적입, 적출, 분류, 피킹 등의 작업이 해당하며, 포장은 하역작업이 아니다.

75 운송 합리화를 위한 방안으로 옳지 않은 것은?

① 최단 운송경로를 개발하고 차선의 운송수단을 선택한다.
② 출하물량 단위를 자동차별로 단위화·대형화하거나 운송수단에 적합하게 물품을 표준화한다.
③ 화물을 싣지 않은 공차상태로 운행함으로써 발생하는 비효율을 줄이기 위해 주도면밀한 운송계획을 수립한다.
④ 물류거점 간의 온라인화를 통한 화물정보시스템과 화물추적시스템 등의 이용을 통한 총물류비의 절감 노력이 필요하다.

75 ①
운송서비스 > 물류의 이해
운송 합리화를 위해 최단 운송경로를 개발하고 최적의 운송수단을 선택한다.

76 사업목표와 소비자 서비스 요구사항에서부터 시작되며, 경쟁업체에 대항하는 공격적인 물류전략을 일컫는 말은?

① 비용 절감 물류전략
② 자본 절감 물류전략
③ 프로액티브 물류전략
④ 크래프팅 중심의 물류전략

76 ③
운송서비스 > 물류의 이해
- 비용 절감 물류전략: 운반 및 보관과 관련된 가변비용을 최소화하는 전략
- 자본 절감 물류전략: 물류시스템에 대한 투자를 최소화하는 전략
- 크래프팅 중심의 물류전략: 특정한 프로그램이나 기법을 필요로 하지 않으며, 뛰어난 통찰력이나 영감에 바탕을 둠

77 물류활동에 관련되는 모든 사람들이 물류서비스 품질에 대하여 책임을 나누어 가지고 문제점을 개선하는 것을 일컫는 말은?

① 제3자 물류
② 공급망관리
③ 효율적 고객대응
④ 물류의 전사적 품질관리

77 ④
운송서비스 > 화물운송서비스의 이해
물류의 전사적 품질관리(TQC; Total Quality Control)는 물류서비스 품질관리 담당자 모두가 물류서비스 품질의 실천자가 된다는 것이다.

78 고객 만족도를 높일 수 있는 물류서비스가 아닌 것은?

① 리드타임의 증가
② 체류시간의 단축
③ 다양한 정보서비스
④ 납품시간 및 시간대 지정

78 ①
운송서비스 > 화물운송서비스와 문제점
물류서비스 수준을 향상시키는 것에는 리드타임의 단축이 있다.

79 택배화물의 배달방법으로 옳지 않은 것은?

① 시간대별로 전화하여 운송현황을 알려준다.
② 집하 이용, 반품 등을 문의할 때는 성실히 답변한다.
③ 모든 배달품은 약속 시간(기간) 내에 배달되어야 한다.
④ 미배달 화물은 미배달 사유를 기록하여 관리자에게 제출하고 화물은 재입고한다.

79 ①
운송서비스 > 화물운송서비스와 문제점
위치 파악, 방문예정시간 통보, 착불요금 준비를 위해 방문예정시간은 2시간 정도의 여유를 갖고 약속하며, 시간대별로 전화할 필요는 없다.

80 사업용 트럭운송의 장점으로 옳지 않은 것은?

① 높은 수송능력
② 저렴한 운송료
③ 비효율적인 시스템
④ 물동량의 변동에 대응한 안정수송

80 ③
운송서비스 > 화물운송서비스와 문제점
사업용(영업용) 트럭운송의 장점은 ①, ②, ④ 이외에 높은 융통성, 설비투자와 인적투자의 불필요, 변동비 처리 가능 등이 있다.

5회 기출복원 모의고사

제한시간 80분 | 합격개수 48문제

CBT로 풀어보기

01 다음 용어와 설명이 바르게 연결되지 않은 것은?

① 고속도로: 자동차가 최고속도로 달릴 수 있는 도로
② 자동차전용도로: 자동차만 다닐 수 있도록 설치된 도로
③ 차선: 차로와 차로를 구분하기 위해 그 경계지점을 안전표지로 표시한 선
④ 횡단보도: 보행자가 도로를 횡단할 수 있도록 안전표지로 표시한 도로의 부분

01 ①
교통 및 화물 관련법규 〉도로교통법령
고속도로는 자동차의 고속 운행에만 사용하기 위해 지정된 도로이다.

02 차마가 다른 교통 또는 안전표지의 표시에 주의하면서 진행할 수 있는 신호의 종류로 옳은 것은?

① 녹색의 등화
② 황색의 등화
③ 황색 등화의 점멸
④ 적색 등화의 점멸

02 ③
교통 및 화물 관련법규 〉도로교통법령
황색 등화의 점멸 신호인 경우 차마는 다른 교통 또는 안전표지의 표시에 주의하면서 진행할 수 있다.

03 도로 상태가 위험하거나 도로 또는 그 부근에 위험물이 있는 경우에 필요한 안전조치를 할 수 있도록 이를 도로사용자에게 알리는 교통안전표지로 옳은 것은?

① 주의표지
② 규제표지
③ 지시표지
④ 보조표지

03 ①
교통 및 화물 관련법규 〉도로교통법령
도로 상태가 위험한 경우 등에 도로사용자가 안전조치를 할 수 있도록 알리는 표지를 주의표지라고 하며 우합류도로, 도로폭이 좁아짐, 중앙분리대 시작, 오르막 경사, 터널, 교량 등이 있다.

04 앞지르기의 방법으로 옳은 것은?

① 통행기준에 지정된 차로의 왼쪽 바로 옆 차로로 통행할 수 있다.
② 통행기준에 지정된 차로의 오른쪽 바로 옆 차로로 통행할 수 있다.
③ 통행기준에 지정된 차로의 왼쪽 두 번째 옆 차로로 통행할 수 있다.
④ 통행기준에 지정된 차로의 오른쪽 두 번째 옆 차로로 통행할 수 있다.

04 ①
교통 및 화물 관련법규 〉도로교통법령
앞지르기를 할 때에는 통행기준에 지정된 차로의 왼쪽 바로 옆 차로로 통행할 수 있다.

05 안전거리 확보 등 안전운전에 대한 설명으로 옳지 않은 것은?

① 같은 방향으로 가고 있는 자전거 운전자에 주의해야 하며, 그 옆을 지날 때에는 운행에 방해가 되므로 최대한 빠른 속도로 지나간다.
② 위험 방지를 위한 경우와 그 밖의 부득이한 경우가 아니면 운전하는 차를 갑자기 정지시키거나 속도를 줄이는 등의 급제동을 해서는 안 된다.
③ 같은 방향으로 가고 있는 앞차의 뒤를 따르는 경우에는 앞차가 갑자기 정지하게 되는 경우 그 앞차와의 충돌을 피할 수 있는 필요한 거리를 확보해야 한다.
④ 차의 진로를 변경하려는 경우에 그 변경하려는 방향으로 오고 있는 다른 차의 정상적인 통행에 장애를 줄 우려가 있을 때에는 진로를 변경해서는 안 된다.

05 ①
교통 및 화물 관련법규 〉 도로교통법령
같은 방향으로 가고 있는 자전거 운전자에 주의해야 하며, 그 옆을 지날 때에는 그 자전거와의 충돌을 피할 수 있도록 거리를 확보해야 한다.

06 편도 2차로 이상의 고속도로 운행 시 최고속도가 매시 80km에 해당하는 화물자동차의 적재중량 기준으로 옳은 것은?

① 적재중량 1톤 초과
② 적재중량 1.5톤 초과
③ 적재중량 2톤 초과
④ 적재중량 2.5톤 초과

06 ②
교통 및 화물 관련법규 〉 도로교통법령
적재중량 1.5톤 초과 화물자동차, 특수자동차, 위험물운반자동차, 건설기계가 편도 2차로 이상의 고속도로 운행 시 최고속도는 매시 80km이다.

07 올바른 운전방법에 해당하지 않는 것은?

① 교차로에서 좌·우회전할 때 각각 서행한다.
② 앞지르기할 때에는 오른쪽 차로로 천천히 서행한다.
③ 차량신호등이 적색의 등화인 경우 차마는 정지선, 횡단보도 및 교차로의 직전에서 정지한다.
④ 보도와 차도가 구분된 도로에서 도로 외의 곳을 출입할 때에는 보도를 횡단하기 직전에 일시정지한다.

07 ②
교통 및 화물 관련법규 〉 도로교통법령
앞지르기를 할 때에는 통행기준에 지정된 차로의 왼쪽 바로 옆 차로로 통행하며, 천천히 서행할 필요는 없다.

08 좌회전 시 표시방법으로 적절하지 않은 것은?

① 등화
② 수신호
③ 경음기
④ 방향지시기

08 ③
교통 및 화물 관련법규 〉 도로교통법령
우회전이나 좌회전을 하기 위해 손(수신호)이나 방향지시기 또는 등화로 신호한다.

09 제2종 보통면허로 운전할 수 없는 차에 해당하는 것은?

① 승용자동차
② 적재중량 4톤 이하 화물자동차
③ 총중량 10톤 미만의 특수자동차
④ 승차정원 10인 이하의 승합자동차

09 ③
교통 및 화물 관련법규 > 도로교통법령
제2종 보통면허로 총중량 3.5톤 이하의 특수자동차를 운전할 수 있으며, 총중량 10톤 미만의 특수자동차는 제1종 보통면허로 운전할 수 있다.

10 도로교통법상 술에 취한 상태의 기준이 되는 혈중알코올농도로 옳은 것은?

① 혈중알코올농도 0.02퍼센트 이상
② 혈중알코올농도 0.02퍼센트 이하
③ 혈중알코올농도 0.03퍼센트 이상
④ 혈중알코올농도 0.03퍼센트 이하

10 ③
교통 및 화물 관련법규 > 도로교통법령
도로교통법상 술에 취한 상태의 기준인 혈중알코올농도는 0.03퍼센트 이상이다.

11 교통사고에 의한 사망은 교통사고가 주된 원인이 되어 교통사고 발생 시부터 며칠 이내에 사람이 사망한 사고를 말하는가?

① 교통사고 발생 시부터 10일 이내
② 교통사고 발생 시부터 30일 이내
③ 교통사고 발생 시부터 50일 이내
④ 교통사고 발생 시부터 100일 이내

11 ②
교통 및 화물 관련법규 > 교통사고처리특례법
교통사고에 의한 사망은 교통사고가 주된 원인이 되어 교통사고 발생 시부터 30일 이내에 사람이 사망한 사고를 말한다.

12 교통사고처리특례법상 도주사고가 적용되지 않는 경우는?

① 부상피해자에 대한 적극적인 구호조치 없이 가버린 경우
② 사고현장에 있었어도 사고사실을 은폐하기 위해 거짓진술·신고한 경우
③ 피해자를 병원까지만 후송하고 계속 치료 받을 수 있는 조치 없이 도주한 경우
④ 가해자 및 피해자 일행 또는 경찰관이 환자를 후송 조치하는 것을 보고 연락처를 주고 가버린 경우

12 ④
교통 및 화물 관련법규 > 교통사고처리특례법
①, ②, ③은 도주사고가 적용되는 경우에 해당한다.

13 신호 위반에 대한 설명으로 옳지 않은 것은?

① 신호를 무시하고 진행한 경우 신호 위반에 해당한다.
② 주의(황색)신호에 무리하게 진입한 경우는 신호 위반에 해당한다.
③ 좌회전 신호가 없는 교차로의 좌회전 중 사고는 신호 위반에 해당하지 않는다.
④ 교통경찰공무원을 보조하는 사람의 수신호 위반사고 시 신호 위반을 적용한다.

13 ③
교통 및 화물 관련법규 〉 교통사고처리특례법
좌회전 신호 없는 교차로 좌회전 중 사고는 대형사고의 예방 측면에서 신호 위반을 적용한다.

14 소형 화물자동차의 최대적재량으로 옳은 것은?

① 1톤 이하
② 1톤 초과 5톤 미만
③ 3.5톤 이하
④ 5톤 이상

14 ①
교통 및 화물 관련법규 〉 화물자동차운수사업법령
- 중형 화물자동차의 최대적재량: 1톤 초과 5톤 미만
- 대형 화물자동차의 최대적재량: 5톤 이상

15 화물자동차운송사업자가 허가기준에 관한 사항을 신고해야 하는 기간과 대상으로 옳은 것은?

① 허가받은 날부터 3년마다 시·도지사에게 신고
② 허가받은 날부터 5년마다 시·도지사에게 신고
③ 허가받은 날부터 3년마다 국토교통부장관에게 신고
④ 허가받은 날부터 5년마다 국토교통부장관에게 신고

15 ④
교통 및 화물 관련법규 〉 화물자동차운수사업법령
운송사업자는 허가받은 날부터 5년마다 허가기준에 관한 사항을 국토교통부장관에게 신고해야 한다.

16 화물자동차운송사업의 허가를 받을 수 없는 자에 해당하지 않는 것은?

① 피성년후견인 또는 피한정후견인
② 파산선고를 받고 복권되지 아니한 자
③ 화물자동차운수사업법을 위반하여 징역 이상의 형의 집행유예를 선고받고 그 유예기간 중에 있는 자
④ 화물자동차운수사업법을 위반하여 징역 이상의 실형을 선고받고 그 집행이 끝나거나 집행이 면제된 날부터 3년이 지나지 아니한 자

16 ④
교통 및 화물 관련법규 〉 화물자동차운수사업법령
화물자동차운수사업법을 위반하여 징역 이상의 실형을 선고받고 그 집행이 끝나거나 집행이 면제된 날부터 2년이 지나지 아니한 자는 화물자동차운송사업의 허가를 받을 수 없다.

17 화물자동차운수사업법상 운임과 요금을 정하여 미리 신고해야 하는 화물자동차운송사업자가 아닌 것은?

① 견인형 특수자동차를 사용하여 컨테이너를 운송하는 운송사업자
② 구난형 특수자동차를 사용하여 고장차량·사고차량 등을 운송하는 운송사업자
③ 밴형 화물자동차를 사용하여 화주와 화물을 함께 운송하는 운송사업자 및 운송가맹사업자
④ 화물자동차를 직접 소유하지 않은 운송가맹사업자 중 구난형 특수자동차를 사용하여 고장차량·사고차량 등을 운송하는 운송가맹사업자

17 ④
교통 및 화물 관련법규 〉 화물자동차운수사업법령
구난형 특수자동차를 사용하여 고장차량·사고차량 등을 운송하는 운송사업자 또는 운송가맹사업자(화물자동차를 직접 소유한 운송가맹사업자만 해당)는 운임 및 요금을 미리 정하여 신고해야 하는 운송사업자이다.

18 보험회사 등이 자기와 책임보험계약 등을 체결하고 있는 보험 등 의무가입자에게 그 계약이 끝난다는 사실을 언제까지 알려야 하는가?

① 그 계약종료일 7일 전까지
② 그 계약체결일 이후 7일 이내
③ 그 계약종료일 30일 전까지
④ 그 계약체결일 이후 30일 이내

18 ③
교통 및 화물 관련법규 〉 화물자동차운수사업법령
보험회사 등은 자기와 책임보험계약 등을 체결하고 있는 보험 등 의무가입자에게 그 계약종료일 30일 전까지 그 계약이 끝난다는 사실을 알려야 한다.

19 화물자동차운송사업자가 적재물배상책임보험 또는 공제에 가입하지 않은 기간이 10일 이내일 때의 미가입 화물자동차 1대당 과태료 금액으로 옳은 것은?

① 1만 5천 원
② 3만 원
③ 10만 원
④ 15만 원

19 ①
교통 및 화물 관련법규 〉 화물자동차운수사업법령
화물자동차운송사업자가 적재물배상책임보험 또는 공제에 가입하지 않은 경우 가입하지 않은 기간이 10일 이내일 때 미가입 화물자동차 1대당 과태료 금액은 1만 5천 원이며, 10일을 초과한 때는 1만 5천 원에 11일째부터 기산하여 1일당 5천 원을 가산한 금액으로 한다.

20 제작연도에 등록된 자동차의 차령기산일은 언제인가?

① 제작일
② 제작연도의 말일
③ 제작연도의 시작일
④ 최초의 신규등록일

20 ④
교통 및 화물 관련법규 〉 자동차관리법령
제작연도에 등록된 자동차의 차령기산일은 최초의 신규등록일이며, 제작연도에 등록되지 않은 자동차의 차령기산일은 제작연도의 말일이다.

21 자동차의 소유자가 등록원부의 기재사항 변경등록 신청을 하지 않고, 신청 지연기간이 90일 이내인 때의 과태료로 옳은 것은?

① 2만 원
② 5만 원
③ 30만 원
④ 50만 원

21 ①
교통 및 화물 관련법규 〉 자동차관리법령
등록원부의 기재사항 변경등록 신청을 하지 않은 경우, 신청 지연기간이 90일 이내인 때의 과태료는 2만 원이다.

22 지방의 간선도로망을 이루는 도청 소재지에서 시청 또는 군청 소재지에 이르는 도로를 일컫는 말은?

① 시·도
② 지방도
③ 고속국도
④ 일반국도

22 ②
교통 및 화물 관련법규 〉 도로법령
지방의 간선도로망을 이루는 도청 소재지에서 시청 또는 군청 소재지에 이르는 도로를 지방도라 한다.

23 차량을 사용하지 아니하고 자동차전용도로를 통행하거나 출입한 자의 벌칙 규정으로 옳은 것은?

① 100만 원 이하의 과태료
② 500만 원 이하의 과태료
③ 1년 이하의 징역이나 1천만 원 이하의 벌금
④ 2년 이하의 징역이나 3천만 원 이하의 벌금

23 ③
교통 및 화물 관련법규 〉 도로법령
자동차전용도로는 차량만을 사용해서 통행하거나 출입해야 하며, 이를 위반하면 1년 이하의 징역이나 1천만 원 이하의 벌금에 처한다.

24 대기환경보전법상 연소할 때에 생기는 유리탄소가 응결하여 입자의 지름이 1미크론 이상이 되는 입자상물질을 무엇이라 하는가?

① 가스
② 매연
③ 검댕
④ 먼지

24 ③
교통 및 화물 관련법규 〉 대기환경보전법령
- 가스: 물질이 연소·합성·분해될 때 발생하거나 물리적 성질로 인하여 발생하는 기체상물질
- 매연: 연소할 때에 생기는 유리탄소가 주가 되는 미세한 입자상물질
- 먼지: 대기 중에 떠다니거나 흩날려 내려오는 입자상물질

25 자동차의 원동기 가동 제한(공회전 제한)을 위반한 자동차의 운전자에게 부과되는 과태료 금액으로 옳은 것은?

① 3만 원
② 5만 원
③ 10만 원
④ 15만 원

25 ②
교통 및 화물 관련법규 〉 대기환경보전법령
자동차의 원동기 가동 제한을 위반한 자동차의 운전자에게 부과되는 과태료는 5만 원이다.

26 운송장의 기능에 대한 설명으로 옳지 않은 것은?

① 배달에 대한 증빙: 고객에게 화물추적 및 배달에 대한 정보를 제공하는 자료로 활용한다.
② 계약서 기능: 운송장이 작성되면 운송장에 기록된 내용과 약관에 기준한 계약이 성립된 것이다.
③ 화물인수증 기능: 운송장을 작성하고 운전자가 날인하여 교부함으로써 운송장에 기록된 내용대로 화물을 인수하였음을 확인하는 것이다.
④ 운송요금 영수증 기능: 화물의 수탁 또는 배달 시 운송요금을 현금으로 받는 경우에는 운송장에 회사의 수령인을 날인하여 사용함으로써 영수증 기능을 한다.

26 ①
화물취급요령 〉 운송장 작성과 화물포장
- 배달에 대한 증빙: 화물을 수하인에게 인도하고 운송장에 인수자의 수령확인을 받음으로써 배달 완료 정보처리에 이용될 뿐만 아니라 물품 분실로 인한 민원이 발생한 경우에는 책임완수 여부를 증명해주는 기능을 한다.
- 정보처리 기본자료: 고객에게 화물추적 및 배달에 대한 정보를 제공하는 자료로 활용한다.

27 포장의 기능에 해당하지 않는 것은?

① 보호성 ② 표시성
③ 유연성 ④ 편리성

27 ③
화물취급요령 〉 운송장 작성과 화물포장
포장의 기능에는 보호성, 표시성, 상품성, 편리성, 효율성, 판매촉진성 등이 있다.

28 포장 내용물을 습기의 피해로부터 보호하기 위해 건조 상태로 유지하는 포장을 일컫는 말은?

① 방수포장 ② 방습포장
③ 방청포장 ④ 진공포장

28 ②
화물취급요령 〉 운송장 작성과 화물포장
- 방수포장: 방수포장 재료 등을 사용하여 포장 내부에 물이 침입하는 것을 방지하는 포장
- 방청포장: 금속제품 및 부품을 수송 또는 보관할 때 녹 발생을 막기 위한 포장
- 진공포장: 밀봉 포장된 상태에서 공기를 빨아들여 밖으로 뽑아 버림으로써 물품의 변질, 내용물의 활성화 등을 방지하는 포장

29 화물더미에서 작업할 때의 안전요령으로 옳지 않은 것은?

① 화물을 쌓거나 내릴 때에는 순서에 맞게 신중히 해야 한다.
② 화물더미의 상층과 하층에서 동시에 작업을 하여 균형을 맞춘다.
③ 화물더미에 오르내릴 때에는 화물의 쏠림이 발생하지 않도록 조심해야 한다.
④ 화물더미 한쪽 가장자리에서 작업할 때에는 화물더미의 불안전한 상태를 수시 확인하여 붕괴 등의 위험이 발생하지 않도록 주의해야 한다.

29 ②
화물취급요령 〉 화물의 상하차
화물더미에서 작업할 때는 화물더미의 상층과 하층에서 동시에 작업하지 않는다.

30 화물을 적재함에 적재하는 방법으로 옳지 않은 것은?

① 가벼운 화물은 무게가 많이 나가지 않으므로 높게 적재해도 상관없다.
② 화물을 적재할 때는 적재함의 폭을 초과하여 과다하게 적재하지 않도록 한다.
③ 무거운 화물을 적재함 뒤쪽에 실으면 앞바퀴가 들려 조향이 마음대로 되지 않아 위험하다.
④ 가축은 화물칸에서 이리저리 움직여 차량이 흔들릴 수 있어 차량 운전에 문제를 발생시킬 수 있으므로 가축이 화물칸에 완전히 차지 않을 경우에는 가축을 한데 몰아 움직임을 제한하는 임시 칸막이를 사용한다.

30 ①
화물취급요령 > 화물의 상하차
가벼운 화물이라도 너무 높게 적재하지 않도록 한다.

31 파렛트(Pallet) 화물의 붕괴 방지 방식에 해당하지 않는 것은?

① 슈링크 방식
② 트래블 방식
③ 밴드걸기 방식
④ 스트레치 방식

31 ②
화물취급요령 > 적재물 결박 덮개 설치
파렛트(Pallet) 화물의 붕괴 방지 방식에는 밴드걸기 방식, 주연어프 방식, 슬립 멈추기 시트 삽입 방식, 풀 붙이기 접착 방식, 수평 밴드걸기 풀 붙이기 방식, 슈링크 방식, 스트레치 방식, 박스 테두리 방식이 있다.

32 파렛트 화물의 붕괴를 방지하는 방법인 슈링크 방식에 대한 설명으로 옳지 않은 것은?

① 통기성이 없다.
② 비용이 많이 든다.
③ 열처리를 행하지 않는다.
④ 필름을 수축시켜 파렛트와 밀착시키는 방식이다.

32 ③
화물취급요령 > 적재물 결박 덮개 설치
슈링크 방식은 열수축성 플라스틱 필름을 파렛트 화물에 씌우고 슈링크 터널을 통과시킬 때 가열하여 필름을 수축시켜 파렛트와 밀착시키는 방식이다.

33 트랙터의 장거리 운행 시 휴식시간으로 옳은 것은?

① 최소한 1시간 주행마다 10분 이상 휴식
② 최소한 2시간 주행마다 10분 이상 휴식
③ 최소한 2시간 주행마다 30분 이상 휴식
④ 최소한 3시간 주행마다 30분 이상 휴식

33 ②
화물취급요령 > 운행요령
트랙터의 장거리 운행 시 최소한 2시간 주행마다 10분 이상 휴식하면서 타이어 및 화물결박 상태를 확인한다.

34 고속도로 운행이 제한되는 속도의 차량으로 옳은 것은?

① 정상운행속도가 50km/h 미만인 차량
② 정상운행속도가 60km/h 미만인 차량
③ 정상운행속도가 70km/h 미만인 차량
④ 정상운행속도가 80km/h 미만인 차량

34 ①
화물취급요령 > 운행요령
정상운행속도가 50km/h 미만인 저속운행 차량은 고속도로 운행이 제한된다.

35 화물의 지연배달사고 원인이 <u>아닌</u> 것은?

① 당일 배송되지 않는 화물에 대한 관리가 미흡한 경우
② 제3자에게 전달한 후 원래 수령인에게 받은 사람을 미통지한 경우
③ 사전에 배송연락 미실시로 제3자가 수취한 후 전달이 늦어지는 경우
④ 대량화물을 취급할 때 수량 미확인 및 송장이 2개 부착된 화물을 집하한 경우

35 ④
화물취급요령 〉 화물의 인수인계요령
④는 분실사고의 원인이다.

36 화물의 지연배달사고의 대책이 <u>아닌</u> 것은?

① 사전에 배송연락 후 배송 계획 수립으로 효율적 배송 시행
② 화물을 인계하였을 때 수령인 본인 여부 확인 작업 필히 실시
③ 미배송되는 화물 명단 작성과 조치사항 확인으로 최대한의 사고 예방 조치
④ 부재중 방문표의 사용으로 방문사실을 고객에게 알려 고객과의 분쟁 예방

36 ②
화물취급요령 〉 화물의 인수인계요령
화물을 인계하였을 때 수령인 본인 여부 확인 작업을 필히 실시하는 것은 오배달사고의 대책이다.

37 트레일러를 차체의 구조 형상에 따라 분류했을 때 특수용도 트레일러에 해당하지 <u>않는</u> 것은?

① 덤프 트레일러
② 탱크 트레일러
③ 스케레탈 트레일러
④ 자동차 운반용 트레일러

37 ③
화물취급요령 〉 화물자동차의 종류
특수용도 트레일러에는 덤프 트레일러, 탱크 트레일러, 자동차 운반용 트레일러 등이 있다. 스케레탈 트레일러는 컨테이너 운송을 위해 전·후단에 컨테이너 고정장치가 부착되어 있는 트레일러이다.

38 화물자동차를 적재함 구조에 따라 분류하였을 때 하대에 간단히 접는 형식의 문짝을 단 차량을 일컫는 말은?

① 단차
② 카고 트럭
③ 전용 특장차
④ 합리화 특장차

38 ②
화물취급요령 〉 화물자동차의 종류
• 단차: 연결 상태가 아닌 자동차 및 트레일러를 지칭하는 말
• 전용 특장차: 덤프 트럭, 믹서차량과 같이 특수한 작업이 가능하도록 기계장치를 부착한 차량
• 합리화 특장차: 하역을 합리화하는 설비기기를 차량 자체에 장비하고 있는 차

39 택배 운송물의 수탁거절 사유에 해당하지 <u>않는</u> 것은?

① 운송물이 살아있는 동물, 동물사체 등인 경우
② 운송물 1포장의 가액이 100만 원을 초과하는 경우
③ 고객이 운송장에 필요한 사항을 기재하지 아니한 경우
④ 운송물이 현금, 카드, 어음, 수표, 유가증권 등 현금화가 가능한 물건인 경우

39 ②
화물취급요령 〉 화물운송의 책임한계
운송물 1포장의 가액이 300만 원을 초과하는 경우 수탁거절 사유에 해당한다.

40 고객의 귀책사유로 이사화물의 인수가 약정된 일시로부터 몇 시간 이상 지체된 경우에 사업자는 계약을 해제하고 계약금의 배액을 손해배상으로 청구할 수 있는가?

① 1시간 이상 지연
② 2시간 이상 지연
③ 3시간 이상 지연
④ 4시간 이상 지연

40 ②
화물취급요령 〉 화물운송의 책임한계
고객의 귀책사유로 이사화물의 인수가 약정된 일시로부터 2시간 이상 지체된 경우, 사업자는 계약을 해제하고 계약금의 배액을 손해배상으로 청구할 수 있다.

41 교통사고의 요인 중 인적 요인에 해당하는 것은?

① 도로의 선형
② 차량구조장치
③ 정부의 교통정책
④ 운전자의 적성과 자질

41 ④
안전운행요령 〉 운전자 요인과 안전운행
- 도로의 선형: 도로 요인
- 차량구조장치: 차량 요인
- 정부의 교통정책: 환경 요인

42 우리나라 도로교통법에서 정한 제2종 운전면허에 필요한 시력으로 옳은 것은?

① 두 눈을 동시에 뜨고 잰 시력이 0.5 이상
② 두 눈을 동시에 뜨고 잰 시력이 0.3 이상
③ 두 눈을 동시에 뜨고 잰 시력이 0.8 이상, 양쪽 눈의 시력이 각각 0.5 이상
④ 두 눈을 동시에 뜨고 잰 시력이 0.8 이상, 양쪽 눈의 시력이 각각 0.3 이상

42 ①
안전운행요령 〉 운전자 요인과 안전운행
- 제1종 운전면허에 필요한 시력: 두 눈을 동시에 뜨고 잰 시력이 0.8 이상, 양쪽 눈의 시력이 각각 0.5 이상
- 제2종 운전면허에 필요한 시력: 두 눈을 동시에 뜨고 잰 시력이 0.5 이상

43 야간운전 시 무엇인가가 있다는 것을 인지하기 가장 어려운 옷 색깔은 무엇인가?

① 흰색
② 적색
③ 황색
④ 흑색

43 ④
안전운행요령 〉 운전자 요인과 안전운행
야간에 운전자가 무엇인가가 있다는 것을 인지하기 쉬운 옷 색깔은 흰색, 엷은 황색의 순이며 흑색이 가장 인지하기 어렵다.

44 명순응과 암순응에 대한 설명으로 옳지 않은 것은?

① 암순응의 시력 회복이 명순응에 비해 매우 느리다.
② 암순응은 일광 또는 조명이 어두운 조건에서 밝은 조건으로 변할 때 사람의 눈이 그 상황에 적응하여 시력을 회복하는 것이다.
③ 명순응은 어두운 터널을 벗어나 밝은 도로로 주행할 때 운전자가 일시적으로 주변의 눈부심으로 인해 물체가 보이지 않는 시각장애를 말한다.
④ 암순응은 맑은 날 낮 시간에 터널 밖을 운행하던 운전자가 갑자기 어두운 터널 안으로 주행하는 순간 일시적으로 일어나는 심한 시각장애를 말한다.

44 ②
안전운행요령 〉 운전자 요인과 안전운행
암순응은 일광 또는 조명이 밝은 조건에서 어두운 조건으로 변할 때 사람의 눈이 그 상황에 적응하여 시력을 회복하는 것이다.

45 정상적인 시력을 가진 사람의 시야 범위로 옳은 것은?

① 80°~100° ② 100°~110°
③ 120°~150° ④ 180°~200°

45 ④
안전운행요령 〉 운전자 요인과 안전운행
정상적인 시력을 가진 사람의 시야 범위는 180°~200°이다.

46 어린이들이 당하기 쉬운 교통사고 유형이 아닌 것은?

① 도로 횡단 중의 부주의
② 도로에 갑자기 뛰어들기
③ 청각기능 저하로 소리 나는 방향을 주시하지 않음
④ 자전거를 타고 멈추지 않고 그대로 달려 나오다가 자동차와 부딪힘

46 ③
안전운행요령 〉 운전자 요인과 안전운행
③은 고령보행자의 보행행동 특성이다.

47 다음 중 자동차의 제동장치에 해당하지 않는 것은?

① 타이어
② 주차 브레이크
③ 엔진 브레이크
④ ABS(Anti-lock Brake System)

47 ①
안전운행요령 〉 자동차 요인과 안전운행
타이어는 주행장치에 해당한다.

48 캐스터의 기능에 해당하지 않는 것은?

① 핸들의 복원성을 좋게 하기 위해 필요하다.
② 앞바퀴에 직진성을 부여하여 차의 롤링을 방지한다.
③ 바퀴를 원활하게 회전시켜 핸들의 조작을 용이하게 한다.
④ 조향을 했을 때 직진 방향으로 되돌아오려는 복원력을 준다.

48 ③
안전운행요령 〉 자동차 요인과 안전운행
③은 토우인에 대한 설명이다.

49 타이어의 접지력에 대한 설명으로 옳지 않은 것은?

① 타이어의 접지력은 노면의 모양과 상태에 의존한다.
② 노면이 젖어있거나 얼어 있으면 타이어의 접지력은 감소한다.
③ 커브 시 원심력보다 접지력이 커지면 마침내 차는 도로 밖으로 기울면서 튀어나간다.
④ 커브에 진입하기 전에 속도를 줄여 노면에 대한 타이어의 접지력이 원심력을 안전하게 극복할 수 있도록 해야 한다.

49 ③
안전운행요령 〉 자동차 요인과 안전운행
커브 시 원심력이 접지력을 끊어버릴 만큼 커지면 마침내 차는 도로 밖으로 기울면서 튀어나간다.

50 타이어의 회전속도가 빨라지면 접지부에서 받은 타이어의 변형(주름)이 다음 접지 시점까지도 복원되지 않고 접지의 뒤쪽에 진동의 물결이 일어나는데 이러한 현상을 일컫는 말은?

① 수막 현상(Hydroplaning)
② 베이퍼 록(Vapour lock) 현상
③ 워터 페이드(Water fade) 현상
④ 스탠딩 웨이브(Standing wave) 현상

50 ④
안전운행요령 〉 자동차 요인과 안전운행
- 수막 현상: 타이어의 물 배수 기능이 감소되어 물 위를 미끄러지듯이 주행되는 현상
- 베이퍼 록 현상: 브레이크액이 기화하여 브레이크가 작용하지 않는 현상
- 워터 페이드: 브레이크 마찰재가 물에 젖어 브레이크의 제동력이 저하되는 현상

51 운전자가 위험을 인지하고 자동차를 정지시키려고 시작하는 순간부터 자동차가 완전히 정지할 때까지의 시간을 일컫는 말은?

① 공주시간 ② 제동시간
③ 정지시간 ④ 위험시간

51 ③
안전운행요령 〉 자동차 요인과 안전운행
- 공주시간: 정지 상황 지각 순간~브레이크 작동 시작 순간
- 제동시간: 브레이크 작동 시작 순간~자동차 완전 정지 순간
- 정지시간: 공주시간 + 제동시간

52 자동차의 원동기 점검사항에 해당하지 <u>않는</u> 것은?

① 시동이 쉽고 잡음이 없는가?
② 배기가스의 색이 깨끗하고 유독가스 및 매연이 없는가?
③ 클러치 페달의 유동이 없고 클러치의 유격은 적당한가?
④ 엔진오일의 양이 충분하고 오염되지 않으며 누출이 없는가?

52 ③
안전운행요령 〉 자동차 요인과 안전운행
③은 동력전달장치 점검사항에 해당한다.

53 도로의 횡단면과 교통사고에 대한 설명으로 옳지 <u>않은</u> 것은?

① 길어깨는 포장된 노면보다는 토사나 자갈 또는 잔디가 더 안전하다.
② 일반적으로 횡단면의 차로 폭이 넓을수록 교통사고 예방의 효과가 있다.
③ 길어깨와 교통사고의 관계는 노면표시를 어떻게 하느냐에 따라 어느 정도 변할 수 있다.
④ 차로 수가 많은 도로는 교통량이 많고 교차로가 많으며, 도로변의 개발밀도가 높기 때문에 일반적으로 사고율이 높다.

53 ①
안전운행요령 〉 도로 요인과 안전운행
길어깨는 토사나 자갈 또는 잔디보다는 포장된 노면이 더 안전하며, 포장이 되어 있지 않을 경우에는 건조하고 유지관리가 용이할수록 안전하다.

54 용어에 대한 설명으로 옳지 <u>않은</u> 것은?

① 횡단시거: 2차로 도로에서 저속 자동차를 안전하게 앞지를 수 있는 거리
② 길어깨: 도로를 보호하고 비상시에 이용하기 위해 차로에 접속하여 설치하는 도로의 부분
③ 정지시거: 운전자가 같은 차로 위에 있는 고장차 등의 장애물을 인지하고 안전하게 정지하기 위해 필요한 거리
④ 중앙분리대: 차도를 통행의 방향에 따라 분리하고 옆 부분의 여유를 확보하기 위하여 도로의 중앙에 설치하는 분리대와 측대

54 ①
안전운행요령 〉 도로 요인과 안전운행
2차로 도로에서 저속 자동차를 안전하게 앞지를 수 있는 거리는 앞지르기시거라 한다.

55 중앙분리대의 종류가 아닌 것은?

① 연석형 ② 길어깨
③ 방호울타리형 ④ 광폭 중앙분리대

55 ②
안전운행요령 〉 도로 요인과 안전운행
중앙분리대의 종류에는 연석형, 방호울타리형, 광폭 중앙분리대가 있다.

56 오르막 구간에서 저속 자동차를 다른 자동차와 분리하여 통행시키기 위하여 설치하는 차로를 일컫는 말은?

① 차로수 ② 변속차로
③ 회전차로 ④ 오르막차로

56 ④
안전운행요령 〉 도로 요인과 안전운행
- 차로 수: 양방향차로(오르막차로, 회전차로, 변속차로 및 양보차로 제외)의 수를 합한 것
- 변속차로: 자동차를 가속시키거나 감속시키기 위해 추가로 설치하는 차로
- 회전차로: 자동차가 우회전, 좌회전 또는 유턴을 할 수 있도록 직진하는 차로와 분리하여 추가로 설치하는 차로

57 정지시거에 대한 설명으로 옳은 것은?

① 2차로 도로에서 저속 자동차를 안전하게 앞지를 수 있는 거리
② 도로를 보호하고 비상시에 이용하기 위해 차로에 접속하여 설치하는 도로의 부분
③ 운전자가 같은 차로 위에 있는 고장차 등의 장애물을 인지하고 안전하게 정지하기 위해 필요한 거리
④ 차로 중심선 위의 1미터 높이에서 반대쪽 차로의 중심선에 있는 높이 15센티미터 물체의 맨 윗부분을 볼 수 있는 거리를 그 차로의 중심선에 따라 측정한 길이

57 ③
안전운행요령 〉 도로 요인과 안전운행
①은 앞지르기시거, ②는 길어깨, ④는 정지시거에 대한 설명이다.

58 실전 방어운전의 방법이 아닌 것은?

① 교통이 혼잡할 때는 조심스럽게 교통의 흐름을 따르고, 끼어들기 등을 삼간다.
② 앞차를 뒤따라갈 때는 앞차가 급제동을 하더라도 추돌하지 않도록 차간거리를 충분히 유지한다.
③ 장애물이 나타나 앞차가 브레이크를 밟았을 때 즉시 브레이크를 밟을 수 있도록 준비 태세를 갖춘다.
④ 밤에 마주 오는 차가 전조등 불빛을 줄이거나 아래로 비추지 않고 접근해 올 때는 불빛을 정면으로 본다.

58 ④
안전운행요령 〉 안전운전방법
밤에 마주 오는 차가 전조등 불빛을 줄이거나 아래로 비추지 않고 접근해 올 때는 불빛을 정면으로 보지 말고 시선을 약간 오른쪽으로 돌린다.

59 방어운전의 기본에 해당하지 않는 것은?

① 예측력과 판단력
② 기분이 나쁜 상태
③ 양보와 배려의 실천
④ 능숙한 운전 기술, 정확한 운전지식

59 ②
안전운행요령 〉 안전운전방법
사람이나 자동차 모두가 건강해야 안전운전, 방어운전이 가능하다. 졸음상태, 음주상태, 기분이 나쁜 상태 등 신체적·심리적으로 건강하지 않은 상태에서는 무리한 운전을 하지 않는다.

60 속도를 줄여서 주행해야 하는 경우가 아닌 것은?

① 교통량이 많은 곳
② 노면의 상태가 나쁜 도로
③ 해질 무렵, 터널 등 조명조건이 나쁠 때
④ 주행하는 차들과 속도를 맞추어야 할 때

60 ④
안전운행요령 > 안전운전방법
주행 시 주행하는 차들과 물 흐르듯 속도를 맞추어 주행하며, 속도를 줄여야 하는 것은 아니다.

61 운전 상황별 방어운전방법으로 옳지 않은 것은?

① 운행 전에 제동등이 점등되는지 확인한다.
② 주택가나 이면도로 등에서는 과속이나 난폭운전을 하지 않는다.
③ 우회전을 할 때 보도나 노견으로 타이어가 넘어가지 않도록 주의한다.
④ 차로를 바꾸는 경우에는 다른 차가 끼어들 수 있으므로 신호를 하면 안 된다.

61 ④
안전운행요령 > 안전운전방법
차로를 바꾸는 경우에는 반드시 신호를 한다.

62 교차로에서의 안전운전방법이 아닌 것은?

① 맹목적으로 앞차를 따라간다.
② 신호를 대기할 때는 브레이크 페달에 발을 올려놓는다.
③ 교차로 통과 시 신호는 자기의 눈으로 확실히 확인한다.
④ 성급한 좌회전은 보행자를 간과하기 쉬우므로 주의해야 한다.

62 ①
안전운행요령 > 안전운전방법
앞차를 따라 차간거리를 유지하되, 맹목적으로 앞차를 따라가지 않는다.

63 커브길에서의 교통사고 위험과 거리가 먼 것은?

① 도로 외 이탈의 위험이 뒤따른다.
② 시야불량으로 인한 사고의 위험이 있다.
③ 중앙선을 침범하여 대향차와 충돌할 위험이 있다.
④ 길가에서 어린이가 뛰어 노는 경우가 많으므로, 어린이와의 사고가 일어나기 쉽다.

63 ④
안전운행요령 > 안전운전방법
길가에서 어린이가 뛰어 노는 경우가 많아 어린이와의 사고가 일어나기 쉬운 곳은 커브길이 아니라 이면도로이다.

64 언덕길에서의 안전운전방법이 <u>아닌</u> 것은?

① 오르막길에서 정차 시에는 풋 브레이크와 핸드 브레이크를 같이 사용한다.
② 오르막길에서 앞지르기 할 때는 힘과 가속력이 좋은 저단 기어를 사용하는 것이 안전하다.
③ 언덕길에서 올라가는 차량과 내려오는 차량의 교행 시에는 올라가는 차에 통행우선권이 있다.
④ 내리막길을 내려가기 전에는 미리 감속하여 천천히 내려가며 엔진 브레이크로 속도를 조절하는 것이 바람직하다.

64 ③
안전운행요령 > 안전운전방법
언덕길에서 올라가는 차량과 내려오는 차량의 교행 시에는 내리막 가속에 의한 사고 위험이 더 높다는 것을 고려하여 내려오는 차에 통행우선권이 있다.

65 여름철 자동차 관리사항에 해당하지 <u>않는</u> 것은?

① 냉각장치 점검
② 써머스타 상태 점검
③ 타이어 마모 상태 점검
④ 와이퍼의 작동 상태 점검

65 ②
안전운행요령 > 안전운전방법
써머스타 상태 점검은 겨울철 자동차 관리사항이다.

66 고객서비스의 특성이 <u>아닌</u> 것은?

① 즉시 사라진다.
② 사람에 의존한다.
③ 형태가 있어 잘 보인다.
④ 생산과 소비가 동시에 발생한다.

66 ③
운송서비스 > 직업운전자의 기본자세
고객서비스는 형태가 없는 무형의 상품이다.

67 공급자에 의해 제공됨과 동시에 고객에 의해 소비되는 성격을 갖는 고객서비스의 특성으로 옳은 것은?

① 무형성
② 동시성
③ 이질성
④ 소멸성

67 ②
운송서비스 > 직업운전자의 기본자세
- 무형성: 서비스는 형태가 없는 무형의 상품이다.
- 이질성: 똑같은 서비스라 하더라도 행하는 사람에 따라 품질의 차이가 발생할 수 있다.
- 소멸성: 서비스는 제공한 즉시 사라진다.

68 불만고객을 단골고객으로 만드는 방법이 <u>아닌</u> 것은?

① 변명을 한다.
② 먼저 사과한다.
③ 천천히 침착한 목소리로 대화를 나눈다.
④ 고객관점의 어휘 사용으로 공감대를 형성한다.

68 ①
운송서비스 > 직업운전자의 기본자세
불만고객을 단골고객으로 만드는 방법 중 하나는 변명을 하지 않는 것이다.

69 물류에 대한 사회경제적 관점에 해당하는 내용으로 옳은 것은?

① 정시배송의 실현을 통한 수요자 서비스 향상에 이바지한다.
② 생산, 소비, 금융, 정보 등 우리 인간이 주체가 되어 수행하는 경제활동의 일부분이다.
③ 기업의 유통효율 향상으로 물류비를 절감하여 소비자물가와 도매물가의 상승을 억제한다.
④ 최소의 비용으로 소비자를 만족시켜서 서비스 질의 향상을 촉진시켜 매출 신장을 도모한다.

69 ②
운송서비스 > 물류의 이해
①, ③은 물류의 국민경제적 관점, ④는 개별기업적 관점에 해당한다.

70 물류의 기능에 대한 설명으로 옳지 않은 것은?

① 운송기능은 물품을 공간적으로 이동시키는 것이다.
② 보관기능은 생산과 소비와의 시간적 차이를 조정하여 시간적 효용을 창출한다.
③ 정보기능은 물품의 유통과정에서 물류효율을 향상시키기 위해 가공하는 활동이다.
④ 하역기능은 수송과 보관의 양단에 걸친 물품의 취급으로 물품을 상하좌우로 이동시키는 활동이다.

70 ③
운송서비스 > 물류의 이해
• 정보기능: 물류활동과 관련된 물류정보를 수집, 가공, 제공하여 운송, 보관, 하역, 포장, 유통가공 등의 기능을 컴퓨터 등의 전자적 수단으로 연결하여 줌으로써 종합적인 물류관리의 효율화를 도모할 수 있도록 한다.
• 유통가공기능: 물품의 유통과정에서 물류효율을 향상시키기 위해 가공하는 활동이다.

71 물류시설에 해당하지 않는 것은?

① 운송·보관·하역을 위한 시설
② 물류의 공동화·자동화 및 정보화를 위한 시설
③ 주차장, 버스정류시설, 휴게시설 등 도로이용 지원시설
④ 가공·조립·분류·수리·포장·상표 부착·판매·정보통신 등을 위한 시설

71 ③
운송서비스 > 물류의 이해
주차장, 버스정류시설, 휴게시설 등 도로이용 지원시설은 도로의 부속물에 해당한다.

72 제4자 물류(4PL)에 대한 설명으로 옳지 않은 것은?

① 제3자 물류의 기능에 컨설팅 업무를 추가 수행하는 것이다.
② 제4자 물류의 핵심은 고객에게 제공되는 서비스를 극대화하는 것이다.
③ 화주기업이 사내에 물류조직을 두고 물류업무를 직접 수행하는 경우이다.
④ 다양한 조직들의 효과적인 연결을 목적으로 하는 통합체로서 공급망의 모든 활동과 계획관리를 전담하는 것이다.

72 ③
운송서비스 > 물류의 이해
화주기업이 사내에 물류조직을 두고 물류업무를 직접 수행하는 경우는 제1자 물류(자사물류)이다.

73 용어에 대한 설명으로 옳지 않은 것은?

① 제4자 물류: 제3자 물류의 기능에 컨설팅 업무를 추가 수행하는 것
② 제3자 물류: 기업이 사내에 물류조직을 두고 물류업무를 직접 수행하는 경우
③ 제2자 물류: 기업이 사내의 물류조직을 별도로 분리하여 자회사로 독립시키는 경우
④ 전사적자원관리(ERP): 기업활동을 위해 사용되는 기업 내의 모든 인적·물적 자원을 효율적으로 관리하여 궁극적으로 기업의 경쟁력을 강화하는 역할을 하는 통합정보시스템

73 ②
운송서비스 > 물류의 이해
- 제1자 물류: 기업이 사내에 물류조직을 두고 물류업무를 직접 수행하는 경우
- 제3자 물류: 외부의 전문물류업체에게 물류업무를 아웃소싱하는 경우

74 화물자동차운송의 효율성 지표 중 화물자동차가 일정 기간에 걸쳐 실제로 가동한 일수를 일컫는 말은?

① 가동률　　② 실차율
③ 적재율　　④ 공차거리율

74 ①
운송서비스 > 물류의 이해
- 실차율: 주행거리에 대해 실제로 화물을 싣고 운행한 거리의 비율
- 적재율: 최대적재량 대비 적재된 화물의 비율
- 공차거리율: 주행거리에 대해 화물을 싣지 않고 운행한 거리의 비율

75 공동수송의 장점에 해당하지 않는 것은?

① 운임요금의 적정화
② 발송작업의 간소화
③ 물류시설 및 인원의 축소
④ 기업비밀 누출에 대한 우려 없음

75 ④
운송서비스 > 물류의 이해
기업비밀 누출에 대한 우려는 공동수동의 단점에 해당한다.

76 공급망관리(SCM; Supply Chain Management)에 대한 설명으로 옳지 않은 것은?

① 기업 내의 물류 효율화를 목적으로 한다.
② 공급망관리에 있어서 각 조직은 긴밀한 협조관계를 형성하게 된다.
③ 공급망 내의 각 기업은 상호 협력하여 공급망 프로세스를 재구축하고, 업무협약을 맺으며, 공동전략을 구사하게 된다.
④ 최종고객의 욕구를 충족시키기 위해 원료공급자로부터 최종소비자에 이르기까지 공급망 내의 각 기업 간에 긴밀한 협력을 통해 공급망인 전체의 물자의 흐름을 원활하게 하는 공동전략이다.

76 ①
운송서비스 > 화물운송서비스의 이해
로지스틱스의 목적은 기업 내 물류 효율화, 공급망관리의 목적은 공급망 전체 효율화이다.

77 GPS에 대한 설명으로 옳지 않은 것은?

① 인공위성을 이용한 범지구측위시스템이다.
② 밤낮으로 운행하는 운송차량 추적시스템을 관리 및 통제할 수 있다.
③ 대도시의 교통 혼잡 시에 자동차에서 행선지 지도와 도로 사정을 파악할 수 있다.
④ 제조업체의 생산·유통·거래 등 모든 과정을 컴퓨터망으로 연결하여 자동화·정보화 환경을 구축하고자 하는 첨단컴퓨터시스템이다.

77 ④
운송서비스 〉화물운송서비스의 이해
제조업체의 생산·유통·거래 등 모든 과정을 컴퓨터망으로 연결하여 자동화·정보화 환경을 구축하고자 하는 첨단컴퓨터시스템은 CALS(통합판매·물류·생산시스템)이다.

78 물류고객서비스 전략의 구축에 대한 설명으로 옳지 않은 것은?

① '고객이 만족해야만 하는 서비스정책은 무엇인가'에 초점을 맞추는 자세가 중요하다.
② 운송종사자가 중요하다고 생각하는 서비스와 고객이 중요하다고 생각하는 것은 언제나 일치한다.
③ 전략을 구축할 때 제일 먼저 고려되어야 할 사항 중 하나는 물류코스트와 서비스 중 무엇을 최우선으로 생각할 것인가이다.
④ 제공하고 있는 서비스에 대한 고객의 반응은 단순히 제품의 품질만이 아니라 보다 많은 요인의 영향을 받고 있다는 점을 고려할 필요가 있다.

78 ②
운송서비스 〉화물운송서비스와 문제점
운송종사자가 중요하다고 생각하는 서비스와 고객이 중요하다고 생각하는 것에는 종종 차이가 있다.

79 택배화물의 배달 시 수하인 문전에서의 행동방법으로 옳지 않은 것은?

① 겉포장의 이상 유무를 확인한 후 인계한다.
② 가족 또는 대리인이 인수할 때는 관계를 반드시 확인한다.
③ 사람이 안 나온다고 문을 쾅쾅 두드리거나 발로 차지 않는다.
④ 조립방법, 사용방법, 입어 보이기 등 문의에 성실히 답하여 친분을 쌓는다.

79 ④
운송서비스 〉화물운송서비스와 문제점
집하 이용, 반품 등을 문의할 때는 성실히 답변한다. 그러나 조립방법, 사용방법, 입어 보이기 등 문의는 정중히 거절한다.

80 국내 운송의 대부분을 차지하고 있는 트럭운송을 효율적으로 하는 방법이 아닌 것은?

① 트럭터미널을 복합화, 시스템화한다.
② 바퀴 태우기 수송과 이어타기 수송을 활용한다.
③ 공차로 운행하도록 수송을 조정하고 효율적인 운송시스템을 확립한다.
④ 차종, 자동차, 하역, 주행의 최적화를 도모하고 낭비를 배제하도록 항상 유의한다.

80 ③
운송서비스 〉화물운송서비스와 문제점
공차로 운행하지 않도록 수송을 조정하고 효율적인 운송시스템을 확립하는 것이 바람직하다.

기출복원 모의고사

제한시간 80분 | 합격개수 48문제

 CBT로 풀어보기

01 연석선, 안전표지 또는 그와 비슷한 인공구조물을 이용하여 경계를 표시하여 모든 차가 통행할 수 있도록 설치된 도로의 부분을 일컫는 말은?

① 차도
② 차로
③ 차선
④ 보도

01 ①
교통 및 화물 관련법규 〉 도로교통법령
- 차로: 차마가 한 줄로 도로의 정해진 부분을 통행하도록 차선으로 구분한 차도의 부분
- 차선: 차로와 차로를 구분하기 위해 그 경계지점을 안전표지로 표시한 선
- 보도: 연석선, 안전표지나 그와 비슷한 인공구조물로 경계를 표시하여 보행자가 통행할 수 있도록 한 도로의 부분

02 차량신호등의 신호 중 차마가 정지선이나 횡단보도가 있을 때 그 직전이나 교차로의 직전에서 일시정지한 후 다른 교통에 주의하면서 진행할 수 있는 것은?

① 녹색의 등화
② 적색의 등화
③ 황색 등화의 점멸
④ 적색 등화의 점멸

02 ④
교통 및 화물 관련법규 〉 도로교통법령
- 녹색의 등화: 차마는 직진 또는 우회전할 수 있다.
- 적색의 등화: 차마는 정지선, 횡단보도 및 교차로의 직전에서 정지해야 한다.
- 황색 등화의 점멸: 차마는 다른 교통 또는 안전표지의 표시에 주의하면서 진행할 수 있다.

03 다음 중 중앙분리대 시작을 나타내는 안전표지로 옳은 것은?

①
②
③
④

03 ②
교통 및 화물 관련법규 〉 도로교통법령
①은 도로폭이 좁아짐, ③은 우합류도로, ④는 중앙분리대 끝남 표지이다.

04 통행차의 기준에 의한 통행방법으로 옳지 <u>않은</u> 것은?

① 차마의 운전자는 도로의 중앙 우측 부분을 통행해야 한다.
② 차마의 운전자는 보도와 차도가 구분된 도로에서는 차도를 통행해야 한다.
③ 차마(자전거는 제외)의 운전자는 자전거도로 또는 길가장자리구역으로 통행할 수 있다.
④ 차마의 운전자는 안전지대 등 안전표지에 의해 진입이 금지된 장소에 들어가서는 안 된다.

04 ③
교통 및 화물 관련법규 〉 도로교통법령
차마(자전거는 제외)의 운전자는 안전표지로 통행이 허용된 장소를 제외하고는 자전거도로 또는 길가장자리구역으로 통행해서는 안 된다.

05 1종 보통면허로 운전할 수 있는 건설기계는?

① 도로를 운행하는 3톤 미만의 지게차에 한정
② 도로를 운행하는 5톤 미만의 지게차에 한정
③ 도로를 운행하는 7톤 미만의 지게차에 한정
④ 도로를 운행하는 9톤 미만의 지게차에 한정

05 ①
교통 및 화물 관련법규 〉 도로교통법령
1종 보통면허로 운전할 수 있는 건설기계는 도로를 운행하는 3톤 미만의 지게차에 한정한다.

06 최저속도가 매시 50km인 도로에 해당하지 <u>않는</u> 것은?

① 자동차전용도로
② 편도 1차로 고속도로
③ 편도 2차로 이상 고속도로
④ 편도 2차로 이상 지정·고시한 노선 또는 구간의 고속도로

06 ①
교통 및 화물 관련법규 〉 도로교통법령
자동차전용도로의 최저속도는 매시 30km이다.

07 다음 중 악천후 시의 운행속도로 옳지 <u>않은</u> 것은?

① 노면이 얼어붙은 경우 최고속도의 50/100을 줄인 속도로 운행한다.
② 눈이 20mm 미만 쌓인 경우 최고속도의 20/100을 줄인 속도로 운행한다.
③ 눈이 20mm 이상 쌓인 경우 최고속도의 50/100을 줄인 속도로 운행한다.
④ 폭우·폭설·안개 등으로 가시거리가 300m 이내인 경우 최고속도의 50/100을 줄인 속도로 운행한다.

07 ④
교통 및 화물 관련법규 〉 도로교통법령
폭우·폭설·안개 등으로 가시거리가 100m 이내인 경우 최고속도의 50/100을 줄인 속도로 운행한다.

08 서행해야 하는 경우에 해당하지 않는 것은?

① 교차로에서 좌·우회전할 때 각각 서행한다.
② 차량신호등이 적색의 등화인 경우 정지선, 횡단보도 및 교차로의 직전에서 서행한다.
③ 도로에 설치된 안전지대에 보행자가 있는 경우와 차로가 설치되지 않은 좁은 도로에서 보행자의 옆을 지나는 경우에는 안전한 거리를 두고 서행한다.
④ 교통정리를 하고 있지 않는 교차로에 들어가려고 하는 차의 운전자는 그 차가 통행하고 있는 도로의 폭보다 교차하는 도로의 폭이 넓은 경우에 서행한다.

08 ②
교통 및 화물 관련법규 〉 도로교통법령
차량신호등이 적색의 등화인 경우 정지선, 횡단보도 및 교차로의 직전에서 정지한다.

09 교통정리를 하고 있지 않는 교차로에서의 운전방법으로 옳지 않은 것은?

① 교통정리를 하고 있지 않는 교차로에 동시에 들어가려고 하는 차의 운전자는 좌측도로의 차에 진로를 양보해야 한다.
② 교통정리를 하고 있지 않는 교차로에 들어가려고 하는 차의 운전자는 이미 교차로에 들어가 있는 다른 차가 있을 때에는 그 차에 진로를 양보해야 한다.
③ 교통정리를 하고 있지 않는 교차로에 들어가려고 하는 차의 운전자는 그 차가 통행하고 있는 도로의 폭보다 교차하는 도로의 폭이 넓은 경우에는 서행해야 한다.
④ 교통정리를 하고 있지 않는 교차로에서 좌회전하려고 하는 차의 운전자는 그 교차로에서 직진하거나 우회전하려는 다른 차가 있을 때에는 그 차에 진로를 양보해야 한다.

09 ①
교통 및 화물 관련법규 〉 도로교통법령
교통정리를 하고 있지 않는 교차로에 동시에 들어가려고 하는 차의 운전자는 우측도로의 차에 진로를 양보해야 한다.

10 운행기록계 미설치 승합자동차 운전 금지 등의 위반 시 범칙금으로 옳은 것은?

① 3만 원
② 5만 원
③ 7만 원
④ 10만 원

10 ③
교통 및 화물 관련법규 〉 도로교통법령
운행기록계 미설치 자동차 운전 금지 등의 위반 시 승합자동차의 범칙금은 7만 원, 승용자동차의 범칙금은 6만 원이다.

11 교통사고처리특례법에서 규정하고 있는 과속은 도로교통법에 규정된 법정속도와 지정속도를 얼마나 초과한 경우를 말하는가?

① 10km/h ② 20km/h
③ 30km/h ④ 40km/h

11 ②
교통 및 화물 관련법규 > 교통사고처리특례법
교통사고처리특례법상 과속은 도로교통법에서 규정된 법정속도와 지정속도를 20km/h 초과한 경우를 의미한다.

12 무면허 운전사고에 해당되는 경우가 아닌 것은?

① 유효기간이 지난 운전면허증으로 운전하는 경우
② 운전면허 시험합격 후 면허증 교부 전에 운전하는 경우
③ 건설기계(덤프 트럭, 아스팔트살포기 등)를 제1종 보통운전면허로 운전한 경우
④ 위험물을 운반하는 화물자동차가 적재중량 3톤을 초과함에도 제1종 대형운전면허로 운전한 경우

12 ④
교통 및 화물 관련법규 > 교통사고처리특례법
위험물을 운반하는 화물자동차가 적재중량 3톤을 초과함에도 제1종 보통운전면허로 운전한 경우는 무면허 운전에 해당한다.

13 음주운전에 해당하지 않는 경우는?

① 술을 마시고 주차장 또는 주차선 안에서 운전하는 경우
② 불특정 다수인이 이용하는 도로 및 공개되지 않는 통행로에서의 음주운전
③ 관공서, 학교, 사기업 등과 같이 차단기에 의해 도로와 차단되고 관리되는 장소의 통행로에서 음주운전
④ 술을 마시고 운전을 했다 하더라도 도로교통법에서 정한 음주 기준인 혈중알코올농도 0.03% 이상에 해당되지 않는 경우

13 ④
교통 및 화물 관련법규 > 교통사고처리특례법
술을 마시고 운전을 했다 하더라도 도로교통법에서 정한 음주 기준(혈중알코올농도 0.03% 이상)에 해당되지 않으면 음주운전이 아니다.

14 화물자동차운수사업을 효율적으로 관리하고 건전하게 육성하여 화물의 원활한 운송을 도모함으로써 공공복리의 증진에 기여함을 목적으로 하는 법에 해당하는 것은?

① 도로교통법 ② 자동차관리법
③ 교통사고처리특례법 ④ 화물자동차운수사업법

14 ④
교통 및 화물 관련법규 > 화물자동차운수사업법령
화물자동차운수사업법 제1조: 이 법은 화물자동차운수사업을 효율적으로 관리하고 건전하게 육성하여 화물의 원활한 운송을 도모함으로써 공공복리의 증진에 기여함을 목적으로 한다.

15 화물자동차운수사업법령에 규정되어 있는 운수종사자 준수사항이 아닌 것은?

① 정당한 사유 없이 화물의 운송을 거부하는 행위를 해서는 안 된다.
② 부당한 운임 또는 요금을 요구하거나 받는 행위를 해서는 안 된다.
③ 문을 완전히 닫지 않은 상태에서 자동차를 출발시키거나 운행하는 행위를 해서는 안 된다.
④ 적재된 화물이 떨어지지 아니하도록 국토교통부령으로 정하는 기준 및 방법에 따라 덮개나 포장, 고정장치 등 필요한 조치를 해야 한다.

15 ④
교통 및 화물 관련법규 〉 화물자동차운수사업법령
적재된 화물이 떨어지지 아니하도록 국토교통부령으로 정하는 기준 및 방법에 따라 덮개나 포장, 고정장치 등 필요한 조치를 해야 하는 자는 화물자동차운송사업자이다.

16 화물자동차운수사업법상 운수종사자에 해당하지 않는 것은?

① 화물자동차의 운전자
② 화물자동차운수사업에 종사하는 자
③ 화물의 운송 또는 운송주선에 관한 사무를 취급하는 사무원 및 이를 보조하는 보조원
④ 화물자동차운송사업의 허가를 받은 후 6개월간의 운송실적이 국토교통부령으로 정하는 기준에 미달하여 허가가 취소된 후 2년이 지나지 않은 자

16 ④
교통 및 화물 관련법규 〉 화물자동차운수사업법령
운수종사자란 화물자동차의 운전자, 화물의 운송 또는 운송주선에 관한 사무를 취급하는 사무원 및 이를 보조하는 보조원, 그 밖에 화물자동차운수사업에 종사하는 자를 말한다.
④는 화물자동차운송사업의 허가 결격사유에 해당한다.

17 화물자동차운송가맹사업자가 국토교통부장관에게 변경신고를 해야 하는 사항이 아닌 것은?

① 화물자동차의 대폐차
② 화물취급소의 설치 및 폐지
③ 주사무소·영업소 및 화물취급소의 가구 구입
④ 화물자동차운송가맹계약의 체결 또는 해제·해지

17 ③
교통 및 화물 관련법규 〉 화물자동차운수사업법령
화물자동차운송가맹사업 허가사항 변경신고 대상
• 대표자의 변경(법인인 경우만 해당)
• 화물취급소의 설치 및 폐지
• 화물자동차의 대폐차(화물자동차를 직접 소유한 운송가맹사업자만 해당)
• 주사무소·영업소 및 화물취급소의 이전
• 화물자동차운송가맹계약의 체결 또는 해제·해지

18 적재물배상책임보험 또는 공제에 가입해야 하는 자에 해당하지 않는 것은?

① 운송가맹사업자
② 이사화물 운송주선사업자
③ 대기환경보전법에 따른 배출가스저감장치를 차체에 부착함에 따라 총 중량이 10톤 이상이 된 화물자동차 중 최대 적재량이 5톤 미만인 화물자동차
④ 최대 적재량이 5톤 이상이거나 총중량이 10톤 이상인 화물자동차 중 일반형·밴형 및 특수용도형 화물자동차와 견인형 특수자동차를 소유하고 있는 운송사업자

18 ③
교통 및 화물 관련법규 〉 화물자동차운수사업법령
③과 건축폐기물·쓰레기 등 경제적 가치가 없는 화물을 운송하는 차량으로서 국토교통부장관이 정하여 고시하는 화물자동차, 특수용도형 화물자동차 중 자동차관리법에 따른 피견인자동차는 적재물배상보험 등의 의무가입에서 제외된다.

19 화물운송종사자격시험에 합격한 사람이 한국교통안전공단에서 실시하는 교육을 받아야 하는 시간으로 옳은 것은?

① 2시간
② 4시간
③ 8시간
④ 10시간

19 ③
교통 및 화물 관련법규 〉 화물자동차운수사업법령
자격시험에 합격한 사람은 8시간 동안 한국교통안전공단에서 실시하는 화물자동차운수사업법령 및 도로관계법령, 교통안전에 관한 사항 등에 관한 교육을 받아야 한다.

20 자동차를 등록하지 아니하고 일시 운행을 하려는 자는 국토교통부장관의 임시운행허가를 받아야 한다. 다음 중 10일 이내의 임시운행허가기간 사유가 아닌 것은?

① 신규등록신청을 위해 자동차를 운행하려는 경우
② 신규검사 또는 임시검사를 받기 위해 자동차를 운행하려는 경우
③ 수출하기 위해 말소등록한 자동차를 점검·정비하거나 선적하기 위해 운행하려는 경우
④ 자동차를 제작·조립·수입 또는 판매하는 자가 판매사업장·하치장 또는 전시장에 보관·전시하기 위해 운행하려는 경우

20 ③
교통 및 화물 관련법규 〉 자동차관리법령
수출하기 위해 말소등록한 자동차를 점검·정비하거나 선적하기 위해 운행하려는 경우는 20일 이내의 임시운행허가기간 사유이다.

21 자동차의 말소등록에 관한 사항으로 옳지 않은 것은?

① 말소등록은 국토교통부장관에게 신청한다.
② 말소등록 시 자동차등록증, 자동차등록번호판 및 봉인을 반납한다.
③ 자동차해체재활용업을 등록한 자에게 폐차를 요청한 경우 말소등록 신청을 해야 한다.
④ 말소등록을 신청하여야 하는 자가 말소등록 신청을 하지 않은 경우, 신청 지연기간이 10일 이내인 때의 과태료는 5만 원이다.

21 ①
교통 및 화물 관련법규 〉 자동차관리법령
자동차의 말소등록은 시·도지사에게 신청한다.

22 도로법에서 규정하는 사항이 아닌 것은?

① 도로공사의 시행
② 도로의 시설 기준
③ 도로의 온실가스 관리
④ 도로의 관리·보전 및 비용 부담

22 ③
교통 및 화물 관련법규 〉 도로법령
도로법은 도로망의 계획 수립, 도로 노선의 지정, 도로공사의 시행과 도로의 시설 기준, 도로의 관리·보전 및 비용 부담 등에 관한 사항을 규정한다.

23 도로에 관하여 정당한 사유 없이 해서는 안 되는 행위가 아닌 것은?

① 도로를 파손하는 행위
② 도로에 토석·입목·죽 등 장애물을 쌓아놓는 행위
③ 도로의 구조나 교통에 지장을 주는 행위
④ 도로에서 화물자동차를 운행하는 행위

23 ④
교통 및 화물 관련법규 〉 도로법령
누구든지 정당한 사유 없이 도로에 대하여 도로를 파손하는 행위, 도로에 토석·입목·죽 등 장애물을 쌓아놓는 행위, 그 밖에 도로의 구조나 교통에 지장을 주는 행위를 해서는 안 된다.

24 공회전의 제한에 대한 설명으로 옳지 않은 것은?

① 자동차의 원동기 가동 제한 위반 시 2차 위반의 과태료는 10만 원이다.
② 자동차의 배출가스로 인한 대기오염 및 연료 손실을 줄이기 위해 행한다.
③ 시·도지사는 터미널, 차고지, 주차장 등의 장소에서 자동차의 원동기를 가동한 상태로 주차하거나 정차하는 행위를 제한할 수 있다.
④ 시·도지사는 대중교통용 자동차 등 기후에너지환경부령으로 정하는 자동차에 대해 시·도 조례에 따라 공회전제한장치의 부착을 명령할 수 있다.

24 ①
교통 및 화물 관련법규 〉 대기환경보전법령
자동차의 원동기 가동 제한을 위반한 자동차의 운전자 과태료는 1차 위반, 2차 위반, 3차 이상 위반 시 모두 5만 원이다.

25 대중교통용 자동차 등 기후에너지환경부령으로 정하는 자동차에 대하여 공회전제한장치의 부착을 명령할 수 있는 자로 옳은 것은?

① 경찰청장
② 시·도지사
③ 환경공무원
④ 국토교통부장관

25 ②
교통 및 화물 관련법규 〉 대기환경보전법령
시·도지사는 대중교통용 자동차 등 기후에너지환경부령으로 정하는 자동차에 대하여 시·도 조례에 따라 공회전제한장치의 부착을 명령할 수 있다.

26 운송장에 기재되어야 하는 것으로 옳지 않은 것은?

① 운송장 가격
② 품목명 및 금액
③ 송하인 주소, 성명, 연락처
④ 수하인 주소, 성명, 연락처

26 ①
화물취급요령 〉 운송장 작성과 화물포장
화물의 가격은 운송장의 기재사항이나, 운송장의 가격은 기재사항이 아니다.

27 산간 오지, 섬 지역 배달 시 유의사항으로 옳지 않은 것은?

① 송장을 2장 챙긴다.
② 자연재해에 주의하여 포장을 철저히 한다.
③ 지역특성을 고려하여 배송예정일을 정한다.
④ 산간 오지 및 당일 배송이 불가능한 경우 소비자의 양해를 구한 뒤 조치하도록 한다.

27 ①
화물취급요령 〉 운송장 작성과 화물포장
1개의 화물에 1개의 운송장 부착이 원칙이다.

28 컨베이어 벨트에서 작업 시 주의사항이 아닌 것은?

① 진행 상황을 더 잘 보기 위해 컨베이어 벨트 위에 올라가서 확인한다.
② 상차 작업자와 컨베이어를 운전하는 작업자는 상호 간에 신호를 긴밀히 해야 한다.
③ 차량에 상하차할 때 컨베이어 벨트 등에서 떨어져 파손되는 경우가 발생할 수 있으므로 주의한다.
④ 상차용 컨베이어를 이용하여 타이어 등을 상차할 때는 타이어 등이 떨어지거나 떨어질 위험이 있는 곳에서 작업을 해서는 안 된다.

28 ①
화물취급요령 〉 화물의 상하차
컨베이어를 사용할 때 컨베이어 벨트 위로 절대 올라가서는 안 된다.

29 화물을 운반할 때의 주의사항이 아닌 것은?

① 뒷걸음질로 화물을 운반해야 한다.
② 운반하는 물건이 시야를 가리지 않도록 한다.
③ 작업장 주변의 화물 상태, 차량 통행 등을 항상 살핀다.
④ 원기둥형 화물을 굴릴 때는 앞으로 밀어 굴리고 뒤로 끌어서는 안 된다.

29 ①
화물취급요령 〉 화물의 상하차
화물을 운반할 때 뒷걸음질로 화물을 운반해서는 안 된다.

30 파렛트 화물의 붕괴 방지방법 중 포장과 포장 사이에 미끄럼을 멈추는 시트를 넣음으로써 안전을 도모하는 방법은 무엇인가?

① 슈링크 방식
② 밴드걸기 방식
③ 박스 테두리 방식
④ 슬립 멈추기 시트 삽입 방식

30 ④
화물취급요령 〉 적재물 결박 덮개 설치
슬립 멈추기 시트 삽입 방식은 포장과 포장 사이에 미끄럼을 멈추는 시트를 넣음으로써 안전을 도모하는 방법이다.

31 포장화물의 보관 중 또는 수송 중의 압축하중에 대한 설명으로 옳지 않은 것은?

① 포장 재료인 골판지는 강도의 변화가 거의 없다.
② 보관 중 또는 수송 중에 밑에 쌓은 화물이 반드시 압축하중을 받는다.
③ 주행 중에는 상하진동을 받음으로 2배 정도로 압축하중을 받게 된다.
④ 포장 재료인 골판지는 외부의 온도와 습기, 방치시간 등에 특히 유의해야 한다.

31 ①
화물취급요령 〉 적재물 결박 덮개 설치
내하중은 포장 재료에 따라 상당히 다르다. 나무상자는 강도의 변화가 거의 없으나 골판지는 시간이나 외부 환경에 의해 변화를 받기 쉽다.

32 차량의 과적에 대한 설명으로 옳지 않은 것은?

① 과적차량은 오르막길에서는 속도를 내야 한다.
② 과적차량은 내리막길에서는 서행하며 주의운행해야 한다.
③ 과적은 엔진, 차량 자체 및 운행하는 도로 등에 악영향을 미치고, 자동차의 핸들 조작·제동장치 조작·속도 조절 등을 어렵게 한다.
④ 과적 시 내리막길 운행 중 갑자기 멈출 경우, 브레이크 파열이나 적재물의 쏠림에 의한 위험이 있으므로 더욱 주의하여 운행해야 한다.

32 ①
화물취급요령 〉 운행요령
과적차량이나 상대적으로 무거운 화물을 적재한 차량은 오르막길이나 내리막길에서는 서행하며 주의운행해야 한다.

33 컨테이너에 화물을 상차한 후에 확인해야 할 사항이 아닌 것은?

① 배차부서로부터 배차지시를 받는다.
② 도착장소와 도착시간을 다시 한 번 정확히 확인한다.
③ 상차한 후에는 해당 게이트로 가서 전산 정리를 해야 한다.
④ 다른 라인일 경우에는 배차부서에게 면장번호, 컨테이너번호, 화주이름을 말해주고 전산 정리를 한다.

33 ①
화물취급요령 〉 운행요령
배차부서로부터 배차지시를 받고, 보세면장번호를 통보받는 것은 상차 후가 아닌 상차 전의 확인사항이다.

34 고속도로 운행이 제한되는 차량이 아닌 것은?

① 정상운행속도가 50km/h 미만 차량
② 차량의 총중량이 30톤을 초과하는 차량
③ 화물적재가 편중되어 전도 우려가 있는 차량
④ 모래, 흙, 골재류, 쓰레기 등을 운반하면서 덮개를 미설치하거나 없는 차량

34 ②
화물취급요령 〉 운행요령
차량의 총중량이 40톤을 초과하는 차량은 고속도로 운행이 제한되는 차량이다.

35 화물의 인수·인계와 관련한 고객서비스에 대한 설명으로 옳지 않은 것은?

① 수하인과 통화가 되지 않을 경우 송하인과 통화하여 반송 또는 다음 날 재배송할 수 있도록 한다.
② 배송 중 사소한 문제로 수하인과 마찰이 발생할 경우 일단 소비자가 아닌 생산자의 입장에서 생각하고 행동한다.
③ 영업소(취급소)는 택배물품을 배송할 때 물품뿐만 아니라 고객의 마음까지 배달한다는 자세로 성심껏 배송해야 한다.
④ 물품포장에 경미한 이상이 있는 경우에는 고객에게 사과하고 대화로 해결할 수 있도록 하며, 절대로 남의 탓으로 돌려 고객들의 불만을 가중시키지 않도록 한다.

36 택배 배송 시 주의사항으로 옳지 않은 것은?

① 수하인 부재로 배송이 곤란한 경우 수하인과 연락한 후 지정 장소에 놓는다.
② 수하인이 화물을 직접 가지러 내려온 경우 반드시 집까지 같이 가서 배달해준다.
③ 인수된 물품 중 부패성 물품과 긴급을 요하는 물품에 대해서는 우선적으로 배송하여 손해배상 요구가 발생하지 않도록 한다.
④ 방문시간에 수하인이 부재중일 경우에는 부재중 방문표를 활용하여 방문근거를 남기되 우편함에 넣거나 문틈으로 밀어 넣어 타인이 볼 수 없도록 조치한다.

37 특수장비차(특장차)에 해당하지 않는 것은?

① 탱크차　　　② 덤프차
③ 구급차　　　④ 믹서 자동차

38 트레일러에 대한 설명으로 옳지 않은 것은?

① 돌리(Dolly)는 세미 트레일러와 조합해서 풀 트레일러로 하기 위한 견인구를 갖춘 대차를 말한다.
② 풀 트레일러(Full trailer)는 트랙터와 트레일러가 완전히 분리되어 있고 트랙터 자체도 적재함을 가지고 있다.
③ 트레일러는 자동차를 동력 부분(견인차 또는 트랙터)과 적하 부분(피견인차)으로 나누었을 때, 동력 부분을 지칭한다.
④ 트레일러란 동력을 갖추지 않고, 모터 비이클에 의하여 견인되고, 사람 및 물품을 수송하는 목적을 위하여 설계되어 도로상을 주행하는 차량을 말한다.

35 ②
화물취급요령 > 화물의 인수인계요령
배송 중 사소한 문제로 수하인과 마찰이 발생할 경우 일단 소비자의 입장에서 생각하고 조심스러운 언어로 마찰을 최소화할 수 있도록 한다.

36 ②
화물취급요령 > 화물의 인수인계요령
배송 중 수하인이 화물을 직접 찾으러 오는 경우 물품을 전달할 때 반드시 본인 확인을 한 후 물품을 전달하고, 인수확인란에 직접 서명을 받아 그로 인한 피해가 발생하지 않도록 유의하며, 집까지 같이 갈 필요는 없다.

37 ③
화물취급요령 > 화물자동차의 종류
구급차는 특수용도 자동차(특용차)에 해당한다.

38 ③
화물취급요령 > 화물자동차의 종류
트레일러는 자동차를 동력 부분(견인차 또는 트랙터)과 적하 부분(피견인차)으로 나누었을 때, 적하 부분을 지칭한다.

39 이사화물의 멸실, 훼손 또는 연착에 대해 사업자가 손해배상 책임을 지지 않는 사유에 해당하지 <u>않는</u> 것은?

① 이사화물의 결함, 자연적 소모
② 천재지변 등 불가항력적인 사유
③ 이사화물의 성질에 의한 발화, 폭발, 물그러짐, 곰팡이 발생, 부패, 변색 등
④ 사업자 또는 그 사용인이 이사화물의 일부 멸실 또는 훼손의 사실을 알면서 이를 숨기고 이사화물을 인도한 경우

39 ④
화물취급요령 〉 화물운송의 책임한계
사업자 또는 그 사용인이 이사화물의 일부 멸실 또는 훼손의 사실을 알면서 이를 숨기고 이사화물을 인도한 경우에는 손해배상 책임을 지지 않는 면책사항이 적용되지 않는다.

40 운송물의 수탁, 인도, 보관 및 운송에 관해 주의를 태만히 하지 않았음을 증명하지 못하는 한, 고객에게 운송물의 멸실, 훼손 또는 연착으로 인한 손해를 배상하는 사업자의 손해배상 책임 존속기간으로 옳은 것은?

① 수하인이 운송물을 수령한 날로부터 1년간
② 수하인이 운송물을 수령한 날로부터 3년간
③ 수하인이 운송물을 수령한 날로부터 5년간
④ 수하인이 운송물을 수령한 날로부터 7년간

40 ③
화물취급요령 〉 화물운송의 책임한계
사업자의 손해배상 책임은 수하인이 운송물을 수령한 날로부터 5년간 존속한다.

41 교통사고의 원인이 되는 요인으로 옳지 <u>않은</u> 것은?

① 졸음운전
② 주의력 향상
③ 위험인지의 지연
④ 운전 조작의 잘못

41 ②
안전운행요령 〉 운전자 요인과 안전운행
주의력이 감소된 경우 교통사고의 원인이 된다.

42 어린이 교통사고의 특징이 <u>아닌</u> 것은?

① 나이가 많을수록, 학년이 높을수록 교통사고를 많이 당한다.
② 보행 중(차 대 사람) 교통사고를 당하여 사망하는 비율이 가장 높다.
③ 시간대별 어린이 보행 사상자는 오후 4시에서 오후 6시 사이에 가장 많다.
④ 보행 중 사상자는 집이나 학교 근처 등 어린이 통행이 잦은 곳에서 가장 많이 발생되고 있다.

42 ①
안전운행요령 〉 운전자 요인과 안전운행
어릴수록, 학년이 낮을수록 교통사고를 많이 당한다.

43 운전하면서 다른 자동차나 사람 등의 물체를 보는 시력을 일컫는 말은?

① 심시력
② 동체시력
③ 정지시력
④ 야간시력

43 ②
안전운행요령 〉 운전자 요인과 안전운행
동체시력이란 움직이는 물체(자동차, 사람 등) 또는 움직이면서(운전하면서) 다른 자동차나 사람 등의 물체를 보는 시력을 말한다.

44 자동차의 운행기록장치에 대한 설명으로 옳지 않은 것은?

① 운행기록 분석 결과를 교통수단 및 운행체계의 개선에 활용할 수 있다.
② 운행기록분석시스템 분석항목에는 자동차의 운행경로에 대한 궤적의 표기가 있다.
③ 여객자동차운수사업법에 따른 여객자동차운송사업자는 그 운행하는 차량에 운행기록장치를 장착해야 한다.
④ 운행기록장치 장착의무자는 교통안전법에 따라 운행기록장치에 기록된 운행기록을 5년 동안 보관해야 한다.

44 ④
안전운행요령 〉 운전자 요인과 안전운행
운행기록장치 장착의무자는 교통안전법에 따라 운행기록장치에 기록된 운행기록을 6개월 동안 보관해야 한다.

45 어린이가 승용차에 탑승했을 때의 안전에 관한 사항으로 옳지 않은 것은?

① 어린이는 반드시 뒷좌석에 태우고 도어의 안전잠금장치를 잠근 후 운행한다.
② 반드시 어린이는 제일 나중에 태우고 제일 먼저 내리도록 하며, 문은 어린이가 열고 닫아 자립심을 키워준다.
③ 여름철 차내에 어린이를 혼자 방치하면 탈수현상과 산소 부족으로 생명을 잃는 경우가 있으므로 주의해야 한다.
④ 어린이가 차 안에 혼자 남아 있으면 차의 시동을 걸거나 각종 장치를 만져 뜻밖의 사고가 생길 수 있으므로 어린이와 같이 차에서 떠나야 한다.

45 ②
안전운행요령 〉 운전자 요인과 안전운행
반드시 어린이는 제일 먼저 태우고 제일 나중에 내리도록 하며, 문은 어른이 열고 닫아야 안전하다.

46 피로와 교통사고에 대한 설명으로 옳지 않은 것은?

① 피로의 정도가 지나치면 과로가 되고 정상적인 운전이 곤란해진다.
② 적정한 시간의 수면을 취하지 못한 운전자는 교통사고를 유발할 가능성이 높다.
③ 피로 또는 과로 상태에서는 졸음운전이 발생될 수 있고 이는 교통사고로 이어질 수 있다.
④ 장시간 연속운전은 심신의 기능이 현저히 저하되므로 휴식하지 않고 최대한 빨리 도착하도록 한다.

46 ④
안전운행요령 〉 운전자 요인과 안전운행
장시간 연속운전은 심신의 기능을 현저히 저하시키므로 운행계획에 휴식시간을 삽입하고 생활 관리를 철저히 해야 한다.

47 빙판이나 빗길 등 미끄러운 노면상이나 통상의 주행에서 제동 시에 바퀴를 록(Lock) 시키지 않음으로써 브레이크가 작동하는 동안에도 핸들의 조종이 용이하도록 하는 제동장치로 옳은 것은?

① 풋 브레이크
② 주차 브레이크
③ 엔진 브레이크
④ ABS(Anti-lock Brake System)

47 ④
안전운행요령 〉 자동차 요인과 안전운행
브레이크가 작동하는 동안에도 핸들의 조종이 용이하도록 하는 제동장치인 ABS의 사용목적은 방향 안정성과 조종성 확보에 있다.

48 충격흡수장치(쇽업소버)의 기능이 아닌 것은?

① 승차감을 향상시킨다.
② 스프링의 피로를 감소시킨다.
③ 노면에서 발생한 스프링의 진동을 흡수한다.
④ 앞바퀴가 하중을 받을 때 아래로 벌어지는 것을 방지한다.

48 ④
안전운행요령 〉 자동차 요인과 안전운행
캠버(Camber)는 앞바퀴가 하중을 받을 때 아래로 벌어지는 것을 방지하는 기능이 있다.

49 모닝 록(Morning lock) 현상에 대한 설명으로 옳지 않은 것은?

① 브레이크 마찰재가 물에 젖어 마찰계수가 작아져 브레이크의 제동력이 저하되는 현상이다.
② 비가 자주 오거나 습도가 높은 날, 또는 오랜 시간 주차한 후에 브레이크 드럼에 미세한 녹이 발생하는 현상이다.
③ 아침에 운행을 시작할 때나 장시간 주차한 다음 운행을 시작하는 경우에는 출발하기 전에 브레이크를 몇 차례 밟아주는 것이 좋다.
④ 이 현상이 발생하면 브레이크 드럼과 라이닝, 브레이크 패드와 디스크의 마찰계수가 높아져 평소보다 브레이크가 지나치게 예민하게 작동된다.

49 ①
안전운행요령 〉 자동차 요인과 안전운행
브레이크 마찰재가 물에 젖어 마찰계수가 작아져 브레이크의 제동력이 저하되는 현상은 워터 페이드(Water fade) 현상이다.

50 운전자가 자동차를 정지시켜야 할 상황임을 지각하고 브레이크 페달로 발을 옮겨 브레이크가 작동을 시작하는 순간까지 자동차가 진행한 거리를 일컫는 말은?

① 공주거리
② 제동거리
③ 정지거리
④ 인지거리

50 ①
안전운행요령 〉 자동차 요인과 안전운행
운전자가 자동차를 정지시켜야 할 상황임을 지각하고 브레이크 페달로 발을 옮겨 브레이크가 작동을 시작하는 순간까지의 시간을 공주시간이라고 하며, 이때까지 자동차가 진행한 거리를 공주거리라고 한다.

51 자동차의 일상점검 중 제동장치의 점검사항이 아닌 것은?

① 브레이크액의 누출은 없는가?
② 주차 제동레버의 유격 및 당겨짐은 적당한가?
③ 변속기의 조작이 쉽고 변속기 오일의 누출은 없는가?
④ 브레이크 페달을 밟았을 때 상판과의 간격은 적당한가?

51 ③
안전운행요령 〉 자동차 요인과 안전운행
'변속기의 조작이 쉽고 변속기 오일의 누출은 없는가?'는 동력전달장치의 점검사항이다.

52 내륜차와 외륜차에 대한 설명으로 옳지 않은 것은?

① 대형차일수록 차이는 크다.
② 앞바퀴의 안쪽과 뒷바퀴의 안쪽과의 차이를 외륜차라고 한다.
③ 후진 중 회전할 경우에는 외륜차에 의한 교통사고의 위험이 있다.
④ 자동차가 전진 중 회전할 경우에는 내륜차에 의한 교통사고의 위험이 있다.

52 ②
안전운행요령 〉 자동차 요인과 안전운행
앞바퀴의 안쪽과 뒷바퀴의 안쪽과의 차이를 내륜차, 앞바퀴의 바깥쪽과 뒷바퀴의 바깥쪽과의 차이를 외륜차라고 한다.

53 도로의 안전시설에 해당하지 않는 것은?

① 신호기
② 차로 수
③ 노면표시
④ 방호울타리

53 ②
안전운행요령 〉 도로 요인과 안전운행
차로 수는 도로의 안전시설이 아닌 도로구조에 해당한다.

54 길어깨의 역할이 아닌 것은?

① 유지관리 작업장이나 지하매설물에 대한 장소로 제공된다.
② 보행자가 통행하지 못하도록 하여 보행자사고를 방지한다.
③ 측방 여유폭을 가지므로 교통의 안전성과 쾌적성에 기여한다.
④ 고장차가 본선차도로부터 대피할 수 있고, 사고 시 교통의 혼잡을 방지하는 역할을 한다.

54 ②
안전운행요령 〉 도로 요인과 안전운행
길어깨(갓길)는 보도 등이 없는 도로에서는 보행자 등의 통행장소로 제공된다.

55 중앙분리대의 종류 중 연석형의 장점이 아닌 것은?

① 운전자의 심리적 안정감에 기여
② 연석의 중앙에 잔디나 수목을 심어 녹지공간 제공
③ 좌회전 차로의 제공이나 향후 차로 확장에 쓰일 공간 확보
④ 차량과 충돌 시 차량을 본래의 주행방향으로 복원해주는 기능이 강함

55 ④
안전운행요령 〉 도로 요인과 안전운행
연석형은 차량과 충돌 시 차량을 본래의 주행방향으로 복원해주는 기능이 미약하다.

56 중앙분리대와 교통사고에 대한 설명으로 옳지 않은 것은?

① 분리대의 폭이 넓을수록 분리대를 넘어가는 횡단사고가 적어진다.
② 분리대의 폭이 넓을수록 전체사고에 대한 정면충돌사고의 비율이 높아진다.
③ 중앙분리대는 정면충돌사고를 차량단독사고로 변환시킴으로써 위험성이 덜하다.
④ 중앙분리대로 설치된 방호울타리는 사고를 방지한다기보다는 사고의 유형을 변환시켜주기 때문에 효과적이다.

56 ②
안전운행요령 〉 도로 요인과 안전운행
분리대의 폭이 넓을수록 전체사고에 대한 정면충돌사고의 비율이 낮아진다.

57 자동차가 우회전, 좌회전 또는 유턴을 할 수 있도록 직진하는 차로와 분리하여 추가로 설치하는 차로를 무엇이라 하는가?

① 차로 수
② 회전차로
③ 변속차로
④ 오르막차로

57 ②
안전운행요령 〉 도로 요인과 안전운행
- 차로 수: 양방향차로(오르막차로, 회전차로, 변속차로 및 양보차로 제외)의 수를 합한 것
- 변속차로: 자동차를 가속시키거나 감속시키기 위해 추가로 설치하는 차로
- 오르막차로: 오르막 구간에서 저속 자동차를 다른 자동차와 분리하여 통행시키기 위해 추가로 설치하는 차로

58 방어운전의 기본자세가 아닌 것은?

① 적절하고 안전하게 운전하는 기술을 몸에 익혀야 한다.
② 자신의 운전행동에 대한 반성을 통하여 더욱 안전한 운전자로 거듭날 수 있다.
③ 운전할 때는 자기중심적인 생각으로 상대방의 입장을 생각하지 않는 자세가 필요하다.
④ 앞으로 일어날 위험 및 운전 상황을 미리 파악하는, 안전을 위협하는 운전 상황의 변화요소를 재빠르게 파악하는 등 예측 능력을 키운다.

58 ③
안전운행요령 〉 안전운전방법
운전할 때는 자기중심적인 생각을 버리고 상대방의 입장을 생각하며 서로 양보하는 마음의 자세가 필요하다.

59 운전 상황별 방어운전방법으로 옳지 않은 것은?

① 꼭 필요한 경우에만 앞지르기한다.
② 필요한 경우가 아니면 중앙의 차로를 주행하지 않는다.
③ 교통 상황을 판단하여 미리 속도를 줄여 급정지하지 않도록 한다.
④ 해질 무렵, 터널 등 조명조건이 나쁠 때에는 속도를 올려서 주행한다.

59 ④
안전운행요령 〉 안전운전방법
해질 무렵, 터널 등 조명조건이 나쁠 때에는 속도를 줄여서 주행한다.

60 교차로에서의 사고 발생 원인이 아닌 것은?

① 교차로 진입 전 이미 황색신호임에도 무리하게 통과 시도
② 교통경찰관 수신호의 경우 교통경찰관의 지시에 따라 통행
③ 앞쪽 또는 옆쪽 상황에 소홀한 채 진행신호로 바뀌는 순간 급출발
④ 정지신호임에도 불구하고 정지선을 지나 교차로에 진입하거나 무리하게 통과를 시도하는 신호 무시

60 ②
안전운행요령 〉 안전운전방법
교통경찰관 수신호의 경우 교통경찰관의 지시에 따라 통행하는 것은 교차로에서의 안전운전방법이다.

61 시가지 외 도로운행 시 안전운전방법이 아닌 것은?

① 원심력을 가볍게 생각한다.
② 자기 능력에 부합된 속도로 주행한다.
③ 맹속력으로 주행하는 차에는 진로를 양보한다.
④ 좁은 길에서 마주 오는 차가 있을 때에는 서행하면서 교행한다.

61 ①
안전운행요령 〉 안전운전방법
시가지 외 도로운행 시 원심력을 가볍게 생각하지 않는다.

62 교차로에서의 황색신호에 대한 설명으로 옳지 않은 것은?

① 교차로 상에서 전신호 차량과 후신호 차량의 충돌을 예방할 수 있다.
② 현실적으로 무리하게 진행하는 차량이 없이 신호를 잘 지키고 있다.
③ 황색신호에는 반드시 신호를 지켜 정지선에 멈출 수 있도록 교차로에 접근할 때는 자동차의 속도를 줄여 운행한다.
④ 교차로 황색신호시간은 이미 교차로에 진입한 차량은 신속히 빠져나가야 하는 시간이며 아직 교차로에 진입하지 못한 차량은 진입해서는 안 되는 시간이다.

62 ②
안전운행요령 〉 안전운전방법
황색신호 시 교차로에 무리하게 진입하거나 통과를 시도하지 않는다. 그러나 현실적으로는 무리하게 진행하는 차량이 많은 실정이다.

63 내리막길에서의 안전운전방법이 아닌 것은?

① 변속할 때 클러치 및 변속 레버의 작동은 신속하게 한다.
② 커브 주행 시와 마찬가지로 중간에 불필요하게 속도를 줄인다든지 급제동하는 것은 금물이다.
③ 배기 브레이크가 장착된 차량의 경우 배기 브레이크를 사용하면 운행의 안전도를 더욱 높일 수 있다.
④ 내리막길을 내려가기 전에는 미리 속도를 올려 빠르게 내려가며 엔진 브레이크로 속도를 조절하는 것이 바람직하다.

63 ④
안전운행요령 〉 안전운전방법
내리막길을 내려가기 전에는 미리 감속하여 천천히 내려가며 엔진 브레이크로 속도를 조절하는 것이 바람직하다.

64 앞지르기 시의 사고 및 안전운전에 대한 설명으로 옳지 않은 것은?

① 앞지르기 할 때 과속은 금물이다.
② 앞지르기를 할 때는 오른쪽으로 앞지르기한다.
③ 앞지르기 위한 최초 진로 변경 시 동일 방향 좌측 후속차 또는 나란히 진행하던 차와 충돌할 수 있다.
④ 앞지르기 금지장소나 앞지르기를 금지하는 때에도 앞지르기하는 차가 있다는 사실을 항상 염두에 두고 주의 운전한다.

64 ②
안전운행요령 > 안전운전방법
앞지르기를 할 때는 왼쪽 바로 옆 차로로 앞지르기하며, 오른쪽으로 앞지르기는 금한다.

65 차량에 고정된 탱크 속 취급물질을 안전하게 운송하기 위한 방법이 아닌 것은?

① 차량이 육교 등 밑을 통과할 때는 육교 등 높이에 주의하여 서서히 운행해야 한다.
② 가스의 누설, 밸브의 이완, 부속품의 부착부분 등을 점검하여 이상여부를 확인한다.
③ 터널에 진입하는 경우는 전방에 이상 사태가 발생하지 않았는지 표시등을 확인하면서 진입한다.
④ 운송 중 노상에 주차할 필요가 있는 경우에는 안전을 위하여 주택 및 상가 등이 밀집한 지역에 주차한다.

65 ④
안전운행요령 > 안전운전방법
운송 중 노상에 주차할 필요가 있는 경우에는 주택 및 상가 등이 밀집한 지역을 피하고, 교통량이 적고 부근에 화기가 없는 안전하고 지반이 평탄한 장소를 선택하여 주차한다.

66 고객만족을 위한 품질의 3요소 중 성능 및 사용방법을 구현한 하드웨어 품질을 일컫는 말은?

① 상품 품질
② 기대 품질
③ 영업 품질
④ 서비스 품질

66 ①
운송서비스 > 직업운전자의 기본자세
상품 품질은 성능 및 사용방법을 구현한 하드웨어 품질로 고객의 필요와 욕구 등을 각종 시장조사나 정보를 통해 정확하게 파악하여 상품에 반영시킴으로써 고객만족도를 향상시킨다.

67 운전자의 기본예절로 옳지 않은 것은?

① 상대의 결점을 지적할 때에는 진지한 충고와 격려로 한다.
② 연장자는 사회의 선배로서 존중하고, 공·사를 구분하여 예우한다.
③ 약간의 어려움을 감수하는 것은 좋은 인간관계 유지를 위한 투자이다.
④ 자신의 것만 챙기는 이기주의는 바람직한 인간관계 형성의 기본요소이다.

67 ④
운송서비스 > 직업운전자의 기본자세
자신의 것만 챙기는 이기주의는 바람직한 인간관계 형성의 저해요소이다.

68 바람직한 인사 태도가 아닌 것은?

① 밝고 상냥한 미소로 하는 인사
② 할까 말까 망설이면서 하는 인사
③ 정성과 감사의 마음으로 하는 인사
④ 경쾌하고 겸손한 인사말과 함께 하는 인사

68 ②
운송서비스 〉 직업운전자의 기본자세
할까 말까 망설이면서 하는 인사, 얼굴을 빤히 보고 하는 인사, 무표정한 인사, 뒷짐을 지고 하는 인사 등은 바람직하지 못한 인사 태도이다.

69 물류에 해당하는 활동이 아닌 것은?

① 계획
② 실행
③ 기록
④ 관리

69 ③
운송서비스 〉 물류의 이해
물류는 발생지에서 소비지까지의 물자의 흐름을 계획, 실행, 통제하는 제반관리 및 경제활동이다.

70 컨테이너 화물과 파렛트 화물 하역 시 사용되는 기계가 아닌 것은?

① 랙
② 지게차
③ 크레인
④ 컨베이어

70 ①
운송서비스 〉 물류의 이해
컨테이너 화물과 파렛트 화물은 기계를 사용하여 하역하는데 지게차, 크레인, 컨베이어 등이 이용된다. 랙은 창고에 보관하는 시설이다.

71 물류관리는 그 기능 일부가 생산 및 마케팅 영역과 밀접하게 연관되어 있다. 이 중 마케팅 관리 분야와 연결된 것으로 옳은 것은?

① 구매계획
② 대고객서비스
③ 입지 관리 · 결정
④ 제품 설계 · 관리

71 ②
운송서비스 〉 물류의 이해
입지 관리 · 결정, 제품 설계 · 관리, 구매계획 등은 생산관리 분야와 연결되며, 대고객서비스, 정보 관리, 제품포장 관리, 판매망 분석 등은 마케팅 관리 분야와 연결된다.

72 제3자 물류의 기능에 컨설팅 업무를 추가 수행하는 것은?

① 자회사
② 자사물류
③ 아웃소싱
④ 제4자 물류

72 ④
운송서비스 〉 물류의 이해
• 자사물류(제1자 물류): 화주기업이 사내에 물류조직을 두고 물류업무를 직접 수행하는 경우
• 자회사(제2자 물류): 기업이 사내의 물류조직을 별도로 분리하여 자회사로 독립시키는 경우
• 아웃소싱(제3자 물류): 외부의 전문물류업체에게 물류업무를 아웃소싱하는 경우

73 물류시스템에 대한 설명으로 옳지 않은 것은?

① 물류서비스의 수준을 향상시키면 물류비용은 감소한다.
② 운송, 보관, 하역, 포장, 유통, 가공의 작업을 합리화하는 것이다.
③ 각 물류활동 간에는 트레이드오프관계가 성립하므로 토털 코스트 접근방법의 물류시스템화가 필요하다.
④ 물류시스템의 목적은 최소의 비용으로 최대의 물류서비스를 산출하기 위하여 물류서비스를 3S1L의 원칙(Speedy, Safely, Surely, Low)으로 행하는 것이다.

73 ①
운송서비스 〉 물류의 이해
물류서비스의 수준을 향상시키면 물류비용도 상승한다.

74 물류의 구성 요소 중 물품을 저장·관리하는 것을 의미하고 시간·가격조정에 관한 기능을 수행하는 것을 일컫는 말은?

① 운송
② 보관
③ 포장
④ 하역

74 ②
운송서비스 > 물류의 이해
보관은 물품을 저장·관리하는 것을 의미하고 시간·가격조정에 관한 기능을 수행하는 것으로, 수요와 공급의 시간적 간격을 조정함으로써 경제활동의 안정과 촉진을 도모한다.

75 수배송관리시스템과 관련하여 옳지 않은 것은?

① 대표적인 수배송관리시스템으로는 터미널화물정보시스템이 있다.
② 화물이 터미널을 경유하여 수송될 때 수반되는 자료 및 정보를 신속하게 수집하여 이를 효율적으로 관리한다.
③ 주문 상황에 대해 적기 수배송체제의 확립과 최적의 수배송계획을 수립함으로써 수송비용을 절감하려는 체제이다.
④ 출하계획의 작성, 출하서류의 전달, 화물 및 운임 계산의 명확성 등을 컴퓨터와 통신기기를 이용하여 기계적으로 처리한다.

75 ②
운송서비스 > 물류의 이해
화물이 터미널을 경유하여 수송될 때 수반되는 자료 및 정보를 신속하게 수집하여 이를 효율적으로 관리하는 동시에 화주에게 적기에 정보를 제공해주는 시스템은 화물정보시스템이다.

76 신속대응(QR; Quick Response)을 활용함으로써 소매업자가 얻은 혜택이 아닌 것은?

① 유지비용의 절감
② 매출과 이익 증대
③ 고객서비스의 제고
④ 주문량에 따른 생산의 유연성 확보

76 ④
운송서비스 > 화물운송서비스의 이해
주문량에 따른 생산의 유연성 확보는 신속대응(QR; Quick Response)을 활용함으로써 얻는 제조업자의 혜택이다.

77 급변하는 상황에 민첩하게 대응하기 위한 전략적 기업제휴인 가상기업에 대한 설명으로 옳지 않은 것은?

① 가상기업은 필요한 정보를 공유하면서 상품의 공동개발을 실현한다.
② 가상기업은 시장의 급속한 변화에 대응하기 위해 수익성 낮은 사업에 경영자원을 집중 투입하여 발전시킨다.
③ 가상기업은 정보시스템으로 동시공학체제를 갖춘 생산·판매·물류시스템과 경영시스템을 확립한 기업을 의미한다.
④ 가상기업은 제품단위 또는 프로젝트 단위별로 기동적인 기업 간 제휴를 할 수 있는 수평적 네트워크형 기업관계를 형성한다.

77 ②
운송서비스 > 화물운송서비스의 이해
시장의 급속한 변화에 대응하기 위해 수익성 낮은 사업은 과감히 버리고 리엔지니어링을 통해 경쟁력 있는 사업에 경영자원을 집중 투입한다.

78 물류부문 고객서비스의 개념이 아닌 것은?

① 물류부문의 고객서비스란 물류시스템의 산출(Output)이라고 할 수 있다.
② 제조업자나 유통업자가 그 물류활동의 수행을 통하여 고객에게 발주·구매한 제품에 관하여 단순하게 물류서비스를 제공하는 것이다.
③ 물류 부문의 고객서비스에는 기존 고객의 유지 확보를 도모하고 잠재적 고객이나 신규 고객의 획득을 도모하기 위한 수단이라는 의의가 있다.
④ 어떤 기업이 제공하는 고객서비스의 수준은 기존의 고객이 고객으로서 계속 남을 것인가 말 것인가를 결정할 뿐만 아니라 얼마만큼의 잠재고객이 고객으로 바뀔 것인가를 결정하게 된다.

78 ②
운송서비스 〉 화물운송서비스와 문제점
물류부문의 고객서비스란 제조업자나 유통업자가 그 물류활동의 수행을 통하여 고객에게 발주·구매한 제품에 관해 단순하게 물류서비스를 제공하는 것이 아니라 그 물류활동을 보다 확실하게 효율적으로, 보다 정확하게 수행함으로써 보다 나은 물류서비스를 제공하여 고객만족을 향상시켜 나가는 것이다.

79 택배화물의 배달 시 주의사항으로 옳지 않은 것은?

① 밖으로 불러냈을 때는 반드시 죄송하다는 인사를 한다.
② 대리 인계 시 전화로 사전에 대리 인수자를 지정받는다.
③ 불가피하게 대리 인계를 할 때는 확실한 곳에 인계해야 한다.
④ 고객 부재 시 부재안내표에 방문시간, 송하인 등을 기록하여 문 밖에 부착한다.

79 ④
운송서비스 〉 화물운송서비스와 문제점
고객 부재 시 부재안내표에 반드시 방문시간, 송하인, 화물명, 연락처 등을 기록하여 문 안에 투입한다(문 밖에 부착은 절대 금지).

80 국내 물류는 제조업체와 물류업체 간 상호협력을 하지 못하는 문제점이 있다. 이에 대한 이유가 아닌 것은?

① 비용부문
② 신뢰성의 문제
③ 물류에 대한 통제력
④ 고객 불만족 즉시 해결

80 ④
운송서비스 〉 화물운송서비스와 문제점
물류업체가 제조업체의 고객에 대한 응답을 제대로 처리하지 못해 그 즉시 불만족을 해결하지 못하게 되는 결과를 초래한다.

7회 기출복원 모의고사

⏱ 제한시간 80분 ☑ 합격개수 48문제

 CBT로 풀어보기

01 신호의 위반에 해당하는 경우로 옳은 것은?
① 원형신호가 황색 등화인 때 우회전한 경우
② 화살표신호가 적색 등화인 때 화살표시 방향으로 진행한 경우
③ 비보호좌회전표지가 있는 곳에서 원형신호가 녹색 등화인 때 좌회전한 경우
④ 원형신호가 적색 등화인 때 정지선, 횡단보도 및 교차로의 직전에서 정지한 경우

01 ②
교통 및 화물 관련법규 > 도로교통법령
화살표신호가 적색 등화인 때 화살표시 방향으로 진행하려는 차마는 정지선, 횡단보도 및 교차로의 직전에서 정지해야 한다.

02 규제표지로 표시하여 알리는 것에 해당하는 것은?
① 유턴
② 앞지르기금지
③ 자동차전용도로
④ 도로폭이 좁아짐

02 ②
교통 및 화물 관련법규 > 도로교통법령
자동차전용도로와 유턴은 지시표지, 도로폭이 좁아짐은 주의표지로 표시하여 알린다.

03 노면표시에 대한 설명으로 틀린 것은?
① 버스전용차로 표시는 황색으로 나타낸다.
② 중앙선, 유턴구역선, 차선 등은 노면표시에 해당한다.
③ 노면표시에 사용되는 선 중 점선은 허용, 실선은 제한을 나타낸다.
④ 각종 주의·규제·지시 등의 내용을 노면에 기호·문자 또는 선으로 도로사용자에게 알리는 표지이다.

03 ①
교통 및 화물 관련법규 > 도로교통법령
청색은 지정 방향의 교통류 분리 표시로, 버스전용차로 표시는 청색으로 나타낸다.

04 도로의 가장 오른쪽에 있는 차로로 통행해야 하는 차마가 아닌 것은?
① 우마
② 자전거
③ 중형 승합자동차
④ 사람 또는 가축의 힘이나 그 밖의 동력으로 도로에서 운행되는 것

04 ③
교통 및 화물 관련법규 > 도로교통법령
중형 승합자동차의 경우 고속도로 외의 도로에서는 왼쪽 차로, 고속도로에서는 1차로로 통행할 수 있다.

05 화물자동차 운행상의 안전기준으로 옳지 <u>않은</u> 것은?

① 높이: 지상으로부터 4미터
② 길이: 자동차 길이에 그 길이의 10분의 1을 더한 길이
③ 너비: 자동차의 후사경으로 뒤쪽을 확인할 수 있는 범위
④ 적재중량: 구조 및 성능에 따르는 적재중량의 140퍼센트 이내

05 ④
교통 및 화물 관련법규 〉 도로교통법령
화물자동차의 적재중량은 구조 및 성능에 따르는 적재중량의 110퍼센트 이내이다.

06 차 또는 노면전차가 즉시 정지할 수 있는 느린 속도로 진행하는 것을 의미하는 것은 무엇인가?

① 서행
② 정지
③ 직진
④ 일시정지

06 ①
교통 및 화물 관련법규 〉 도로교통법령
서행은 위험을 예상한 상황적 대비로 차 또는 노면전차가 즉시 정지할 수 있는 느린 속도로 진행하는 것을 의미한다.

07 앞을 보지 못하는 사람이 흰색 지팡이를 가지거나 장애인보조견을 동반하는 등의 조치를 하고 횡단하고 있는 경우 운전자가 해야 할 사항으로 옳은 것은?

① 서행
② 정지
③ 일시정지
④ 무시하고 직진

07 ③
교통 및 화물 관련법규 〉 도로교통법령
앞을 보지 못하는 사람이 흰색 지팡이를 가지거나 장애인보조견을 동반하는 등의 조치를 하고 도로를 횡단하고 있는 경우, 지하도나 육교 등 도로 횡단시설을 이용할 수 없는 지체장애인이나 노인 등이 도로를 횡단하고 있는 경우 등에는 일시정지를 한다.

08 운전면허 취득 시 결격사유에 해당하지 <u>않는</u> 것은?

① 듣지 못하는 사람
② 앞을 보지 못하는 사람
③ 맛을 보지 못하는 사람
④ 양팔의 팔꿈치 관절 이상을 잃은 사람

08 ③
교통 및 화물 관련법규 〉 도로교통법령
①, ②, ④ 이외에 교통상의 위험과 장해를 일으킬 수 있는 정신질환자 또는 뇌전증환자, 신체장애로 인해 앉아 있을 수 없는 사람, 교통상의 위험과 장해를 일으킬 수 있는 마약, 향정신성 의약품 또는 알코올 중독자 등이 운전면허 취득 결격사유에 해당한다.

09 덤프 트럭, 아스팔트살포기를 운전할 수 있는 면허의 종류로 옳은 것은?

① 제1종 대형면허
② 제1종 보통면허
③ 제1종 특수면허
④ 제1종 소형면허

09 ①
교통 및 화물 관련법규 〉 도로교통법령
덤프 트럭, 아스팔트살포기, 노상안정기, 콘크리트믹서트럭 등은 제1종 대형면허로 운전할 수 있다.

10 과거 5년 이내에 음주운전 금지규정을 1회 이상 위반하였던 사람으로서 다시 술에 취한 상태에서의 운전 금지를 위반하여 운전면허 효력 정지처분을 받은 사람이 그 처분기간이 끝나기 전에 특별교통안전교육을 이수하지 않은 경우의 범칙금액으로 옳은 것은?

① 2만 원
② 6만 원
③ 10만 원
④ 15만 원

10 ④
교통 및 화물 관련법규 〉 도로교통법령
특별교통안전교육을 이수하지 않은 경우의 범칙금액은 15만 원이다.

11 교통사고처리특례법상 특례 적용이 배제되는 보행자 보호의무 위반 사고에 해당하지 <u>않는</u> 것은?

① 자전거를 끌고 횡단보도를 보행하는 사람을 친 사고
② 횡단보도 전에 정지한 차량을 추돌, 앞차가 밀려나가 보행자를 충돌한 사고
③ 횡단보도를 건너는 것이 아니고 드러누워 있거나, 싸우던 중 일어난 사고
④ 보행신호(녹색 등화)에 횡단보도 진입, 건너던 중 정지신호(적색 등화)가 되어 마저 건너고 있는 보행자를 충돌한 사고

11 ③
교통 및 화물 관련법규 〉 교통사고처리특례법
횡단보도를 건너는 것이 아니고 드러누워 있거나 교통정리, 싸우던 중, 택시를 잡던 중 등 보행의 경우가 아닌 때 일어난 사고는 교통사고처리특례법상 특례가 적용된다.

12 운전자가 업무상 과실 또는 중대한 과실로 교통사고를 일으켜 사람을 사망이나 상해에 이르게 한 경우 형법상 벌칙으로 옳은 것은?

① 3년 이하의 금고형 또는 1천만 원 이하의 벌금
② 3년 이하의 금고형 또는 2천만 원 이하의 벌금
③ 5년 이하의 금고형 또는 1천만 원 이하의 벌금
④ 5년 이하의 금고형 또는 2천만 원 이하의 벌금

12 ④
교통 및 화물 관련법규 〉 교통사고처리특례법
운전자가 업무상 과실 또는 중대한 과실로 교통사고를 일으켜 사람을 사망이나 상해에 이르게 한 경우에는 5년 이하의 금고 또는 2천만 원 이하의 벌금에 처한다(형법 제268조).

13 교통사고특례법상 특례가 배제되는 중앙선침범사고에 해당하지 <u>않는</u> 것은?

① 고의적 과실 또는 현저한 부주의에 의한 과실사고
② 중앙선침범 차량에 충돌되어 인적 피해를 입은 사고
③ 아파트 단지 또는 군부대 내의 사설 중앙선침범사고
④ 황색실선이나 점선의 중앙선이 설치되어 있는 도로에서의 사고

13 ③
교통 및 화물 관련법규 〉 교통사고처리특례법
아파트 단지 또는 군부대 내의 사설 중앙선침범사고는 교통사고특례법상 특례가 배제되는 중앙선침범이 성립되지 않는 사고이다.

14 화물자동차운송사업자가 허가사항을 변경할 때 변경허가를 받아야 하는 대상으로 옳은 것은?

① 시·도지사
② 국토교통부장관
③ 행정안전부장관
④ 한국교통안전공단이사장

14 ②
교통 및 화물 관련법규 〉 화물자동차운수사업법령
운송사업자가 허가사항을 변경하려면 국토교통부령으로 정하는 바에 따라 국토교통부장관의 변경허가를 받아야 한다.

15 운전적성정밀검사 중 특별검사의 대상자로 옳은 것은?

① 화물운송종사자격증을 취득하려는 사람
② 교통사고를 일으켜 사람을 사망하게 하거나 5주 이상의 치료가 필요한 상해를 입힌 사람
③ 65세 이상 70세 미만인 사람(자격유지검사의 적합판정을 받고 3년이 지나지 않은 사람은 제외)
④ 신규검사 또는 자격유지검사의 적합판정을 받은 사람으로서 해당 검사를 받은 날부터 3년 이내에 취업하지 아니한 사람

15 ②
교통 및 화물 관련법규 〉 화물자동차운수사업법령
①은 신규검사, ③, ④는 자격유지검사 대상자에 해당한다.

16 화물자동차운송사업자의 준수사항으로 옳지 않은 것은?

① 허가받은 사항의 범위에서 사업을 성실하게 수행해야 한다.
② 휴게시간 없이 2시간 연속운전한 운수종사자에게 15분 이상의 휴게시간을 보장해야 한다.
③ 실을 수 있는 공간이 있다면 공차율을 줄이기 위하여 기준에 맞지 않는 화물이라도 운송할 수 있다.
④ 적재된 화물이 떨어지지 아니하도록 국토교통부령으로 정하는 기준 및 방법에 따라 덮개·포장·고정장치 등 필요한 조치를 해야 한다.

16 ③
교통 및 화물 관련법규 〉 화물자동차운수사업법령
운송사업자는 화물의 기준에 맞지 않는 화물을 운송해서는 안 된다.

17 운전적성정밀검사에 해당하지 않는 것은?

① 신규검사
② 적성검사
③ 특별검사
④ 자격유지검사

17 ②
교통 및 화물 관련법규 〉 화물자동차운수사업법령
운전적성정밀검사는 신규검사, 특별검사, 자격유지검사로 구분한다.

18 화물운송종사자격증의 발급 및 재발급에 관한 설명으로 옳지 <u>않은</u> 것은?

① 화물운송종사자격증을 재발급받으려는 자는 재발급 신청서를 시청에 제출해야 한다.
② 화물운송종사자격증 재발급을 신청하는 경우 재발급 신청서에 화물운송종사자격증과 사진 1장을 첨부해야 한다.
③ 화물운송종사자격증의 발급을 신청할 때에는 화물운송종사자격증 발급 신청서에 사진 1장을 첨부하여 한국교통안전공단에 제출해야 한다.
④ 한국교통안전공단은 화물운송종사자격증 발급 신청서를 받았을 때에는 화물운송종사자격 등록대장에 그 사실을 적은 후 화물운송종사자격증을 발급해야 한다.

18 ①
교통 및 화물 관련법규 〉 화물자동차운수사업법령
화물운송종사자격증 재발급 신청 시 재발급 신청서에 화물운송종사자격증과 사진 1장을 첨부하여 한국교통안전공단 또는 협회에 제출해야 한다.

19 화물운송종사자격시험의 교육과목이 <u>아닌</u> 것은?

① 교통안전에 관한 사항
② 화물취급요령에 관한 사항
③ 화물품질관리 및 품질 개선
④ 화물자동차운수사업법령 및 도로관계법령

19 ③
교통 및 화물 관련법규 〉 화물자동차운수사업법령
화물운송종사자격시험의 교육과목은 ①, ②, ④ 이외에 자동차 응급처치방법, 운송서비스에 관한 사항이 있다.

20 자동차검사의 목적이 <u>아닌</u> 것은?

① 배출가스 및 소음으로부터 환경오염 예방
② 운행 중인 자동차의 안전도 적합 여부 확인
③ 불법 구조 변경 및 개조 방지로 운행질서 확립
④ 도로의 건설과 공공복리의 향상에 이바지하기 위함

20 ④
교통 및 화물 관련법규 〉 자동차관리법령
도로의 건설과 공공복리의 향상에 이바지하는 것은 도로법의 목적이다.

21 자동차 종합검사에 대한 설명으로 옳지 <u>않은</u> 것은?

① 신규등록을 하는 자동차는 신규등록일부터 유효기간을 계산한다.
② 차령이 2년 초과인 사업용 대형화물자동차의 종합검사 유효기간은 1년이다.
③ 종합검사를 받은 경우에는 정기검사, 정밀검사, 특정경유자동차검사를 받은 것으로 본다.
④ 대기환경보전법에 따른 운행차 배출가스 정밀검사 시행지역에 등록한 자동차의 소유자는 종합검사를 받아야 한다.

21 ②
교통 및 화물 관련법규 〉 자동차관리법령
차령이 2년 초과인 사업용 대형화물자동차의 종합검사 유효기간은 6개월이다.

22 도로관리청이 운행을 제한할 수 있는 차량이 <u>아닌</u> 것은?

① 차량의 폭 2.5m, 높이 4.0m, 길이 16.7m를 초과하는 차량
② 축하중이 10톤을 초과하거나 총중량이 20톤을 초과하는 차량
③ 도로관리청이 특히 도로구조의 보전과 통행의 안전에 지장이 있다고 인정하는 차량
④ 도로구조의 보전과 통행의 안전에 지장이 없다고 도로관리청이 인정하여 고시한 도로노선의 경우 높이 4.2m를 초과하는 차량

22 ②
교통 및 화물 관련법규 〉 도로법령
축하중이 10톤을 초과하거나 총중량이 40톤을 초과하는 차량은 도로관리청이 운행 제한을 할 수 있다.

23 도로관리청이 자동차전용도로를 지정·변경 또는 해제할 때 공고해야 할 사항이 <u>아닌</u> 것은?

① 도로 구간
② 지정·변경 또는 해제의 이유
③ 도로의 종류·노선번호 및 노선명
④ 해제할 경우 해당 구간에 있는 일반교통용의 다른 도로 현황

23 ④
교통 및 화물 관련법규 〉 도로법령
해당 구간에 있는 일반교통용의 다른 도로 현황은 공고해야 할 사항이나, 해제의 경우는 제외한다.

24 대기환경보전법상 물질이 파쇄·선별·퇴적·이적될 때, 그 밖에 기계적으로 처리되거나 연소·합성·분해될 때에 발생하는 고체상 또는 액체상의 미세한 물질을 일컫는 말은?

① 먼지
② 매연
③ 검댕
④ 입자상물질

24 ④
교통 및 화물 관련법규 〉 대기환경보전법령
• 먼지: 대기 중에 떠다니거나 흩날려 내려오는 입자상물질
• 매연: 연소할 때에 생기는 유리탄소가 주가 되는 미세한 입자상물질
• 검댕: 연소할 때에 생기는 유리탄소가 응결하여 입자의 지름이 1미크론 이상이 되는 입자상물질

25 자동차에서 배출되는 배출가스가 운행차배출허용기준에 맞는지 확인하기 위하여 행하는 자동차의 수시 점검에 따르지 아니하거나 기피 또는 방해한 자의 과태료로 옳은 것은?

① 100만 원 이하의 과태료
② 200만 원 이하의 과태료
③ 300만 원 이하의 과태료
④ 400만 원 이하의 과태료

25 ②
교통 및 화물 관련법규 〉 대기환경보전법령
운행차의 수시 점검에 따르지 않거나 기피 또는 방해한 자에게는 200만 원 이하의 과태료를 부과한다.

26 포장 상태 불완전 등으로 사고 발생 가능성이 높아 수탁이 곤란한 화물의 경우에는 송하인이 모든 책임을 진다는 조건으로 수탁할 수 있다. 정상적으로 배달해도 부패의 가능성이 있는 식품 등의 화물일 경우 어떤 면책 조건으로 수탁하는가?

① 파손면책 ② 부패면책
③ 배달불능면책 ④ 배달지연면책

26 ②
화물취급요령 〉 운송장 작성과 화물포장
식품 등 정상적으로 배달해도 부패의 가능성이 있는 화물인 때에는 부패면책을 조건으로 화물운송을 수탁한다.

27 유연포장의 재료에 해당하지 않는 것은?

① 종이 ② 유리
③ 플라스틱 필름 ④ 알루미늄포일

27 ②
화물취급요령 〉 운송장 작성과 화물포장
유리는 강성포장의 재료에 해당한다.

28 다음 중 무게 중심 위치를 나타내는 화물 취급표지에 해당하는 것은?

① 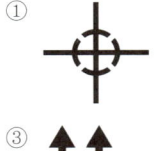 ②
③  ④

28 ①
화물취급요령 〉 운송장 작성과 화물포장

굴림 방지	위 쌓기	갈고리 금지

29 화물의 하역 및 적재 시의 방법으로 옳지 않은 것은?

① 같은 종류 또는 동일 규격끼리 적재해야 한다.
② 종류가 다른 것을 적치할 때는 가벼운 것을 하단에 쌓는다.
③ 화물 종류별로 표시된 쌓는 단 수 이상으로 적재하지 않는다.
④ 둥글고 구르기 쉬운 물건은 상자 등으로 포장한 후 적재한다.

29 ②
화물취급요령 〉 화물의 상하차
종류가 다른 것을 적치할 때는 무거운 것을 밑에 쌓는다.

30 동일 컨테이너에 수납이 가능한 경우가 아닌 것은?

① 동일 종류의 화물
② 위험물 이외의 화물과 목제화물
③ 위험물 이외의 다른 종류 화물이 상호작용하지 않는 경우
④ 위험물과 위험물 이외의 화물이 상호작용하여 발열 및 가스를 발생시킬 염려가 있는 경우

30 ④
화물취급요령 〉 화물의 상하차
품명이 다른 위험물 또는 위험물과 위험물 이외의 화물이 상호작용하여 발열 및 가스의 발생, 부식작용, 기타 물리적·화학적 작용이 일어날 염려가 있을 때는 동일 컨테이너에 수납해서는 안 된다.

31 파렛트 화물의 붕괴를 방지하는 방법 중 스트레치 방식에 대한 설명으로 옳지 않은 것은?

① 통기성이 없다.
② 비용이 많이 든다.
③ 고열(120~130℃)의 터널을 통과하므로 상품에 따라서는 이용할 수가 없다.
④ 스트레치 포장기를 사용하여 플라스틱 필름을 파렛트 화물에 감아 움직이지 않게 하는 방법이다.

31 ③
화물취급요령 〉 적재물 결박 덮개 설치
③은 슈링크 방식이다. 스트레치 방식은 슈링크 방식과 달리 열처리를 행하지 않는다.

32 파렛트 화물의 붕괴 방지요령 중 슬립 멈추기 시트 삽입 방식에 대한 설명으로 옳지 않은 것은?

① 부대화물에 효과가 있다.
② 상자는 진동하면 튀어 오르기 쉽다는 문제가 있다.
③ 열수축성 플라스틱 필름을 파렛트 화물에 씌우는 방법이다.
④ 포장과 포장 사이에 미끄럼을 멈추는 시트를 넣음으로써 안전을 도모하는 방법이다.

32 ③
화물취급요령 〉 적재물 결박 덮개 설치
열수축성 플라스틱 필름을 파렛트 화물에 씌우는 방법은 슈링크 방식이다.

33 고속도로 운행제한 차량에 속하지 않는 경우는?

① 차량의 총중량이 100톤인 경우
② 적재물을 포함한 차량의 폭이 3.5m인 경우
③ 적재물을 포함한 차량의 높이가 2m인 경우
④ 적재물을 포함한 차량의 길이가 30m인 경우

33 ③
화물취급요령 〉 운행요령
고속도로 운행제한 기준
• 적재물을 포함한 차량의 길이가 16.7m 초과
• 차량의 총중량이 40톤 초과
• 적재물을 포함한 차량의 폭이 2.5m 초과
• 적재물을 포함한 차량의 높이가 4.0m 초과

34 과적차량이 안전운전과 도로에 미치는 영향으로 옳지 않은 것은?

① 충돌 시의 충격력은 차량의 중량과 속도에 비례하여 감소한다.
② 적재중량보다 20%를 초과한 과적차량의 경우 타이어 내구 수명은 30% 감소한다.
③ 윤하중 증가에 따른 타이어 파손 및 타이어 내구 수명 감소로 사고 위험성이 증가한다.
④ 축하중 10톤을 기준으로 보았을 때 축하중이 10%만 증가하여도 도로 파손에 미치는 영향은 무려 50%가 상승한다.

34 ①
화물취급요령 〉 운행요령
충돌 시의 충격력은 차량의 중량과 속도에 비례하여 증가한다.

35 화물을 배송할 때 수하인의 부재로 배송이 곤란한 경우의 행동으로 옳지 않은 것은?

① 아파트의 소화전이나 집 앞에 물건을 방치해 둔다.
② 임의적으로 방치 또는 배송처 안으로 무단 투기하지 않는다.
③ 수하인에게 연락하여 지정하는 장소에 전달하고, 수하인에게 알린다.
④ 수하인과 통화가 되지 않을 경우 송하인과 통화하여 반송 또는 다음 날 재배송할 수 있도록 한다.

35 ①
화물취급요령 〉 화물의 인수인계요령
아파트의 소화전이나 집 앞에 물건을 방치해 두지 않는다.

36 화물의 사고 유형 중 더럽혀지고 손상되는 사고를 무엇이라 하는가?

① 파손사고
② 오손사고
③ 분실사고
④ 오배달사고

36 ②
화물취급요령 〉 화물의 인수인계요령
• 파손사고: 깨어져 못 쓰게 되는 사고
• 분실사고: 물건 따위를 잃어버리는 사고
• 오배달사고: 잘못된 장소에 배달되는 사고

37 산업현장의 일반적인 화물자동차 호칭에 대한 설명으로 옳지 않은 것은?

① 밴: 상자형 화물실을 갖추고 있는 트럭
② 보닛 트럭: 원동기부의 덮개가 운전실의 앞쪽에 나와 있는 트럭
③ 캡 오버 엔진 트럭: 원동기의 전부 또는 대부분이 운전실의 아래쪽에 있는 트럭
④ 픽업: 수송물품을 냉각제를 사용하여 냉장하는 설비를 갖추고 있는 특수용도 자동차

37 ④
화물취급요령 〉 화물자동차의 종류
• 픽업: 화물실의 지붕이 없고, 옆판이 운전대와 일체로 되어 있는 화물자동차
• 냉장차: 수송물품을 냉각제를 사용하여 냉장하는 설비를 갖추고 있는 특수용도 자동차

38 폴 트레일러(Pole trailer)에 대한 설명으로 옳지 않은 것은?

① 파이프나 H형강 등 장척물의 수송을 목적으로 한 트레일러이다.
② 트랙터와 트레일러가 완전히 분리되어 있고 트랙터 자체도 적재함을 가지고 있다.
③ 기둥, 통나무 등 장척의 적하물 자체가 트랙터와 트레일러의 연결 부분을 구성하는 구조의 트레일러이다.
④ 트랙터에 턴테이블을 비치하고, 폴 트레일러를 연결해서 적재함과 턴테이블이 적재물을 고정시키는 것으로, 축 거리는 적하물의 길이에 따라 조정할 수 있다.

38 ②
화물취급요령 〉 화물자동차의 종류
트랙터와 트레일러가 완전히 분리되어 있고 트랙터 자체도 적재함을 가지고 있는 트레일러는 풀 트레일러(Full trailer)이다.

39 고객이 약정된 이사화물의 인수일 1일 전에 계약해제를 통지한 경우 사업자에게 지급해야 하는 손해배상액으로 옳은 것은?

① 계약금
② 계약금의 배액
③ 계약금의 4배액
④ 계약금의 6배액

39 ①
화물취급요령 〉 화물운송의 책임한계
고객이 약정된 이사화물의 인수일 1일 전까지 해제를 통지한 경우의 손해배상액은 계약금이며, 인수일 당일에 해제를 통지한 경우의 손해배상액은 계약금의 배액이다.

40 사업자가 수탁받은 운송물의 운송장에 인도예정일이 기재되어 있지 않은 경우에 도서·산간벽지의 인도일로 옳은 것은?

① 운송장에 기재된 운송물의 수탁일로부터 1일
② 운송장에 기재된 운송물의 수탁일로부터 2일
③ 운송장에 기재된 운송물의 수탁일로부터 3일
④ 운송장에 기재된 운송물의 수탁일로부터 4일

40 ③
화물취급요령 〉 화물운송의 책임한계
운송장에 인도예정일의 기재가 없는 경우 일반 지역은 운송장에 기재된 운송물의 수탁일로부터 2일, 도서·산간벽지는 운송장에 기재된 운송물의 수탁일로부터 3일까지 인도한다.

41 교통사고의 요인 중 환경요인이 아닌 것은?

① 차량 교통량
② 운행 차 구성
③ 보행자 교통량
④ 차량구조장치

41 ④
안전운행요령 〉 운전자 요인과 안전운행
교통사고의 요인 중 차량구조장치는 환경요인이 아닌 차량요인에 해당한다.

42 야간운전 시 주의사항으로 옳지 <u>않은</u> 것은?

① 술에 취한 사람이 차도에 뛰어드는 경우에 주의해야 한다.
② 운전자가 눈으로 확인할 수 있는 시야의 범위가 좁아지므로 주의해야 한다.
③ 보행자와 자동차의 통행이 빈번한 도로에서는 항상 전조등의 방향을 상향으로 하여 운행하여야 한다.
④ 마주 오는 차의 전조등 불빛에 현혹되는 경우 물체 식별이 어려워지므로 시선을 약간 오른쪽으로 돌려 눈부심을 방지해야 한다.

42 ③
안전운행요령 > 운전자 요인과 안전운행
보행자와 자동차의 통행이 빈번한 도로에서는 항상 전조등의 방향을 하향으로 하여 운행해야 한다.

43 맑은 날 낮 시간에 터널 밖을 운행하던 운전자가 갑자기 어두운 터널 안으로 주행하는 순간 일시적으로 일어나는 운전자의 심한 시각 장애를 일컫는 말은?

① 암순응
② 명순응
③ 동순응
④ 시순응

43 ①
안전운행요령 > 운전자 요인과 안전운행
암순응은 일광 또는 조명이 밝은 조건에서 어두운 조건으로 변할 때 사람의 눈이 그 상황에 적응하여 시력을 회복하는 것을 말하며 시력 회복이 명순응에 비해 매우 느리다.

44 시야 범위 안에 있는 대상물이라 하더라도 시축에서 벗어나는 시각에 따라 시력이 저하되는데, 시축에서 시각이 6° 벗어나는 경우 시력이 얼마나 저하되는가?

① 70%
② 80%
③ 90%
④ 99%

44 ③
안전운행요령 > 운전자 요인과 안전운행
시축에서 시각이 약 3° 벗어나면 약 80%, 약 6° 벗어나면 약 90%, 약 12° 벗어나면 약 99%의 시력이 저하된다.

45 교통사고 시 운전자가 하는 착각으로 옳지 <u>않은</u> 것은?

① 주행 중 급정거 시 반대 방향으로 움직이는 것처럼 보인다.
② 작은 경사는 실제보다 작게, 큰 경사는 실제보다 크게 보인다.
③ 어두운 곳에서는 가로 폭보다 세로 폭을 보다 넓은 것으로 판단한다.
④ 작은 것은 가까이 있는 것 같이, 덜 밝은 것은 가까이 있는 것으로 느껴진다.

45 ④
안전운행요령 > 운전자 요인과 안전운행
작은 것은 멀리 있는 것 같이, 덜 밝은 것은 멀리 있는 것으로 느껴진다.

46 운전자의 피로가 지나치면 과로가 되고 이는 교통사고로 연결될 수 있다. 운전자의 피로가 야기하는 문제가 아닌 것은?

① 흥분상태
② 졸음운전 발생
③ 운전 조작의 잘못
④ 주의력 집중의 편재

46 ①
안전운행요령 〉 운전자 요인과 안전운행
대체로 운전피로는 운전 조작의 잘못, 주의력 집중의 편재, 외부의 정보를 차단하는 졸음 등을 불러와 교통사고의 직·간접적인 원인이 된다.

47 자동차의 주행장치만으로 연결된 것은?

① 휠, 타이어
② 토우인, 캠버
③ 판 스프링, 충격흡수장치
④ 풋 브레이크, 엔진 브레이크

47 ①
안전운행요령 〉 자동차 요인과 안전운행
②는 조향장치, ③은 현가장치, ④는 제동장치에 대한 내용이다.

48 자동차의 현가장치에 대한 설명으로 옳지 않은 것은?

① 휠과 타이어는 현가장치에 해당한다.
② 차량의 무게를 지탱하여 차체가 직접 차축에 얹히지 않도록 한다.
③ 코일 스프링은 각 차륜에 내구성이 강한 금속 나선을 놓은 것이다.
④ 도로 충격을 흡수하여 운전자와 화물에 더욱 유연한 승차를 제공한다.

48 ①
안전운행요령 〉 자동차 요인과 안전운행
휠과 타이어는 주행장치이며, 현가장치에는 판 스프링, 코일 스프링, 비틀림 막대 스프링, 공기 스프링, 충격흡수장치 등이 있다.

49 공주시간에 대한 설명으로 옳은 것은?

① 제동시간과 정지시간의 합
② 운전자가 위험을 인지하고 자동차를 정지시키려고 시작하는 순간부터 자동차가 완전히 정지할 때까지의 시간
③ 운전자가 브레이크에 발을 올려 브레이크가 막 작동을 시작하는 순간부터 자동차가 완전히 정지할 때까지의 시간
④ 운전자가 자동차를 정지시켜야 할 상황임을 지각하고 브레이크 페달로 발을 옮겨 브레이크가 작동을 시작하는 순간까지의 시간

49 ④
안전운행요령 〉 자동차 요인과 안전운행
• 제동시간: 운전자가 브레이크에 발을 올려 브레이크가 막 작동을 시작하는 순간부터 자동차가 완전히 정지할 때까지의 시간
• 정지시간: 운전자가 위험을 인지하고 자동차를 정지시키려고 시작하는 순간부터 자동차가 완전히 정지할 때까지의 시간 (공주시간 + 제동시간)

50 자동차의 일상점검사항 중 '시동이 쉽고 잡음이 없는가?'는 자동차의 어느 장치에 대한 점검사항인가?

① 원동기
② 제동장치
③ 조향장치
④ 동력전달장치

50 ①
안전운행요령 〉 자동차 요인과 안전운행
원동기의 점검사항은 '시동이 쉽고 잡음이 없는가?', '배기가스의 색이 깨끗하고 유독가스 및 매연이 없는가?', '엔진오일의 양이 충분하고 오염되지 않으며 누출이 없는가?' 등이 있다.

51 자동차의 클러치 릴리스 베어링의 고장인 경우에 나타나는 현상으로 옳은 것은?

① 핸들이 어느 속도에 이르면 극단적으로 흔들린다.
② 가속 페달을 힘껏 밟는 순간 "끼익!"하는 소리가 난다.
③ 클러치를 밟고 있을 때 "달달달" 떨리는 소리와 함께 차체가 떨린다.
④ 브레이크 페달을 밟아 차를 세우려고 할 때 바퀴에서 "끼익!"하는 소리가 난다.

51 ③
안전운행요령 〉 자동차 요인과 안전운행
①은 조향장치, ②는 팬벨트, ④는 브레이크 고장 시 나타나는 현상이다.

52 자동차에서 고무 같은 것이 타는 냄새가 날 때는 어느 부분이 고장인 경우인가?

① 바퀴
② 클러치
③ 전기장치
④ 브레이크

52 ③
안전운행요령 〉 자동차 요인과 안전운행
고무 같은 것이 타는 냄새가 날 때는 대개 엔진실 내의 전기 배선 등의 피복이 녹아 벗겨져 합선에 의해 전선이 타면서 나는 냄새가 대부분이므로 전기장치 부분의 고장 여부를 확인해야 한다.

53 길어깨에 대한 설명으로 옳지 않은 것은?

① 보도 등이 없는 도로에서는 보행자 등의 통행장소로 제공된다.
② 차도와 길어깨를 구획하는 노면표시를 하면 교통사고는 감소한다.
③ 길어깨가 좁으면 고장차량을 주행차로 밖으로 이동시킬 수 있기 때문에 안전성이 크다.
④ 도로를 보호하고 비상시에 이용하기 위하여 차로에 접속하여 설치하는 도로의 부분이다.

53 ③
안전운행요령 〉 도로 요인과 안전운행
길어깨가 넓으면 고장차량을 주행차로 밖으로 이동시킬 수 있기 때문에 안전성이 크다.

54 중앙분리대 중 광폭 중앙분리대의 장점으로 옳은 것은?

① 운전자의 심리적 안정감에 기여
② 연석의 중앙에 잔디나 수목을 심어 녹지공간 제공
③ 좌회전 차로의 제공이나 향후 차로 확장에 쓰일 공간 확보
④ 도로선형의 양방향 차로가 완전히 분리될 수 있는 충분한 공간 확보

54 ④
안전운행요령 〉 도로 요인과 안전운행
①, ②, ③은 연석형 중앙분리대의 장점에 해당한다.

55 중앙분리대로 설치된 방호울타리가 가져야 하는 기능이 아닌 것은?

① 횡단을 방지할 수 있어야 한다.
② 차량을 감속시킬 수 있어야 한다.
③ 차량의 손상이 적도록 해야 한다.
④ 차량이 대향차로로 튕겨나가야 한다.

55 ④
안전운행요령 〉 도로 요인과 안전운행
중앙분리대로 설치된 방호울타리는 차량이 대향차로로 튕겨나가지 않도록 하는 기능을 가져야 한다.

56 교량에서의 사고율이 가장 낮은 경우는?

① 교량의 접근로 폭과 교량의 폭이 같을 때
② 교량의 접근로 폭과 교량의 폭은 관련이 없다.
③ 교량 접근로의 폭에 비하여 교량의 폭이 좁을수록
④ 교량 접근로의 폭에 비하여 교량의 폭이 넓을수록

56 ①
안전운행요령 〉 도로 요인과 안전운행
교량 접근로의 폭에 비해 교량의 폭이 좁을수록 사고가 더 많이 발생하며, 교량의 접근로 폭과 교량의 폭이 같을 때 사고율이 가장 낮다.

57 운전자가 같은 차로 위에 있는 고장차 등의 장애물을 인지하고 안전하게 정지하기 위하여 필요한 거리를 일컫는 말은?

① 정지시거
② 횡단경사
③ 종단경사
④ 앞지르기시거

57 ①
안전운행요령 〉 도로 요인과 안전운행
• 횡단경사: 도로의 진행방향에 직각으로 설치하는 경사로서 도로의 배수를 원활하게 하기 위하여 설치하는 경사와 평면 곡선부에 설치하는 편경사
• 종단경사: 도로의 진행방향으로 설치하는 경사로서 중심선의 길이에 대한 높이의 변화 비율
• 앞지르기시거: 2차로 도로에서 저속 자동차를 안전하게 앞지를 수 있는 거리

58 실전 방어운전방법으로 옳은 것은?

① 진로를 바꿀 때는 신호를 보내지 않고 바꾼다.
② 교통량이 너무 많은 길이나 시간을 택하여 운전하도록 한다.
③ 과로로 피로하거나 심리적으로 흥분된 상태에서 운전을 한다.
④ 교통신호가 바뀐다고 해서 무작정 출발하지 말고 주위 자동차의 움직임을 관찰한 후 진행한다.

58 ④
안전운행요령 〉 안전운전방법
• 진로를 바꿀 때는 상대방이 잘 알 수 있도록 여유 있게 신호를 보낸다.
• 교통량이 너무 많은 길이나 시간을 피해 운전하도록 한다.
• 과로로 피로하거나 심리적으로 흥분된 상태에서는 운전을 자제한다.

59 주차할 때의 방어운전방법으로 옳지 않은 것은?

① 주차가 허용된 지역이나 안전한 지역에 주차한다.
② 주행차로에 차의 일부분이 돌출된 상태로 주차하지 않는다.
③ 언덕길 등 기울어진 길에는 바퀴를 고이거나 위험 방지를 위한 조치를 취한 후 안전을 확인하고 차에서 떠난다.
④ 차가 노상에서 고장을 일으킨 경우에는 고장표지를 설치하지 말고 운전자의 안전을 위하여 얼른 그 자리를 피한다.

59 ④
안전운행요령 〉 안전운전방법
차가 노상에서 고장을 일으킨 경우에는 적절한 고장표지를 설치한다.

60 교통안전시설로 설치하는 신호기의 장단점이 아닌 것은?

① 교통류의 흐름을 질서 있게 한다.
② 과도한 대기로 인한 지체가 발생할 수 있다.
③ 신호지시를 무시하는 경향을 조장할 수 있다.
④ 교차로에서의 직각충돌사고 발생을 증가시킬 수 있다.

60 ④
안전운행요령 〉 안전운전방법
신호기는 교차로에서의 직각충돌사고를 줄일 수 있다.

61 운전 시 이면도로를 안전하게 통행하는 방법이 아닌 것은?

① 속도를 낮춘다.
② 위험 대상물을 계속 주시한다.
③ 자동차나 어린이가 갑자기 뛰어들지 모른다는 생각을 가지고 운전한다.
④ 정차할 때는 앞차가 뒤로 밀려 충돌할 가능성을 염두에 두고 충분한 차간거리를 유지한다.

61 ④
안전운행요령 〉 안전운전방법
정차할 때 앞차가 뒤로 밀려 충돌할 가능성을 염두에 두고 충분한 차간거리를 유지하는 것은 오르막길에서의 안전운전방법이다.

62 철길 건널목에서의 안전운전방법이 아닌 것은?

① 철길 건널목 내 차량고장 시 즉시 동승자를 대피시킨다.
② 건널목 직전에서 일시정지 후 좌우의 안전을 확인한다.
③ 차단기 경보음이 울릴 때는 재빠르게 진입하여 통과한다.
④ 건널목 통과 시 수동변속기의 기어는 가급적 변속을 하지 않고 통과한다.

62 ③
안전운행요령 〉 안전운전방법
차단기가 내려졌거나, 내려지고 있거나, 경보음이 울릴 때, 건널목 앞쪽이 혼잡하여 건널목을 완전히 통과할 수 없게 될 염려가 있을 때에는 진입하지 않는다.

63 추웠던 날씨가 풀리면서 도로변에 보행자가 급증하기 때문에 때와 장소의 구분 없이 보행자 보호에 많은 주의를 기울여야 하는 계절은?

① 봄　　　　　　　② 여름
③ 가을　　　　　　④ 겨울

63 ①
안전운행요령 〉 안전운전방법
봄철에는 추웠던 날씨가 풀리면서 도로변에 보행자가 급증하며, 어린이와 노약자들의 보행이나 교통수단의 이용이 늘어나는 계절이다.

64 위험물의 운반방법으로 옳지 않은 것은?

① 마찰 및 흔들림을 일으키지 않도록 운반한다.
② 일시정차 시는 안전한 장소를 택하여 안전에 주의한다.
③ 재해 발생이 우려될 때에는 응급조치를 취하지 않고 그 자리를 얼른 떠난다.
④ 지정 수량 이상의 위험물을 차량으로 운반할 때는 차량의 전면 또는 후면의 보기 쉬운 곳에 표지를 게시한다.

64 ③
안전운행요령 〉 안전운전방법
재해 발생이 우려될 때에는 응급조치를 취하고 가까운 소방관서, 기타 관계기관에 통보하여 조치를 받아야 한다.

65 석유제품에 다른 석유제품(등급이 다른 석유제품 포함)을 혼합한 가짜 석유제품이 아닌 것은?

① 휘발유에 용제 등을 혼합
② 경유에 등유 등을 혼합
③ 고급휘발유에 보통휘발유 혼합
④ 고급휘발유에 고급휘발유 혼합

65 ④
안전운행요령 〉 가짜 석유 관련 안내
고급휘발유에 고급휘발유를 혼합한 것은 같은 석유제품을 혼합한 것이므로 가짜석유제품이 아니다.

66 서비스 품질을 평가하는 고객의 기준 중 편의성과 관련이 없는 것은?

① 예의바르다.
② 의뢰하기가 쉽다.
③ 곧 전화를 받는다.
④ 언제라도 곧 연락이 된다.

66 ①
운송서비스 〉 직업운전자의 기본자세
'예의바르다'는 고객이 서비스 품질을 평가하는 기준 중 태도와 관련이 있다.

67 고객이 만족하는 올바른 인사방법이 아닌 것은?

① 항상 밝고 명랑한 표정의 미소를 짓는다.
② 턱을 지나치게 내밀어 친근감을 표시한다.
③ 인사하는 지점의 상대방과의 거리는 약 2m 내외가 적당하다.
④ 머리와 상체를 직선으로 하여 상대방의 발끝이 보일 때까지 천천히 숙인다.

67 ②
운송서비스 〉 직업운전자의 기본자세
인사를 할 때 턱을 지나치게 내밀지 않도록 한다.

68 화물운전자의 올바른 운전자세가 아닌 것은?

① 다른 자동차가 끼어들더라도 안전거리를 확보하는 여유를 가진다.
② 항상 자동차에 대한 점검 및 정비를 철저히 하여 자동차를 항상 최상의 상태로 유지한다.
③ 운전이 미숙한 자동차의 뒤를 따를 경우 서두르거나 선행 자동차의 운전자를 당황하게 하지 말고 여유 있는 자세로 운행한다.
④ 직업운전자는 다른 자동차가 끼어들거나 운전이 서투른 경우 상대에게 화를 내어, 다시는 그런 행동을 하지 않도록 주의시킨다.

68 ④
운송서비스 〉 직업운전자의 기본자세
직업운전자는 다른 자동차가 끼어들거나 운전이 서툴러도 상대에게 화를 내거나 보복하지 말아야 하며, 고객을 소중히 여기고, 친절하고 예의바른 서비스를 하여 고객과 불필요한 마찰을 일으키지 않는다.

69 고객 및 투자자에게 부가가치를 창출할 수 있도록 최초의 공급업체로부터 최종 소비자에게 이르기까지의 상품·서비스 및 정보의 흐름이 관련된 프로세스를 통합적으로 운영하는 경영전략을 일컫는 말은?

① 물류자회사
② 공급망관리(SCM)
③ 경영정보시스템(MIS)
④ 전사적자원관리(ERP)

69 ②
운송서비스 〉 물류의 이해
- 물류자회사: 물류조직을 별도로 분리하여 자회사로 독립시키는 물류 형태
- 경영정보시스템(MIS): 경영 내외의 관련 정보를 대량으로 수집, 전달, 처리, 저장, 이용할 수 있도록 편성한 인간과 컴퓨터와의 결합시스템
- 전사적자원관리(ERP): 기업 내의 모든 인적, 물적 자원을 효율적으로 관리하는 통합정보시스템

70 물류의 기능에 해당하지 않는 것은?

① 운송기능
② 포장기능
③ 유통가공기능
④ 품질관리기능

70 ④
운송서비스 〉 물류의 이해
물류의 기능에는 운송기능, 포장기능, 보관기능, 하역기능, 정보기능, 유통가공기능이 있다.

71 물류전략의 실행구조 중 기능 정립 단계에 해당하지 않는 것은?

① 자재관리
② 수송관리
③ 공급망설계
④ 창고설계·운영

71 ③
운송서비스 〉 물류의 이해
- 전략 수립: 고객서비스 수준 결정
- 구조설계: 공급망설계, 로지스틱스 네트워크전략 구축
- 기능 정립: 창고설계 및 운영, 수송 및 자재관리
- 실행: 정보 및 기술관리, 조직 및 변화관리

72 제3자 물류(3PL)에 대한 설명으로 옳지 않은 것은?

① 외부의 전문물류업체에게 물류업무를 아웃소싱하는 경우이다.
② 기업이 사내의 물류조직을 별도로 분리하여 자회사로 독립시키는 경우이다.
③ 국내 물류시장은 최근 공급자와 수요자 양 측면 모두에서 제3자 물류가 활성화될 수 있는 기본적인 여건을 형성하고 있는 중이다.
④ 제3자 물류의 발전과정은 자사물류(제1자) → 물류자회사(제2자) → 제3자 물류라는 단순한 절차로 발전하는 경우가 많으나 실제 이행과정은 이보다 복잡한 구조를 보인다.

72 ②
운송서비스 〉 물류의 이해
기업이 사내의 물류조직을 별도로 분리하여 자회사로 독립시키는 경우는 제2자 물류(물류자회사)이다.

73 물류시스템에 대한 설명으로 옳지 않은 것은?

① 개별 물류활동은 이를 수행하는 데 필요한 비용과 서비스 레벨의 트레이드오프(Trade-off, 상반)관계가 성립한다.
② 각 물류활동 간에는 트레이드오프관계가 성립하므로 토털 코스트(Total cost) 접근방법의 물류시스템화가 필요하다.
③ 물류시스템은 운송·하역·보관·유통가공·포장 등의 개별 물류활동을 통합하고 필요한 자원을 이용하여 물류서비스를 산출하는 체계이다.
④ 물류시스템의 목적은 최대의 비용으로 최소의 물류서비스를 산출하기 위하여 물류서비스를 3S1L의 원칙(Speedy, Safely, Surely, Low)으로 행하는 것이다.

73 ④
운송서비스 〉물류의 이해
물류시스템의 목적은 최소의 비용으로 최대의 물류서비스를 산출하기 위하여 물류서비스를 3S1L의 원칙(Speedy, Safely, Surely, Low)으로 행하는 것이다.

74 운송 합리화 방안으로 옳지 않은 것은?

① 공동수배송
② 적기 운송과 운송비 부담의 완화
③ 실차율 향상을 위한 적재율의 최소화
④ 최단 운송경로의 개발 및 최적 운송수단의 선택

74 ③
운송서비스 〉물류의 이해
운송 합리화 방안에는 실차율 향상을 위한 공차율의 최소화가 있다.

75 수배송활동의 단계 중 통제단계에서의 물류정보처리 기능에 해당하지 않는 것은?

① 수송수단 선정
② 반품운임 분석
③ 자동차가동률 분석
④ 자동차적재효율 분석

75 ①
운송서비스 〉물류의 이해
- 계획단계: 수송수단 선정, 수송경로 선정, 배송지역 결정 등
- 실시단계: 배차 수배, 화물적재 실시, 배송지시 등
- 통제단계: 운임 계산, 반품운임 분석, 자동차가동률 분석, 자동차적재효율 분석 등

76 운송업의 존속과 번영을 위한 변혁에 필요한 요소가 아닌 것은?

① 변혁에 대한 노력은 계속적인 것이어야 한다.
② 조직이나 개인의 전통, 실적의 연장선상에 존재하는 타성을 유지한다.
③ 유행에 휩쓸리지 않고 독자적이고 창조적인 발상을 가지고 새로운 체질을 만든다.
④ 형식적인 변혁이 아니라 실제로 생산성 향상에 공헌할 수 있도록 일의 본질에서부터 변혁이 이루어지도록 한다.

76 ②
운송서비스 〉화물운송서비스의 이해
운송업의 존속과 번영을 위한 변혁에는 조직이나 개인의 전통, 실적의 연장선상에 존재하는 타성을 버리고 새로운 질서를 이룩하는 것이 필요하다.

77 통합판매·물류·생산시스템(CALS)의 도입효과로 옳지 않은 것은?

① 정보화시대를 맞이하여 기업경영에 필수적인 산업정보화전략이다.
② 수배송 지연사유의 분석이 가능해져 표준운행시간 작성에 도움을 줄 수 있다.
③ 기술정보를 통합 및 공유한 세계화된 실시간 경영 실현을 통해 기업통합이 가능할 것이다.
④ 정보시스템의 연계는 조직의 벽을 허물어 가상기업을 출현하게 하고, 이는 기업 내 또는 기업 간 장벽을 허물 것이다.

77 ②
운송서비스 〉 화물운송서비스의 이해
수배송 지연사유의 분석이 가능해져 표준운행시간 작성에 도움을 줄 수 있는 것은 주파수 공용통신(TRS)의 도입효과이다.

78 물류클레임에 해당하지 않는 것은?

① 품절　　　　　② 전표 오류
③ 수량 오류　　　④ 납품시간 지정

78 ④
운송서비스 〉 화물운송서비스와 문제점
납품시간 지정은 물류클레임이 아닌 물류서비스를 향상시키는 요인이다.

79 택배화물에 이상이 있을 시 인계방법으로 옳지 않은 것은?

① 내품에 이상이 있을 시는 전화할 곳과 절차를 알려준다.
② 안전하게 인계하였으므로 택배화물에 이상이 있을 리가 없다.
③ 완전히 파손, 변질 시에는 진심으로 사과하고 회수 후 변상한다.
④ 배달 완료 후 파손, 기타 이상이 있다는 배상 요청 시 반드시 현장 확인을 해야 한다.

79 ②
운송서비스 〉 화물운송서비스와 문제점
택배화물에 이상이 있을 수 있으며, 배달 완료 후 파손, 기타 이상이 있다는 배상 요청 시 책임을 전가받는 경우가 발생할 수 있으므로 반드시 현장 확인을 해야 한다.

80 물류고객서비스의 거래 후 요소에 해당하지 않는 것은?

① 제품의 추적　　　② 매니지먼트 서비스
③ 제품의 일시적 교체　④ 예비품의 이용 가능성

80 ②
운송서비스 〉 화물운송서비스와 문제점
매니지먼트 서비스는 거래 전 요소에 해당한다.

memo

memo

여러분의 작은 소리
에듀윌은 크게 듣겠습니다.

본 교재에 대한 여러분의 목소리를 들려주세요.
공부하시면서 어려웠던 점, 궁금한 점,
칭찬하고 싶은 점, 개선할 점, 어떤 것이라도 좋습니다.

에듀윌은 여러분께서 나누어 주신 의견을
통해 끊임없이 발전하고 있습니다.

에듀윌 도서몰 book.eduwill.net
- 부가학습자료 및 정오표: 에듀윌 도서몰 → 도서자료실
- 교재 문의: 에듀윌 도서몰 → 문의하기 → 교재(내용, 출간) / 주문 및 배송

2026 화물운송종사
빠르게 끝내는 총정리문제집

발 행 일	2026년 1월 5일 초판
편 저 자	최주영
펴 낸 이	양형남
개 발	정상욱, 최승철
펴 낸 곳	(주)에듀윌
등록번호	제25100-2002-000052호
주 소	08378 서울특별시 구로구 디지털로34길 55 코오롱싸이언스밸리 2차 3층
I S B N	979-11-360-4051-0(13550)

* 이 책의 무단 인용 · 전재 · 복제를 금합니다.

www.eduwill.net
대표전화 1600-6700